競進存愛
電車情懷

香港電車職工會百年史整理

余非　著

中華書局

競進創會　存愛百年

目錄

序一

吳秋北　香港工會聯合會會長

香港電車職工會成立一百周年，工會仝人和著名作家、時事評論員余非一起就工會百年來的工運歷史、文獻資料作整理出版，名為《競進・存愛，電車情懷——香港電車職工會百年史整理》，邀我作序，深感榮幸，也無比樂意。原因是我跟香港電車職工會確有一點緣分。

多年前，我有幸得到一本前輩陳耀材會長當年記事用的親筆筆記，是1930年工會前身「營業部慈善會」成立後的會議記錄。整部筆記本子以流暢毛筆小楷書寫，一絲不苟。從前資源匱乏，不少事都需親力親為，包括把繁瑣的會務有條理地用心、用筆記錄下來，前輩為工人勞心勞力的形象透過小楷躍然紙上。感激陳耀材後人將這承載着工聯精神的會議記錄慷慨分享。記錄中有改會費名稱為「儲金」（用以發放帛金、醫藥費等福利）一事，以至有關發放辦法的討論和決議，正好印證了書中有關「儲金」發放情況的整理。從中可見編者整理資料時重視實證的嚴謹態度，沒有忽略表面看來是瑣事的會務。編者未必見過一手原始材料，相關細節的整理必是翻查對比大量資料而來，我替讀者感謝編者的負責用心。工會對工友及於生老病死的關懷，就透過鈎沉整理歷史材料中的、彷彿「瑣碎」的東西來呈現。要讓後人感受歷史的分量，有甚麼比整理及呈現細節更加有力？

早期電車工人的境況，苦不堪言。電車是早期港英殖民統治香港時最早的「現代化」交通工具之一，電車公司隸屬於怡和洋行（即老牌鴉片走私犯渣甸洋行），是典型殖民統治下掠奪剝削式經營，工人的工作條件苛刻惡劣。早於1904年香港電車營運之初，工會前輩就開始為電車工人向公司爭取合理的福利待遇。到1920年更成立香港電車競進會，這就是香港電車職工會的前身。從此工會便

開展了一幕幕波瀾壯闊的工運史。

回顧電車工會的百年歷程，撫今追昔，令人心潮澎湃；工會參與領導 1922 年的海員大罷工和 1925 年的省港大罷工；30 年代的組織抗日救災；40 年代的成立港九工會聯合會（香港工會聯合會前身）；50 年代的「羅素街血案」和「莊式除人」的鬥爭；60 年代的反英抗暴；70 年代的與新僱主九倉的周旋；80 年代的擁護香港回歸祖國；90 年代的積極參與迎接香港回歸及支持「一國兩制」實踐；以及 2000 年後電車公司再次易主法國公司的系列維權工作、支持落實基本法廿三條、積極參與反「佔中」、撐修例反暴亂保就業，以及抗擊新冠疫情等等。一路走來，太多赫赫有名的歷史事件。

彪炳史冊的還有工會中湧現出的一批優秀的工運先進和工運領袖。何耀全、譚其英、朱敬文、陳耀材、楊光、陳衡，以至歷屆理幹事和廣大會員等……都為工運發展和工會建設做出巨大的貢獻。何耀全帶領電車工會參加並領導了震驚中外、影響世界的海員大罷工和省港大罷工，是中華全國總工會的主要創建人，後來更是執委。至於朱敬文、陳耀材和楊光等前輩更是港九工會聯合會主要領導。特別是陳耀材，在電車工會及工聯會時間長，建樹良多，為電車工會和工聯會打下了良好根基，影響深廣。

香港電車職工會的故事就是在時代、人物和事件的交織下產生的，筆路藍縷，艱苦奮鬥整個世紀，在砥礪前行中見證了香港百年滄桑，也推動了香港各時期的社會發展。這故事隨着時代不斷向前，人物的參與，情節將不斷豐富，更加立體，還會激勵感召更多的工友和社會先進參加工運行列。

歷史是紛繁事實的沉澱，或許不必巨細無遺，但歷史卻因有巨細無遺的細節而生動鮮活，更具可信權威。這對工會歷史的教育具

重要意義，真正對後人有啟迪作用。我很高興看到本書即將付梓，這事意義非凡；從此電車工會的歷史資料再不會散落於前輩的口述或塵封、分散、脆裂的泛黃紙張中。香港電車職工會會史的整理，充分再現工會全心全意為工友謀福祉、爭權益、旗幟鮮明反帝反殖、愛國愛港的工會本色，這將成為工會精神薪火永傳的有力保證！

　　電車工會百年工運史是歲月對工聯後人的餽贈，此書是載體，彌足珍貴，後世永寶！

吳秋北
2020 年 3 月

　　電車工人開始組織自己的團體到今天已有一個世紀的歷史。一個工會有百年歷史，並不容易。

　　香港電車職工會所走過的百年艱辛歷程，也就是維護工人利益、保障工友職業生活、高舉民族愛國旗幟奮鬥的百年。這條路的前半階段，大歷史波瀾壯闊，走得尤其艱難。那時，在創立的 1920 年代，由於有了工會，把弱勢的工友們集合起來，彼此互相關心照應，團結就是力量。再加上一批又一批赤誠為工友服務的領導——那年代的先進精英，在他們無畏無懼的帶領下，以及不斷的付出和犧牲下，令工會做出了實力。也因為當年這些帶着五四新文化運動思想的先進精英印刷出版物，留下文字記錄，我們今天才有史料可整理。總而言之，上世紀開始，在工會領導下，電車工友們團結一致，努力反抗不人道的壓榨剝削，爭取最起碼的待遇改善。工會令電車工友的待遇，從最初期的毫無保障，工作境況苦不堪言，到後來在爭取中逐步得到改善。哪怕改善之路很漫長，取得的成果也受制於社會和歷史條件；可是，工會由始至終都是維護工人階級利益的唯一組織。

　　從本書的歷史概述中，可以看見電車職工會一直堅持為工友服務，方針數十年如一日，不斷為謀取工友權益和職業生活的保障而努力奮鬥。工會每一點一滴的成績和進步，都離不開大家的長期支持和愛護。在未來的歲月裏，衷心期望會務繼續得到工友們的積極參與和推動，使工會不斷成長、發展和壯大。更希望工友們有意見繼續向工會反映，使我們的工作可以做得更好。

　　而我這個老工人階級、老工會人，以有幸參加工會的服務工作和愛國工作為榮，也為此書得以出版深感欣慰，希望能讓更多後來者讀到電車職工會這段百年史，用真實的歷史教育我們的下一代。

何志堅

2020 年 3 月 5 日

何志堅　香港電車職工會名譽會長

前言

編著取向及體例簡介

· 一 ·

　　這本書之出版，是電車工會誌百年史而籌劃的一個出版計劃。開宗明義，就是一次工運史的歷史整理，一切就以此視角來呈現及申述。

　　有人或會問，如此一來，角度會否單一或有所偏呢？這是個好問題，必須回答。何謂歷史？歷史的「真相」透過多方折射才得以呈現。一個社會，存在不同階層；哪怕是同一個階層（工人階級），也會因心態、利益關係、對事情了解的透徹度，甚至政治立場等等之不同，而有不同的視物角度。

　　因此，有立場、有角度、有定位……一點都不可怕，問題是有言在先，會清楚客觀地說明立場，表明角度和定位，以及一切內容建基於事實。如此一來，便自成一個系統，即使只是歷史的其中一個面向，也真真實實。不作假，不虛言，不煽動，不討好，這是堅守的原則。也因此，在再三思量下，本書基本上以資料輯錄的方式來編撰。

　　以下是本書體例。

　　其一，每部分的重大事件，都會先綜述事件來龍去脈、發展走向；其二，在每部分、每章的事件綜述之後，附「當年的原始材料」。這些原始材料，分別來自當年的聲明、宣言，尤其是當年為抗爭而專門出版的「事情解說小冊子」，以及長期、定期出版的小型報刊《電車工人》快訊。

　　本書在 1967 年六七事件前的章節（書內第一至第三部分），都以「綜述來龍去脈」加「原始材料」的方式呈現歷史原貌。「原始材料」又經篩選、節錄、分類後，按其性質及輕重，分為「重要記錄」、「閱讀資料」、「歲月痕跡」三類，呈現當時真正的勞工階層的生活面貌，以及面對的困境。

· 二 ·

因此，本書的處理方式，主力部分，是讓電車工會的歷史資料經篩選輯錄後原裝呈現，重點是重刊當中有代表性的篇章。作者的事件綜述，是給被輯錄的文章一個框架，讓讀者在一定的來龍去脈下，自行閱讀當年的人真實的書寫和陳述。所輯錄的文章，只加上適量的導讀及提點；而且是另外框開來，不與被摘引的歷史原材料混處。

我當然也有意見、分析及觀點，都用「小方框」框起來，與原材料涇渭分明。

總而言之，這是一部清清楚楚地反映電車工人早年生活的資料冊。如此一來，當然是工人及工會的立場。定位清楚，就成為折射歷史真相的、其中不可或缺的一束光線。

本書的處理方式，大概更尊重歷史原貌。也更方便後來者如研究香港工運史，會有更充足的原材料。這方面的材料及研究——左派工會及工運史，由研究角度到具體成果，不是已太多，是太少。

· 三 ·

在體例上再補一筆。

本書於六七事件後至今（書內第四部分），即大概是百年之中的後五十年，由我和林驊耀、何志堅合寫。因為大環境已變，勞資關係及工運史的意義都有所改變，於是最後的五十年主要以綜述為主，附加的原材料數量不會太多。

六七事件後的大環境，主要有以下幾方面。首先，港英政府是於六七事件後才對殖民地作長期執政的部署，並為了執政的穩定性，改用懷柔手段。因此，前五十年的殖民地色彩或隱藏或淡化，即使殖民政府的管治本質不變。舉例，殖民政府會在中小學教育的課程設計上「下功夫」，淡化香港人的國家觀念——這些就是殖民政府的本質。而這些「功夫」是靜態及隱性的，因而不會構成如前期般的尖銳角力。這大環境之改變，直接導致工運、勞工的處境，以及勞資談判方式的轉變。

第二個大環境的轉變，是 1974 年電車公司賣盤，由九倉接手。而九倉於 1980 年後由華資擁有；於是，電車工會所面對的「資方」，已不是莊士頓及沙文式的大殖民主義者。

出於上述客觀原因，本書前三部分與最後的第四部分，在體例和編著上會略有不同。

圖輯專題

會址

圖為最早期的羅素街香港電車職工會會所的街道街景。

1950 年 1 月 31 日電車工會被港英當局佔領及封閉。

位於香港灣仔寶靈頓道 13 號二樓的香港電車職工會會址。
圖為會址大廈外觀。

寶靈頓道本來是工會會址，之後改為合作社，圖為室內情況，貨品整齊擺放。

灣仔東南大廈會址外觀。

灣仔東南大廈會址室內。

現在香港電車職工會位於西環和合街的會址，
圖為啟用儀式上的合照。

現在會址的大廈外觀。

1935 年香港電車存愛會三十五年度全體理事合照。

第一部分

1946 年港九勞工教育促進會全體會員合照。

第一章

由 1904 年開始
說起……

香港電車公司自 1904 年創立，而在香港電車公司上班的工人，於 1920-1921 年醞釀及組織成立香港電車競進工會。這跟當時的中國、當時的世界局勢有關。外部環境之外，工人要團結起來保護自身權益，是因為無論工友們怎樣忠誠服務、替公司賺了錢，香港電車公司對工友的困難痛苦缺乏足夠體恤；反之，只會不斷加深剝削。二十世紀頭 20 年，物價飛漲，工人生活費在十多年間增加了幾倍，有工開也沒飽飯吃的情況十分嚴重。

清末乃至踏入現代階段的中國社會，平民階層是人求職，不是職位空着等人。人浮於事的社會，自然是個勞資關係極不對等的年代，工人沒有議價能力。資方的苛刻，反映在公司從未接納工人的加薪及福利請求，也沒有改善一些尖酸刻薄的待遇。

一 1904 年香港電車投入服務

十九世紀末、二十世紀初，香港島人口增加，集體運輸工具需求急增。1881 年 6 月，立法局動議並通過建設電車系統。翌年（1882 年）至 1888 年間，對路線進行規劃。至 1901 年 8 月 29 日，《香港電車條例》頒佈。1902 年 2 月 7 日，「香港電線車公司」（Hongkong Tramway Electric Company Limited）在英國倫敦成立，負責建造及營運香港島的電車系統。

1902 年底，這間公司被「香港電車局」（Electric Traction Company of Hongkong Limited）接管。1903 年，路軌鋪設工程啟動，初期由堅尼地城至銅鑼灣鋪設單軌，其後延長至筲箕灣。至 1904 年，電車開始在香港市面行駛。

1910 年，「香港電車局」改名為今日沿用的名稱——香港電車有限公司。

1922 年，香港電車有限公司總部由英國遷至香港，經營權亦全歸香港，變為一間獨立控股公司，主要股權屬於怡和洋行（Jardine Matheson）擁有。同年，電車改為以香港電燈公司的電力運作。

整理電車工會歷史，尤其是抗爭最激烈的、電車公司成立的頭 50 年，我們必須稍為知道經營者是誰，以及其輪廓面目。以下簡單介紹怡和洋行是怎麼一回事。

怡和洋行成立於 1832 年，正值大英帝國在海外擴張殖民地的階段。怡和的創辦人威廉・渣甸（William Jardine）於 1817 年之前在英國東印度公司工作。離職後，於 1825 年與英國公司印度士堅拿（INDO-SKINER）合

組渣甸士堅拿洋行（Jardine, Skinner & Co.），向中國出口印度鴉片，在暴利中累積大量財富。至 1832 年，渣甸在廣州與另一合伙人創辦了渣甸洋行（JARDINE-METHESON & CO. LTD.），亦即是怡和的前身。

作為遠東最大的英資財團，渣甸洋行於清朝時跟中國的「對華貿易」，主要仍然是鴉片及茶葉買賣。林則徐 1839 年實行禁煙時，威廉・渣甸親自在倫敦游說英國政府與滿清開戰，亦力主從清朝手中取得香港作為貿易據點。1841 年香港開埠，渣甸即以 565 英鎊購入香港首幅出售的地皮。鴉片戰爭爆發後，渣甸洋行於 1842 年將總公司從廣州遷至香港，並把中文名稱改為怡和洋行。賣了幾十年鴉片後落戶香港並改名怡和洋行後，洋行的貿易貨品開始多元化。1872 年，怡和洋行停止了對華鴉片貿易，開始轉而涉足鐵路、銀行和機械業務。

1922 年，怡和洋行全資擁有電車公司。由該年起至 1974 年易手香港九龍倉集團為止，怡和洋行共經營管理了電車公司 52 年。

電車公司堅拿道西七號的「外寓」：「七號館」

自從 1904 年電車在香港市面行駛後，一群離家路遠的司機和售票工友，因早夜往返不便，於是聯合起來提出請求，建議公司建宿舍來解決問題。結果，電車公司在堅拿道西七號創立了一所「外寓」，令工人得到在上班地點就近食宿的便利。而一些休班工友，也可在「外寓」談天休息，甚至有適量的文娛活動。一個電車會館的組織由此形成，名之為「七號館」。

資料來源：陳耀材〈香港電車工人組織發展史〉，見閱讀資料 1.2。

二　緊接五四運動後的 1920 年代是華人工運的起點

1. 1920 年代初的內外環境

1919 年的五四運動固然為中國社會帶來了進步思想，至於針對工人而言，孫中山的國民黨擬訂立勞工法案，中國共產黨一方也積極開展活動，爭取培養工人人材。總之，工人階層於 1919 年前後開始取得社會政治上的身份自覺，知道要團結起來才有力量爭取階級權益。中國土地上的「工人運

動」，於 1919 年前後轉趨頻繁，其影響及於香港。

以上是大背景，至於及身的具體原因，是實際生存環境轉差，從而觸發了 1920 年代一波又一波的工運。

如果有飯吃，有合理的生活條件，工人的尊嚴及權益受到保障，工運不會容易發生。1919 年前後，雖然第一次世界大戰剛結束，可是歐洲的農業生產受破壞後未恢復，令西歐國家需要從海外、尤其是殖民地及發展中國家輸入糧食。一輪搶購，價格一定飆升。香港的米價受國際米價及糧食價格急升影響；再加上日本稻米失收，令世界尤其是東亞的米價急升不止。當時部分不良米商囤積居奇，令香港曾經爆發搶米的騷亂。以船塢一般華人機械技工的收入為例，1920 年月入 30 元的普通機工，於當時已養不起三口之家。米是主糧，米價貴直接影響生活及溫飽。

2. 由香港船塢華人機械技工於 1920 年拉開工運序幕

十九世紀以來，香港已成為一個繁忙的商業港口，修船造船及海員是當時從業人數眾多的大行業。清末 1908 年，太古船塢一位華人勞工遭受洋人管工虐待。事件引來群情洶湧，船塢的華人機械技工威脅要罷工，最終迫使總工程師向華人勞工道歉。這次勝利刺激華人勞工意識到團結才有力量。於是一群船塢華人機械技工嘗試成立組織。為了繞過社團條例的限制，他們以興趣小組的名義成立了「中國機器研究總會」。這組織後來在不斷重組下，最終定名為「香港華人機器總工會」。

上文提及第一次世界大戰後米價被搶高，香港甚至出現搶米暴動，而進一步加深社會矛盾的，是香港當時出現了短暫的通貨膨脹、港幣貶值，令房租及百物騰貴。為應對外部環境的變化，以船塢業為例，當時洋人機工加薪兩三成，但華人機工卻十年沒有加薪。於是後者要求加薪四成，但被多次拒絕。香港華人機器總工會與船塢僱主談判破裂後，船塢一方只答應向華工發放米糧津貼。工會拒絕建議。於是，1920 年清明節，罷工由鐸也船塢機工開始，其他機工加入。機工們回鄉祭祖，之後拒絕回港復工，集體滯留廣州。期間，香港的電燈廠、電話廠、纜車、電車、煤氣局的機工都加入響應。香港船塢被迫停工，資方在損失下只好妥協。

事件發展至 1920 年 4 月 19 日，勞資雙方達成協議，機械技工獲加薪 32.5%（百分之三十二點五），罷工工人遂陸續回港復工。

研究工運者都認為 1920 年船塢機工的工運意義重大。當一批香港機械技工在 1920 年 3、4 月間滯留廣州，已令廣州工人熱血沸騰，尤其是後來成功爭取加薪，更予工運莫大的鼓勵。這場罷工運動之成功，鼓舞了香港各行各業的華人勞動階層在隨後的一兩年間紛紛成立工會——包括支持過船塢機工的電車工會。

1920 年後如雨後春筍般成立的華人工會，成為之後更大規模的 1922 年海員大罷工，以及 1925 年省港大罷工的組織基礎。

歷史事件

香港海員大罷工事件

1922 年 1 月發生大型的香港海員大罷工事件。

事緣 1921 年 5 月海員工友已提出三大要求，包括要求資方容許工會做工人之判頭，從而免除辦館之剝削。而資方在與海員簽訂僱用合約時，亦要有工會代表在場監察。最後，工會要求資方向華人海員大幅加薪五成。資方一直不肯回應工會之要求，工會遂於 1922 年 1 月向資方下最後通牒。到 1 月 13 日，海員開始罷工。海員工友於 1 月 17 日跟資方再次談判，仍然是破局。之後，中華海員工業聯合總會成立，以團結增加力量。

1 月 24 日，碼頭的搬運工人響應工潮，加入罷工行列，並要求加薪百分之三十。這樣船公司即使有西人船員相助，亦無法起卸貨物。香港的經濟活動全面癱瘓。是次工潮，乃香港華人勞動階層之里程碑。各行各業的華人勞工，首次團結一致為行業以外的工人發起工業行動。

至 2 月 28 日，各界罷工工人紛紛離開香港前往廣州聲援罷工行動，出現了行路上廣州之壯舉。3 月 3 日，一群工人沿大埔道步行往廣州，走到沙田時遇到一隊英軍，軍人要求工人離開。工人堅持前進，英軍開槍，造成三死八傷，是為沙田慘案。

3 月 5 日，資方允許向海員加薪百分之十五至百分之三十，並補發由罷工開始至海員復工期間的一半薪金。香港政府亦同意恢復海員工會之合法地位，將牌匾送回工會會址。海員大罷工卒於 1922 年 3 月 6 日結束。

---

3. 電車工人在和應船塢華人機工加薪運動中組織起來

前文提及香港電車自 1904 年投入服務。電車公司於經營過程中一直忽視工人利益。在有工開也養不了家的困境下，電車工友中部分思想進步的青

年，受內地大革命前期工運蓬勃的感染，也成為工運的前進分子。在廣州與香港的互動下，1920 年期間，一群進步熱心的工友以「競賽進步」為口號，擺脫「獨善其身」和「個人功利」的想法，於多個深夜，在僻靜的地方秘密進行會議，一同為醞釀成立組織而努力。

據陳耀材所撰文章的陳述（*閱讀資料 1.2*），1920 年電車工友響應了「香港華人機器總工會」要求改善待遇的鬥爭，實行集體抗爭、一起行動，舉派了何哲民等為代表，向電車公司當局提出九項改善工友待遇的要求。分別是：

(1) 加薪百分之三十二點五。

(2) 取消不上班要罰扣兩天工錢的苛例。

(3) 取消每天晨早回廠等候點派出車，沒出車則不給工資（當天當作無條件遣散）的規例。（此後人多時就派往車站坐亭）

(4) 年尾發給三個星期的花紅。

(5) 超過八小時二十分鐘工作後當超時工作，需要補水。一小時作二小時計算。

(6) 年級加薪，在公司服務滿三年者加兩元；滿五年者加四元；滿十年者加九元。……加至二十年級止。

(7) 在總站設兩名替手人（即坐亭者）以便司機和售票員工友急需時替代工作。

(8) 頭尾總站設一名轉線撬路工人，免除售票工友在雨天下車濕身之苦。

(9) 非經勞資雙方代表會商決定，公司不得任意開除工人。

期間，經歷一如船塢機工般的罷工，以及經歷工友代表據理向公司展開激烈的爭論和談判，工人們終於獲得重大勝利！這次成功，令工友對爭取工人權益有了新認識，從而使競進會的籌劃有開展空間。

於是，1920 年至 1921 年間，何耀全、鎖春城等人開始醞釀及發動成立讓彼此「競賽進步」的「香港電車工業競進會」（以下簡稱為電車工會）。組織於 1921 年 3 月正式具名成立。「會員有揸車（駕駛）、售票員兩部分，共約 350 餘人，會內職員由郭鏡泉、簡公、白潔之、何耀全、鎖春城等主持會務」。主席是鎖春城，會址設在灣仔鵝頸橋街口的頂樓。[1]

競進會成立後，1922 年 1 月就發生香港海員大罷工。何耀全積極發動

1　徐楚南：《省港大罷工的電車工友情況》，載廣東省政協學習和文史資料委員會編：《廣東文史資料存稿選編——省港大罷工　港澳華僑史料》（廣州：廣東人民出版社，2005），第 3 卷，頁 199。參見 http://leungpolung.blogspot.com/2016/04/blog-post.html。

電車工人舉行同情罷工、聲援海員的反帝鬥爭。身為電車工會幹事的何耀全經常與中華海員工業聯合總會領袖蘇兆徵、林偉民互通消息，交流抗爭經驗。在海員罷工期間，何耀全團結工人中的活躍分子，商討、草擬了香港電車工會章程，並再次向資方提出增加工資的要求。經與資方談判，電車工人取得了增加工資 10% 的勝利。

1922 年 5 月 1 日，第一次全國勞動大會在廣州舉行，電車工會有派代表參加。

> 小結

> 1920 至 1921 年在先進工友的參與和團結下，經一定的醞釀和實踐，終於成立了「香港電車工業競進會」。
> 1920 年代，是大型工運一波又一波地爆發的年代。1920 年船塢華人機械工人大罷工，只是個小小的起點。

三　1925 年省港大罷工、1927 年第一次國共分裂下的壓力

1925 年 5 月 1 日，由中國共產黨主持的第二次全國勞動大會在廣州召開（第一屆也是在廣州召開），電車工會的何耀全被選為香港工團總會出席第二次全國勞動大會的代表。會上，何耀全被選為中華全國總工會第一屆執行委員會委員。從此，何耀全躋身於全國工人運動領導人的行列。回香港後，何耀全與海員工會的蘇兆徵（1885-1929）等一起，聯繫他所屬的電車工會，以及洋務、木匠、印務等工會，準備成立「香港華工總工會」籌備委員會，何耀全是籌備委員會委員。

1925 年，上海發生「五卅」慘案。憤怒的民情觸發省港大罷工，競進會執行總工會決議，率領全體工友首先回粵。1925 年 7 月「省港罷工委員會」成立，部分電車工會的幹事被舉為委員會的幹部，分擔北伐後方的宣傳、運輸和糾察等工作。省港大罷工發展至 1926 年第一季後漸趨鬆散，1926 年中國民黨北伐；在同年下半年，大罷工開始結束。

至 1927 年，孫中山先生革命的三大政策，不幸地被國民黨蔣介石推毀了，蓬勃的農工革命運動，被暴力毀於一旦。電車工會也受影響，並於當時無從恢復。期間，工人領袖被補殺。電車工會在省參加革命工作的工友，許多被補和失蹤了。著名的工會領袖何耀全、譚其英等被殺害。「我犯了甚麼

罪？我為工人階級解放運動而犧牲！我為工人爭取生存幸福的工作而死！這死是光明的！」（引用譚其英先烈臨難豪語）而何耀全被國民黨人拘捕後，轉囚廣州公安局，期間被嚴刑拷打，逼他供出共產黨組織的情況。何耀全錚錚鐵骨，寧死不屈，非但決不泄漏黨內秘密，還予以嚴詞痛斥，臨死不懼。

那時，電車工會在港工友和省方派來的代表，正在登龍街四十五號二樓（簡週銓住宅）進行籌備恢復工會工作，遭上冷澆後，被迫停頓。電車工會經過許多艱辛才建立起來，真正為工人謀福利，可惜 1927 年寒氣逼人，「競進會」被迫解散！

在四面楚歌風雨暴至之下，復會籌備處同人，只能拉了另一些工友備案的「青年藝業研究社」的招牌來遮掩了一陣。然而，始終彼此意志不同，行動各異，不久就拆了伙，另行組織一個「大食會」——中秋歡讌團——來維繫籌備處的二三十個熱心工友，暫作精神聯繫。此外大部分工友都過着渙散的「獨自生活」，各家自掃門前雪。

至於之前跟公司訂立的勞資協約，全都被強行修改，令工人驟失保障，權益受損。新的廠規（例簿）也頒發了，嚴令工友遵守，不准工友有自由集會及募收款項等活動。此舉令貧病或死亡的工友失去工會的救濟，悽情慘狀令人哀慟。

四　1930 年代的委曲求存——「人壽會」及相關照顧

1930 年至 1940 年是工運低潮期。部分熱心的先進工友，審時度勢，針對具體的時代環境，設計了以慈善救濟及工餘的純正娛樂為主的活動，從而取得公司的支持和認可，並先後成立「慈善會」及「存愛學會」。會務包括自行籌措帛金及醫藥費用，救濟死亡及有疾病的工友；也用低聲下氣、求情講理的態度，向公司請求每月放假兩天。結果只得一天，而且要回廠聽候。此外，人壽會成功爭取取消不合人道情理的、開除患病工友的措施；也爭取到給每名死亡工友發撫恤金 30 元。當時大勢不就，只能取得零星的、微末的成績。

1930 年，陳伯超、簡週銓等熱心工友，眼見貧病死亡工友孤苦無援的慘狀，決計以此為由重組團體。他們以救濟工友為宣傳焦點，號召同人創設「人壽會」。籌組過程按部就班，首先使何植光探聽廠方意見，並得到樂善為懷的容謝屏先生解囊襄助；一切準備就緒後，由陳伯超攜備組會章程，往營

業部託部長徵求各廠長的意見。得到的回覆是：須「由廠方代立規條和代管財政，會址設在廠內，倘汝輩同意此等辦法，即可進行設會」。後經籌組「人壽會」的工友開會通過，遂於 1930 年 7 月在廠內「點更房」成立了「營業部慈善會」。遵照公司規定，可以徵求營業部「站長」以下的職工入會。每人每月收「貯金」二角，用以作為發給仙遊工友的「帛金」。入會未滿一年者 50 元，一年以上者 100 元，並由同人大會議決附加「花圈儀」二角及加收「慈善費」一角。此外，附設一個「醫藥維持部」，延聘了幾名中西醫生，替患病工友診治疾病及發給藥費。入院留醫者每天給予補助費四角。此外，也向廠方請求，得到保留留醫者職位的承諾，免除因病被公司解僱的失業痛苦。公司則發給死亡工友「恩恤金」每名 30 元。從此不幸病亡的工友，都得了不少慰藉。

至 1940 年，因醫藥經費支絀，慈善會向公司提出補助請求。與此同時，因政府頒佈工廠衛生則例，令廠方需要設備醫藥。此創舉使全廠工友都得到了免費醫藥的服務。

小結

1930 年，工友們艱苦地組織了營業部慈善會，落實了疾病互助及照顧仙遊工友家屬等福利工作。

五　1931 年成立「存愛學會」及 1937 年正名為「存愛會」

由於「慈善會」的表現出色，獲得了公司當局的認同和工友的支持與擁護，熱心工友陳伯超、周葆球等，趁口碑好，乘勢計劃再進一步恢復工會組織，在勞資代表的親善會晤間，表述了工友在工餘缺乏正當娛樂及讀書修養的地方，希望在這方面做些組織工作。意見得到部長廠長的理解和認同，允許工友在霎東街六號四樓前座設立一所俱樂部，並由公司代支租費每月 20 元。其後工友以人數增多、地方狹隘為由，擬遷往軒尼斯道四七三號四樓，也得公司當局允許。遂於 1931 年 9 月註冊正式成立「香港電車公司營業部華員職工存愛學會」。存愛學會舉辦漢英文補習班、書報、足球、乒乓、象棋、音樂、戲劇、文壇壁報以及貯蓄互濟的「三益會」和照顧失業的「援助部」。此外，也代表工友向公司請求每月放有薪假兩天，結果廠方答允暫給

一天。

1932年「一‧二八」抗戰（淞滬抗戰）事起，存愛學會發動全部工友捐薪一天兩天或三四天，用以慰勞十九路軍。這件事屬於創舉，成績令廠內英國人也感到驚訝。因為大家都是收入微薄、溫飽難求的工人，卻樂意解囊捐助衛國軍人。1937年，國大代表競選，黃嘯鶴、左雨亨、梁廣銓等，攜了同人選票奔走接洽，得了某先生一筆捐助，租得軒尼斯道四四一及四四四號四樓為校舍，開辦了一所工友子弟義學。存愛學會乘機遷移會址，並且把存愛學會的「學」字刪掉，正名為「會」。「七七」事起，存愛會號召營業部全體工友組織了「香港電車公司營業部同人救災會」，舉行長期捐薪，購買公債，進行救災和慰勞工作，成績頗不弱。幾年間在會務上，雖曾發生一些波折和不如意的事件，工作上也有些阻滯，但總算在夾縫中做出一點成績，奮力維持着一個會的存在及運作。

小結

1931年，將「慈善會」改組為「香港電車公司營業部華員職工存愛學會」，舉辦了各種文娛康樂活動及失業互助等福利工作，同時辦起了工人子弟義學，並向資方要求得到每月一天的有薪假期。
1937年，工友子弟義學開辦，存愛學會正名為存愛會。

六 1939年至香港淪陷前期間

1939年至香港淪陷前期間，在譚湘華、酈遠才、陳偉球、黃金城、侯錫惠、朱敬文、冼灼明、陳耀材、歐文榮等相繼擔任領導之下，決意整頓作風，加強會務，集合力量、結合熱心的元老與青年會員，共同合作操持會務。

在此期間做過的工作包括：續聘梁鐵民先生重組英文班；組織聖約翰救傷隊HKT支隊；加強救傷、國語、話劇、歌詠、足球、乒乓、象棋、圖書、游泳等小組活動；並時常舉行聚餐、旅行、座談、演講、游藝、懇親等集會；繼續推進各種募捐，進行演劇、游藝、售旗、賣花、募集寒衣等活動。對於救國、救災和慰勞的工作，都幹得特別落力起勁。感染力所及，連在學的小學生也活潑起來，既加強學習，舉行各種競賽；也參加校外兒童團體的活動。此外並聯合機器部全體工友，向公司提出要求每人加薪四元（結果只得二元）及增加一星期的年尾花紅（連前共四個星期）；也實現了每月放假兩天的協定。

　　總體而言，1939 年二次世界大戰爆發後至日寇入侵的淪陷前，香港的物價已高漲，工人生活困苦；而工會在當中扮演積極角色，為工人謀取最大福利，於是會務前所未有的蓬勃。1941 年 6 月後，因戰爭消息日益緊張，物價高漲，工會召集全廠工友再向公司請求兩次加薪及增給伙食補助，以及加貯大批米糧以備戰時需用。1941 年，兩次加薪和改善待遇的要求成功[2]，令問題得到解決。此外，也請求增發多一個星期的年尾花紅（連前共四星期），醫藥設備請求公司負責。

七　1941 底至 1945 年香港的淪陷時間

　　1941 年 12 月 8 日，日寇襲港期間，在工會率領下，營業部全體工友在槍林彈雨中堅強地冒險維持市面交通及出任救傷工作。直至日寇進至銅鑼灣時方告停止。過程中不幸傷亡了幾個工友。日寇佔領全港後，工會曾派出代表向日寇交涉，於手槍指嚇下，要求維持留港工人的生活。後來，工會幹部職員多已回國，會務停頓，遂將會內傢俬雜物，遷貯羅素街三十號二樓，交由梁廣銓、房子仁等駐宿保管。

小結

　　1941 年，工會要求資方儲備大批糧食，以備戰時之需，得到協商解決。日軍侵港時，工友在槍林彈雨下冒險照顧交通（當時的 181 工友不幸被彈片削去頭顱），並擔任救護工作。

　　補充說明，發展至光復後的 1948 年 4 月，電車工會與 21 間工會一起聯合成立「港九工會聯合會」（於 1986 年更名為「香港工會聯合會」），簡稱「工聯會」。同年 9 月，存愛會才正名為「香港電車職工會」。於本書內，為了方便行文，「香港電車職工會」有時簡稱為「香港電車工會」，或「電車工會」，指的都是有百年歷史的「香港電車職工會」。

2　朱敬文：〈回顧與前瞻〉，《存愛會刊》復刊號，中華民國三十六年（1947 年），7 月 25 日。

1947 年香港電車存愛會劇弍組全體組員合照。

第二章

光復後 1945 年至
1949 年前——
戰後復工

一　社會大環境

戰後香港，糧食配給，日用品管制，物價飛漲；近三分之一樓宇毀於戰火，勞苦大眾無處棲身。此外，失業嚴重，人浮於事，人工低賤，每天做足 12 小時始僅夠糊口。工人就算有工開，他及家人都處於三餐不飽的極度貧困之中。

「大晏一碗，一碗五毫」——工人的午餐，就蹲在街邊進食。當時灣仔永豐街，又名「鐸吔工人食街」[1]。午間放工時工人大多在街邊小販檔食飯，兩毫子一餐，餸不夠，唯有「多加些汁」。

二　光復後的兩三年工潮頻密

1945 年香港光復後，工會向公司提出交涉，復用戰前全體工友及恢復戰前各種待遇，並和電燈工友互相交響，要求公司補發戰前所欠薪金及花紅，增加薪金和生活津貼，配給勞工米和各種救濟物資，並得到三個月又四分三的酬勞金。

1946 年，工資雖比戰前上升了四倍，但物價卻上漲了七倍！導致 1946 年和 1947 年的工潮特別頻繁，尤以 1947 年為最，勞資糾紛計有 40 宗之多。

三大船塢（海軍、太古、九龍）工人於 1946 年爭取到香港百年來前所未有的八小時工作制；印刷工人亦取得全行業八小時工作制的成果；港燈於 1946 年 7 月 5 日成功簽訂了第一個勞資協議。1947 年四電一煤（電燈、電話、電車、中電和煤氣）、港九兩巴等各業工人，分別取得改善待遇的勝利，推動了香港工人運動的發展。

以下另舉二例描述當年工潮面貌。

例一：跟四大酒店的鬥爭。1948 年 2 月，四大酒店（香港、半島、淺水灣、麗都）資方毀約，工會為維護工友權益，進行護約鬥爭，1,200 多名酒店工人於 3 月 19 日開始罷工，至 3 月 23 日取得勝利，全體復工。

例二：電話工會談判加薪。1947 年 9 月 17 日晚，電話工會召開大會，報告勞資談判情況，由加薪委員會總代表張振南以電話與各工團聯絡。

1　「鐸吔」是戰前港人對海軍船塢（HMS Dockyard）的稱呼。

三　基本情況——復工安排、薪金福利、救濟物資等情況

　　1945 年 8 月 15 日，日寇投降，電車工友於 8 月 20 日開始登記復工。有沒有工開事涉生計、有無飯開的切身問題，工友遂積極組織如何復工以及復工的細節安排，由房子仁、陳耀材、張德賢、陳鈺藻及葉柏曉等負責進行。他們努力號召各舊同事到存愛會登記，組織臨時理事會，選出黃金城等人負責辦理復員工作。工會向公司提出請求：（一）復用 1941 年時服務公司的全體工友；（二）承認工友戰前存在公司的擔保按金及公司所給予的各種待遇；（三）負責維持報到工友的臨時伙食或發給貸金（這條給公司藉故推延未有實現）；（四）補發 1941 年殉職工友的撫恤金等四項辦法。

　　此外，存愛會也制止有人運用私人勢力企圖優先復工，令等候復員的工友，集中在存愛會內。至於會內，就採用公開抽籤的方法，按所抽號數編排次第輪派復工，以符合有工大家做、「工人階級互相支持」的宗旨，令貧苦殘弱、缺乏人事關係的工友，人人都得到無條件復職的機會。然而，工會對復工安排的設計，部長不是照單全收，他們依循戰前那一套，仍要個別挑選錄用，該做法引起大家的反對。結果，在工會據理力爭和工友的團結堅持下，終於使到獨裁強權敵不過群眾的正義，成功迫使部長依照工會定下的抽籤辦法，循序復工。

　　在全體工友，尤其是擔任修理的工友的努力下，營業部候職工友不久就全數復職了。淪陷是慘痛的黑暗歲月，劫後重生，工友間特別互愛互助。

　　復工具體進展如下。

　　1945 年 9 月 10 日，召集已登記工友開同人大會，會中議決向廠方交涉的三項條件：（一）全部工友應優先復職，倘廠方目前未能全部錄用，可輪流工作，以符合有工大家做，有飯大家食之旨；（二）可將剩餘工友分配他職，如印票、機器部或街外工作等；（三）廠方應貸款與等待復職之工友，至復職時止，該款待復職後逐漸扣回。

　　9 月 13 日，為使復工更有效地進行，組織了「復員委員會」，以便經常性地負責復員工作，並選出了房子仁、黃金城、侯錫惠、張賢等為委員。是日，全部工友當眾抽籤以便輪序復職。

小結

1945 年和平後，會務恢復，選出臨時理事會，向資方提出：（1）復用
1941 年（戰前）工友；（2）發給戰時酬勞金；（3）承認戰前之保證金及
各種待遇，並加發生活津貼；（4）負責維持復員報到的工友之臨時伙食等
要求，獲得解決。（歲月痕跡 1.1）

四 存愛會成為全廠性的產業工會

　　為電車工友爭取權益的存愛會，在戰前已成立，最初只屬營業部工友的
組織。戰後，在成功爭取恢復待遇的大背景下，由 1945 年下半年開始，工
友更踴躍地加入存愛會。

　　1945 年 10 月 5 日，屬於全廠工友的工會正式開始成立。由於工友空
前團結，是日全廠工友大會一致通過，把屬於營業部工友之存愛會擴展為全
廠工友的工會。這是一個值得紀念的日子。因為有了代表全廠工友的產業工
會，不是只代表某部門。如此一來，就可以更有代表性地向廠方提出要求，
替工友爭取利益。資方也必須加以考慮。例如建議發勝利金、對未及回港工
友隨到隨即錄用。

　　1945 年 12 月 7 日，工會召開全廠工友聯合大會，議決擴大工會組織，
並決議通過要求向公司提出請求恢復待遇。12 月 24 日的勞資代表緊急談判
後，廠長答允接納工會的請求。12 月 24 日，當時，朱敬文代表全廠工友向
廠方再次提出加薪、減時、發勝利金、發制服等要求。上午 9 時提出最後通
牒，限廠方於下午 5 時以前答覆。結果，代表西門士與朱敬文在勞工處由該
日下午 3 時會談至 7 時，除減時問題押後解決外，其餘一律圓滿解決。從中
反映，愈多工人加入存愛會，團結起來的力量就愈大。

　　12 月 27 日公司發出公告：給予全廠工友三個月又四分三的勝利金，及
1941 年 12 月的薪金和該年的四個星期的花紅；此外也縮短工作時間及增加
薪金和恢復戰前的一切待遇。

　　在 1946 年 1 月，存愛會正名為「香港電車公司華員職工存愛會」。1 月
10 日，朱敬文再向廠方提出發給戰時死亡工友撫恤金。

小結

1946 年 1 月，把「存愛會」的名稱改為「香港電車公司華員職工存愛會」，刪去「營業部」三字，從此成為全廠性的工會。

同年 6 月，在工友的團結下，向資方提出有薪病假、喪事津貼、每年 18 天有薪例假、退職金等要求，獲得解決。

同時，在社會人士的贊助下，聯合各友會成立「勞工教育促進會」，創辦勞校，解決子弟就學問題。

五　跟友好工會合作

1946 年 2 月 1 日，電車工會與歐陽少峰領導的華人機器會聯合向當局要求，立即實行八小時工作制。是日全港工人在六國飯店舉行慶祝大會。2 月 2 日，開同人大會並招待各工團領袖、新聞記者及文化界。3、4、5 月跟港九工團有各種活動，關心家鄉及祖國，也有賑災籌款活動。

1946 年 5 月，電車工會和電燈工友互相策動要求公司改善戰後待遇。5 月 23 日，電燈工友為要求改善待遇而被迫罷工。電車工會召集港九工團代表舉行座談會，共謀迅速合理解決的辦法。5 月 24 日，電車工會為援助電燈罷工工友發動募捐。工友們如感切膚之痛，熱烈捐款，得款 1,986 元。事件在 6 月 1 日得到解決，並獲得空前的成果！十年退職金、每年放 18 天有薪假期、入院留醫的醫藥費用全由公司負責、服務滿十年的患病工友得享三個月全薪及三個月半薪病假，未滿十年的則有四個星期有薪病假……例假、撫恤等待遇都是從這次要求得來的！

6 月 8 日，電車工會為加強工團聯繫，召集電話華員協進會及電燈華員協進會全體職員，舉行第一次聯誼會。

1947 年 8 月，電車工會復聯合港九五大公共事業（電車、電話、電燈、煤氣、中華電力）工友，共同發動改善待遇的要求，得到加薪百分之五十、每星期放假一天、咕喱生活津貼照技術工人同等發給等待遇。

1948 年 4 月，電車工會與 21 間工會一起聯合成立「港九工會聯合會」。同年 9 月，存愛會才正名為「香港電車職工會」。

六　1949年前外部環境的變化令工運連陷低潮

1940年代的中國在國民黨治下政治腐敗，民生日敝，在徵兵徵糧的壓迫下，老弱者輾轉成為流民，少壯者大量流離海外，例如逃難去香港，令香港平添大批失業後備軍。在人手供過於求下，嚴重影響港九勞工的生活。1949年前後，香港工運轉入低潮，電車工會當然也包括在內。針對這個局面，只有靠全體工友互相緊密團結，鞏固個別工會的會內力量，並進一步團結其他友會，令工人力量累積起來，方可度過人浮於事、勞工無議價能力的艱難時期。

歷史知識

離職不離會

1946年9月8日，由於離職工友愛護本會之熱誠，不欲離職即離會，是日理事會議決定：離職工友仍為本會贊助會員，享有本會之權利，但無選舉與被選舉權。

七　福利之必須——是戰後有工作也未足以糊口的年代

1.　配給勞工米

由於工資低微，不能維持目前的生活需要，工會接受工友要求，1946年5月6日，再次向廠方提出改善待遇，又組織「改善待遇後援會」及「代表會」，同時選出陳耀材、劉法、楊渠、房子仁、郭漢強、歐蘇為後援會委員，朱敬文、歐陽少峰、楊炎、歐東成為交涉代表。

5月10日，朱敬文代表向廠方要求配給勞工米，廠方即予答允。但當局規定，文員不予配給。工會代表去勞工處交涉，但沒有結果。最後由工友互相幫忙，經工友們的同意，凡享有配給勞工米者，每人撥出二兩予文員，使大家利益均沾，這是團結的好現象。

2.　三樣最多人關心的福利——子弟教育、疾病救濟、仙遊帛金

窮人打工子弟有沒有書讀，也得靠集體關注才有力量尋求解決辦法。在香港各開明士紳如何明華會督、施玉麒牧師、蘇雲少校、周俊年先生、羅文

錦先生、周錫年先生等贊助下，成立了港九勞工子弟教育促進會，以及其所創辦的勞工子弟學校，解決了千多名工人子弟的讀書問題。1946 年 8 月 23 日，存愛會為參加港九工團之勞工子弟教育促進會，選出朱敬文為全權代表，郭漢英及陳耀材為協理代表。

在 1948 年 12 月 30 日出版、香港電車職工會宣傳部編印的非賣品小刊物《電車工人》第一號內，工會福利部主任陳耀材寫了一篇文章，題為《一年來本會福利事業概述》(歲月痕跡 1.8)。文內便提及，「其如子弟教育，疾病救濟，與及仙遊帛金等狀況，為會員所關懷而欲知道的」，這正是該文撰寫的原因，集中解釋上述三方面的情況。由疾病救濟及仙遊帛金等要項，側面反映當時工人的健康狀況以及是否長壽。

當年生活是否艱苦？答案可想而知。

3. 勞教會成立

創辦勞工子弟學校的港九勞工子弟教育促進會（後改名為「港九勞工教育促進會」，簡稱「勞教會」），成立目的是解決工人子弟的讀書問題。勞教會的成立年份比工聯會更早，為工聯會的建立準備了一批領導人材。

二戰結束後，香港校舍缺乏，師資不足，造成大量兒童失學。雖然 1946 年前後，全港有六間官立小學，學費每期只收 30 元，但學額根本無法滿足實際需求。而私立學校的學費是官立學校的三倍，每期學費大約高達 100 元以上，勞工階層根本無法負擔，以致工人子弟陷於失學的境地。

為解決工人子弟的讀書困難問題，1946 年 9 月，21 間工會聯合起來，組成港九勞工子弟教育促進會，籌辦勞工子弟學校。初時沒有校舍，借用海軍船塢華員職工會會址上課。由 1946 年 9 月第一間勞校誕生，發展至 1948 年、工聯會正式成立後，校舍已多達 12 間，在學學生達 2,000 多人。而最初一兩年共五間校舍時，規模較大的是「摩托車勞工子弟學校」。

1949 年 5 月，港英政府企圖解散勞校，工人、家長、教師和學生展開了聲勢浩大的護校運動。

勞工子弟學校第一批學生合共有 80 多人。第一屆的導師都是優秀骨幹，以導師梁超為例，他後來擔任電燈工會書記。在香港淪陷時期，梁超曾參加東江縱隊港九大隊，並任西貢中隊政治指導員。後來梁超返回中國大陸，曾任廣州市總工會主席。

4. 1948 年工聯會成立

戰後香港百廢待興，薪水低賤而物價飛漲。工人即使「有工開」，收入仍只夠勉強糊口，日子過得極為困苦。

由於生活艱難，1946 年和 1947 年的工潮特別頻繁。1946 年，三大船塢（海軍、太古、九龍）工人爭取到香港百年來前所未有的八小時工作制；其後印刷、四電一煤、港九兩巴及四大酒店等各業工人分別成功爭取改善待遇，推動了香港工人運動的發展。

至 1948 年初，包括電車工會在內的 22 間工會發起組織工會聯合會。4 月在摩托車研究總工會會所舉行了第一次會員工會代表大會，決定把集合力量的組織定名為「港九工會聯合會」（簡稱工聯會）。至 4 月 17 日，在灣仔六國飯店舉行工聯會成立大會，通過工聯會章程及確定「愛國、團結、權益、福利」的工作方針和任務。會員代表大會是工聯會的最高權力機構。第一屆理事長是朱敬文，副理事長為張振南和張東荃。

談電車工會史不可以不談工聯會史。因為電車工會的核心人物同時是工聯會骨幹，及後電車工會的爭取活動都有工聯會的支援與統籌。此外，工聯會艱苦成立之初，連會所也沒有，先後在摩托車研究總工會和香港電車工會擺一張寫字桌工作；發展至 1949 年 9 月才在灣仔駱克道有會所。而在新中國成立 10 月 1 日首個國慶當天，五星紅旗在電車工會會所高高飄揚（*閱讀資料 1.4*）。至 1964 年 8 月工人俱樂部建成後，工聯會才有了固定會所。

工人組織為何會慶祝雙十節？

如何理解以下資料：十月十日，本會聯合港九工團舉行慶祝雙十國慶大會於瑪利球場，為香港工人露天集會的創舉，參加者達萬餘人。朱敬文被選為大會主席。

答：推翻滿清，建立中華民國，國民黨定 10 月 10 日為國慶。因為當時中華人民共和國尚未成立，沒有相對的十一國慶，工人們便以雙十為中國國慶，舉行慶祝活動。

1949 年物價高漲，生活困難，電車工會提出改善生活待遇要求，結果得到：（一）增加特別津貼，每日一元；（二）年尾發雙薪雙津；（三）增加死亡撫恤。（四）調整學徒薪金。

1946 年前籌建勞工子弟學校的義賣活動。

愛曾劇宣組主...
民國三十六年·四月

1947 年香港電車存愛會
劇壹組全體組員合照。

1945 年至光復後大事記

本會光復以來大事記

文書股

日本投降以後，大部分工友都從各地回來了，為使工友們迅速復職以安其生活，一九四五年八月廿日開始辦理登記，由房子仁、陳耀材、張德賢、陳鈺藻及葉柏曉等負責進行。

八月廿五日，在工友大家熱烈討論之下，決定三個方針：一、擴大宣傳使工友周知，經常到會及協助辦理登記事宜。二、登記手續應要簡便與大公無私，並防止將來復職被幾個高級職員所操縱。三、馬上向廠方交涉並協助廠方一切接收工作。

九月十日，召集已登記工友開同人大會，會中議決向廠交涉的三項條件：一、全部工友應優先復職，倘廠方目前未能全部錄用時可輪流工作，以符有工大家做，有飯大家食之旨。二、可將剩餘工友分配他職，如印票、機器部或街外工作等。三、廠方應貸款與等待復職之工友，至復職時止，該款待復職後逐漸扣回。

九月十三日，為使復工更有效的進行，組「復員委員會」以經常負責復員工作，並選出了房子仁、黃金城、侯錫惠、張賢等為委員。是日並將全部工友當眾抽籤以便輪序復職。

九月廿二日，朱敬文及梁廣銓從鄉回港，大家贊成他兩人為「復員委員會」委員。

九月廿七日，朱敬文代表全體工友向廠方提出公決之三項要求，廠方允予考慮。

十月五日，由於工友空前的團結，是日全廠工友大會一致通過把屬於營業部工友之存愛會擴展為全廠工友的工會，這是一個值得紀念的日子。

十月廿七日，部分工友復職；並向廠方提出撫恤金要求，廠方允予考慮。

十月十一日，向廠提出發給勝利金要求，廠方也允予考慮。

十一月廿七日，全部工友復職，並要求廠方對未回港工友，隨到隨即錄用。

十二月七日，開同人大會，決定選出理事四十二名。其分配辦法如下：

營業部佔二十一名，機器部佔十六名，文員部佔五名。

十二月十五日，全廠工友投票選出理事四十二人，正主席朱敬文，副主席歐陽少峰。（全部名單從略）

十二月廿四日，朱敬文代表全廠工友向廠方再次提出加薪、減時、發勝利金、發制服等要求，上午九時提出最後通牒，限廠方於下午五時以前答覆。結果代表西門士與朱敬文在勞工處由該日下午三時會談至七時，除減時問題押後解決外，其餘一律圓滿解決。

一九四六年一月十日，朱敬文再向廠方提出發給戰時死亡工友之撫恤金。

一月十九日，光復第一屆職員就職典禮，儀式從簡。

二月一日，本會與歐陽少峰領導之下華人機器會聯合向當局要求實行八小時工作制由是日起實現。是日全港工人在六國飯店舉行慶祝大會。

二月二日，開同人大會並招待各工團領袖、新聞記者及文化界。

三月廿四日，本會參加港九工團聯合慶祝政治協商會成功大會，在中央戲劇院舉行，會場情況空前熱烈，是香港工人關心祖國政治的表現。

四月十日，本會為港九工團聯合響應何明華會督救濟海陸豐惠東寶五縣災民，是日發動捐募，得款五百六十一元一毫一仙。

五月一日，本會聯合港九工團擴大慶祝「五一」勞動節於利舞臺，朱敬文被選為大會主席。

五月六日，由於工資低微，不能維持目前的生活需要，本會接受工友要求，再次向廠方提出改善待遇。並組織「改善待遇後援會」及「代表會」，同時選出陳耀材、劉法、楊渠、房子仁、郭漢強、歐蘇為後援會委員，朱敬文、歐陽少峰、楊炎、歐東成為交涉代表。

五月十日，朱敬文代表向廠方要求配給勞工米，廠方即予答允，但格於當局規定文員無配給之權利。

五月十五日，關於文員不能配給勞工米事，歐陽少峰往謁勞工處請求，亦無結果，經工友們的同意，凡享有配給勞工米者，每人撥出二兩配與文員，使大家利益均沾，這是團結的好現象。

五月廿三日，本會主席朱敬文，鑒於電燈工友為要求改善待遇而被迫罷工，影響居民生活頗大，極感關切。是日召集港九工團代表在本會舉行座談會，以謀該事件迅速合理解決。

五月廿四日，本會為援助電燈罷工工友發動募捐，工友們如感切膚之痛，熱烈捐輸，得款壹千玖百捌拾陸元。

　　五月廿六日，廠方答允工友之各項改善待遇要求，並宣佈由六月一日起實施。勞資進行談判時有副勞工處長蘇雲列席。

　　五月廿七日，工友們為救濟海陸豐惠東寶五縣災民再度熱烈捐輸，得款五百六十五元一毫，交何明華會督轉賬。

　　六月八日，本會為加強工團之聯繫，召集電話華員協進會及電燈華員協進會全體職員，舉行第一次聯誼會。

　　八月廿三日，本會為參加港九工團之勞工子弟教育促進會，並選出朱敬文為全權代表，郭漢英及陳耀材為協理代表。

　　九月七日，本為加強工友間之聯繫，特在機器部組織「小組自治委員會」。

　　九月八日，由於離職工友愛護本會之熱誠，不欲離職即離會，是日理事會議決定：離職工友仍為本會贊助會員，享有本會之權利，但無選舉被選舉權。

　　十月十日，本會聯合港九工團舉行慶祝雙十國慶大會於瑪利球場，為香港工人露天集會的創舉，參加者達萬餘人。朱敬文被選為大會主席。

　　十一月一日，本會為援助荷印邦加僑工發起一元運動。

　　十一月廿三日，本會參加港九工團聯合組織福利事業研究會。

資料來源：《存愛會刊》復刊號（非賣品），1947 年 7 月 25 日，頁 10-11。

 閱讀資料 1.2：

陳耀材筆下的香港電車工人組織發展史

資料導讀　這篇文章是很重要而有價值的閱讀資料，內容已化入書內的綜述部分。當中，陳耀材文章內或未準確、或細節有些微出入或空白處，已在綜述時予以訂正。

香港電車工人組織發展史

陳耀材

　　我們電車工人，從建立最初的團體，發展至現在的「香港電車公司華

員職工存愛會」，已有四十年的歷史了。這期間，在工人領袖的英明領導和先進工友的團結合作下，經過許多波折，變換種種形式，前仆後繼地才擴展成為今天全廠性的工會！

會的歷史，雖然沒有甚麼了不起的事跡，但在整個歷史過程中，有許許多多寶貴的經驗和收穫，值得我們大家學習和參考的。在本刊復刊的今天，把這個歷史寫給大家，實在有重大的意義。

自從一九零四年，香港電車行駛市面之後，一群離家路遠的司機和售票工友，因為早夜往返不便，發起聯請公司在堅拿道西七號，創立了一所「外寓」，使大家得到在就近食宿的便利，並召致一些休班工友到這裏來座談作樂，由是形成一個電車會館——七號館——的組織。至一九一九年「五四運動」開展後，一群思想進步的青年工友何耀全……等，接受了國內大革命前期蓬勃工運的影響而湧上工運的洪流，秘密派代表赴廣州出席第一次工人代表大會。回港後召集了一群熱心工友，興奮地呼着「競賽進步」的口號，擺脫了「獨善其身」和「個人功利」者的破壞，經過幾次在深夜僻靜地方的秘密會議，艱苦地進行組織工作。

在一九二〇年，成立了香港電車競進工會，開始發動全體工友，響應港九機工要求加薪運動，舉派何哲民……等為代表，向公司當局提出九項改善工友待遇要求，在各代表據理的劇烈爭論或全體工友的堅決鬥爭下，終於獲得了全部的勝利！把前時工友們個別的或部分的進行請求，總得不到的成果，都全部得到如願以償了：

(1) 加薪百分之三二‧五。

(2) 取消不返工罰扣兩天工錢的苛例。

(3) 取消每天老早回廠等候點派出車，沒車去作無條件遣散的規例。（此後人多時就派往車站坐亭）

(4) 年尾發給三個星期的花紅。

(5) 超過八小時二十分鐘工作後的補水，一小時作二小時計算。

(6) 年級加薪，在公司服務滿三年者加兩元；滿五年者加四元；滿十年者加九元。……加至二十年級止。

(7) 在總站設兩名替手人（即坐亭者）以備司機和售票員工友急需時替代工作。

(8) 頭尾總站設一名轉線撬路工人，免除售票工友在雨天下車濕身之苦。

(9) 非經勞資雙方代表會商決定，公司不得任意開除工人。

　　這是競進會憑着工友大家擁護與團結的熱誠，把握有利的時機，所爭取前所未有的待遇。從這次的成功，使工友們有了新的認識，從而競進會就更加擴大和發展了。

　　一九二五年，「五卅」慘案引起了省港大罷工，競進會執行總工會決議，率領全體工友首先回粵，被舉為「省港罷工委員會」的幹部，分擔北伐後方的宣傳、運輸和糾察等工作。至一九二七年，不幸，孫中山先生革命的三大政策，被他不肖的「後裔」推毀了，倒行壓制農工，補殺工人領袖，我們在省參加革命工作的工友，許多被補和失蹤了！著名的何耀全，譚其英……等被殺害了！「他們犯了甚麼罪？他們為工人階級解放運動而犧牲！ 他們為工人爭取生存幸福的工作而死！這死是光明的」！（編者按：引用譚其英先烈臨難豪語，筆者把我字改作他們）那時我們在港工友和省方派來的代表，正在登龍街四十五號二樓（簡週銓住宅）進行籌備恢復工會工作，遭上冷澆，被迫停頓，我們經過許多艱辛才建立起來、而又真正為工人謀利的「競進會」從此解散了！從而勞資協約被修改了！ 新的廠規（例簿）頒發了！ 工友的集會收款，未得到許可，也不能進行了！

　　在這四面楚歌風雨暴臨之下，復會籌備處同人，只得拉了另些工友備案的「青年藝業研究社」的招牌，來遮掩了一陣，到底因為意志不同，行動各異，不久就拆了伙，另行組織一個「大食會」—— 中秋歡讌團——來維繫籌備處的二三十個熱心工友，暫作精神的聯繫。此外大部分工友都過着渙散的「獨自生活」，各家自掃門前雪，不理他人瓦上霜了！

　　一九三○年，陳伯超、簡週銓……等熱心工友，因鑒於貧病死亡工友，孤苦無援的慘狀，決計藉此重組團體，散佈救濟宣傳，號召同人創設「人壽會」。首先使何植光探討廠方意見，並蒙容謝屏先生樂善為懷從中襄助，始由陳伯超攜備組會章程，入謁營業部長轉徵諸廠長意見，旋得覆示：須「由廠方代立規條和代管財政，會址設在廠內，倘汝輩同意此等辦法，即可進行設會」云云。後經同人會議通過，遂於是年七月在廠內「點更房」成立了「營業部慈善會」。遵照公司規定，徵求營業部「站長」以下的職工入會。每人每月收「貯金」二角，發給仙遊工友「帛金」，入會未滿一年者五十元，一年以上者一百元，並由同人大會議決附加「花圈儀」二角及加收「慈善費」一角。附設一個「醫藥維持部」，延聘了幾名中西醫生，替患病工友，診治疾病及發給藥費，入院留醫者每天給予補助費四角，此外並向廠方請求得到：（一）保留醫者職位，免除因病被公司解僱的失業痛苦。（二）公司發給死亡工友的「恩恤金」每名三十元。從此不幸病

亡的工友，都得了不少慰藉。至一九四〇年，因醫藥經費支絀，向公司提出補助，同時適因政府頒佈工廠衛生則例，促成廠方設備醫藥的創舉，使全廠工友都得到了免費醫藥的享受。

由於「慈善會」的表現，博得了公司當局的同情和工友的支持與擁護，熱心工友陳伯超，周葆球……等，依據這好的成就，計劃再進一步的去恢復工會組織，在勞資代表的親善會晤間，表述我們在工餘缺乏正當娛樂及讀書修養的地方，得到部長廠長的同情，允許我們在霎東街六號四樓前座設立一所俱樂部，並由公司代支租費月二十元。其後我們以人數增多，地方狹隘為辭，擬遷往軒鯉斯道四七三號四樓，也得公司當局允許。遂於一九三一年九月註冊正式成立「香港電車公司營業部華員職工存愛學會」，舉辦漢英文補習班、書報、足球、乒乓、象棋、音樂、戲劇、文壇壁報，與及貯蓄互濟的「三益會」和失業的「援助部」；此外並代表工友向公司請求每月放假兩天（有薪的），結果廠方答允暫給一天和改善多少待遇。「一·二八」抗戰事起，本會發動全部工友捐薪一天兩天或三四天的工金去慰勞十九路軍，事屬創舉，成績使到廠內英人驚異。一九三七年，國大代表競選，黃嘯鶴、左雨亨、梁廣銓等，攜了同人選票奔走接洽，得了某先生一筆捐助，租得軒鯉斯道四四一及四四四號四樓為校舍，開辦了一所工友子弟義學。乘機遷移會址，才把存愛會學會的「學」字刪掉而更正了工會的名稱。「七七」事起，號召營業部全體工友組織了「香港電車公司營業部同人救災會」，舉行長期捐薪，購買公債，進行救災和慰勞工作，成績也頗不弱。這幾年間在會務上，雖曾發生多少波折和不如意的事件，工作有些缺點，人事做得不夠，但也算有些工作表現。

一九三九年至香港淪陷前期間，在譚湘華、鄺遠才、陳偉球、黃金城、侯錫惠、朱敬文、冼灼明、陳耀材、歐文榮……等相繼負責辦理下，憑着大家的熱情和虛心，決意整頓作風加強會務，集中會內元老青年大部熱心分子，共同合作，續聘梁鐵民先生重組英文班和組織了聖約翰傷救傷隊 HKT 支隊，加強救傷、國語、話劇、歌詠、足球、乒乓、象棋、圖書、游泳……等小組活動；並時常舉行聚餐、旅行、座談、演講、游藝、懇親……等集會；繼續推進各種募捐，進行演劇、游藝、售旗、賣花、募集寒衣等等，對於救國、救災和慰勞的工作，都幹得非常熱烈。連學校的小學生也活潑起來，加強學習，舉行各種競賽和參加到校外的兒童團體的隊裏去活動。此外並聯合機器部全體工友，向公司提出要求每人加薪四元（結果只得二元）及增加一星期的年尾花紅（連前共四個星期）和實現每月放

假兩天的協定，會務蓬勃，前所未有。一九四一年六月後，因戰爭消息日形緊張，物價高漲，復召集全廠工友再向公司請求得到加一薪金和加二伙食津貼與及加貯大批米糧以備戰時需用。

一九四一年十二月八日，日寇襲港期間，本會督率營業部全體工友在槍林彈雨中堅強冒險維持市面交通，及出任救傷工作，直至日寇進至銅鑼灣時方告停止，因此傷亡了幾個工友。日寇佔領全港後，本會幹部職員多已回國，會務停頓，遂將會內傢俬雜物，遷貯於羅素街三十號二樓，交由梁廣銓、房子仁……等駐宿保管。

一九四五年八月十五日，日寇投降後，房子仁、張德賢……等會商進行恢復會務，得葉柏曉……等共同努力號召各舊同事到會登記，組織臨時理事會，選出黃金城……等負責辦理復員工作，向公司提出請求：（一）復用一九四一年全體工友；（二）承認我們戰前存在公司的擔保按金及公司所給予我們的各種待遇；（三）負責維持報到工友的臨時伙食或發給貸金（這條給公司藉故推延未有實現）；（四）補發一九四一年殉職工友的撫恤金等四項辦法。此外並制止運用私人勢力，企圖優先復工的貪緣行動，使全等候復員的工友，集中在存愛會內，採用公開抽籤方法，按所執號數編排次第輪派復工，使到那些貧苦殘弱缺乏人事的工友，個個得到了無條件復職機會。可惜那嘗過三年零八個月慘痛生活的部長，依然戰前那一套，仍要個別挑選錄用，因此引起大家的反對，一般熱情工友，情不自禁地對他演了一齣「獻酒挦鬚」的話劇。在本會據理力爭和工友的團結堅持下，終於使到獨裁強權敵不過群眾的正義，勝利地依照我們所定的抽籤辦法循序復工。在全體工友——尤其是擔任修理工作的工友——興奮熱烈地加緊重建本廠的共同努力下，營業部候職工友，不久就全數復職了。受了幾年來慘痛悲苦的生活教訓後，大家都覺悟了表露着很友愛的合作互助的真情。十二月七日本會召開全廠工友聯合大會，議決擴大本會組織及向公司提出請求訂立「復員待遇」。十二月廿四日的勞資代表緊急談判後，廠長答允接納我們的請求。廿七日發出佈告：給予全廠工友三個月又四分三的勝利金；及一九四一年十二月的工金和該年的四個星期的花紅；此外並減短工作時間及增加薪金和恢復戰前的一切待遇。

從這次成功之後，全體工友都歡騰踴躍地加入到存愛會來了，這是我們幾十年來求之不得的創舉！從此存愛會便成為一個全廠性的產業工會，更有力地步着光榮的史績，替工友去爭取利益，如一九四六年五月的向資方要求得到的偉大待遇。

在一九四六年一月修正了名稱為「香港電車公司華員職工存愛會」，正式宣佈復會成立，這是我們電車工人組織和發展的過程。

如我們不滿目前的痛苦生活，就必須把工會的發展史研究一下，總結過去的經驗教訓，作為我們行動的指針，這樣才能夠鞏固工會，從而我們更進一步的改善生活就有了保證。

資料來源：《存愛會刊》復刊號（非賣品），7 月 25 日，頁 5-7。

☑ 閱讀資料 1.3：

電車工會一年來會務大事記（1948 年）

資料導讀　下面大事記摘自《電車工人》新一號，刊物於 1948 年底出版。當時的時間標註仍是「中華民國三十七年十二月三十日出版」，由「香港電車職工會宣傳部編印」，為非賣品。

大事記談的是該年（1948 年）的香港電車職工會的會務，從中反映光復後的勞工狀況。當時已有工會聯合會的組織，讓各會爭取權益時可以互通聲氣，互相支援。當時工資不是固定底薪制，是不同名目湊集所得月薪──資方如欲「調整」工資，手段很有彈性。當中「生活津貼」一項，經常是爭議點。

從互相支援的情況，反映 1948 年的士司機有一場重大的抗爭，包括以罷工方式爭取合理待遇。另外當時工會的文娛生活很豐富。

一年來會務大事記

秘書處

一月二十日

召開第二次代表大會。除討論各項會務外，對九龍城不幸事件，一致表示同情，決議在廿三日發動一元募捐運動，推出陳新、黃嘯鶴、歐陽達三人代表本會前往九龍城向不幸同胞慰問。

二月廿五日

由黃嘯鶴、陳新、歐陽達等將援助九龍城同胞捐款七百二十二元七毫全部購買白米前往九龍城慰問。

二月十五日

本會在六國飯店舉行同人大會，由朱敬文任主席，到會會員有一千多人，席中決議：為協助本會各股主任推進行政效率，將文書股擴大為秘書處；在福利方面，通過將米銀全部作為疾病救濟基金。患病工友到公司停止支薪之後，由大會撥出三十元一週，幫助工友解決在疾病期間經濟上的困難。

二月廿七日

戰前司機工友謝潤銘復員到港，由主席向廠方交涉後，於今日恢復工作。

三月三日

為支持海軍船塢被裁工友發出告工友書。

三月九日

朱主席為香港政府即將三讀通過的管理職業社團法例引起疑問，特於是日聯合各工會負責人謁見勞工司，對條文內容，有所探詢。

三月廿五日

召開第五次理事會議，大家為適應新條例，應重新改訂會章。推定朱敬文、梁偉中、劉法、林瑞融、陳泰等五人負責草擬會章。要在四月四日完成。

四月三日

工會聯合會成立，本會主席朱敬文獲選為正理事長。（編著者按：朱敬文是港九工會聯合會正理事長，同時也是香港電車職工會主席。）

（以下為編著者插註。）

據工聯會六十周年刊物內的陳述：

1948 年初，22 間工會發起組織工會聯合會。4 月 13 日在摩托車研究總工會會所舉行第一次會員工會代表大會，定名為「港九工會聯合會」（簡稱工聯會）；4 月 17 日在灣仔六國飯店舉行工聯會成立大會。大會通過工聯會章程及確定「愛國、團結、權益、福利」的工作方針和任務。

附圖為「港九工會聯合會第一次代表大會暨第一屆理事就職典禮拍照留念」的照片。

朱敬文理事長（前排右九）、張振南副理事長（前排右八）及張東荃副理事長（前排右十）與理事們合照。新中國未成立，背景照片仍是孫中山。

四月十一日

公祭仙遊工友，同時舉行同人大會，討論新訂會章內容各點及有關今後會務方針。參加者非常踴躍。

五月一日

「五一勞動節」，本會單號工友在義校天台舉行紀念大會，由劉法報告「五一」史略，會後由劇一組演出「流浪到香港」話劇助興。

五月十八日

主席朱敬文先生應港九工會之聘，允許脫離生產，常駐工會聯會執行理事長職務，徵得全體理事同意，於今午向班納提出辭職。

五月廿九日

為適應新法例，於第九次理事會中決議依照本會新章程重行選舉。今日再召開理事會議，即席進行互選主席、副主席暨各處部職員。同時選出「工聯會」、「勞教會」、「工團福利會」等出席表代表。

六月十九日

召開第十二次理事會議，選出朱敬文、劉法、歐陽少峰、林瑞融、陳耀材、房子仁、陳鈺藻等七人為註冊委員，進行申請註冊事宜。（朱敬文一

席後經理事會通過由梁偉中遞補）。

六月十九日

劉法及林瑞融前赴勞工署呈遞本會註冊申請表格。

六月廿二日

召開第十三次理事會議，大家鑒於廠方無理事件加深對工友壓迫，一致通過成立勞資糾紛調處委員會以謀應付，即席選出劉法、王超、陳飛、陳耀材、房子仁、陳鈺藻、歐陽少峰、楊楚、楊新等九人為委員，專責處理勞資糾紛事件。

八月一日

荃灣德士古煤油公司職工會工友為要求改善待遇被迫採取罷工行動，本會派出陳鈺藻、歐陽少峰、梁偉中、林瑞融等四人代表攜備一百元慰問金前往該會慰問。

八月廿二日

本港工人生活津貼本月份低減了十五元，各大工團紛紛開會商討應付辦法。本會亦於是日開會徵集各部工友意見，一致表示應向勞工處詢問津貼低減原因，並要求將物品種類增加及將個半人的津貼提高至足可維持兩個人的生活。

八月廿六日

中樂組在大會協助與歌劇團推動下，籌備成立，並與歌劇團會併為一個組織。

九月廿三日

申請已久之註冊問題，今日獲覆批准，並發給第五一號執照，由十月七日起生效。（編著者按：香港電車職工會是獲批准、正式註冊的組織。日後資方不跟他們談判，在道理上說不過去，原因在此。）

九月廿五日

港九勞工教育促進會展開擴校賣花募捐運動，本會動員全廠工友響應購買名譽花，並推動熱心工友分別沿指定地區進行戶外勸銷，同時參加金庫工作。

十月八日

為響應支援被迫罷工之的士工友，今日發動一元捐款運動，經各部工友一致熱誠捐輸下，一共募得六百七十一元正。

十月十九日

召開第十六次理事會議，一致通過要加強對的士工友的援助，成立支

援的士罷工工友委員會。

十月十日

國慶紀念日，各工會聯合在修頓球場舉行慶祝大會。

十月卅一日

雙號司機福利組假義校舉行成立聯歡晚會。

十一月九日

「工聯會」發動慰問的士工友週，發出慰問袋向各工會募集物資。本會領來一百六十個，向各部工友徵集物資，人人踴躍，個個捐輸，轉瞬一百六十個慰問袋即告裝滿。

十一月十七日

單號司機工友及放假工友浩浩蕩蕩走到畢打街向各糾察工友探問並致懇切的慰問。

十一月廿二日

「工聯會」在海協天台舉行慰問的士工友晚會，本會由黃賡韶唱出「獻給的士弟兄」的龍舟，鼓勵他們。

十一月廿七日

雙號工友購備香煙，準備節目前往「摩總」慰問，梁偉中、房子仁都分別發表談話。預祝他們得勝利。

十一月廿四日

本會函請電燈、電話、中電、煤汽等工會假義校舉行五大公共事業聯誼晚會，交換工作經驗及確定今後工人福利工作的方針和路向。到各單位負責人約五十餘人。

十二月一日

開始更換新證書、徽章的工作。（編著者按：從中反映，1948 年底，香港電車職工會的運作力求更加標準化。）

十二月二十日

本會全體理事應電話工會之邀出席由電話主持的五大公共事業晚會，大家檢討對的士工友支援工作的情形及交換當前工人待遇及福利意見。

十二月廿四日

為繼續支援的士工友發出告工友書，再展開一元募捐運動。今日經過努力的勸募，初步統計共得款六百六十一元七毛正。

資料來源：《電車工人》新一號，1948 年 12 月 30 日，頁 11 至 12。

記新中國成立，第一個國慶日

電車工友　慶祝新中國誕生
千餘工友一致表示信賴支持　雞尾酒會盛況空前情緒熱烈

中國人民共和國（按：原件手文之誤，應為「中華人民共和國」）和各黨各派各階層的人民聯合政府十月一日在北京宣告誕生了，以中國共產

當年的《電車工人》會訊，圖為〈慶祝新中國誕生〉一文的原稿翻攝。

★人工

當主席宣佈大會不設儀式任由工友們狂歡，工友們立刻掀起雄壯的歌聲，唱起國歌來，由于歌詞的通俗而切合大家的心情，已經劈開喉嚨跟着唱起來雄壯的小調，剛剛下來立刻又掀起口號的歡呼，大家抑壓不住心裡的興奮，高潮像大海狂濤，一次緊接有如春雷，清晰緊張流……紛紛舉杯相祝，為擁護人民領袖毛主席而再三歡呼，歷久不絕。到九時，六大缸酒和牛尾茶，已經告罄……

……為全國人民的解放，……為新中國的國盡了工人是領導革命的任務。

團結戰

……希望大家工友，了解當前立國的大勢，負起了建設新中國的使命，對于了職工會多些貢獻，對聯會擁護，對人民的新工國盡了工人是領導革命的任務。

團結戰

黨為首而以工農聯盟為基礎聯合小資產階級，民族資產階級的五星國旗輝煌地飄揚着全中國自由國土上，她的誕生，好像旭日初昇豪光萬丈，照耀着全世界，顯示出全國人民站起來了，因而在國際政治，經濟文化地位上大大提高，而海外華僑特別是工人階級的地位也隨之大大提高，利益得到保障。為着慶祝翻身，慶祝人民自己國家的誕生，舉國人民莫不歡騰鼓舞，海外僑工更以無比興奮愉快的心情，狂歡慶祝，電車職工會在一日下午舉行一個全廠工友狂歡晚會，場面緊張熱烈，盛況空前。經過十多名歌劇團工友積極工作，在三十晚通宵籌備，整個會場煥然一新，會堂張燈結綵，五色繽紛，正中懸掛着人民領袖毛主席照像，兩旁伴着輝煌燦爛五星

★電車

〔1949.11.1〕　〔三版〕

電車工友慶祝新中國誕生

千餘工友一致表示信賴支持
雞尾酒會盛況空前情緒熱烈

中國人民共和國和各黨各階層的人民聯合政府十月一日在北京宣告誕生了，以中國共產黨為首而以工農聯盟為基礎聯合小資產階級，民族資產階級的五星國旗輝煌地飄揚着全中國自由國土上，她的誕生，好像旭日初昇豪光萬丈，照耀着全世界，顯示出全國人民站起來了，因而在國際政治，經濟文化地位上大大提高，而海外華僑特別是工人階級的地位也隨之大大提高，利益得到保障。為着慶祝翻身，慶祝人民自己國家的誕生，舉國人民莫不歡騰鼓舞，海外僑工更以無比興奮愉快的心情，狂歡慶祝，電車職工會在一日下午舉行一個全廠工友積極工作在三十晚通宵籌備，整個會場煥然一新，會堂張燈結綵，五色繽紛，正中懸掛着人民領袖毛主席照像，兩旁伴着輝煌燦爛五星國旗，莊嚴肅穆。西面牆上高掛着「新中國萬歲」的鮮明橫額觸目，臨街的騎樓上高掛國族彩燈，四邊貼滿標語，兩個隔鄰的電車工人今天生日咁熱鬧」的電車工人今日慶祝自己的生日。

還不到預定開會時間，百多工友已經擁到工會來，大家臉上都帶着很出他們為祖國新生而過...他們在簽名時，手腕起着不平常的顫動表現

少有過從心坎裡流露出他們為報新生而過程度的興奮和雷，爲着參加這個慶典都起來參加，不少過去做不到會，或者因居住太遠工作的疲勞剛下班就帶着自己孩子來歡聚，一片喜氣，洋溢整個會場，一個

老工友歡歡地說：「二十多年的辛酸日子，從今天起，隨着人民祖國的誕生而過去了，今後我們海外僑工可以投到祖國的懷抱，呼吸到新中國的自由氣息，今後生活也可以隨着強大祖國的誕生得到保障和改善」這一句

話，代表了全體工友的心聲。開會時，整個會場都熱哄哄的一片歡歡聲，三百餘人擠滿了會場、欄

女人看到這個場面，其中一人說「電車職工今天生日咁熱鬧」的電車

返，直到司儀宣告散會，他們才一面高呼口號，一面扭着秧歌舞，跟歡踰踰愉快地跟返大會場才回復平靜，狂

工★友★筆

39

國旗，莊嚴肅穆。西面牆上高掛着「新中國萬歲」的鮮明橫額鮮明奪目，臨街的騎樓上高掛國旗彩燈，四周貼滿標語，兩個隔鄰的女人看到這個場面，其中一人説「電車職工會今天生日咁熱鬧」，的確電車工人今日慶祝自己的生日。

還不到預定開會時間，百多工友已經擁到工會來，大家臉上都帶着很少有過從心坎裏流露的微笑，他們在簽名時，手腕起着不平常的震顫表現出他們為祖國新生而極度的興奮。不少過去從不到會，或者因居住太遠而甚少到會的工友，為着參加這個慶典都趕來參加。不少工友忘掉整天工作的疲勞，剛下班就帶着自己孩子來歡慶，一片喜氣，洋溢整個會場，一個老工友歡快地説：「二十多年的黑暗日子，從今天起，隨着人民祖國的誕生而過去了，今後我們海外僑工可以投到祖國的懷抱，呼吸到新中國的自由氣息，今後生活也可以隨着強大祖國的誕生得到保障和改善」這一句話，代表了全體工友的心聲。

開會時，整個會場都熱哄哄的一片歡呼聲，三百餘人擠滿了會場、欄河、辦公廳、騎樓，塞滿着工友，只看到人頭，再沒有容足餘地。會場外，數百工友無法擠進來，兩個糾察工友滿頭大汗進行勸導，也收不到效果，工友像海潮似的洶湧推進來，兩個糾察工友被擠到不知去向，情勢起比市面搭客爭搭電車的情形更加倍緊張，引動無數行人駐足來看熱鬧。還不到九點，兩碼長的簽名紅布已經填滿了工友的名字，再後來的只能找着空隙的地方小心地簽上名字，熱情澎湃，緊張之極。

當主席宣佈大會不設儀式任由工友狂歡，工友們立刻掀起雄壯的歌聲，唱起國歌來，由於歌詞的通俗而切合大家的心情，不懂和不大會唱的小孩和老工友都一致劈開喉嚨跟着唱起來雄壯的歌聲，響徹整個夜空。歌聲剛竭下來立刻又掀起口號的歡呼，大家抑壓不住心裏的興奮，一次又一次的高聲歡呼，高潮像大海狂濤，一個緊接一個，呼聲有如春雷，清晰緊張。司儀宣佈了雞尾酒會開始，場裏一片騷動，立時人氣匯聚一股熾熱的暖流，充滿全場。酒缸還未放下，已經被工友搶飲一半，坐後較遠的工友搶得前來，已經要等待第二缸了。工友們端了酒，紛紛舉杯相碰，為新中國的誕生，為工人階級的翻身，為全國人民的解放，為擁護人民領袖毛主席而再三歡呼，歷久不絕。

到九時，六大缸酒和牛尾茶，已經告罄，廚房裏還擁滿了搶酒的工友，廚師忙得滿頭大汗，一時酒和雪都告用清，大喊「趕注」！九時許第一批工友才酒興欄柵，扶醉退出會場，但立刻又給剛收了工的工友填上了，

會場仍是擠擁不堪，大家顧不得肚餓，忘記了疲勞，連數都唔交就跑到工會來參加盛會，大家都説「有情飲水飽」！

十點多鐘，廚師又要趕注，由一個叫「茂林」的工友分頭趕注，一連找了幾間店鋪也找不到雪，最後走到灣仔街市魚枱再三要求才買後二十磅，當他再趕去買糖時，卻給店夥的斥責，他回來抱怨説，如果不是工友大家叫我去，真唔括佢！到了會，廚師見到距離制水時間不遠，又派他趕去找水桶，水缸，一派忙亂，最後連火水罐，大銅茶煲茶桶都儲滿了水，才解決了下一班酒會的困難，一個工友説：「今晚興奮到連水都飲乾！」

十二時了，工友興奮情緒並沒有因為深夜而稍減，大批收工工友不斷湧到工會來，會場仍擠滿了人，他們深怕走漏了今天的機會，莫不盡情暢飲，他們愉快地推拳，並且走到街上扭起秧歌來，熱情澎湃，數百途人圍着熱鬧。

二點鐘，十多缸酒和茶，快告飲光，但工友們還在高興，留連忘返，直到司儀宣告散會，他們才一面高呼口號，一面扭着秧歌舞，跟跟蹌蹌愉快地退出會場。會場才回復平靜，狂歡大會才告結束。

這表現了甚麼？這表現了工友對新生的祖國擁護，這表現出工人階級對自己政黨的信賴，這更表現出多少年來種族的，階級的仇恨積蓄，來一次痛快的清雪。

希望大家工友，了解當前的大勢，負起了建設新中國的使命，對職工會多些貢獻，對工聯會擁護，對人民的新國盡了工人是領導革命的任務。

資料來源：《電車工人》，1949 年 11 月 1 日，第三版。

當年存愛會的文藝表演。

☑ 歲月痕跡 1.1：

1954 出版小冊子回顧三十年來的會務早年情況

資料導讀 以下文章摘自 1954 年 10 月 8 日出版《莊士頓無理除人真相》（電車勞資糾紛特刊）小冊子，由香港電車職工會保障職業生活委員會編印。文章寫於 1954 年，回顧過去，數說電車工會 30 多年來的會務。因涉及最早期的歷史，故放在此處。

電車工會歷年來在福利工作上的成就

香港電車職工會——我們電車工人的大家庭，有了三十多年的光輝歷史了！自一九二〇年電車工人組織了自己的工會以來，三十幾年中，電車工會一直是代表全體電車工人利益，站穩工人立場，堅決為工友，爭取合理的職業生活保障和辦好工人福利事業而努力。在任何困難的情況下，電車工友始終團結在電車工會的周圍，電車工友熱愛工會擁護工會。戰後歷年以來，電車工人團結着在工會的領導下，在解決勞資糾紛上和福利工作上獲得了不少的成就。

一 通過談判協商解決勞資糾紛爭取職業生活的保障

電車工會一貫來盡力爭取通過談判協商解決勞資糾紛，並獲得了不少成就，在這一方面有許多實際的事例：

（1）戰後一九四五年底開始，電車工友恢復電車業務。後來工會根據工友要求向公司提出：（一）復用戰前全體工友；（二）發給戰時酬勞金；（三）承認戰前的保證金及各種待遇，並加給生活津貼；（四）負責維持復員報到的工友臨時伙食。經數度談判協商後獲得了適當的解決：資方答允全體復工，增加工資及將善後律貼由一元加到一元五角，並發給三個月又四分之三的戰時酬勞金和承認戰前的保證金。

（2）一九四六年，工會又代表工友再向公司提出要求改善戰後待遇，爭取到：（一）八小時工作制；（二）工資制度重新訂定；（三）疾病支薪辦法；（四）災害賠償；（五）喪事津貼；（六）受薪假期（每月放假兩天，每年例假十八天）；（七）退職金。

（3）一九四七年物價高漲，工會與三電一煤聯合向資方提出加薪要求，得到了加薪百分之五十，每星期放假一天，搬運工人的生活津貼照技術工人同等發給。

（4）一九四九年工會向資方提出關於改善醫藥設備、醫生制度及車上廠內設備等十項要求，經談判後，獲得答允。並且爭到久病被解職工友享受退職金。

（5）戰後直到一九四七年七月這一段時間，電車工會就曾為了工友的生活職業和資方進行談判協商，解決了工友們被無理開除的事件，不下一百宗。

（6）一九四九年工會代表營業部和機器部工友向資方提出對業務上的改善意見及要求共三十三項，經談判後，一部分要求獲得了解決。

（7）工會為資方無理開除三五八號馬沛工友向資方談判交涉，得到勝利復工。

二　依靠工友團結力量，舉辦福利減輕工友困難和負擔

電車工會一方面堅決保障工友職業生活，一方面舉辦工友福利事業，減輕工友負擔。

（1）一九四七年創辦了電車勞校，使工友子弟有機會受到教育。七、八年來有幾百工友子弟受到了良好的教育。

（2）為安定身故會員的家屬，由一九四五年十二月份起建立了帛金制度，每一個會員身故後其家屬可領取帛金六百元，會員身後事可以解決。

（3）在一九四六年舉辦了疾病救濟辦法，每一會員在停薪時，得享受每星期三十元的救濟金。共發六個星期，使工友在生活上得到一些幫助。現在修改為凡一合格會員患病超過四星期，不論公司有無糧出，工會每週都發給補助三十元。

（4）一九五〇年舉辦工人服務部。電車工人待遇微薄，由於工作條件關係，食無定時，每日都要到街外食東西，經濟負擔好重，因此，工友都希望工會能夠為工友減輕困難。工會倚靠工人的團結，建立了工友服務部，工友放工有了吃飯的地方，在經濟上減輕不少負擔。服務部又經常替工友送茶水，後來又增設日用品部，代工友辦日用品。一九五三年起。過年過節時又代工友辦年貨、生雞、豬肉、月餅等。服務部替工友在日常生活上減輕了不少負擔，和增加了不少便利。

（5）在一九五〇年十一月起舉辦離職互助歡送辦法。資方對工人的壓迫日益加深，工友生活毫無保障，工會舉辦離職互助歡送辦法，使工友離職後，生活不致馬上發生問題，暫時解決了一些困難。

（6）疾病慰問。一九四六年起每一會員患病入醫院，工會每月均買物往醫院慰問一次。自一九五三年起改為每週買物慰問一次。

（7）慰問受火災工友。一九五二年起，凡一會員受火災時，福利部撥出四十元的慰問物品給他，任何電車工友受火災，工會都有慰問。

從這些事實說明電車工會一貫來積極努力為各工友謀利益，在領導工人爭取職業生活保障及辦理工人福利事業上曾獲得不少成就，因此，得到全體電車工友的擁護與支持。電車工會是經政府註冊的合法社團，一貫以來代表着全體電車工人。可是資方莊士頓在一九五一年卻無理地不承認工會，並取消了一貫以來作為談判協商解決勞資糾紛的良好方式的每月勞資會談。自後一直採取敵視工會的態度，經常拒絕見工會代表和拒絕談判協商解決勞資糾紛，引起勞資關係的惡化及擴大勞資糾紛，影響社會不安。資方莊士頓這種無理無法的蠻橫態度不但為我們電車工友所強烈反對，社會人士和其他資方也不同情。

資料來源：《電車勞資糾紛特刊‧莊士頓無理除人真相》小冊子，1954 年 10 月 8 日，頁 25-27。

☑ 歲月痕跡 1.2：

內戰期間的工會情況

回顧與前瞻

朱敬文

存愛會，這光輝的名字，因為它能夠繼續發揚光大它的傳統精神，經常地為了工友們的大大小小的切身利益而奮鬥，到了今天，無疑地，它的基礎是不可搖撼了。

它經過十多年的磨煉，經過不少前賢的苦心培育，走過不少迂迴曲折的道路，它把廣大的工友們的意志溝通在一起，因而在戰前它能夠有力量

解決工友的急切要求，一九四一年兩次加薪和改善待遇都勝利地解決了，到了戰時，又能夠在兵慌馬亂中維持戰時交通及工友的戰時生活。

香港光復後，它又在一群熱心工友的支持下，恢復活動，並從而順利地幫忙工友們解決了復工的問題，創造了在工人組織主持下順利復員的光榮紀錄。而且從此之後，在一九四五年以及在一九四六年五月間的兩次代表工人提出改善待遇的要求，亦同樣在工友們的緊密團結下圓滿地解決了工友們的薪津問題，及退休金、病假、例假、撫恤等問題；同時，在光復後到現在這時期中，對內經常為工友們的被無理除人的事件，勝利地解決大小不下百宗。對外則本着精誠合作的宗旨，與港九各大工團取得密切的聯繫，從而解決許多勞資糾紛（電燈，消防等就是最明顯的例子），另一方面又在香港各開明紳士何明華會督、施玉麒牧師、蘇雲少校、周俊年先生、羅文錦先生、周錫年先生等贊助下而成立港九勞工子弟教育促進會及其所創辦的勞工子弟學校，如今成績斐然，博得社會人士一致讚羨，解決了港九一仟貳百四十九名的工人子弟的就學問題。這一切，祗不過是其中舉舉大者，而所以有這樣的成績的緣故，就在於全體工友的團結，在於各熱心幹部密切合作，各獻所長。

然而，存愛會，這個戰前原屬營業部工友的組織，由於戰後很迅速而順利地發展成為全廠工友的組織，對於這個空前的局面，對於這個跳躍式的發展，本會的原有幹部是有感覺吃不消的，因此，我們可以説：存愛會到今天一般地是團結的、鞏固的，但卻不是無懈可擊地團結得很為鞏固。那末，為了使存愛會更能夠代表工友們的利益和意志，我們得要求全體會友們更進一步把它搞得更團結，更鞏固！

這裏，全體會友們向下面幾個問題努力是必需的：

第一，我們要求從日常生活中團結起來。因為我們在廠內各有職守，而在分工合作中，我們通常發現我們有很多缺點，比如：司機與售票、司閘之間常常因為「打鐘」問題而生惡感，技術工友因「入廠」問題與司機又生誤會；廠內工友和街外工友有時因為乘車而售票員因不相識向之討取車費時又生誤會；上級職員在執行職責時態度有時矯枉過正又與下級職員發生誤會。如此這般的事情是很多的，而這些，又適足以成為團結的絆腳石。因此，如果我們需要團結的話，我們全廠工友，就必須不分部門，不分新舊，不分老幼，大家都要注意在日常生活和工作中，彼此互相諒解，互相敬愛，互相尊重，互相幫忙，認真做到和衷共濟、甘苦與共的地步！

第二，我們負責會務的朋友，大家要推心置腹，一切以會的利益亦即

是全體的利益為依歸，精誠合作，動員各會友參加工會工作和各種活動，溝通各部門工友意見，使本會基礎更臻鞏固。各層工作同志要注意力戒意氣用事，在協商會務時要虛心聆聽反對的意見，態度要好，對人家的長處要學習，對人家的短處或錯誤詳細解釋，切戒有幸災樂禍、落井下石、抬高自己、打擊別人等壞觀念，有事要負責，不可於順利時誇耀自己的功勞，更不可於困難時推卸責任。對某些工友不正確的「閒話」或者一些故意中傷的謠言不要怒髮衝冠，要和平解釋；對於一些懷才莫遇的工友要誠懇地勸他出來替大家做事，尤其是年青的工作者要了解一些老工友的心理，切不可隨便斥為老糊塗，雖然他們有時錯誤，或者自己的確是自問無他，至於你如果能虛心點向老人家移樽就教，那就最好不過，他們不特不會輕視你，而且他會告訴你許多經驗，同時還可能是你的好搭檔哩。

第三，會友們對會的態度要積極，當工會各層負責人做事對的時候，會友們應該給予精神上的慰藉，對工會正確的號召要全力支持；當工作人員做事不對的時候，要積極獻議，到會裏公開提出用誠懇的態度要求解釋或改善；對外間流言或惡意攻擊要負責勸止，發揚愛會精神，不可有袖手旁觀的態度。還有，開會的時候要到會，切不可放棄自己的發言權，「三個臭皮匠，勝過一個諸葛亮」，開會時到會人多，發言人多，是可以使這個會議收穫更豐富的。否則，問題雖然議決，但因為知道的人少，則執行和推動起來的時候就大受影響了。

上述三點，如果大家都能夠互相勉勵，齊心協力，則本會目前所存的若干缺點，都可以被糾正過來從而使本會會務更臻健全的。

目前祖國政治腐敗，民生日蹙，徵兵徵糧的結果，老弱者輾轉乎溝壑，少壯者大量流離海外，使本港平添大批失業後備軍，嚴重地影響我港九僑工生活，實非淺鮮。這個年頭，香港工運所以轉入低潮（當然本會也包括在內），實基此故。針對這個局面，祇有靠全體工友互相緊密團結，鞏固本會，並進一步團結其他友會，鞏固全港九僑工陣線。把全部港九工人力量累積起來，爭取祖國真正民主政治的實現。

工友們，挺起腰來走上前吧，光明已經不遠了！

（編著者按：文中的祖國是國民黨治下的國度。）

資料來源：《存愛會刊》復刊號（非賣品），1947年7月25日。

歲月痕跡 1.3：

《我們要給這輪胎打氣》——電車工種的艱苦處

資料導讀

以下文章描述的是光復與和平後，1945 年中至 1947 年中的情況。閱讀他們的工作情況，對當時工人的勞累程度有個基本認識很重要。當時的那種勞累，不只是疲勞，是工作強度足以令人積勞成疾，並需要提早退休。而工人勞累低薪，主要原因是當時國共內戰，大量人口南移香港，令勞工市場人手供過於求，工人沒有議價籌碼。

明白勞工體力虛耗的情況，才會掌握及理解其他資料的意義。舉例，有文章提及工人在工餘時間排練話劇。只有知道他們上班有多勞累，才會具體地領會他們用「工餘」時間及剩餘精力來排練話劇（歲月痕跡 1.6），是多麼令人敬佩的一分情操，也反映他們對演出有多麼的熱愛。此外，為了保護工友，工會組織於當時有實質意義，新舊人交流經驗十分重要。

讀此文便明白電車工會為何有「離職不離會」此條文。

我們要給這輪胎打氣（節錄）

李德泉

　　一大群的工友，很多在公司服務經已超過十年的，每天一直落的九小時至十小時的工作，中間沒有絲毫的休息，連吃飯大便都得要停止，尤其是司機，他們企足九小時有多，其中的「滋味」，真是不足為外人道的！十年廿年這是多麼長的日子啊！這樣「滋味」，的確嘗夠了，過度的疲勞日積月累，侵蝕了他們的健康，終於，他們對工作更不能支持下去了，精神上逼着他們要向公司告辭，又有一些為公司的間接脅迫而告辭，所幸的是他們還能領到一筆「退休金」（這是我們向公司要求的條件之一，滿十年的工友就有權享受）來維持以後的生活。在會內，一大批告辭的前輩工友贈送給會的紀念品和遺留下來的名字，都好像黏滿血汗似的，使我們後繼的工友看來，真有無限的感慨！

　　……由於祖國內戰的影響，香港的勞動力供過於求，致使每個新工友得到這份職業時，都已費盡了「九牛二虎」的力量，因而他們對現職業均抱着誠惶誠恐的態度而不敢多問矣。……這些現象，無疑的不是我們的福，而是誘導我們去被壓迫的一種媒介。

　　為着保存前輩工友遺下的光榮的傳統精神，為着保存我們的現待遇不被打折扣，為着完全消滅無理的壓迫，為着要改善現在的生活，就要集中和增強我們的力量——鞏固工會，怎樣集中和增強？我願提出幾點意見大家共勉：

　　1、我們對會內的一切權利與義務，應要自動的盡量享受和負擔，權利無疑的大家都在享受着了，義務方面，最主要的是大家盡責支持會的經濟。

　　2、工友間（不論新舊）應利用在工作的便利，加緊聯絡感情，發揚互助互愛的精神，使工友間的感情打成一片。

　　3、在會內，我們應自動的積極的發起足球組、乒乓組、音樂組、話劇組、歌詠組、旅行組、游泳組和大食會……等組織，總之各投所好，各展所長，使工友的精神和力量經常集中在會裏，會內的一切，大家都能夠清楚瞭解和切實的負責的工作起來。

　　我們的團結力量，就好像一個輪胎，假如這個輪胎泄了氣或者不能支持車上的貨物——壓迫——時，就會給壓得粉碎了。所以我希望大家都研究注意到這個譬喻，而加強我們底團結力量。

資料來源：《存愛會刊》復刊號（非賣品），1947 年 7 月 25 日。

 歲月痕跡 1.4：

「唱龍舟」訴說真實的電車工友生涯

導讀資料　用方言及地方性的表達形式「唱龍舟」，述說真實的電車工人生活。

電車工友的呼聲

李文海

　　言開啟，滿腹牢騷，近日行行都慘淡，鋪頭又閂門，原因冇乜生意做。日貨充斥，工廠更重撈。我地電車呢行，邊行都冇佢咁惡做。生活艱難，一條收入幾百樣支數。成個禮拜嘅糧，除左買柴糴米就唔夠卑租。唉

估話打垮的蘿蔔，生活就會轉好。點知年過一年，反為離晒大譜。瘀墩捱左半年，失業嘅時期真係索氣到透。家陣撈咗電車呢行，辛苦到難以抵受。而家等我將的滋味慢慢講嚟，畀大家知道。諸君聽過，咪話我係老粗。若果講得唔好我就圈頭與共撬路。

言再啟，我細說從頭。電車佬嘅生涯，好晒都有限呀。個個捱更抵夜，重要廢寢忘餐。捱盡風霜雨露，時時食埋的失魂飯。你睇下我地成班伙記嘅面口，真係好慘淡㗎。面青口唇白，真係菜色可餐。十隻手指好似蕾槌咁，拳頭重大過茶罌。天色未光，攞齊的架步趕住番廠去點更。時間逼住，唔到你起得身晏。開車嚟到條大街，個天色重微睖睡眼。星光點點，正話打過五更。昨晚半夜收工今朝又輪到做早班。碰啱「士啤」個陣，番得工早，車又去得晏。白白等等足三四個鐘頭。都唔知幾慘。輪到去車個時，咁就做到你落晒膽。直落八個鐘頭絲毫冇得你躲懶。站頭個個停足，唔到你是是但但。揸車重要時時閃避個的車輛，與個的失魂嘅小販。人多上落，又要提防會撞板。天時落雨，又要小心嚟行。交通安全，唔到你當玩，稍為大意，就人命有關。到站就開，真正疴尿都冇時閒。車少人多做死的收銀先生。一日應付千多客人，唔到你火氣猛。若果老皮唔好，問你應付得幾多單。真係條頸揸埋好比條燒火棒。近日的士停埋，我地慘上加慘。未到總站滿額咯，逼到你兼身唔轉，抖氣唔番。揸車位都企埋，無法針掂個個糖環。咁嘅情形。試問邊度有食飯嘅多餘時間。唯有一手揸住「干都拿」，一手托住個個飯嘭。到得站頭住扒番幾啖。重要望前顧後好以打雀咁嘅眼。送飯走雞，菜又凍時重有又乜心機食飯。唯有疊埋心水收工返去先至食過晚餐。唉！日日捱埋呢的單跳與打春飯。依家個胃就總唔得閒。我地日夜咁捱，無非靠雙手嚟來賺。一家幾口，無法子維持得夠兩餐。未到糧期，就要借錢嚟開飯。搞到鶉衣百結，重疏遠晒的親朋。好衰唔衰近來的津貼又話個個禮拜減。資方嘅態度越來越橫蠻。些微嘅錯處，就當賊嚟辦。勞資協約，一心想話推翻。除人唔講理由，真係斗膽。寗願唔要工錢嚟請假，佢就碌起個對金雞眼。開口話唔夠人駛，一味恃住野蠻。生死嘅大事，佢話你想躲懶。收得錢少都話有罪要開除，唔使把日子揀。處罰我地的工人，出聲就話有咗黑名單。任意胡為，恃住自己係老闆。有事唔同工會商量，過後就拉跳板。搞到工友嘅心情。好似如臨大難。重話你地一個月四日嘅假期，已經好歎。待遇咁好，全港冇邊一間。振振有詞，臭當過屎坑板。重有一樣拿手嘅傑作，就用停工處罰呢單。郁吓就停工等工友冇錢開飯。唔似開除咁容易，惹起工友嚟同佢麻煩。呢種

咁嘅陰謀，等於向我地工友打單。處罰工友嘅時期，當作審犯。省你一輪，冇你分辯嘅時間。重兼時常威壓嘅工人，米個同工會咁啱。周時指責唔同佢合作，任從的會員猛將佢嘅牛王嚟省。口氣過人，話係廠口等住嘅人就有幾萬。呢的咁嘅陰謀呃唔到我地工友個雙眼，今日我地糟咁嘅情形，一日都係內戰起家個班口家劇。三徵抽完，又跟住拍賣國產。媚敵揖寇，逆施倒行。唔理人民反對，甘心葬送整個錦繡河山。弄到國本垂危，民不聊生。我地海外僑工，碗飯就越來越慘。今日我地的工人重唔覺悟起嚟，唯有變作窮光蛋。個陣鹹豆冇粒，生活就更加艱難。奉勸我地電車同人，認有要心吊膽。積極參加工會，為時未晚。重要加強警惕，周時防範。個陣工會力量堅強，我地工人就食番餐飽飯。記得團結就係力量呢句名言，大家努力，合力把身翻。莫個懶散。呢點切身嘅問題，唔好當作為閒，就此收場當望各位努力加餐。

資料來源：《電車工人》新一號，1948 年 12 月 30 日，頁 15。

歲月痕跡 1.5：

國民黨政權腐敗失民心

資料導讀　本文主要檢討工會的運作，卻同時反映光復後 1945 年中至 1947 年前後的社會及政治情況。

文內反映當時工人階層在政治上傾向反國民黨政府，有其很實在的因由。當時的國民黨，是以資本家利益為考慮的統治階層，跟草根工人不親和，也不知民間疾苦。所以部分工人階級不親國民黨政府。他們親共，與其說是對政治及政黨抽象的意識形態選擇，不如說是建立在生活感受及遭遇上的很真實的抉擇。

下文的「法西斯」，指的就是國民黨的管治。以蔣介石為首的國民黨失民心、失江山，有其必然性。

從惡劣環境當中實踐三大問題

歐陽少峰

資料導讀　以下段落，前半是總體情況，後半是針對工人團體的打壓。

　　光復後香港的工運，在團結大問題下已趨一致集中勞工力量，獲得八小時工作制的實現，破百年來新紀錄，期望不合理的生活逐步改善，得到世界勞工平等待遇。殊料法西斯死灰復燃，祖國專制獨裁勢力伸張，決心內戰；實行三徵政策，農村破產；大量美貨傾銷，民族工業漸次倒閉，失業者日眾；更兼貪官污吏，肆無忌憚，為所欲為，遂至通貨膨脹，無法維持，弄到民不聊生，壯者散之四方，老弱者坐待死亡。國權任外人操縱，聲名日下，華僑生命財產，毫無保障。所謂執政者，還不覺悟，仍迷信軍事第一，決以武力壓迫人民，置國父遺教的三大政策，及三民主義的真諦，棄於東流。在力不能伸張的海外，以民脂民膏養成爪牙，排除異己，破壞團結。尤其是在工人團體，諸多打擊，製造謠言，混亂視聽，務求使到一般頭腦簡單而純潔的工友互相疑忌。進步的，會灰心冷意而萌退志；落後的，則馴伏如羔羊而易於就範；至墮其奸計，任其擺佈。在封建殘餘尚未遺忘，教育仍未普遍，智識水準低下的工友，難免其動搖。所以光復後和現在的工友，大有差別。團結分裂之後果，本身尚未領悟，殊為可惜。唯望今後，落後者，消除恐懼之心；而意志堅定者，加倍努力，務求使到回復團結如初。

資料導讀　下文內容是上述框架式的概念的補充。
假如認為工會當時是親共產黨的「政治」組織，「很政治化」，那下文反映，當時左派工會的運作一點也不短視，也非單向的政治化；他們很重視教育及提高工友的人文質素。可以說，做群眾工作的切入點頗有高度！
本文作者歐陽少峰在文內對工會組織提出三大方面的分析觀察，既指出內部組織的具體問題，也針對三大問題提出三大建議。當中對橫向聯絡同道力量方面的陳述，反映他們對教育的重視。在教育並未普及的當時，工會的視野，高瞻遠矚。

（一）對內部的組織

我們會內的組織像一個聯合政府，裏面各部代表，像各黨各派，是採用聯合民主方式：先由各會員自己投票選出各部代表；再由各部代表產生理事及正副主席，和各股股長。各盡職守，而強加工作。

......

（二）對外間的聯絡

有許多人誤會，以為會內工作便了，不必多管外間閒事，像古語說：「各家打掃門前雪，休管他人瓦上霜」的閉門主義，這是錯誤的。在現代社會中生活，實不能守孤立，應要彼此聯絡，尤其是同一戰線的工團，時刻不能離開的，像唇齒相依，同進共退，患難與共，絕不能不關心。要生活上的改善，解決一切的困難，非有緊密聯絡不可。我們從遠處着想，經過一年來，聯合多次的集會，結果成立了三個大集團：（A）勞工子弟教育促進會，容納了一千三百幾個學生，解決了千餘人的兒女教育問題，仍繼續努力，擬辦到五萬多個勞工子弟不會失學，這是我們的志願。（B）工團聯合的福利事業研究會，雖然是成立不久，首先提倡實踐工作，如工人無為開銷，形式上不必要的節省，盡量勸勉。像集團結婚等工作、房屋、慈善體育、合作社等，凡屬有益的福利事業。議定方針，按步實現。（C）戲劇協會：是移易習俗，改良社會，為正當娛樂，導入正軌，有意義的宣傳；改造環境，打破封建殘餘的舊習慣，從新時代的演進。以上三個大集團，都是我們被選為主席的重要地位，工作尤為艱巨。我們時刻留心，站在工人的崗位，而永久不懈，這是對外的問題，要像大家庭般的親切，同甘共苦，彼此不離，永遠的團結。

 國家治理失當，積貧積弱之下，勞工階層最慘；因而工人最明白為何要推翻國民黨。因此凡真正民間自發的工人組織，都不親國民黨的權貴政治，當中自有其道理及歷史之必然性。

（三）國民的職責

這一個問題，從前的統治者，曾想盡種種方法以利其剝奪，用不談國

事的愚民政策，由它為所欲為。現在時代已經不同了，一般專制統治者，還想運用這種把戲，而被揭穿後不能施展時，不得不改換方式：說甚麼還政於民，實踐三民主義，四項諾言等等，說是十分漂亮，試看哪一件實行？完全是空頭支票，騙人的風涼話。國內的苛（政）層出不窮，觸目皆是貪污，廣大人民坐待危亡。外僑胞到處被外人奚落，是誰之過？我們不是盲目，當然看得出。應該生出怎樣的感想？國民是否應該這樣？我們不要相信命運，我們會思想，明正義，不要沉寂，有一分腦力盡一分思想，有一點力量，盡一點力量，不要再做奴隸。不堪繼續被剝削的人們，就快起來，剷除法西斯的餘菌。徹底執行國父遺教，真正還政於民，這是對國民的天責。雖然前途還在黑暗，崎嶇而又滿叢荊棘的阻礙，我們聯合力量，抱着艱巨的責任，索摸中而邁進，光明快現目前。有志事竟成，不要忘記吧。

資料來源：《存愛會刊》復刊號（非賣品），1947 年 7 月 25 日。

☑ 歲月痕跡 1.6：

比今天大學生更文青的電車司機
——《成立戲劇組的意義和經過》

資料導讀

以下材料很有生活氣息。最大感受是，當年的電車司機，比今天的大學生更文青！在時代進步、物質文明更豐富的今天讀之，讓人反思生活。

下文說的是和平以後 1945 年中至 1947 年中的情況，讀者能讀到當中的珍貴之處：文章生動真實地呈現了當年工人階層的生活及精神面貌！這種資料的鈎沉保留，給留下來的，不只硬資料，而是軟性的，是當時部分左派工人的思想及精神面貌。

那時已擴大為代表全廠的電車工人組織「存愛會」，成功爭取到八小時的工作制度。別小看這於今天而言是理所當然的工作時數，可是於當時，是「破百年來新紀錄」（歲月痕跡 1.5）；即使於實際而言，當年的工友工作時間仍然是九至十個小時。

為了解除一天的疲勞，人需要有讓自己可以放鬆的文娛康樂。文中對坊間娛樂情況的點評，真實生動地呈現了某類老實工人的所思所想。

當華人社會衣着仍然保守，在戰後百廢待興、生活物質條件仍然匱

乏的情況下，荷里活電影內過於華麗「肉感」的衣着和優渥甜美的生活，確是跟仍要為生活而勞碌的窮工友格格不入。

下文有一細節很值得留意——劇組分劇一組及二組，從中反映當時演出頻密！演出頻密又有何稀奇呢？別忘了，他們都是一天工作九至十小時的工友。他們的演出，全部用工餘時間排練，還要消化有文學重量的劇本。如果不是在貧困中對生活充滿熱情，難以在一天十小時工作、假期罕有的勞累下，還可以維持頻密的演出。

成立戲劇組的意義和經過

組員

和平以後，我們雖然爭取到八小時工作制實現，而實際上每天還要連續工作九小時至十小時。當然我們需要娛樂來調劑一下，以恢復一天工作的疲勞。賭錢決不是正當的娛樂，只是勞神傷財而已，那戲劇就成為最好的娛樂了。然而看美國的電影不是誇大武器威力的戰爭片，就是肉感色情的歌舞片；看粵劇又是充滿封建思想的毒素。這些含有麻醉性的東西，對於我們是有害的。我們為着提倡正當的娛樂；更為着要從娛樂中認識現實促使大家進步，因而集合十幾個愛好戲劇的工友成立了戲劇組。其次，我們低微的工資，實不足以應付目前的物價，工友的福利工作有及時開展的必要，我們希望戲劇組能夠對福利工作負一點經濟上的任務。再其次，我們從不斷的工作和學習中，養成戲劇的專門技術，使劇運更廣泛的展開，對社會對個人都有重大意義的。這就是戲劇組成立的意義。

一開始工作就遇到了困難，在經費方面，因為會無法撥支過大數目，演出費用必須設法自籌；其次是我們工友沒有女性，女組員又須向外徵求。好在組員大家有足夠的信心和勇氣，終於一切困難都獲得解決了。

劇一組（單號工友）劇本選定了于伶先生作的三幕悲劇「心獄」，經過二十餘天的排練，去年十月二十日在孔聖堂工友聯歡會上演出。工友們擠得整個孔聖堂水泄不通，奠定了今後的基礎。十二月三日在青年會第二次演出，招待各界參觀，獲得各界人士的好評。今年一月十八日我們在劇協成立晚會參加演出許幸之先生作的獨幕劇「七夕」，這是抗戰時青年男女犧牲小我挽救大眾的悲壯事跡，和暴露流氓漢奸的醜史。三月八日在婦女節聯歡晚會演出我們改編的「流浪到香港」把祖國內戰老百姓遭受流亡生活的悲慘情形搬上舞台。四月十五日在孔聖堂戲劇聯歡晚會上，演出我們改

編的諷刺喜劇「特派大員」，這是一個暴露貪官污吏醜態的劇本。五月一日港九工團聯合慶祝「五一」勞動節晚會上我們參加演出「繳笑楚霸王」，這是一個利用粵劇形式的劇本。正報三十七期對這個劇有這樣一段話「……」「繳笑楚霸王」的滑稽劇，那是充分利用了粵劇的形式和技術而獲得成功一個節目，在戲台上獨裁專制的魔王，從窮兇極惡到眾叛親離到窮途末路的自私、殘酷和卑怯的醜態，全部暴露出來，贏得觀眾共鳴的痛快，丑角動作的滑稽和油腔滑調，令人笑得眼淚都流出來。

劇二組（雙號工友）得到中原劇藝社胡榮光先生的協助而相繼成立了。在劇協成立晚會上演出田克先生作的獨幕劇「還鄉淚」，這劇是一群遭受戰害而流亡異鄉的老百姓，慘勝後無法還鄉的悲慘事實。五月二日劇協第二次聯合大公演，我們參加演出集體編的獨幕劇「民主之光」，這劇把特務加害民主人士的殘暴行為揭發無遺。最近正加緊排練「演出之前」和「劫報」，不久就可以演出。

我們是這樣不斷的演出，從不斷工作中，學習、學習、再學習，以求取進步。

在香港職業劇團遭受客觀環境的困難，難於展開工作的今天，業餘劇運應該廣泛地發展開來了。我們謹以無限的熱誠歡迎先進的指導批評和工友的參加，使它擴大和發展。

資料來源：《存愛會刊》復刊號（非賣品），1947 年 7 月 25 日。

☑ 歲月痕跡 1.7：

演完就要拆掉的舞台

導讀｜資料 以下是「工友園地」的創作。那時的人因社會原因及戰亂，普通人沒多少接受教育的機會。那時不會滿街是大學生。然而，那時的他們——工人階級、一個普通工人——其渴望被文藝啟發、洗禮的熱情，七十年後讀之，仍被觸動。
1948 年的工人演出，台一演完便拆。工友在演出翌日仍需上班。

熱情的交響曲

海燕

冬季的寒意，在人群中溶解了。熾熱的感情，在工友中交流着，台上，台前，台後，台下；雙號歌劇團十一月底的晚會，使年老的和年輕的工友打成一片。

這是一個最有意思的主題，演出的節目是「今時唔同往日」，而今天聚在一起的工友的心情，何嘗又不是今時唔同往日呢！以後電車工人是一家，既無機營兩部之分，又沒有揸車收銀閂閘之別，從漠不關心到友愛精誠，從不相往還到唇齒相依。

六時，天空扯上了灰幕，耀眼的燈光掩映着舞台。盯着紅色前幕的是數百隻親切的眼睛，在夜色降臨以前，在劈拍的掌聲中，短小的司儀報告節目開始。於是悠和的樂聲，教工友們消失了一天的疲倦。

歌劇團的工友埋頭一個月的成就，一幕幕地讓觀眾去欣賞和批評。誰說手作仔是老粗，他們一樣地去享受和創造自己的文化。台上的喜怒哀樂，也就是台下的愛憎。在一個合理的社會制度下的生活，使工友們嚮往着在戰火背後的人民新天地。縱使過去有着極端偏見的人，也一樣地給劇情感動。一小時多的情緒，在整個劇場交流着。連觀眾自己，也像生長在劇情中一樣。一個好食懶做的人，在新社會下變成了好人。這在最後一幕，給觀眾滿足的享受，那是健康的享受。

工友們踏着愉快的腳步回家，我敢擔保，他們都會做一個好夢，那沒有人壓迫人的地方的夢。觀眾離開後的劇場，歌劇團的好漢，又一次展示勞動精神最高表現，數十雙手，忙碌地把整個舞台拆下來，差不多是夜後二時，才疲得要死地回去。但他們都沒有發牢騷，讓工友們都呼吸到健康的藝術氣息，足以補得上一天的勞頓。於是誰又會說起明早的開工。

資料來源：《電車工人》新一號中「工友園地」欄目，1948 年 12 月 30 日，頁 14。

☑ 歲月痕跡 1.8：

回顧 1946 年中開始籌備為勞工子弟創建學校

 導讀資料 下文原文分三部分，分別是（甲）子弟教育；（乙）疾病教濟；（丙）仙遊帛金。此處只節錄（甲）部，讓大家一讀 1946 年勞工子弟學校創立時的情況概述。

一年來本會福利事業概述（節錄）

福利部主任陳耀材

......

自一九四六年八月，我會發起聯合港九各工人會友創立「港九勞工子弟教育促進會」（現已改名為港九勞工教育促進會），得到了何明華會督和施玉麒牧師之贊助，及得到港府當局批准賣花籌款，就在一九四七年二月正式在港九兩地先後建立各間「港九勞工子弟學校」。從那時起由於廣大工友及促進會的辦事人，不斷的積極推進，成績日著，博得社會人士的贊助和愛護，使到我們的勞校更加龐大的發展起來，雖然受了不少的困難磨折，現在都逐漸的克服了，值得向大家報告的就是：

(1) 會員團體：由最初的十幾個工會，增加到三十多個，包括了三大船塢、電車、電話、電燈、中華電力、水務、郵政、消防、政府職工、摩托車、木匠、泥水、樹膠、五金……等工人團體；

(2) 校舍、班級、學生及教師人數由一間校舍、兩個班、八十三個學生、兩名教員，至最近已擴充到十間校舍、五十二個班級由四年級辦到六年級、學生人數一五四八名（電車職工子弟佔一六九名）、教師八十三名了，學校地點分佈到灣仔、西灣河、筲箕灣（西營盤在進行設立中）、旺角、深水埗、油蔴地、紅磡各區，現在仍不斷的擴充着，並打算在銅鑼灣方面自建一間較大規模的校舍，現在正積極進行籌募捐款，計劃在下月舉行賣物會，已蒙港九各大廠商陸續捐贈各種出品，將來更希望我們工友多幫助的，其次並決定在一九四九年一月四日下午七時在香港華人青年會舉行勞校學生的舞踊大會呢！

(3) 經費方面，照士蔑核數公司結算公佈：本年由二月十一至七月卅

一日止，總結整個勞校進款共九萬七千六百餘元，支出共九萬四千五百餘元，照此每月平均支出經常費用差不多一萬六千元（電車勞校佔一千三百餘元），照現在比較整個勞校每月支出就非有二萬不可，而收入學費連助學金總計只得七八千元，比對相差萬多元，這龐大的數字須賴各方面捐助來支持的。

（4）在教學設施方面，除按照一般學校課程教學外，並設有油印、籐織、冷織、車縫等手工藝，最近且開辦了一所電器機械班，成績也不弱；在學生活動方面，有各種小組組織，如圖書館、學習小組，並設有救濟失學的「兒童識字班」，都是由學生自己去充當職員與小先生，一面學習一面教人，這都是提高兒童認識自己，鍛鍊力量，準備將來為國家社會服務的良好習慣與出路！此外尤為社會各界人士所欣賞讚揚、認為前未曾有的就是各種舞踊，助長了學生的精神和活動不少。

1946 年前籌建勞工子弟學校的義賣活動。

此外促進會並進行開辦及協助各工會設立各種工人補習班，已經開課的有女子五金補習學校及灣仔區英文夜校（每晚在電車勞校上課）……都是幫助工人減少學費負擔，而得益很大的。

本年的促進會常務理事會職員方面，本會被選為副主任，出席代表現由劉法、林瑞融、陳耀材三人負責。本年賣花共籌得款項八萬五千三百餘元。

關於整個港九勞工學校的一切工作措施及狀況，可在促進會第四期會刊中檢閱，現在已付印約在下月初便可出版。

……

資料來源：《電車工人》新一號，1948 年 12 月 30 日，頁 8。

歲月痕跡 1.9：

創勞工子弟學校令上下兩代人都受益

資料導讀 電車勞工子弟學校之設立，不但令「下一代」有書讀，亦令「上一代」（教師及父母）受益。因為辦校者有教育理念，不斷檢討及尋探更有效、更理想的教育方法，過程中令施教者（教師）及學生家長也受益，合力更新、改善教育觀念。
工會組織重視教育，不只令工人子弟有書讀，還對香港社會人文、文化層面的進步作出了實在的貢獻！

祝電車勞校一周年

梁力濤

電車勞工子弟學校成立至今，剛一周年了。在過去一年中，教師們在「港九勞工子弟教育促進會」和各家長的督促和指導下，已有了基礎。這基礎是表現在勞校教育內容和學生成績上，就是說表現在我們勞校的特殊優點上。第一，是以學生的實際需要作為勞校的教育內容，勞校的學生完全是工人的子弟，是後一代小工人，今天要怎樣的訓練，怎樣的陪養，才能使他們成為明天的新工人——新社會的建設者呢？這就是我們勞校教師的

責任，也就是今天勞校的主要教育內容。過去「港九勞工子弟教育促進會」提出「逐漸工藝化」的號召，便是勞校的主要教育內容的具體表現，雖然由於人力物力的限制，直至今天，還只能在車縫、油印、籐工等輕而易舉的手工業上來嘗試，未能獲得大的成績，但是「促進會」是具有必成的決心來達到這目的。勞校的教師們也極願在「促進會」的號召下來達成這任務。所以，從三十七年一半年起，「促進會」便指示我們勞校首先從電器工業方面着手，增設電器班，以後逐漸擴充到各部門。

其次，我們勞校的第二個特殊優點，表現在教師們的管教方法上。我們堅決地摒除那野蠻的落後的打罵制度，而以合理的進步的尊重人性的耐心說服方式來代替。耐心說服的好處，能使學生們深切地了解自己行為的錯誤根源和克服方法，而自覺地來自我改造，當然，這是需要長期地耐心地教育的。有些性急的家長，因為關心子弟過切，便懷疑這種方式不妥，而贊成打罵的來得痛快和有效。我們認為，這種打罵方法，「痛快」或許有之，「有效」則未必，事實是最好的證人，凡是喜歡打罵子弟，他們的子弟，便可能有兩種偏向：倔強的，其內心便充滿了復仇和殘暴的意念；怯弱的，便遇事畏縮，胸無主見，兩者都因要避免鞭打，便設法蒙蔽其家長而養成狡詐惡習，但家長們所認為的錯誤行為，他們的子弟卻未必能改，或許因受復仇心念的刺激，頑性反而暗中滋長。這麼說來，打罵方法，不但無益，而且百害叢生，我衷誠地奉告給性急的家長們，以打罵來教育子弟，實有再三考慮的必要。

我們勞校的第三個特殊優點，是表現在學生的成績上。在「促進會」領導下的港九各勞校，除筲箕灣勞工子弟學校外，都是半日制，但勞校的課程，與全日制的學校的並無二致（除了工藝科），而每個學年的進度，或且過之。如上所說，勞校是注重工藝教育的，所以特別重視與工藝科有關的算術常識兩科，而國文科也是一般地被重視，因而在水準上，也一般地提高了。

半日學制，戰後才有，攷其產生這半日制的背景，完全是為了解決當時香港工人學齡兒童的失學恐慌。到了今天，工人兒童失學問題，還相當嚴重，勞校的半日制，仍屬需要，由於「促進會」的明確指示，和教師們的刻苦努力，終能超越了時間的限制，使在半日時光裏，和一般全日制的學校裏所學得學業一樣多，一樣好。而在教育內容上特別趨向工藝化，在管教上合理化，這又說明我們勞校是在一般中有其特殊優點，和有其特殊成就的地方。

電車工人

新一號

香港電車職工會宣傳部編印

鵝頸橋羅素街三十號二樓　電話二三二二零

中華民國三十七年十二月三十日出版

——非賣品——

《電車工人》新一號封面。

　　這是電車勞校的特色，也是港九各勞校的特色，因為我校和港九各勞校，同是受「促進會」的領導，在彼此的關係上，是兄弟學校，溯其淵源，都是工人的子弟，都是一家人，相互間應該有「憂戚相關，榮辱與共」的利害關係。勞校發展到今天，不是別的，完全是靠港九工人的支持和工作，到今天，家長們已深切地理解到自己就是勞校的主人的真諦了。勞校將來是否能獲得更輝煌的成就，視乎家長們是否隨時隨地給予支持和合作，我電車勞校，不能例外，而且因為它最年輕，因此更需要家長們的關懷和扶助。

　　在它誕生後的一周年，我祝福它前程無限！

資料來源：《電車工人》新一號，1948 年 12 月 30 日，頁 10。

☑ 歲月痕跡 1.10：

香港電車有限公司重要歷史整理簡介

　　香港電車有限公司（Hongkong Tramways Limited）前身是 1902 年 2 月 7 日創立的香港電線車公司。1910 年，「香港電車局」改名為「香港電車有限公司」，並一直沿用至今。

　　香港電車有限公司前身於 1902 年創立及 1910 年更改名稱，但香港電車公司是以 1904 年（即香港電車正式啟用之年）作為公司的創辦年份。

　　1901 年 8 月 29 日，香港政府頒佈《香港電車條例》，鼓勵財團營運港島北電車系統。1902 年 2 月 7 日，「香港電線車公司」（Hongkong Tramway Electric Company Limited）在英國倫敦成立，負責建造及營運香港電車系統；但到了同年年底，這間公司被「香港電車局」（Electric Traction Company of Hongkong Limited）接管。1903 年，公司開始進行路軌鋪設工程，初期由堅尼地城至銅鑼灣鋪設單軌，其後延長至筲箕灣。

　　1904 年初，電車車身以組件形式由英國運抵香港裝嵌。首批電車共有 26 輛，分別為 10 輛頭等及 16 輛三等，全部為單層設計。同年 7 月 2 日，有電車首次駛離車廠作試驗性行駛。經過隨後多日的測試後，香港電車終於在同年 7 月 30 日啟用。

　　1910 年，「香港電車局」改名「香港電車有限公司」。

1912 年，香港政府宣佈禁止外國銅幣。1913 年，香港政府又宣佈禁止外國鈔票、銀幣及鎳幣。這曾一度引起華人的不便與不滿。例如於 1912 年，香港電車響應政府政策而拒收中國銅幣，結果引發華人罷搭電車，使電車公司蒙受損失，需要實行三天免費載客，事件才得以平息。

1922 年，「香港電車有限公司」總部由英國遷至香港，經營權亦全歸香港，變為一間獨立控股公司，主要股權屬於怡和洋行擁有。同年，電車改為以香港電燈公司的電力運作。

1972 年，電車取消等級制度，劃一收費。1974 年，香港九龍倉集團收購了香港電車有限公司。1976 年，電車引入收費錢箱，並於 1982 年淘汰全數售票員。

2004 年，電車公司慶祝成立 100 周年，舉行了一連串活動，主題標誌為一個以漢字「百」構成的電車圖案。同時，香港郵政亦發行了一套紀念郵票，以各時期的電車車款作內容，見證香港電車百年來的演變。

2009 年 4 月 7 日，全資擁有香港電車的九龍倉集團宣佈把香港電車的一半股份售予法資的威立雅交通－巴黎大眾運輸亞洲有限公司（VTRA），並將日常營運交由 VTRA 負責。VTRA 已承諾致力保存電車作為香港的獨特文化資產，包括電車的外觀和設計。VTRA 同時在香港以外亦有經營有軌電車及渡輪服務。2010 年 2 月 17 日，VTRA 宣佈將於 3 月全面收購香港電車。隨着威立雅交通於 2013 年合併改組成法國巴黎交通發展集團（Transdev）及逐步出售股份予法國信託局，VTRA 改名為巴黎大眾運輸事業－法國交通發展亞洲有限公司（RATP Dev Transdev Asia）。

2011 年 11 月 28 日第七代電車面世。這是一輛結合現代內部設計與傳統車身外貌的電車。此改裝亦令電車傳統形象得以保存。

資料來源：本文資料綜合自網上，來源包括《維基百科》等。

照片攝於 1954 年，反映電車乘客的擠迫情況。

第二部分

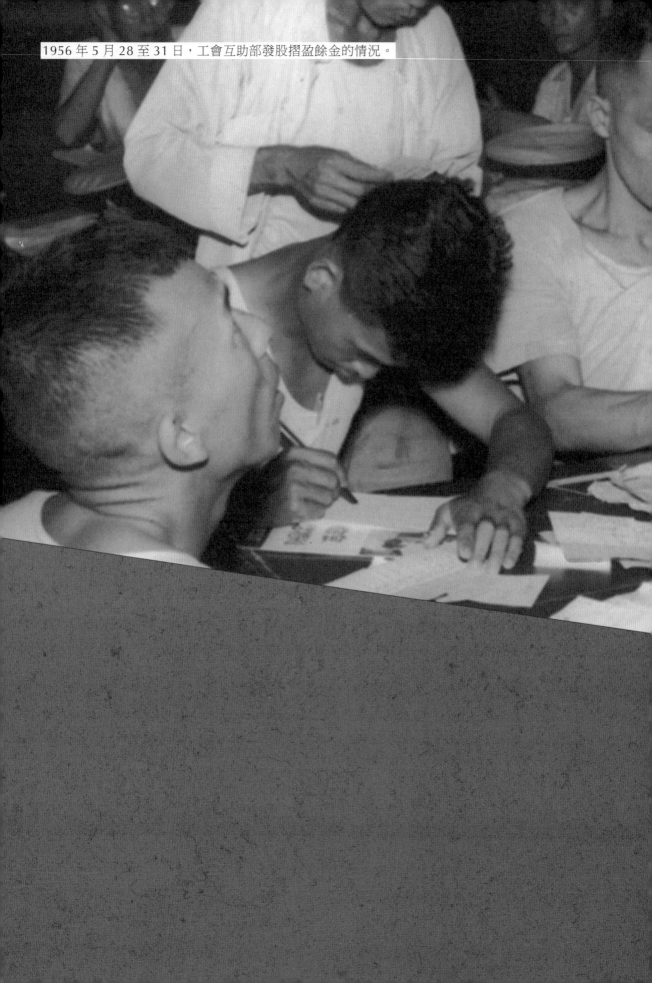

1956 年 5 月 28 至 31 日，工會互助部發股摺盈餘金的情況。

第一章

綜述 **1950** 年代

一 香港人口驟增下的人浮於事

1949 年 12 月 24 日到 1950 年 2 月 9 日，就在跨年期間，香港電車發生了為時 48 天的抗爭工潮，之後更惡化為羅素街血案，是光復後香港工運史上一件大事。

是次工運由工聯會帶領，中國大陸支持，是一次成功的運動。1948 年成立的港九工會聯合會（按：「港九工會聯合會」於 1986 年改名為「香港工會聯合會」，後文或簡作「工聯會」，都指向同一組織），在期間發揮積極作用。整個 1950 年代，不只電車工會，各行各業都存在勞工被資方嚴重剝削的情況。於是 1950、1960 年代，也是工運最波瀾起伏的十多年。而羅素街血案，是整個 1950 年代工運和電車工會工運的起點，也是個「見血」的起點，預示了未來工運道路的艱辛崎嶇。而此次爭取為何需要港九工會聯合會？因為當時是階級鬥爭，殖民地政府跟資方聯手，工人階層如不聯合起來，根本鬥不過擁公權的政府加擁資本的資方雙結合下的力量。

> 是由資方以強橫的態度欺壓工人，而港府勞工當局則偏袒資方，助長資方氣燄，各公用事業資方遂企圖聯合一致以迫使工人屈服，甚至不惜造成社會的損失。[1]

淪陷前香港人口 160 萬，淪陷期間人口曾降至只得幾十萬人。日本佔領的黑暗時期，因糧食不足，日本人曾用硬手段縮減在港人口數量，例如日軍曾強行拖香港人出公海，又或用陸路將部分港人押去廣東一帶的集中營。甚至部分集中營被發現是化武及細菌試驗的基地，在該處對港人難民進行大屠殺。這方面的證據近年已開始被發現及整理，廣州南石頭難民營事件便在整理研究中。[2] 總之，日佔時期，香港人口一度降至只得幾十萬。

可是，光復後離港的難民重回香港，再加上受國共內戰影響，內地人口急速流入，令香港人口又迅速回到 180 至 200 萬。

180 萬人之中，需要謀生者眾。人浮於事，是戰後至 1950 年代的社會寫照。在失業率高，工作崗位不足的情況下，工人待遇不可能好到哪裏去。1950 年初的羅素街血案，就在上述大背景下發生。

---

1 〈督促資方，支援工友，解決工潮，恢復通車——工聯會發出莊嚴號召〉，《電車工人・保障生活鬥爭特刊》，1950 年 6 月 15 日。

2 參考余非：《由格魯吉亞想及日軍侵華生化武器慘案——廣州南石頭難民營事件》，見 https://www.youtube.com/watch?v=8M-cJ7EhJ58，2018 年 10 月 9 日。並〈廣州南石頭難民營展覽揭大量港人遭日軍細菌部隊殘殺〉，《AM730》，檢索自 https://is.gd/2EITpv，2017-08-16。

《有領導・有力量！》

有了工聯會團結起港九十萬工人偉大的力量，我們的鬥爭永遠不會孤立的，……

……在工聯會的號召與推動下，全港工友們都捲入了支援的熱潮中，大家提出「只許成功，不許失敗，有兩碗飯食都要讓一碗給電車工友，就算當埋條褲，都要支持電車工友勝利」。捐款和物資，越來越多，慰問的隊伍，越來越大，給予我們以大力的支持，無限的鼓舞。對羅素街血案，工聯會代表港九工人呼聲，更義正詞嚴提出憤怒的抗議，呼籲迅速解決工潮，恢復通車。在每一個鬥爭的關頭，都給予我們電車工友以巨大的幫助，使我們鬥爭立於不敗之地，最後粉碎資方陰謀，取得了基本勝利。

資料來源：保生〈有領導・有力量！〉，《電車工人・保障生活鬥爭特刊》，1950 年 6 月 15 日，頁 4。（見歲月痕跡 2.2.5）

二　1951 年 11 月前後莊士頓批量除人背景

　　緊接着羅素街血案的第二年，就開始了莊士頓式除人。電車工會跟莊士頓角力了好幾年。

　　抗爭起因是電車資方於 1951 年 11 月 30 日，突然片面宣佈撕毀過去勞資雙方共同簽訂的全部協約，單方面制訂了一個殘酷剝削工人、壓迫工人的「新例」（資方叫它做「員工僱用合約」），在沒有商量餘地之下逼工人簽署。工人拒絕簽署如賣身契般的新例，抗爭及批量式除人的角力隨之展開。

　　1946 年至 1948 年，電車資方每年盈利達二百多萬至三百多萬元，1949 年至 1952 年，每年的盈利增加到四百多萬。而 1953 年則高達五百多萬。資方獲得高利潤，是全體電車工人付出辛勤勞動的結果。可是，勞工待遇卻沒有在公司盈利下得到改善。

三　電車公司賺大錢但司機與車都不足──反映管理不佳

　　莊士頓除人（按：下文又稱莊式除人），是在人手不足下除人。

　　以營業部為例，以每日開出車輛 120 輛計算，每天所需人數為：

職別	日夜兩更人數	星期休假人數	例假人數	合計
司機	240	43	17	300
售票	480	85	36	601
守閘	56	10	4	70
其他	35	6	3	44
病假入院	20	4	1	25
坐亭	32	6	2	40
合計	863	154	63	1,080

1950 年代前後，營業部現有實際人數 1,031 人，每日不足人數有 49 人之多（如果 131 輛車全部開出及新車恢復設守閘員，不足人數共 321 人），致令部分休假及有病工友被迫返工。此外，也導致車輛檢查不善，路軌逾時不修。1954 年 5 月 23 日便有一輛電車在金鐘兵房前失火。1954 年 9 月 20 日，又有電車在中環街市前斷輪軸。電車事故頻生，與路軌老化有關。舉例，由上環街市至中國銀行，養和醫院至跑馬地馬場門口及其他各處地段的路軌，都已經超齡而不合行駛，事故常常發生是意料中事。可是，資方莊士頓漠視問題之根本，以本末倒置的方式進行管理。

莊士頓對老舊路軌視而不見；面對人力不足，非但沒有加聘人手，反而是減少開車，使搭客更形擁擠。以西環線為例，電車由 38 輛減少到 25 輛。莊士頓的管理令開車的司機增加壓力，也令乘客增加風險。

電車擠迫的情況

……但是，自一九四七年以來，由於搭客人數大量增加，由一九四七年的六千六百萬人增到一九四八年的八千七百五十萬人，以至去年（一九五三年）的搭客人數竟達一億三千六百八十萬人，而電車公司的電車祇從一九四八年的一百零三輛增加到目前的一百三十一輛（實際市面行走的只一百廿輛），即是說，以目前的情況和一九四八年比較，搭客人數增加二分之一人有多，而車輛增加僅得四分之一左右，遠遠追趕不上搭客人數增加的需要，顯出了車輛不足的嚴重問題。

資料來源：〈架架電車擠滿人〉，《電車勞資糾紛特刊·莊士頓無理除人真相》，1954 年 10 月 8 日，頁 14-15。（見歲月痕跡 2.3.8）

電車擠迫這事實，人所共見。以跑馬地至堅尼地城線為例，每更車每輛三等乘客由 900 人增至 1,300 人以上；頭等乘客由 450 人增加到 650 人，月票乘客還未計算在內。筲箕灣馮強車站常常擠滿近百人乘客；跑馬地天樂里站乘客常常要兩分鐘才得完全上車；筲箕灣至上環線三等車滿載至 80 人，其他各線均達 6、70 人。這些情況，都實在地記錄了當年生活的艱苦程度。

擠擁情況如此嚴重，但資方莊士頓因開除工人反而減少車輛行走，寧願將 131 輛車之中 11 輛車（3 輛小修，8 輛完整可行）棄置不用，而不願復用被除工人駕駛該批閒置電車。這種一意孤行的管理文化，令工人及廣大市民忍無可忍，也對公共利益產生極大損害。

反莊士頓除人的抗爭，就在上述大背景下產生。抗爭持續了四年，之後批量除人的方式才無聲無息地消失。

當然，這並不表示勞資抗爭從此偃旗息鼓，是資方改用其他方式給勞資雙方製造矛盾。下文細談。

四　不合理的大批裁員加深社會及經濟危機

朝鮮半島戰爭爆發及美國對中國禁運後，香港經濟日走下坡。1954 年度香港政府勞工處的年報中說：「本地工業又遇到了困難的一年，結果影響到香港的就業。」年報中指出，失業的人數異常地增加：「在過去一年中……工廠總有一個時期停工或是減少到一半工作時間（或者一半以下）……據估計，已註冊工廠的失業人數總計二萬人，另外也有二萬五千個失業工人。而在沒有註冊的工廠中，據估計還有兩萬人失業。」因為失業人數激增的結果，又引起了市場的冷淡。

此外，據《經濟導報》於 1954 年第 33 期的報道：

> 自然香港同時也是一個消費港。如果轉口生意萎縮而本地消費仍能保持一定水準的話，那麼，市場的淡象當不致太嚴重。但在本地消費的情形，也是每況愈下的。拿中秋節前香港一般百貨商店的營業來說，據說他們每天通常只做得到八百元到一千元的生意，因此，能做到不用「蝕皮」的商號，真如鳳毛麟角。此外，還可以舉個例子：近年來本地購買力日益降低，低價的粗絨，曾經暢銷過一個時期，而現在連買得起粗絨的人也越來越少了……

另一篇文章《莊士頓無理除人給社會帶來災害》就認為，以不合理的方式大批除人、增加失業人數，只會製造惡性循環，令社會不景氣的總體現象更加惡劣。因為購買力直線下降，只會令市場更加衰落。文章描述如下：

> ……如果工廠、公司因為營業不振而引致失業的增加，那還是近於常軌。但是，假如好像電車資方莊士頓那樣，業務大有發展，賺錢日益增加，而仍然大量地無理開除工友的話，那就超乎經濟發展常軌之外，使市場不景，工商業不振，……有過事實證明，在一九四九年某船塢大量開除工人，工人購買力降低，弄得灣仔一間茶樓都要歇業。同時也不能不影響到社會的安寧、治安，造成社會秩序的威脅。這樣，莊士頓那樣的除人，就不祇是威脅到工人的職業生活，而且威脅到廣大工商業者和市民。它有如一種瘟疫，在傳播着惡性的災禍。就以這次被除的卅一個工友來說，連同他們的家屬，生活無着落的就有一百人以上，假如容許莊士頓，或類似莊士頓的除人做法存在及發展下去，不加以反對和制止，全港市民都將會受到嚴重的影響。[3]

五　當時工人的生活沒有保障

當時工人的生活沒有保障是普遍現象，不只電車，中煤、中電、電燈、電話、摩托、海塢、牛奶、洋務、郵務、政軍醫及各業業界工人的工作待遇都很不合理。因此在莊式除人一役，各業工人兄弟都表示支持電車工人。

從 1954 年 7 月《港九工友團結一致，支持我們的合理要求——半月來各業工友慰問我們的綜合報道》一文內，可以看到各勞工階層的反應。

> 摩托工友說：從上次資方無理開除我們的電車兄弟到現在，不外是三個多月的時間，這事還像昨天發生的一樣，我們工人貢獻出血汗，終日辛勞，為社會的交通與繁榮而努力，今天我們得到的竟是無理開除的待遇，連起碼的職業生活都毫無保障。

3　〈莊士頓無理除人給社會帶來災害〉，《電車勞資糾紛特刊．莊士頓無理除人真相》（非賣品），1954年 10 月 8 日，頁 12-13。

　　海塢工友說：港九工人同是一家，今天資方對你們這般做法，說不定明天又臨到我們，而且我們海塢工人在最近又受到資方的無理除人，所以我們海塢工人對電車公司資方不但不照顧市民的交通方便與安全，而且不理工人死活，製造藉口將工人開除，感到異常不滿而激憤。[4]

1959 年 3 月 22 日，
電車工會三十九周年紀念暨第四十屆職員就職典禮上，
有工友表演戲曲節目。

4　〈港九工友團結一致，支持我們的合理要求——半月來各業工友慰問我們的綜合報道〉，《電車工人快訊》，1954 年 7 月 18 日，第二版。

1949 年 12 月 24 日至 1950 年 2 月 9 日

發生了歷時 48 天的抗爭事件，名之為羅素街血案。

照片是工會門前的警戒情況，左邊巷口處可見警察佈防。

第二章

48 天的鬥爭過程——
羅素街血案

一 羅素街血案過程梗概

　　1949 年 12 月 24 日到 1950 年 2 月 9 日發生了歷時 48 天的抗爭事件，因事件流血收場，又稱為羅素街血案。於互聯網時代的今天，如在網上查找此事，真正流了血的「血案」二字如改為中性化的「事件」二字，會更容易找到相關資料。「羅素街血案」在互聯網世界以「羅素街事件」出現，也是一場話語權的角力。

　　一直以來，香港島市面的交通，就靠電車工人的廉價勞動來維持。然而，1949 年前後物價飛漲，香港電車工人不得不提出增加津貼，以補償實際工資的損失。工人在得不到回應之下，於 12 月 24 日以怠工方式表達不滿。四天怠工行動後，資方不為所動，仍然態度強硬地拒絕解決工人的生活困難問題，並反過來，於 12 月 28 日元旦前索性關廠停車！令電車工人從此被迫進入漫長的停工階段。期間，港英政府採取偏袒資方的態度，相關部門置工人生活痛苦於不顧，企圖配合資方「沒工開、沒糧出」的飢餓策略，試圖令工人屈服。另一方面，又在警力上佈陣陳兵予工人以精神壓力，企圖以威嚇手段打壓工人。

　　工會的要求很簡單，不過是要求增加特津，令工人吃得飽、穿得暖而已。這樣的僵持式抗爭總共維持了 44 天，是工會一次反飢餓、反分化、反壓迫的大型鬥爭。雙方對峙，終於在 1 月 30 日，在工人一再忍讓、駐守工會的警方卻不斷主動挑起矛盾的情況下，發生了羅素街血案。當晚的詳情，本書附文有清楚陳述（*閱讀資料 2.2.2，歲月痕跡 2.2.1*）。

　　血案發生後社會輿論對警察及資方的行為予以譴責。結果，資方施壓失敗，工會最終令資方恢復開車開工，並成功爭取實現協議中的各項條件。資方也同意了勞方提出的特別津貼的解決方法。在起初以至鬥爭期間資方都是拒絕的。總括而言，鬥爭於工人怠工 4 天、資方停工關廠 44 天，合共 48 天之後結束。

　　1949 年底的這次抗爭，電車工會得到內地工人兄弟的同情支援，使 1,700 多名電車工友在飢餓鬥爭中感到安慰。流血鎮壓發生後，工會終於迫使電車資方不得不接納電車工人和社會人士的要求，恢復通車，結束了資方的飢餓政策。

二　聚焦 1 月 30 日鎮壓當晚的情況

資方的飢餓政策政府的高壓手段
——是政府、資方聯手的抗爭

評羅素街的不幸事件

昨天夜晚到了今天早晨，在香港發生了一件有史以來值得重視的事件，就是香港的警察當局，第一次施用催淚瓦斯以鎮壓群眾運動。據本報所得消息，昨晚正當港九卅八被迫害團體赴羅素街慰問電車工友時，大批警察突然阻止電車工友進入工會，施放催淚瓦斯，毆打電車工友，且出動大批衝鋒車，實施鎮壓，作為一個中國同胞，作為一個中國的新聞工作者，我們在敘述這一事件的經過時，這一事件的發生，不僅是電車工友的不幸，心所謂危，不敢不言，我們切望政府當局，對此一事件有妥善的處理。

資料來源：《文匯報》，1950 年 1 月 31 日

　　1950 年 1 月 30 日晚上，港九 38 個社團，聯合在電車工會天台舉行慰問被壓迫的電車工友大會。當晚港英政府既重兵佈陣，也封鎖街道入口以製造緊張氣氛。最終，在警方一再主動挑釁之下爆發衝突。是晚，警方派出武裝警察、軍隊，使用衝鋒車，出動機槍、催淚彈、衝鋒槍、籐牌、槍擊棒等武器對付及毆打工人。衝突中受重傷職工兄弟三十餘人，輕傷者約七八十人，過路市民受傷者未計在內。

　　港英政府製造了這一次流血慘案後，於 1 月 31 日早上封鎖工會，在工會周圍佈置警力，拘捕工會領袖多人，大肆搗亂工會之餘，還將工會內的中國國旗撕毀（歲月痕跡 2.2.4）。

　　2 月 1 日，根據所謂「遞解外籍人士出境法」，將工會主席劉法、工會總糾察植展雲，38 個社團總代表周璋等多人遞解出境。當中香港電車職工會主席劉法和總糾察植展雲於 2 月 2 日抵穗，並就 1 月 30 日血案及電車工潮經過發表書面談話。

三　取得階段性的成果

　　以 12 月 28 日、元旦前，電車公司索性關廠停車開始計算，此次抗爭共僵持了 44 天。如以工人因得不到回應，於 12 月 24 日怠工開始計算，則是 48 天。當中以電車公司索性關廠對市民的影響最大。

　　這波電車工潮，於 1 月 30 日的羅素街血案為最激烈的時間點。當中電車公司的強蠻與不談判的態度，以及港英政府的不聞不問，乃至警察的鎮壓，令社會輿論傾向支持電車工人。而工人在血案發生後依然十分團結，結果電車公司在社會輿論壓力，以及市民也渴望電車交通恢復行駛的要求下，終於停止了讓工人沒工開沒糧出的「飢餓政策」，於停廠 44 天後重新出車（閱讀資料 2.2.4）。

1950 年 1 月，香港電車職工會改善待遇委員會雙號售票員全體代表合照。

經過一個多月的爭取，保障生活條件大部分獲得解決及實現。當時已實現及需要再談判的各事項表列如下：

（一）生活津貼		再談判爭取：牛奶公司仲裁結果公佈後，電車公司跟隨。電車工人爭取到每月 30 元的生活津貼。
（二）年尾發給雙薪雙津	復工後實現	
（三）司機薪金提高與熟練技工相等		再談判爭取
（四）增加死亡恤金	復工後實現	
（五）調整學徒薪金	復工後實現	

四　流血收場喚醒了工人的階級覺悟

這一次的抗爭過程，令參與的工人親身體現甚麼叫階級覺醒，並且對資方不存幻想。畢竟，當年的勞資關係並不對等，強弱懸殊；而且資方有整個政府機制撐腰。羅素街血案對工人的教訓與啟示，不是上課及讀理論讀回來的，而是跟無良僱主及殖民地政府角力，身體力行下總結得來的經驗。這對第一代工會的工友的意識形態，起重要而正面的作用。

資方在過程中用飢餓政策分化工友，政府甚至出動警察暴力打壓工人，讓未經歷過爭取的工人，實際地跟資方來一次角力，從而知道資方和政府可以如此無良。活生生的經歷令電車工人的階級覺悟普遍化了，也深入地有進一步的提高。資方的反應，教育了全體工友認清資本家的真面目，從而對資本家不存幻想。

例如機器部七十多歲的老工友王 X 說：「我喺公司做咗幾十年，睇住大班二班入嚟，佢哋初嚟時都係窮鬼，靠剝削工人而家坐汽車住洋樓，我做咗幾十年工都係而家咁苦，故此我幾大都要鬥爭。」在停工期間，他很積極參加糾察工作（閱讀資料 2.2.5）。

參加抗爭的工人不為飢餓及收買政策所動，沒有被分化。鬥爭期間，始終沒有一個人向公司報到，沒有一個人向公司出糧。在一‧三〇羅素街血案中，工人們也沒有害怕暴力壓迫，人人手扣着手擋住了衝鋒車。工人們赤手空拳抵擋催淚彈、手槍和木棍的襲擊，雖然流了血，但沒有屈服。所以這一次鬥爭考驗了工友們的意志，也證明了大家有堅強的品質。

五　是為家人基本溫飽而來的階級友愛和覺醒

羅素街血案團結了全港的工人階級，發揮階級友愛，工人階級互相體諒。是次工聯會共團結了港九十萬工人，並得到 180 萬市民支持。那時的工人真的是為死活而爭取，一點也沒有苛求。那是一個有工開也保障不了家人溫飽的年代。

羅素街血案不但提高了電車工人的階級覺悟，也提高了全港工人階級的覺悟，而且發揮了高度的階級友愛。以下是例子：

> 大家都說：「電車工人的保障生活爭生存的鬥爭即是全港工人保障生活爭生存的鬥爭。」「不讓電車大佬失敗。」不斷地捐款和慰問來支援鼓舞我們。
>
> ……
>
> 過去由於資本家不合理制度所造成的工人間的誤會和矛盾是消除了，例如我們電車守閘工友過去由於執行資方的規定，不許攜有「架生」箱的木匠工友上車至做成木匠工友和電車工友的對立，但這次鬥爭中木匠工友破除成見，發動捐款支援我們，而我們工友也覺悟了，大家都認為今後對其他工友應該友愛和態度好些。(閱讀資料 2.2.5)

六　擺事實、講道理，得道多助

羅素街血案得到廣大市民支持。因為工友只怠工，而關門停車的是資方。社會大眾知道工會有釋出善意，而且希望工潮迅速解決，錯不在工會。因為社會大眾知道工人的要求是合理的，所以得道多助。反之，工人合理的要求，受到步步無理的壓迫，甚至遭到放彈開槍，格殺打撲，並釀成血案；當中誰對誰錯，強勢弱勢一望而知。

再者，那是個仍講道理的年代，樸實地存在對道理的追求。不似 21 世紀的今天，「聲浪」要透過炒作來製造及放大。

市民的同情和援助

十二月廿四日開始行動時我們只是實行怠工而不罷工，使市民不致受交通停頓的影響，又因不售車票，乘客特別擠擁而每日派出數百糾察到街上維持秩序，使交通秩序井然。十二月廿八日資方關廠停車除人後，我們建議恢復開車重開談判解決問題。在堅持鬥爭期中，各階層市民由於電車停開而遭受巨大的時間與經濟的損失，要求開車的呼聲普遍地叫起來，我們根據廣大市民這個要求建議首先復工開車，保障生活問題保留再談。

因此，我們獲得各階層市民的廣泛同情和援助，全港九工人兄弟、工商界、婦女、學生、文化界、店員、漁民等等都熱烈慰問和捐款支持我們，各界支援慰問我們的有十多萬人，捐款捐物達十二萬元以上。各階層市民不但慰問和支援我們，並且和我們一起反對警察暴行，要求維持交通和保障工人生活，批評當局及資方措施不當。

因為有了各階層市民廣泛的精神上物質上與道義上的援助，才能使我們堅持四十四天鬥爭，擊破飢餓分化政策及抵抗警察壓迫而得到勝利。

資料來源：《為甚麼我們是勝利和為甚麼我們得到勝利》，見閱讀資料 2.2.5。

電車公司用市民做籌碼，引起市民反感。相比之下，電車工人以「要求復工」（服務市民）訴求，於道理上令工人佔理。於是，在廣大市民的輿論壓力下，資方恢復了開車。這個勝利，是電車工會與廣大市民的共同勝利。

工聯會的支援

在工聯會的號召與推動下，全港工友們都捲入了支援的熱潮中，大家提出「只許成功，不許失敗，有兩碗飯食都要讓一碗給電車工友，就算當埋條褲，都要支持電車工友勝利」。捐款和物資越來越多，慰問的隊伍，越來越大。凡此種種，都令工友感受到有力的支持和無限的鼓舞。

七　付出的代價

工會正副主席和其他七個工友被遞解出境，工會遭受破壞搗毀，而44

天停工期的薪津廠方不允發給。

在勞資雙方力量不對等之下，工人福利的爭取不可能盡如人意。而工運領袖有能力把當中的道理說清，令群眾從中得到教育提升，意義更加深遠。工會領袖認為：「如果有工友因為這些問題還不能解決而悲觀或灰心，那是錯誤的，這些問題在今天還不能解決，使我們更能認識壓迫者的面孔，化憤怒為力量，工友們應該明白，這些損失對於我們是不很重要的，而我們得到的勝利和收穫是更重大的。」（閱讀資料 2.2.5）

八　取得勝利的因素

第一，由於全體電車工人在工會領導下，始終團結一致。既沒被警察鎮壓嚇倒，也沒被分化。

第二，抗爭是由工聯會領導（歲月痕跡 2.2.5）、各工會支援下進行。「因此，我們不能因為由於自己堅強取得勝利而產生自高自大的、狹隘的大電車主義思想，而應該建立團結全體工人階級，依靠全體工人階級的思想」（閱讀資料 2.2.5）。

第三，取得了全港九各階層市民的同情和援助。

第四，當時，工會受到新中國全面勝利的聲威所鼓舞。此外，新中國的人民，特別是工人階級，給予工會精神上、物質上的援助（閱讀資料 2.2.6）。

他們知道我們香港電車工人為着要求保障生活爭生存而竟遭無視和壓迫，便紛紛起來聲援，和給予物質上的援助，如廣州市總捐一百擔白米和寫信慰問我們，全國總工會捐款五千萬和寫慰問信給我們，羅素街事件後全國各地職工會紛紛發表抗議書，寫慰問信，及提出解決工潮意見（廣州市總工會在羅素街事件後發表解決工潮四項意見）等，加上新中國其他各階層的人民對我們的聲援，都使我們堅定了鬥爭的信心，使壓迫者明白新中國人民的不可侮，在強大的壓迫下始終堅持鬥爭而獲得勝利。

資料來源：《為甚麼我們是勝利和為甚麼我們得到勝利》，見閱讀資料 2.2.5。

此外，當時香港邊界出入很自如，消息容易流通。新中國成立，代表勞動人民當家作主，其帶來的積極氣氛，也感染了香港的工人階級。所以說新

中國成立，是這次工運中工人展示出不屈、團結精神的大背景！

當今天新中國已經興起，我們中國工人階級獲得了全國的領導權，中國人民站起來了，我們的鬥爭不會孤立，祖國廣大工人兄弟與各界同胞的對我們的支援，增強了我們的鬥爭力量，更堅定了我們的鬥爭信心。

資料來源：《祖國給了我們甚麼？》，見歲月痕跡 2.2.6。

1949 年 12 月 28 日，
街外工程部工人被迫離廠前攝。

工聯會在血案後發表意見書

工聯會發表意見書　迅速解決電車工潮

　　一月三十日夜間，西籍軍警用武力出動對付守紀律的電車工友，發生流血事件，我們感到非常之不平，無限的悲憤，當電車工友與社會人士正迫切期望恢復通車，解決工潮的時候，警察當局竟以武力鎮壓工人，擴大糾紛，徒令工人憤激，社會不安，對於工潮何益？對於市民何益？憶自工潮發生以來，各方慰問，已成習慣，向安無事，警方竟突然干涉工會使用並奪去工會播音器，故生事端，進而毆打工友，殘忍地大放催淚彈，槍傷工人，造成混亂悽慘局面！又進而封閉電車工會，拘捕工會領袖，侵犯工人自由權利。敢問何故？若曰：這叫「維持秩序」，實在不過為迫害工人的代名詞，此種暴戾為行，前所未有，如繼續下去，何堪設想？尤有進者，於警方封閉電車工會時，竟將工會的新中國國旗撕毀，此種侮辱中華人民共和國人民的行為，實在令人不能忍受，我們站在中華人民共和國人民的立場，站在擁護工人與市民利益立場，對於警方此種暴戾行為，我們要提出嚴重抗議。

　　如所周知，勞工當局對此次電車工潮，一貫是採取偏袒資方的不理態度，警察司則採取限制彈壓工人態度，與電車資方之不顧工人生活痛苦，不顧市民交通利益，陰謀拖垮工人，如出一轍，殊非解決工潮之道。今日進一步指揮警官毆打工人造成流血事件，工人何辜，遭此毒手！現在工潮形勢，更趨惡化，恢復通車杳杳無期。在此嚴重局面之下，如勞工當局仍不出面調處，解決工潮，造成社會局面不安，則電車資方與港府當局均應負此責任。

　　我們認為：為了社會的安寧，警察當局應該糾正此次無理措施，立即釋放被捕電車工友，撤退警察，解除封閉電車工會，保障工人自由權利，勞工當局則應從速負責解決工潮。唯有這樣，才能使局面緩和下來，否則，工人群眾義憤填胸，心頭的怒火勢難平息，當局如不善為處理，將會造成嚴重的錯誤，則悔之晚矣。心所謂危，不能不告，幸深察之。

　　全港工友們，電車工友為爭生存反迫害而英勇鬥爭，令人感動！他們此次無辜受到殘酷的迫害，受到意外的損傷，我們應該發揚工人階級友愛

精神，加強團結，站穩立場，立即發動緊急救濟，予以支援！

港九工會聯合會

一九五〇、一、卅一

資料來源：香港電車職工會保障生活委員會編：《電車工人・保障生活鬥爭特刊》（非賣品），1950 年 6 月 15 日，頁 26。

☑ 閱讀資料 2.2.2：

就羅素街事件電車工會發表告社會人士書

電車工會為羅素街事件 —— 發表告社會人士書

香港電車職工會在一月卅一日發表告社會人士書，報告羅素街流血事件真相，抗議壓迫工人，並要求港府當局：（一）立即釋放被捕工友，啟封工會會所；（二）懲辦肇事兇手；（三）賠償損失；（四）迅速解決工潮。全文如下：

現在我們香港電車工人懷着悲憤的心情，向社會人士報告一宗被迫害的殘酷的流血事件的真相。

緣去年十二月二日，我們電車工友向資方提出保障生活要求，資方於十二月廿八日實行關廠、停車、除人以壓迫工人，港府勞工當局偏袒資方，置之不理，我們再三忍讓，要求恢復通車，屢被資方拒絕，使工潮拖延至今，已有三十八天。在此次工潮中，因我們獲得各業工友與社會人士的同情，紛紛慰問，經常舉行慰問會，向安無事，突然，不幸的流血事件意外地於一月三十日晚舉行慰問會時發生了。

當晚有香港三十八個社團代表二千餘人來工會慰問我們，在工會天台舉行慰問會，這次在天台開會是經過警務處長麥景陶答允了，可是在開會前，有成百警察遍佈工會附近，如臨大敵。在慰問會開始後，因工會照例有一個擴音器放在工會騎樓，於是有些工友群眾集工會門口靜聽。不料一西籍警官到工會干涉使用擴音器，並將其奪去，工友與之交涉時，此西籍警官竟然用

警棍毆打工友，直接向工人挑釁，擴音器終被奪去。跟着警方又調來八百軍警、衝鋒車、藤牌隊，工友即予手扣手以維持秩序，代表繼續與警方交涉取回擴音器，而警方則要工人先遣散工人群眾，但工會代表以擴音器既被奪去，實在無法指揮工人。至此，警察即開始衝進工人群中。工人為了自衛，以徒手阻擋警察之警棍，此時，警方進一步大放催淚彈，還不斷放槍，第一顆催淚彈拋進電車工會內，跟着工人群眾即被圍擊，血淚交流，造成混亂。有二十八人受重傷，輕傷人數更多。附近居民風聲鶴唳，婦哭兒啼，情形悽慘。直至深夜一時許，西籍警官與警察數人，走入工會拘捕工會主席劉法、保障生活委員會總代表陳耀材、工會書記李文海，並將工友驅逐出工會外，奪去會內物品，玻璃破碎聲不斷從會內傳出，又在工會天井發現被撕毀新中國國旗一面，跟着工會即被封閉。還有糾察隊隊長植展雲、工會理事房子仁、來賓代表周璋等被捕；人數多少尚未查明，受傷工友被送入醫院監獄。以上種種迫害工人侵犯工人自由的暴行，為香港前所未有。我們要向警察當局抗議，要向社會人士控訴，為了保障工人生活自由權利，我們要向港府當局提出要求：（一）立即釋放被捕工友，啟封工會會所；（二）懲辦肇事兇手；（三）賠償工會及受傷工友損失；（四）迅速解決工潮。工人兄弟們，維護正義的社會人士們，請給與我們正義的同情與支援，謹此呼籲。

香港電車職工會

一九五〇年一月卅一日

資料來源：香港電車職工會保障生活委員會編：《電車工人·保障生活鬥爭特刊》（非賣品），1950 年 6 月 15 日，頁 18。

☑ 閱讀資料 2.2.3：

電車工會發聲明駁斥港英官方新聞處

事實勝於雄辯——電車工會駁斥港府聲明

　　電車職工會為對一月三十一日香港新聞處發表的「羅素街事件報告」，認為與事實不符，特發表聲明，全文如下：

「報告」一開頭就說：「一月廿八日晚上，在羅素街舉行已獲批准之集會時，因演講人提及政治問題，故警務處即於一月卅日晨通知電車工會，以後不得再在羅素街舉行集會。」這就是一落筆就想在工人身上加上一個罪名，這個罪名叫做「政治問題」。神秘的「政治問題」啊，你已經被人當作法寶了。但這「政治問題」的內容是甚麼呢？演講人是誰？卻連新聞處先生自己也不知道，豈不妙哉！

一月三十日夜間，曾經標榜「四大自由」的香港，發生了一宗軍警彈壓電車工人的流血事件，第二天，港府新聞處就馬上在報章上發表了一則所謂「事件報告」。這個「報告」雖然短短幾百字，卻寫得很技巧，處處替製造血案的警方推卸責任：但可惜矛盾百出，令人覺得新聞處先生是坐在辦公室裏想像出來的，和我們身歷其境，耳聞目見的情形，大有出入。所謂「事實勝於雄辯」，倘要歪曲事實，是掩不盡世人耳目的，新聞處先生，可謂煞費苦心了。

「報告」中又說：「自稱為卅八個被取締社團人士之慰問會，應在室內或其他地點舉行」，顯然在「其他地點舉行」經已批准，為甚麼又說：「雖經此次官方警告，而慰問團之招待仍在羅素街電車工會之屋頂舉行」呢？新聞處先生啊！前後矛盾了，你知道嗎？

當「報告」提及西籍警官至電車工會除下擴音器時，輕輕地加上一句說，這是「隨煽動性演說」之後，彷彿這樣說就有足夠理由除下工會的擴音器，但所謂「煽動性演說」是指甚麼呢？新聞處先生們！你們聽清楚沒有？這是同情的呼聲，你們把事實歪曲了。至於西籍警官強力奪去工會的擴音器的搶掠行為，你們卻索性不提，自以為聰明。其實，這不過是「掩耳盜鈴」的辦法，多麼可笑！

誰都知道，這次血案的造成，起初是由於西籍警官以警棍毆打正在與他交涉取回擴音器之工人，直接向工人挑釁，而新聞處的「報告」中則含含糊糊地指「有組織之攻」向「警員展開」。試問在八百武裝警察、藤牌隊、衝鋒車林立中，羅素街上徒手之群眾有甚麼可能向警員作「有組織攻」？雖三尺孩童也不會相信，倘若以為這樣就可以推卸責任多麼笨拙！

「報告」中提到工人受傷情形時，則說：「傷者約五十餘人，大多均係被羅素街電車工人住宅樓上擲下之物件擊傷，入醫院留醫者只有三人」。這是真的嗎？新聞處先生啊！你露出「馬腳」了。你說：「當時肇事地點已為警察加以封閉，警察於增援後，繼續使用催淚彈。」這不是明明說警察把群眾圍團起來，加以襲擊嗎！還有，當時槍聲卜卜，警方槍傷工人，這一筆，

新聞處故意把它遺漏了，這是最重要的一筆血債，縱使你們記不上去，我們工人也一定要記上去，而且在醫院的受傷者並不是「三人」，超過好幾倍，有的更放在醫院監獄。新聞處先生，你不知道嗎？

此外，警方派員進入工會，毀壞和奪去工會的器物，撕毀新中國的國旗，甚至封閉工會，這些在新聞處的「報告」中都不提了，自然，不會因為不提就會等於沒有這回事，人是有眼睛的。

香港電車職工會

一九五零年二月一日

資料來源：香港電車職工會保障生活委員會編：《電車工人‧保障生活鬥爭特刊》（非賣品），1950 年 6 月 15 日，頁 19。

☑ 閱讀資料 2.2.4：

電車工會發表立刻恢復通車聲明

電車工會發表聲明
立刻恢復通車

電車工潮，經過了整整四十五天，仍未獲得合理解決，這完全是由於資方有意拖延，企圖打垮工人，因而造成了「一‧卅」羅素街血案。可是工人決不因此屈服，只是為了照顧香港兩百萬市民的利益，本着工人利益與社會利益一致的立場，特在二月六日發表公開建議，恢復通車解決工潮的聲明，全文如次：

任何一個香港市民都迫切地渴望迅速恢復電車交通，任何一個香港市民都非常明白，至今尚未能通車的原因，就是由於電車公司資本家串同警方對工人施以壓力，企圖打垮、餓死工人，於是有意把工潮僵局拖延下去，置二百萬市民利益於不顧，甚而不惜造成羅素街流血事件。警方此種暴行，我們已提出嚴重抗議。

事態發展到今天，在社會各方紛紛指責之下，電車公司資方仍未回心轉

意，迅即解決工潮，我們一千七百電車工人憤慨萬分！

　　我們曾經多次為照顧市民交通而呼籲迅速解決工潮，尤其當今舊曆年關在即，我們不願工商市民因交通停滯，受到更大損失，更不願見到香港同胞因交通不便，而被迫過着不愉快的春節。本着工人利益與社會利益一致的立場，我們十分尊重社會人士和輿論界斡旋工潮的意見。謹此鄭重公開提出解決工潮的建議如下：

　　一、電車工人全體復工，立即恢復通車，電車公司資方以前答允工人的一切權益，繼續有效。

　　二、電車公司自行停車期間，工人薪津照給，其他特別津貼等未解決問題，留待復工開車後一星期內由勞資雙方商談解決。

　　希望社會人士挺身而出，極力斡旋，務求迅速解決，社會幸甚！

香港電車職工會

一九五〇・二・六

資料來源：資料來源：香港電車職工會保障生活委員會編：《電車工人・保障生活鬥爭特刊》（非賣品），1950 年 6 月 15 日，頁 27。

●━━●

電車職工會發表勝利復工聲明！

　　僵持了四十四天的電車工潮已告一段落了，我們全體電車工友勝利復工了，市民渴望的電車交通恢復行駛了。這是值得告慰各業工人兄弟姊妹們和社會各界人士的。

　　如所周知，我們電車工人此次要求保障生活，實為生存所必須，為出賣勞動力所應得的代價，為替資方賺錢所享的權利，合情合理，人所公認。孰料頑固的資本家，視工人為可欺，橫加壓迫，蠻不講理的拒絕工人要求，進而關廠停車除人，而通過警方以武力鎮壓工人，製造「一・三〇」羅素街流血事件。誰是誰非，彰彰在人耳目。

　　數十日來，我工友對解決工潮的態度，始終出之以「誠」以「讓」，可是橫蠻的電車資本家，則出以「嚇」以「拆」以「拖」以「壓」，不惜用盡一切毒辣手段加諸工人身上，企圖迫使工人屈服，亦不惜造成市民在精

神上、時間上、經濟上的莫大損失，以達其貪婪無饜的私慾。電車資本家這種「損人利己」的狂妄行為，可謂暴露無遺了。

然而，我全體電車工人在資方種種陰謀和壓迫下，並沒有動搖，並沒有屈服：我們給它的回答，是堅強的「團結」，是英勇的「鬥爭」。我們曾不斷地與資方的飢餓政策鬥爭，與一切無理的迫害鬥爭。我們站在工人利益與社會利益一致的立場，為了生存，為了自由，理直氣壯，無所懼怕。因而，我們得到廣大工人兄弟姊妹的支援，得到社會輿論與各界人士的支援，得到了全國同胞的支援。電車公司資方，孤立在強大的社會壓力之下，自知理曲詞窮，終於不得不向道理低頭，不得不接納我們早就提出要求「復工開車」的建議。

自從電車公司資方無理關廠停車之後，我們無日不關心市民交通的需求，曾不斷為市民請命，要求復工通車。今資方既接納我們此項要求，是則基本上目的已達，我全體電車工友乃本為社會服務之初衷，立即復工開車。足見我電車工友顧全大體，講信義，講得出，做得到。

無疑，我們這次鬥爭仍未獲得徹底的勝利，還有特別津貼、停車期間薪津，及其他有關生活待遇等問題尚未解決，還有工會被佔據未交還，工會損失未賠償，無辜被捕工友未完全釋放，被無理遞解出境之工會職員未恢復回港自由，被毆傷之工友未醫好。這些有關保障工人生活和保障工人自由權利，堅決地反對飢餓，反對迫害；我們一定繼續發揚電車工人的團結鬥爭精神，為爭取生存與自由的徹底勝利而奮鬥。同時，希望各方人士和電車之友，繼續支援我們！須知正義是在我們一邊，自然勝利也就在我們一邊。

香港電車職工會

公元一九五〇・二・九

資料來源：香港電車職工會保障生活委員會編：《電車工人・保障生活鬥爭特刊》（非賣品），1950 年 6 月 15 日，頁 28。

閱讀資料 2.2.5：

保障生活委員會詮釋「羅素街血案」的意義

為甚麼我們是勝利和為甚麼我們得到勝利

保障生活委員會

　　我們電車工人為了要求保障起碼的生活，經歷了四天怠工行動，和堅持了由於資方拒絕解決問題而關廠停車被迫停工的四十四天的反飢餓分化反壓迫鬥爭，終於爭取了恢復開車開工，實現已得協議的各項條件，和取得了資方同意特別津貼問題保留解決（在起初以至鬥爭期中資方都是拒絕），結束了鬥爭的第一階段，未解決的問題，在第二個階段裏去解決。這第一階段的鬥爭，我們是勝利的，為甚麼説我們是勝利的呢——

　　第一，提高了我們的階級覺悟，和考驗了我們的堅強。這一次要求保障生活的鬥爭，使我們電車工人的階級覺悟普遍的、深入的更進一步的提高了。我們在合情合理的鬥爭中遭遇到的不單是拒絕保障我們的生活，而且是飢餓分化，以至到暴力的壓迫，因此教育了我們全體工友認識了對資本家不存幻想，認識了要保障生活爭生存和粉碎壓迫必須依靠工人階級自己的團結和堅決鬥爭，例如機器部七十多歲的老工友王 X 説：「我喺公司做咗幾十年，睇住大班二班入嚟，佢哋初嚟時都係窮鬼，靠剝削工人而家坐汽車住洋樓，我做咗幾十年工都係而家咁苦，故此我幾大都要鬥爭。」在停工期間，他很積極參加糾察工作。這一次鬥爭表現了我們電車工人是堅強的，我們經得起考驗，我們不為飢餓及收買政策所動搖分化，如鬥爭期中始終沒有一個人向公司報到，沒有一個人向公司出糧，我們也不怕暴力壓迫，人人手扣着手擋住了衝鋒車，在一‧三〇羅素街事件中我們赤手空拳抵擋催淚彈、手槍和木棍的襲擊，雖然流了血，但我們沒有屈服，仍然矗立而且更勇敢地堅持鬥爭，所以這一次鬥爭考驗了我們證明了我們是有堅強的品質，能夠堅持了中國工人階級的優良傳統。

　　第二，我們團結了全港的工人階級，我們的鬥爭使全港工人提高了階級覺悟和階級友愛。這一次鬥爭不但提高了電車工人的階級覺悟，而且也提高了全港工人階級的覺悟，而且發揮了高度的階級友愛，大家都説：「電車工人的保障生活爭生存的鬥爭即是全港工人保障生活爭生存的鬥爭。」

「不讓電車大佬失敗。」不斷地捐款和慰問來支援鼓舞我們。過去由於資本家不合理制度所造成的工人間的誤會和矛盾是消除了，例如我們電車守閘工友過去由於執行資方的規定，不許攜有「架生」箱的木匠工友上車至做成木匠工友和電車工友的對立，但這次鬥爭中木匠工友破除成見，發動捐款支援我們，而我們工友也覺悟了，大家都認為今後對其他工友應該友愛和態度好些。

第三，我們團結了各界人士，為廣大市民贏得了恢復開車的勝利。由於我們的要求合情合理，並且從頭至尾都把我們自己的利益和廣大市民的利益結合，在開始行動時我們只怠工而維持市面交通，在廠方關廠停車後我們要求恢復開車維持交通，因此我們團結了各界人士、廣大市民，我們獲得工人、工商界、婦女、學生、文化界、報紙輿論的廣泛同情和支援，參加支援慰問運動的工人和各界同胞有十多萬人，捐款捐物在十二萬元以上，這說明這次鬥爭我們所團結的力量是多麼的廣大。資方的關廠停車不但是與電車工人作對，而且是為自己少數人利益不惜與廣大市民作對，使市民在時間經濟上遭受巨大損失，引起市民反感，我們電車工人堅持鬥爭，加上廣大市民輿論的壓力，資方恢復了開車，這個勝利，是我們與廣大市民的共同勝利。

第四，保障生活條件大部分獲得解決及實現，我們要求保障生活的五個條件：（一）增加特別津貼每日三元；（二）年尾發給雙薪雙津；（三）司機薪金提高與熟練技工相等；（四）增加死亡恤金；（五）調整學徒薪金。這幾個條件，除了（一）（三）兩項外，其他的都獲得了協議並在復工後實現，司機薪金因目前條件尚未成熟未能解決；至於特別津貼問題，則在復工時勞資雙方取得這樣的協定：如果勞資雙方同意，可照牛奶公司仲裁結果執行，如某一方不同意，則另行組織仲裁局解決之。自牛奶公司仲裁結果公佈後，我們已同樣爭取到每月三十元的生活津貼，這個問題已得到解決。

在鬥爭中我們雖有一些損失和有些問題還不能得到解決：工會正副主席和其他七個工友被解出境，工會遭受破壞搗毀，和四十四天停工期的薪津廠方不允發給，當然我們還要盡力去解決這些問題，但是如果有工友因為這些問題還不能解決而悲觀或灰心，那是錯誤的，這些問題在今天還不能解決，使我們更能認識壓迫者的面孔，化憤怒為力量。工友們應該明白，這些損失對於我們是不很重要的，而我們得到的勝利和收穫是更重大的。

為甚麼我們會取得這樣重大的勝利呢？有幾個因素：

第一，由於我們全體電車工人在工會領導下，始終團結一致，在反抗資方飢餓分化和警察鎮壓的鬥爭中，能夠堅決勇敢，不斷進步地堅持鬥爭。這次鬥爭表現了我們堅持了中國工人階級的有正確領導，團結堅決勇敢，有勇而且是有謀的優良傳統，我們電車工人必須認識有了我們的堅強才能取得勝利，應該要保持和發揚這種堅強的特質。

第二，由於取得了全港九工人兄弟的支援，首先是工聯會領導下各工會的支援。我們電車工人必須認識，如果沒有全港九工人兄弟特別是工聯會領導下各工會的支援，我們的鬥爭就會孤立，就不可能得到勝利。全港九工人階級在此次鬥爭中團結一致，把我們的利益看做和他們的利益一致，發揮了最高的階級友愛，給予我們最大的精神上物質上的援助，這才使我們本身是堅強的隊伍，成為一支強固的力量，因此，我們不能因為由於自己堅強取得勝利而產生自高自大的、狹隘的大電車主義思想，而應該建立團結全體工人階級，依靠全體工人階級的思想。

第三，由於取得了全港九各階層市民的同情和援助。由於我們的保障生活的要求是合情合理的，並且從鬥爭開始便把自己的利益和廣大市民利益結合：十二月廿四日開始行動時我們只是實行怠工而不罷工，使市民不致受交通停頓的影響；又因不售車票，乘客特別擠擁而每日派出數百糾察到街上維持秩序，使交通秩序井然。十二月廿八日資方關廠停車除人後，我們建議恢復開車重開談判解決問題。在堅持鬥爭期中，各階層市民由於電車停開而遭受巨大的時間與經濟的損失，要求開車的呼聲普遍地叫起來，我們根據廣大市民這個要求建議首先復工開車，保障生活問題保留再談。因此，我們獲得各階層市民的廣泛同情和援助，全港九工人兄弟、工商界、婦女、學生、文化界、店員、漁民等等都熱烈慰問和捐款支持我們，各界支援慰問我們的有十多萬人，捐款捐物達十二萬元以上。各階層市民不但慰問和支援我們，並且和我們一起反對警察暴行，要求維持交通和保障工人生活，批評當局及資方措施不當。因為有了各階層市民廣泛的精神上物質上與道義上的援助，才能使我們堅持四十四天鬥爭，擊破飢餓分化政策及抵抗警察壓迫而得到勝利。我們電車工人必須從這次鬥爭中，認識把自己利益與廣大人民利益結合起來；依靠廣大人民，團結廣大人民，是爭取鬥爭勝利和戰勝壓迫的一個重要的條件；把為廣大人民服務，將自己利益服從於廣大人民利益的原則和精神堅持發揚起來。

第四，由於新中國全面勝利的聲威鼓舞我們，和新中國人民特別是工人階級給予我們精神上物質上的援助。新中國全面勝利的聲威，大大鼓舞

了港九工人和各界同胞，我們電車工人知道我們今天已經成為強大的新中國的人民，因此對我們要求保障生活爭生存的鬥爭充滿信心。新中國的工人階級已經翻了身，已經站起來了，他們做了新中國的主人，地位是大大地提高了，生活也得到保障。他們知道我們香港電車工人為着要求保障生活爭生存而竟遭無視和壓迫，便紛紛起來聲援，和給予物質上的援助，如廣州市總捐一百擔白米和寫信慰問我們，全國總工會捐款五千萬和寫慰問信給我們，羅素街事件後全國各地職工會紛紛發表抗議書，寫慰問信，及提出解決工潮意見（廣州市總工會在羅素街事件後發表解決工潮四項意見）等，加上新中國其他各階層的人民對我們的聲援，都使我們堅定了鬥爭的信心，使壓迫者明白新中國人民的不可侮，在強大的壓迫下始終堅持鬥爭而獲得勝利。

第五，由於工聯會和工會的正確領導，及全體工友對工會領導的信賴和服從。在全體工友一致團結在工會領導之下，就保證了我們的勝利。

綜合來說，就是我們全體電車工友團結一致英勇鬥爭，由於我們掌握了自己利益與市民利益一致的原則，獲得了全港九工人兄弟的支援，社會人士的同情援助，又由於我們獲得了新中國工人兄弟的支援，又由於工聯會與工會的正確領導，及全體電車工友對工會的正確領導，全體電車工友對工會的信賴服從，有了這些因素，就使我們這次保障生活的鬥爭得到了勝利。

資料來源：資料來源：香港電車職工會保障生活委員會編：《電車工人・保障生活鬥爭特刊》（非賣品），1950 年 6 月 15 日，頁 2-3。

閱讀資料 2.2.6：

內地與香港工人同氣互動

導讀資料 下列文件及文章呈現的是階級感情，是當時真誠的、工人階層的、同聲同氣的互動。

全國人民的支援和抗議（一）

首都人士的震怒

北京二月四日消息：首都各界對於香港英國政府警察，暴戾鎮壓工人造成巨大流血慘案，非常憤慨，北京市總工會籌委會主任蕭明說：香港工人的鬥爭，不是孤立的，北京四十萬工人，永遠作香港工人的後盾，我們要把痛憤變為力量，要求嚴辦兇手，立即釋放被捕工人，賠償工會和受傷工人的損失，我們一定支援香港工人兄弟的合理要求。

地氈毛織業工會張國鈞說：前些時候，英國政府，希望與中華人民共和國建立外交關係，現在香港警察，又武裝鎮壓我們工人兄弟，造成血案，這充分暴露了帝國主義的真面目。

北京大學學生會主席王學珍，燕京大學教育系主任林漢達等，也紛紛對北京人民日報記者發表談話，抗議香港英國政府的暴行，支援香港工人的合理要求。

全國人民的吼聲

新華社北京二月四日電：北京、天津、武漢、杭州等地人民紛紛抗議香港英政府屠殺香港電車工人的暴行，並一致表示堅決支援香港工人兄弟的正義行動。

香港英政府的暴行也引起了天津市工人的普遍的憤怒。天津市總工會主任黃火清說：我們天津全體工人，嚴重抗議英國軍警的暴行，要求香港政府立即釋放被捕的電車工人，嚴懲兇手，啟封電車工會會所，賠償工會受傷工人之一切損失。他表示：天津工人一定以最大的力量支援香港工人的正義行動。天津鐵路區工會、紡織業工會、市政工會等亦分別向香港英

政府當局提出嚴重抗議。天津電車公司職工並舉行大會決議支援香港電車工人的合理要求，並通電聲援香港工人，寫信慰問被難工友。華北電業公司天津分公司、法商電力公司、郵局、天津造紙公司所屬一、二廠等單位職工也於二日分別集會，一致表示聲援。

華中武漢總工會籌委會也向香港英政府提出了抗議……。武漢婦聯籌委會、新民主主義青年團武漢市工作委員會、武漢市學生聯合會都發表了聲明，堅決抗議香港英政府的暴行。

杭州市首屆工人代表大會在抗議書中表示代表全市十萬工人，願作香港工人兄弟的後盾，希望他們堅持鬥爭到底。

瀋陽東北日報、漢口長江日報、大剛報都發表評論，聲援香港被迫害同胞，嚴重抗議香港英政府的慘暴行為。

新華社北京二月五日電：對香港政府武裝鎮壓電車工人的野蠻行為，繼續引起了全國各地人民的嚴重抗議。東北總工會，東北婦女聯合會，東北學生聯合會以及瀋陽市若干人民團體均發表通電，除抗議香港政府的暴行外，並向香港受傷工人及其家屬致親切的慰問。中國民主同盟南京支部負責人葉雨滄，國民黨革命委員會南京負責人張師明相繼發表談話，認為香港英國軍警屠殺電車工人的暴行，再次在中國人民面前暴露了英國政府承認我國的偽裝面目。重慶二十餘萬工人一致抗議香港英國政府侵犯我國工人集會自由所造成的流血慘案，並認為在香港工人兄弟後面，有站立起來的中國人民和組織起來的工人群眾作為後盾，相信香港工人兄弟的合理要求必能獲得最後勝利。山西省總工會暨太原市總工會在抗議書中說：我們山西省五十萬工人一致支持香港電車工人兄弟。湖南省長沙市民主婦女聯合會籌委會，學生聯合會等團體，一致要求香港政府懲辦肇禍兇手，賠償工會及受傷工人的一切損失！此外，保定、青島、蕪湖等地工會以及江西、河南、湖南等省的工人、婦女、青年等團體均先後發出通電，堅決表示支持香港工人的正義行動。

全國人民的支援和抗議（二）

廣州市總工會籌備會來函慰問，一九五〇年一月二十八日（頁 24，香港電車工會二月二日回覆，見下文。）

廣州市總工會籌備會於二月三日及四日都致函支持（頁 25，《廣州工人兄弟——嚴正抗議羅素街事件》及「不讓再被欺凌迫害」《穗全體工人兄弟來函慰問》）

全國人民的支援和抗議（三）

偉大的階級友愛
廣州市總工會籌備會來函慰問

廣州市總工會籌備會二十八日致函慰問香港電車工友，表示廣州工人不僅作精神上的支持，並當盡力捐集物資支援。原函如下：

親愛的香港電車全體職工兄弟們：

一個月來，我們一直注視着你們這次被壓迫事件的發展。我們從報章上清楚地了解到：由於香港物價不斷上漲，使你們的名義工資和實際工資發生了一個很大的距離，你們為了維持生活，不能不向資本家要求增加津貼，以補償實際工資的損失。我們認為你們這個要求是完全合理的和必要的。但是，你們的要求終於給賺了大錢的英國資本家拒絕了，雖然你們的仍堅持顧全全市交通便利，繼續上工開車，贏得了廣大社會人士的同情稱讚，但是電車公司的資本家竟實行採取關廠停車的毒辣手段壓迫你們，企圖運用飢餓政策使你們屈服。這個毒辣手段，由於你們始終團結一致，不屈不撓，堅持正義，在香港各業工人兄弟和各界同胞支援之下，你們自始至終都光榮地屹立着，表現中國工人階級英勇不屈的氣概。我們謹向你們致兄弟的關懷，向你們在鬥爭中表現的英勇和堅決，致階級的敬意。

現在，我們中國工人階級已經獲得了全國的領導權，中國人民已經站起來了，中國工人和中國人民受人欺凌壓迫的時代已經過去了。香港電車公司的資本家仍不改其一貫虐待中國工人的態度，甚至變本加厲地這樣來迫害中國工人，如果他們仍不悔悟，總有一天，將自食其惡果的。

英國正在宣稱承認中國人民的新政權，要求與我們建立邦交，我們中國人民也正在考慮以禮還禮，和正在聽其言觀其行的時候，看看香港政府對此次香港電車公司不惜妨礙香港廣大市民的交通，死硬地虐待中國工人的野蠻行為，給予我們中國人民研究英國問題，特別是研究香港問題的一個很好的

參考資料。

　　親愛的香港電車職工兄弟們，繼續堅持你們合理的、正義的鬥爭。在歷史上和你們血肉不分、痛癢相關的廣州工人，不僅在精神上支持你們，並且當盡力捐集物資給你們以援助。

　　此致
兄弟的敬禮！

廣州市總工會籌備會
一九五〇年一月二十八日

全國人民的支援和抗議（四）

感謝偉大的階級友愛
電車工會函謝穗總工會籌備處

　　電車職工會接到廣州市總工會籌備會慰問信一封，另收到慰問白米百擔，特函覆廣州市總工會籌備會，該覆函全文如下：

廣州市總工會籌備會暨廣州工人兄弟們：

　　接到你們一月廿八日的慰問信，又接到白米一百擔，充分表現了廣州工人兄弟偉大的階級友愛精神，我們一千七百電車工友同感振奮！

　　現在且讓我們告訴你們，香港電車公司資本家，至今還沒有誠意接納我們所提保障生活，恢復通電的要求；其壓迫工人的手段，還沒有絲毫改變；港府勞工司仍偏袒資方，坐視不理，港府警察當局則竟以武力鎮壓我電車工人，造成流血事件，故生事端。我們很清楚的認識到，這是資方通過警方有計劃的企圖以強力來壓服工人。但相反的，已引起全港工人莫大憤怒，我電車工友也絕不會因任何鎮壓而屈服，我們一定為保障生活，保障自己權利而堅決鬥爭。

　　親愛的廣州工人兄弟們，電車公司資本家正在用飢餓政策壓迫我們，警方則用武力壓迫我們，這的確是可給你們作為研究英國問題，特別是研究香港問題的一個很好參攷資料。

　　此次警方造成電車工人的流血事件及侵犯工人自由權利的暴戾行為，經過全港工人提出嚴重抗議之後，仍未停止這種壓迫工人的措施。反而封閉工會，將我們的工會主席等無理遞解出境。這完全是一貫來虐待中國工人的態

度，並進一步變本加厲而已。我們相信，這種做法，總有一天會自食其惡果的。當我們電車工人受到這一連串的迫害，唯有團結鬥爭。

廣州工人兄弟們，你們看香港工人在外國資本家壓迫下所處的惡劣地位，比之祖國工人以主人的姿態過着自由的生活，真有天淵之別啊！

我們此次要求保障生活，自電車公司資本家關廠停車以來，已經四十天了。資方企圖嚇倒、壓倒工人的陰謀，在工人面前已經完全破產。他企圖以此毒辣手段打垮工人，完全是幻想，因為他既不顧工人生活痛苦，且不惜犧牲市民交通利益，這種損人利己的做法是失敗的。相反我們電車工人站穩着自己利益與社會利益一致的立場，不但獲得了全港工人的支援，且獲得廣大社會人士和祖國工人兄弟的支援，足證我們的要求是合情合理合法的。我們一定要繼承中國工人英勇鬥爭的傳統精神，團結一致，堅持到底。我們完全相信，勝利一定屬於工人！

香港電車職工會

一九五〇年二月二日

資料來源：香港電車職工會保障生活委員會編：《電車工人・保障生活鬥爭特刊》（非賣品），1950 年 6 月 15 日，頁 22-24。

☑ 閱讀資料 2.2.7：

電車工友函警務處長
——要求被遞解人士可重新入境

電車工友函警務處長
請速解決兩項問題

電車雖已在二月十日復通，但未解決之問題仍多。電車職工會方面，因覺多項問題未獲解決，而資方與警方只是拖延，不尋求解決辦法，且各工友每日都追詢工會向資方及警方交涉，故工方負責人除往見勞工司及資方交涉外，於三月四日前往見警務處長，但不獲接見，只有政治部之翻譯傳達政治主任意見，謂工會方面最好用書面追詢，故工會方面，於三月七

日特具書面，陳述工友要求解決之問題，內容如下：

香港警務處長閣下：

　　我們屢次請求（一）恢復被解出境工友自由回港；（二）迅速賠償會內一切損失，經過相當時期仍無切實答覆，我們經不起工友每日追問，並催促交涉，如果事情拖延太久，並無多大好處，所以本月四日早上曾到貴處詢問，希望早日解決，惜未獲接見，特以書面陳述如下：

　　第一件：「一・三〇」羅素街流血事件的發生，係緣起於當晚有一警官到工會擅自拆下懸在騎樓之傳聲筒，經我方代表交涉，並再之言明應依理解決，但該警官絕不考慮，竟一意孤行，親自動手拆去，為眾工友共睹，當時群情憤怒，而要求交回。經我方代表繼續交涉，向所有在場英警長說明利害關係，未蒙接納，只叫我方代表勸各工友，唯在這廣闊場所講話聲浪，實際不能傳達。警長則說找播音警車來，以便勸告工友，豈料播音車未到時，警長則下令全體警察進攻手無寸鐵的工友，可知此次事件為警方造成，是夜並拘捕我工會主席及職員和工友等，後復被解出境，事前並未通知工會負責人和出境者家屬，於情理上亦有所不合。後經我方代表到東方行詢問警務處長麥景陶究竟出境人數有多少時，才說出用書面通知，迫接獲通知書時，才知有九人被解出境。我們請求他們自由回港，麥景陶處長說是輔政司責任，可代轉述，但經過相當時期，仍未有完滿答覆。我們經不起千餘工友每日催促，所以要求向輔政司詢問，請求自由回港，希望不要拖延。如果你覺得麻煩時，我們可以面見輔政司，直接詢問，可否請代通知輔政司約定日期時間地點，以便進見。此為第一件請求，恢復工友自由回港事情。

　　說到第二件呢：就是要求賠償會內一切損失。職工會是我們工友的第二家庭，經常有秩序的佈置和歷年購置公家和私人財物實在不少，當晚警方拘捕及驅逐我們職員和會員離會後，未經我們同意，亦未有說明理由，連最簡單點交手續都沒有，而武裝霸佔職工會。經過長期訓練而負責有維持治安之警方，應該保護工會品物，以求將來事情之解決。豈料我們收回職工會時，發現每個櫃桶及木箱都被撬開，許多財物都失了，可以食的都食去，大部分物件毀爛不堪，到處塗污，更將全部文件，包括年結帳簿、會員名冊等等全部毀碎。警方此種做法，實在令人難於了解。雖然麥景陶警務處長答允賠償，收回工會時，亦已列明清單送交警方，且多次催還之播音機器，亦只交還一部分，仍舊缺咪頭，現將匝月。我們屢次要求答允，要求確定賠償日期，終未有結果。我們實以耐心等候，但損失物品有些屬於電車公司的，現資方強

迫我們工友馬上賠償，所以我們繼續請求早日賠償，倘拖延下去，實不是辦法，請求考慮，給我們答覆。

香港電車職工會代表歐陽少峰、陳耀材
一九五○、三、六

資料來源：香港電車職工會保障生活委員會編：《電車工人‧保障生活鬥爭特刊》（非賣品），1950 年 6 月 15 日，頁 29。

工人大會上，
總代表陳耀材發表講話。

☑ 歲月痕跡 2.2.1：

羅素街血案兩篇重要散文

資料導讀 《從怠工到停車》談羅素街血案發生的起點、十二月下旬的情況。反映工人手法合理，執行有序，令工人在民情及輿論上佔上風；《血染羅素街》則描述 1 月 30 日晚當天的現場情況。

從怠工到停車

賢

十二月廿三日晚上，還沒到八點鐘，工友們就把勞校天台擠得密密的，充滿着緊張得使人窒息的氣氛，好比一隊站在最前線的戰士，等候着命令去衝鋒和敵人拚命，在那裏磨拳擦掌。

每一個工友對資方的強硬態度，燒起了快要爆發的憤發的憤激的心情，經過了各部分組的反覆討論，終於在這個大會裏一致地通過了對資方採取怠工行動，因為這樣做，可以兼顧到社會人士的利益。

於是，第二天一早，電車像往常一樣，開出了廠，轟隆隆在市面上行走着。但情形就完全不同啦！

收銀工友把「賓治」（打孔機）和票袋一起放進票箱裏，實行不賣票，每到一個站，就循例地在「威標路」（路程單）上寫上車票的開始數目。司車和司閘工友，盡量的讓乘客上滿了才開車，雖然車走得比以前慢一點，乘客卻安全了許多，這是連他們自己也感覺到的。

每一個車站，都由電車工友維持上落秩序，這些態度和靄的服務員，臂上扣着「電車工友維持秩序」的白布章，把要搭電車的人客排成兩列，一個個地走上頭等和三等，雖然在聖誕乘客特別多但秩序井井有條，沒有以前那種爭先恐後的壞現象，老頭子、老婆子、小孩子得到服務員的攙扶，能夠安然地趁到電車，這一切是以前沒有的，是以前交通當局辦不到的。而事實證明了有工作積極性的工人階級做事是能夠做得好的。

很多在香港出世住到現在的人，從沒有看過這樣好的秩序，他們不期然的讚歎道：「電車工友是有着怎樣為群眾服務的精神啊」！

的確，這種高度的為群眾服務的精神，在電車工友中可以看得到，他

們下了班，吃過飯，全不休息，就自動的拖着疲勞的身軀分派到各個站頭去幹着這個單調的吃力不討好的工作，有些還騎着單車看看哪個站頭乘車的人擠，就多派幾個服務員去，不時的調劑妥當工作人員的數目，和看看有沒有事情發生。一個年紀七十多歲的機器部工友，下午五點鐘下班，便一直幹到深夜，星期日除了吃飯就站在站頭上，全不會因為年老而感到體力不支，也不會因為精神不夠而卸責。他對別人說：「為了鬥爭，為了群眾，我很高興去做！」

沒有一個乘客不流露出愉快的笑臉，他們異口同聲地很關切地探問工友們關於鬥爭的近況，我們工友回答道：「資本家不顧我們工友的生活苦，拒絕我們的合理要求了，今天請客就是表示我們堅決的意志！」

「是的，你們做得很對，物價漲，資本家賺大錢，還不加津貼給工友是不應該的呀！」乘客很同情的說。

「我們本來是想用罷工來對付他們的，不過每天從早到晚，除了少數有車階級，全港市民都需要我們，為了不使你們受到損失，我們才決定賣大飽！」工友繼續地說：「我們非到萬不得已的時候，仍然是要替市民服務的！」

「你們真好極了，在鬥爭裏也不忘記我們，真不知道怎樣去感謝你們呢！」乘客感動地說。

「以前我們不能讓你們上落滿意，弄得鬧出意見，都是資方限制行車時間迫成的！現在看看我們工友管理的時候，搞得多好呀？」工友反接着向他們解釋，希望消除從前彼此間的誤會。

「這個我們很清楚，」乘客說，還好像鼓勵好朋友似的預祝着：「你們有道理，有正義，勝利一定是你們的！」

四天的怠工，社會人士完全同情了我們，站到我們這邊來，而資本家卻關廠、停車、開除收銀工友、斷絕了市面的交通，連小孩子都曉得說：「電車公司的老闆真無理，不加津貼給工友，還要把電車停開。」

電車工友在第一個回合裏面打勝仗啦！大家更進一步熱誠地擁護正確領導的保障生活委員會。一千七百個鬥爭健兒莊嚴地在誓師會上舉起鋼一樣的臂膀宣誓，並發出雄壯的激昂的聲響：「同生死，共患難，服從大會決議，堅決鬥爭，爭取勝利！」

血染羅素街

競

香港灣仔區的羅素街是一條狹窄的小街道，由東至西不過數十幢二三層的小樓子。電車公司就設在街的西端和堅拿道東夾口處。由這裏一直向街內伸延，連同車廠間足佔了整條羅素街南邊一半以上的地段。連接着車廠間的是天祥汽車行側牆，也一直伸延到街的東端和密地臣街、波斯富街夾口的地方。這樣，羅素街的民房就只能築在靠北的一面了。在這一列小樓子中間的一座樓子朝街的台口處，豎立着一塊紅底白字的牌子，上面寫着：「香港電車職工會」——這就是保障香港工人福利的堡壘。

自從去年十二月廿八日電車公司用關廠除人的手段，冀圖分化、壓迫工人之後，每天，慰問的隊伍不斷從各方面如潮般的湧到羅素街，湧上電車工會，平時電車出廠回廠的叮噹聲，現在完全被反飢餓反迫害的吼聲代替了。

這是卅八個被迫害團體到來慰問的一夜。工人一早就準備好；佈置了天台會場，派出了糾察，準備歡迎他們的嘉賓，他們的戰友。

但是，首先來到羅素街的卻是一輛輛警車、衝鋒車，載着一隊隊頭戴白鋼盔或深綠鋼盔，手執籐牌、警棍，腰際掛着防毒面具的衝鋒隊。這本來是不足為奇的，自公司關廠之後，羅素街就平添了不少警察。尤其是每次有慰問會的時候，警察也一定隨着增多。不過，這一晚不但警察人數大大增多了，而且往常很少見的衝鋒隊和救傷車也來了；那種不同的來勢，那種刁斗森嚴的景象，總是和往常不同的，敏感的人，也許會意料到這一晚會有不平凡的事件。然而，甚麼力量能阻止這兩支鬥爭隊伍的匯合呢？甚麼力量能使遭受飢餓和迫害的人低頭呢？

七點多鐘，慰問隊伍便從各方面開來了。他們沒有被這種如臨大敵的軍警林立所嚇怕，在電車工人的熱烈招待下，通過了軍警的重重監視，青年朋友魚貫進上工會天台。天台並不很闊大，僅能容納二千多人。很多來得較晚的友群便留在街上和工人糾察排在一起。這時工會的天台已經變成一片滾沸的大海，二千多顆爭自由、求溫飽的心緊緊地結合着；此起彼落的歌聲，爆竹般的掌聲，一個個浪潮似的震盪着天台的上空，這浪潮經過擴音器在職工會擴送開來，街上的工人和青年朋友圍着傾聽。他們雖然地各一方，但跟在同一會場是沒有分別的；一樣唱着笑着，對於鬥爭的人群，甚麼能夠將他們分開呢？

八點鐘，慰問會開始。

「起來，不願做奴隸的人們！……」雄亮的國歌聲同時在天台和羅素街轟雷般吼出來。唱完國歌之後，跟着是主席講話。時間差不多過了廿分鐘，一位西籍警官突然匆匆地跑上工會，開口就厲聲說：

「上天台叫負責人下來，限五分鐘！」

但是，當會內工友跑上天台之後還不到三分鐘，西籍警官便怒氣沖沖的走到樓台口，用手將電線扭斷，拆下擴音器，夾了就走。會內的工友勸警官將已拆掉的擴音器留在會內，以免讓工友看見時，事情也許會擴大起來。可是，警官卻絕不理會地昂然走下去。街上的工友看見他夾着擴音器下來了，便群起要求交回，嚷着，叫着。這是一個嚴重關頭；幸而在工人糾察竭力維持秩序之下，這關頭是渡過去了。

堅拿道東羅素街入口的地方，早就擠滿了參加大會被阻的群眾。他們在據理爭持着，爭持他們應有的自由。是自己的工會，為甚麼不能進？是自己的朋友，為甚麼不能參加慰問？

這時警官正好拿着播音器走出來，在一輛警車前站着，將手中皮鞭猛力揮向身旁的憤怒群眾。

「警官打人！」

「為甚麼打人！」激怒的人吼着。

警官繼續揮着鞭子，旁邊一個被擊着的工人跟他據理爭持。警官趁勢飛起一腳，正巧踢中那工人的腰際。他倒下去了。警官迅速地跳上警車向跑馬地飛馳。

羅素街的情勢顯得更嚴重了。警官強取擴音器後，衝鋒隊將剛才的曲尺隊形變成了一字形，橫着羅素街，擺了幾重的進攻陣勢；戴白鋼盔的身材高大的站在最前，戴深綠色鋼盔的較矮小的站中間，後面是西籍警官。每一個人手中的警棍挺直在肩前，籐牌緊靠在腰際，似乎是等待進攻的命令。警方愈將情勢弄得嚴重，群眾的怒火愈高漲。為了避免發生衝突，工人糾察在軍警的跟前，手扣手地密密排了幾重。

警察在吆喝着，群眾報以雄壯的歌聲「團結就是力量……」。歌聲、口號聲、呼喝聲，交織成大流血前的序曲。

在這之前，工會負責人已經與警方交涉，要求不要將事情更擴大。現在問題是這樣：警方要群眾馬上退出羅素街，而警官強取了工會的擴音器不肯交還後，工會負責人根本沒有辦法憑一張嘴對被激怒的工人說話。

資料來源：香港電車職工會保障生活委員會編：《電車工人‧保障生活鬥爭特刊》（非賣品），1950 年 6 月 15 日，頁 13 及頁 17。

1 月 30 日晚上，
工人群情激憤，圖為糾察竭力維持秩序情形。

1 月 30 日晚上，
警方使用催淚彈對付徒手的工人。

圖為羅素街血案中受傷工友李文昭。

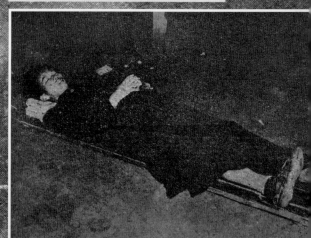

1950年1月30日晚上，電車工會天台如常舉行工友大會，出席者包括其他聲援的工會工友。當晚港英政府既重兵佈陣，也封鎖街道入口以製造緊張氣氛。

最終，在警方一再主動挑釁下爆發衝突。警方以武器對付及毆打工人。重傷職工兄弟三十餘人，輕傷者約七八十人（過路市民受傷者未計在內）。圖為刊物《電車工人保障生活鬥爭特刊》內的照片，原照片已失傳。

☑ **歲月痕跡 2.2.2：**

48天日誌《苦鬥的歷程》

苦鬥的歷程

資料室

一九四九年——

十二月一日：電車職工會屬下各部工友，因為目前生活程度不斷高漲，生活陷於極度困難，特召開特別會員大會，要求電車公司保障生活。

二日：電車職工會將五項保障生活的要求提交資方。

八日：電車工會召開各部代表會議，報告當前情況，徵集代表意見，會中一致指出資方可能用拖延手段，利用時間，分化工友團結，故必須加緊團結提高警惕，揭發分化陰謀，爭取鬥爭勝利。

十二日：單號司機工友舉行大會，表示要與各部工友，聯成一氣，並駕齊驅，為保障自己生活而戰鬥到底。

十三日：雙號收銀工友舉行大會，到會工友空前踴躍，突破任何一次會議紀錄，會中號召工友，隨時警惕資方分化陰謀，堅定信念，站穩立場，緊密團結，爭取鬥爭勝利。

十五日：電車工會提出的保障生活要求，到今天才得到資方答覆，但資方只答應了五個條件中的一個條件，即年尾獎金，其餘四項一概被拒絕，當晚舉行工友大會，工友聞悉之餘，群情激憤。

十六日晚：繼續舉行工友大會，一致認為資方毫無誠意，決定於十七日向資方提出通牒，限期圓滿答覆。

十七日：上午十二時，由劉法主席將通牒送交資方限資方於一九四九年十二月十九日以前圓滿答覆，並要求於本月二日以後無理開除及處罰的工人，予以復工免罰。

十九日：通牒期滿，上午十一時總代表劉法、歐陽少峰、陳耀材三人見資方總經理西門士，資方多方推諉，通牒要延到二十日上午十一時答覆。工友聞訊後，群情洶湧，要求開始行動，經再三考慮，為顧全市民交通，准予延期。

二十日：電車工友上午九時與下午七時分別召開單雙號工友大會，商討對策。最後決議廿一日上午與資方在勞工處的談判是最後一次的談判，

若資方不能照顧工人生活的困苦，接受合理要求時，工友將隨時採取行動。

廿一日：在勞工處談判結果，資方仍拒絕特別津貼及司機薪金兩項，只有年終獎金在舊曆十二月初十以前發給一項，得到雙方同意。勞工處長鶴健士提出「反罷工法案」，促工友注意，又提出「仲裁」問題，工友最後決定於廿二日向資方提出最後通牒。

廿二日：電車工友於下午三時由總代表三人將最後通牒送交資方，限資方於本月廿四日上午五時以前圓滿答覆。同時具函知會勞工處，將向資方提出最後通牒經過，呈報存案。晚上各部工友召開代表會議，討論行動前的必要準備。電車、電話、電燈、中電、煤氣五大公用事業工友，為要求保障生活，發表聯合聲明。

廿三日：資方對工友的最後通牒，今日下午五時正式答覆，堅持廿一日在勞工處談判時表示的意見，其他一概拒絕。因此，電車工會發出告社會人士書，決定採取行動，但為了照顧市民交通，尊重市民利益，非迫不得已時不罷工。工聯理事長張振南發表談話，希望勞工當局和社會人士，主持公道，責成資方照顧工人生活，打開談判之門，開誠相見，協商解決。

廿四日：電車工友為爭取保障自己的生活，為照顧市民的交通，不得已採取怠工行動，電車照常行駛，不售車票，搭載乘客，一切在有計劃、有秩序的情況中進行，乘客雖然特別擠擁，但幸未發生意外，市民讚揚工人的做法。電車工會舉行記者招待會，報告爭取合理的生活改善的經過，並聲明不得已而怠工的苦衷。

廿五日：電話、電燈、中電、煤氣工友對電車工友表示支持，要求各工會下令怠工。的近律師代表資方致函電車工會，內容完全推卸責任。電燈工人慰問電車工人，學生紛紛送物品慰問。

廿六日：電車工會三代表覆函西門士，建議用談判方式解決此次勞資糾紛。三電一煤慰問電車工人，四代表獻旗。某熱心人士捐五百元慰問電車工友。

廿七日：有五虎之稱的四電一煤，在海塢天台舉行聯歡會，劉法主席號召大家發揚過去並肩奮鬥精神，同甘共苦，一齊作戰，以取得最後勝利。工聯會副理事長麥耀全痛責電車資方頑固，呼籲當局主持公道。

廿八日：清晨四時，工友照常上班，資方突下令封閉廠門，停止行車，召武裝警察二百多名在車廠周圍佈防，拒絕工友上工，資方通告解僱全體賣票工友。上午十時電車工友三總代表赴勞工處報告經過。

電車工會發表「告社會人士書」，指責資方用除人、關廠、停車，並召

武裝警察和衝鋒車來威脅壓迫和分化工人，這種做法只會擴大糾紛，不能解決問題。電車工友宣誓鬥爭到底，各工會繼續慰問。

工聯會開緊急常務理事會議，決定：一，見勞工處長，二，號召工聯屬下全體十萬工人動員起來，強力支持電車工友。

工聯代表見勞工司，麥花仁（編著者按：此處應為麥花臣）態度表示冷淡，竟說：「雙方各有自由未便干涉。」

電車工會致函資方，指責除人停車關廠，聲明資方應負完全責任。

洋務工會屬下樂斯、半島、淺水灣、香港四大酒店，大英職工紛紛來慰問。

卅日：資方通告發薪，但沒有一個衰仔去領，資方分化計劃，完全粉碎。

卅一日：工友照常上班，分組舉行會議，學習鬥爭經驗。各方紛紛慰問，本日共收捐款二千餘元，物資一大批。

一九五〇年——

一月二日：電車工會致函資方，建議中間人士調處，早日解決工潮，並指出：「在談判中要在正常的基礎上恢復公用事業的供應。」各方慰問，絡繹不絕。

三日：電車工會發表意見書，為表示勞方的誠意，鄭重建議，採取有第三者參加的協商評議的方式解決糾紛。慰問隊伍，整日不絕，各方捐款近九千元。三電一煤工友聲明，堅決支援電車工友。

四日：支援電車工人熱潮高漲，慰問隊伍匯成巨流。

五日：資方覆函工會，堅持仲裁。愈鬥愈強。一群「冧把溫」參加陣營。三十八個被迫害團體，舉行千人的大會，慰問電車工人並獻旗獻金。

六日：工會發米，每人十斤，公司發薪，無人去領。電車工友發表意見書，提出四項原則作為談判基礎。各工會發起一元運動，支援電車大佬。

八日：澳門工人發動工人捐款，支援香港電車工友。

九日：電車工人代表赴勞工處長約會，提出工潮解決原則，希望從速調解，早日解決。電車工人實行集體生活，溝通思想，加強團結。

十一日：華人革新會、華商總會焦慮電車工潮，均認為影響全港交通和整個商場，呼籲中西僑團合力促使工潮早日解決。

十二日：電車工會致函勞工處，重申工友對解決工潮的態度。

十三日：資方第三次發薪，沒有一個肯做衰仔，資方毫無表情，匆匆

收檔，工會發米，每人七斤。

十四日：資方覆函電車工會，死硬堅持仲裁，對工會所建議的兩項先決條件，全無接納之意，顯然證明資方完全不顧市民交通，企圖拖延工潮，以飢餓政策對待工人。

十五日：電車工友堅持二十三天，慰問隊伍如潮湧，各方捐達三千五百元。

十六日：各方踴躍支援。

十七日：華商總會致函電車公司，指出電車公司停車，影響商民營業及日常生活，並請設法即日恢復通車；同時致函輔政司呼籲。電車工會致函勞工處，希望勞工處聽聽工人呼聲，聽聽社會呼聲，做一點有益社會的事情，負責調處。三電一煤支援電車工友，呼籲勞工處負責調解，特聯名發表聲明。

十八日：電車公司函覆華商總會，內容空洞，只謂公司對停車表示「遺憾」。電車工會接到澳門十三個海員工人單位的慰問和捐助，同日接到倫敦劉仲堯先生將辛苦積蓄的五十元，匯給電車工人，並來函致慰問。電車工會接獲贈款已逾四萬元。

十九日：工會第三次發米，每人又足十斤。資方第四次發薪，全體工友堅決拒領。華商總會接獲商民投訴多起，要求以行動促使電車公司開車。

二十日：工聯發出通告，要求工友提高警惕嚴防反動派陰謀破壞工會。電車工會函華商總會，同意華商總會所提辦法，並希望拿出市民力量，要求資方恢復通車。工會第四次發米，每人十斤，資方第五次發糧無人領受。

二十一日：電車工友舉行全體大會，號召工友提高警惕，用團結的力量，粉碎資方收買工賊的陰謀。

二十三日：電車資方，修名園路軌，勞方糾察兩次勸服修路工和中國警察，終於擊破資方計劃。晚，前來慰問之社團及工會，在電車工會舉行聯歡晚會，遭警察無故干涉，並派警隊到場鎮壓。

二十四日：廣州工人來電慰問，並捐贈白米一百擔，作為第一次慰勞品。糾察隊與稽查員因故發生小衝突，資方即召衝鋒車到場鎮壓，下午警務處長麥景陶到公司巡視。

二十五日：西人警探，帶人強行入廠報名，引起衝突，大隊警察衝鋒車到場，警官有「禮貌」的和職工會協商後，保證該華人不得入廠報名，然後散去。

二十六日：工會第五次發米，每人十斤，鹹魚一包，資方發米照舊無人

領。華商總會召集會議，對電車工潮通過四項原則：（一）請輿論界主持正義。（二）請政府重視公共利益，從速解決電車工潮，以免事件擴大。（三）去函電車公司，提出強力抗議，反對無期停車，勞資雙方恢復談判。（四）推舉九人，組成委員會，負責進行辦理。工聯會發表意見書，呼籲各界人士協力支援電車工人，促使工潮解決，恢復通車。

二十七日：五大公用事業工會為市民請命，促使資方覺悟，從速恢復通車，發表聯合聲明。工聯號召長期支援電車工友，各工會認集四萬四千餘元。

二十八日：華商總會致函電車公司，要求打開談判之門，俾得早日解決工潮。四大船塢慰問電車工友，晚七時在羅素街舉行「四龍會虎」的七千人盛會，十九架以上的警車、裝甲車、警官車和救傷車前來鎮壓，如臨大敵。廣州市總工會籌備處代表廣州市二十八萬工人對電車工人發表公開信，表示支援和慰問。

二十九日：工聯會召開代表大會，討論擴大支援電車工友問題，成立委員會，推動支援工作，自今日起，舉行擴大運動週。支援慰問電車工友的行列，有如「百川匯河」，洶湧澎湃，捐款達五千元以上。

卅日：晚，卅八個被迫害青年團體，和電車工友在電車職工會舉行盛大慰問會，武裝警察出動八百人，搶去擴音器，阻止工人集會，毆打群眾，放催淚彈，開槍，羅素街發生驚人血案，結果重傷二十八人，輕傷八十餘人，電車工會被封閉、搗毀，電車工會領袖劉法、陳耀材、李文海及青年團體領袖周璋等被捕，鵝頸區風聲鶴唳，如臨大敵。警察直至深夜二時，尚未撤去。

卅一日：電車職工會發表告社會人士書，報告羅素街事件真相。下午電車職工友代表四人謁見勞工處長麥花臣，請釋放被捕領袖及解除工會封鎖，晚上，舉行全體工友控訴大會，重申信心，堅決鬥爭到底。

工聯會發表意見書，抗議警司鎮壓工人，造成流血事件，呼籲迅速解決電車工潮。並由張振南，麥耀全等代表港九十萬工人，慰問電車工友。

三十八個被迫害團體集會，接受血的教訓，誓以全力支援工人。

羅素街受傷工友，被關在犯人病房，無法會面。羅素街戒備森嚴。輿論界重視羅素街事件，認為資方和警察的這種行動，不能解決工潮，平息眾怒。

二月一日：劉法、植展雲、周璋三人被解出境，被捕電車工友釋放了二十名，電車工會發表聲明駁正港府新聞處報告。

　　廣州市人民特別是工人階級聽到羅素街事件，引起極大憤怒，電信局全體工人表示以實際行動支援電車工人，除發起簽名寫信慰問外，還發起每人三千元的捐款運動。廣州市工人兄弟，贈米百擔抵港。

　　兩天來各方捐款達八千餘元。五虎兄弟昨晚會師，開會慰問電車工人。

　　二日：電車工會函謝廣州市總工會籌備會的慰問。港九工人紛紛獻金，支援電車工人。

　　三日：電車工會為警方封鎖工會遞解工會領袖出境、掩護新人見工，發出抗議書，籲請港九工人團結一致，發揮力量，堅決鬥爭。

　　廣州市總工會籌備會發表題為「我們的抗議」的聲明，抗議香港英國政府屠殺電車工人的巨大流血慘案。

　　晚上，招待各工會工人兄弟，報告羅素街事件。廖似光慰問劉法等，劉法主席在穗對電車工潮及羅素街血案經過發表談話。

　　四日：羅素街血案消息傳至北京，首都人士極為憤怒，要求港府釋放被捕工友，賠償損失，嚴懲兇手。廣州總工會籌備會來函慰問電車工友。電車職工會派代表五人，見勞工司及警司，幾經交涉，無具體結果。各方支援和慰問非常熱烈，五天來贈款達四萬元。

　　五日：北京、天津、武漢、上海、杭州、重慶、太原、長沙、保定、青島、蕪湖、南昌等地人民紛紛抗議港府暴行，堅決支援香港電車工人的正義行動，瀋陽東北日報、漢口長江日報、大剛報都為此事發表評論。劉法等在廣州備受各界歡迎。

　　電車工友一千七百人在工聯會會址舉行同人大會，代表報告與警司、勞工司交涉經過。通過交回工會，釋放工友，賠償損失，正式道歉，解決問題五項要求。

　　六日：電車工友發表聲明，顧全市民利益，建議立刻恢復通車。代表往訪警司，交涉未有結果。上海百萬工人來電慰問。各社團紛開大會，支援電車工人。本港教育行政工作者對電車工潮發表意見書。四電一煤工友幹部舉行聯合座談會，四大船塢職工在海軍船塢職工會天台舉行慰問電車工友大會。

　　七日：電車工友代表首次和資方總經理莊士頓舉行談判，勞方所提兩項建議中，第二項停車期間之薪津問題，未有結果。工友代表第三次謁見警司，請求交回會址。

　　八日：電車工友一再忍讓，在苦心維持交通，照顧市民利益的決定下，定於十日復工。晚上舉行工友同人大會，由代表報告昨日與資方總經理莊

士頓會談經過，決定關廠期間薪津，願意保留至復工後談判。

九日：電車工友代表再度會見莊士頓，根據雙方多次接觸意見，雙方同意了六項協定：（一）全體復工；（二）受傷者癒後復工，出境工人薪金照給；（三）升級退休金，年終花紅照給；（四）停工薪金保留談判；（五）特津看牛奶公司仲裁結果；（六）十日發薪。

電車工會發表勝利復工聲明。

十日：電車工友勝利復工，電車職工會舉行升旗禮，分派「勝利糖」。

資料來源：香港電車職工會保障生活委員會編：《電車工人・保障生活鬥爭特刊》（非賣品），1950 年 6 月 15 日，頁 7-10。

☑ 歲月痕跡 2.2.3：

正視聽，駁斥幾種不正確的見解

憤怒的控訴——電車工會書告各界

……

在此次糾紛中，出現了幾種不正確見解，擾亂着社會人士的視聽，我們必須予以駁斥説明：

（一）有人宣傳着我們此次要求過高，無疑提出這種意見的人，是替資方辯護企圖剝削工人越多越好的，我們此次要求特別津貼費是每日三元，即一月九十元，連目前薪津加起來，低薪者不過由一百二十元增至二百一十元；高薪者不過由二百元增至二百九十元，安得謂過高要求？以資方的盈利來説，最近每日比六月前多賺一萬元，只要拿出四千多元來就可以應付，絕無困難。請問資方的辯護者又有甚麼説説呢？

（二）有人藉口我們不同意仲裁，把責任推在我們身上，資方和勞工司就是這種態度。我們可以一再説明，我們所提的特別津貼費要求，資方完全拒絕，未經談判，有何仲裁可言。且為何不從談判解決而要求出於仲裁，實令人費解。如果想用仲裁以達到拒絕工人保障生活的要求之目的，則我們決不上當。故問題在於保障工人生活，而不是在於仲裁與否。

（三）有人宣傳我們此次要求保障生活有政治作用。我們必須指出：這

只是壓迫工人的藉口，我們為了生活，光明正大的要求保障，並不是會有所謂甚麼「政治煽動作用」，這是人所共知的。但勞工司偏偏煞有介事的叫我們注意反罷工法例第五六節。我們知道，法律應該是保障居民底正常活動和正當權益的，並非拿出「反罷工法」來就可以限制工人進行合理要求的活動。不過事情發展得很奇怪，到了資方停車關廠後，勞工司卻説，資方停車關廠是合法的，大概「反罷工」忽然又不發生作用了。甚至説：資方停車要工人負責，更是千古奇聞。明明是資方拒絕工人保障生活，逼到工人怠工，現在又進一步以除人、停車來壓迫工人。如果説要工人負責，這成甚麼世界！顯然勞工司這種意見是偏袒資方的。

我們自提出要求保障生活到現在，在這過程中，勞資雙方的態度如何，完全可用事實來説明，為使社會人士明瞭真相，不妨在這裏提一提：十二月二日我們提出保障生活的合理要求，二十一日在勞工處談判時，資方完全拒絕，使談判破裂，二十二日我們送出最後通牒，資方全不答覆；二十六日我們函請談判，資方充耳不聞；二十八日資方竟突然宣佈除人停車，有意擴大糾紛。誰是誰非，責任分明，社會賢達，自有公論。

我們此次所提要求，完全是照顧到資方營業上的利潤，這是有數可計的。我們對解決糾紛的意見，始終希望保持友善的態度，正如星島日報説：「以目前百物高漲，生活維艱，總是事實，工友們這一要求，值得考慮。」華僑日報説：「勞資雙方，仍需開誠佈公，尋求協議，俾資解決，才是上着。」南華早報説：「最急迫的事情看來是談判來代替仲裁。」我們都同意這些意見，對於社會人士的同情與輿論界的支持，我們表示感謝。

......

一九四九年十二月廿九日

資料來源：香港電車職工會保障生活委員會編：《電車工人‧保障生活鬥爭特刊》（非賣品），1950 年 6 月 15 日，頁 16。

歲月痕跡 2.2.4：

國旗在羅素街重新升起

導讀資料 羅素街血案發生十一天後的情況——收回工會！

當國旗在羅素街升起的時候

「一・卅」事件的第十一天——二月十日上午九時，電車工友擎着勝利的旗幟回到了羅素街，收回了自己的工會——電車職工會。在歌聲、掌聲、口號聲、鞭爆聲和人們的勝利歡笑聲中，莊嚴地在工會樓頭重豎新起了五星國旗。

天空下着紛紛細雨，羅素街頭到處污泥沾腳，可是人們卻並不介意天氣的陰晦，大夥兒滿懷興奮，冒雨站立街頭，等候代表們點收工會物資後舉行的升旗禮。

參加這個勝利收回職工會升旗禮的，除了電車工人，還有各業工友，更有店員、學生……這說明一個事實：正義和同情是屬於電車工友的。

升旗禮舉行前，大家站立職工會門前街中，年青的工友們集體歌唱「團結就是力量」，有的在氣憤憤地憶談「一・卅」事件，來賓工友則讚揚電車工友英勇鬥爭的精神。

升旗禮開始舉行，配合徐徐向高空升起國旗的是從大家心底發出的「起來，不願做奴隸的人們……冒着敵人的炮火前進……」的國歌，在這樣的場合唱起來，人們的感情是特別激動的。接着，「你是燈塔」、「新中國萬歲」、「團結就是力量」一曲接一曲唱起來，歌聲揚溢羅素街頭，引動該街住戶憑欄觀禮。十天前他們親眼看過電車工友們的英勇行為，現在，他們又看到了工友們勝利歸來。看着熟悉的面孔，聽着熟悉的歌聲，老太婆笑得臉上皺紋更皺了，小孩拍掌和調兒，大家都融和在歡笑的氣氛中。

工友們在升旗中高呼：「慶祝光榮收復工會！」「電車工友萬歲！」「毛主席萬歲！」「中華人民共和國萬歲！」

（轉載二月十一日文匯報）

工會巡禮

程

　　二月十日早晨下着陣陣細雨，天氣還很寒冷，九時以前很多電車工友們齊集在職工會附近等候收回我們一向看作大家庭的職工會。

　　在雄壯的歌聲中，五星國旗悠揚地在職工會重升起來，就這樣，職工會在我們雄壯歌聲中、激烈的掌聲中重回到我們的手裏，工友們便洶湧的奔到職工會去。剛到會我便發覺看主席像被除下來撕毀了，只剩下一個曾鑲着像的空鏡架，鏡架的玻璃被粉碎了，木架也被拆毀了，五星國旗同樣遭遇撕毀，還有兩面往日伴着毛主席像的國旗也被撕毀。其中有一面旗，在那顆大星上加上一個黑心，繞着心的周圍寫着「黑心的旗幟」。

　　各兄弟工會和社會人士送給我們的旗，大部分遭遇到撕毀、塗污，或加上一些污辱我們工人的句語，在太古船塢工友送給我們的錦旗上，將「團結必勝」塗改為「團結必瓜」；會內檯椅搗毀，破壞凌亂不堪，四處堆着檯椅的殘骸。

　　當我們走進辦公室時，首先發現放在牆邊夾萬，在夾萬門上留下四個企圖撬毀的痕跡，保護鎖匙孔的鐵蓋也撬下來，而夾萬裏有沒有損失，這點就不得而知了。文件櫃全部會員名冊和來往文件，及其他書籍都翻出來在地面上、檯上、椅上凌亂地東放一堆，西放一堆。辦公桌的抽屜，小組文件箱，儲物箱裏的物件全部傾倒出來，其中雙號售票福利組損失了二百多塊錢，還有很多值錢的東西也損失了不少。

　　地面上留下一個破壞的五磅水壺，聽說他們早上還拿來沖茶，但在我們收回工會的前刻被打破，同樣兩個人家送給我們的暖水瓶也只剩下二個空殼。廚房臭氣熏天引起我們的好奇心，原來裏面堆滿一痰盂一痰盂的人糞，平日盛水的缸，現在變成了人尿人糞的缸了。

　　寫在牆壁上，鏡架上那些污辱工人的詞句，雖然在接收一刻用白粉粉飾，用水洗刷，企圖掩飾，但是他們這樣粉飾是多餘的，畢竟遮不住我們工友底雪亮的眼睛。

資料來源：香港電車職工會保障生活委員會編：《電車工人‧保障生活鬥爭特刊》（非賣品），1950 年 6 月 15 日，頁 28-29。

羅素街血案發生後，
港九工會聯合會慰問電車工會工友。

工人勝利復工，
警方拆除障礙物。

障礙物拆除後，
天線修理車開始出動。

二月十日勝利復會時，
五星國旗重新在工會升起了。

勝利復會後，見工會辦事處被搗亂，
教育經費樂捐箱內現款全失。

勝利復會時所見被
搗亂後之會內情形。

兩篇文章顯示工聯會在羅素街事件中發揮實質作用

導讀資料　工聯會在抗爭過程中發揮很實質的領導作用。

有領導・有力量！

保生

　　我們在這次要求保障生活的鬥爭中，粉碎了資方的飢餓政策與高壓手段，衝破了橫在我們鬥爭道路上的一切阻力，團結與發展了我們工人的力量，鞏固與加強了我們的工會組織，取得鬥爭的基本勝利。這是由於我們電車職工會的正確領導，團結了電車全體工友，奮勇鬥爭的結果，也是由於有了工聯會團結了港九十萬工人，站在階級友愛互助立場上，發動廣大力量對我們支援的結果。

　　有了職工會的正確領導，我們在鬥爭中就有了正確的方向，不致於盲目前進，在每一個鬥爭的轉折關頭，職工會有辦法、有步驟的帶領我們前進；當我們起來迫切要求保障起碼生活的時候，職工會責無旁貸，義不容辭，敢於替我們出頭講話做事，組織工友，選出代表，向老闆要求保障起碼的生活，堅持在勞資協調精神上，採取和平協商解決問題。經過舌爛唇焦的交涉，賺了大錢的老闆，不顧工友死活，拒絕了我們合理的要求，工友憤怒地一致要求採取罷工行動的時候，但職工會審情度勢，始終為顧全社會交通，照顧廣大市民利益。雖然工友們以怠工促使資方覺悟，但依然上工開車；雖然在資方關門停車期間，職工會由建議調解到願意接受協商評議，始終以社會共同利益為前題，結合着廣大市民的要求，希望工潮迅速解決。因而我們得道多助，取得了社會上廣泛的同情和支援。當我們合理的要求，受到步步的無理壓迫，而至遭受到放彈開槍，格殺打撲，發生羅素街血案的時候，職工會在群情激憤之下，始終團結緊工友，堅定着工友的信心，抗議這種不義不德的暴行。職工會在此一事件以後，在本港工友與各界支援高潮之下，在國內不斷支援之下，把資方孤立了，職工會把我們電車工人的利益要求，結合了一百八十萬市民開車的要求，主動提出

解決工潮，迫使資方復工開車，因而結束了鬥爭的第一階段，爭取了初步的勝利。

有了工聯會團結起港九十萬工人偉大的力量，我們的鬥爭永遠不會孤立的，在電車工潮事態發展到嚴重的時候，工聯會站在工人的立場發出了莊嚴的號召，向全港各工會和各業工人兄弟們指出：「電車工友的痛苦，就是大家的痛苦，電車工友的勝利，就是大家的勝利」，號召「立即掀起支援熱潮，以競賽的姿態，搶上支援的前頭，和電車工友結成友好」，同時向各界人士大聲呼籲，為了社會共同利益，督責電車資方，支援電車工友，促使工潮早日解決。在工聯的號召與推動下，全港工友們都捲入了支援的熱潮中，大家提出「只許成功，不許失敗，有兩碗飯食都要讓一碗給電車工友，就算當埋條褲，都要支持電車工友勝利」。捐款和物資，越來越多，慰問的隊伍，越來越大，給予我們以大力的支持，無限的鼓舞。對羅素街血案，工聯會代表港九工人呼聲，更義正詞嚴提出憤怒的抗議，呼籲迅速解決工潮，恢復通車。在每一個鬥爭的關頭，都給予我們電車工友以巨大的幫助，使我們鬥爭立於不敗之地，最後粉碎資方陰謀，取得了基本勝利。

工友們，在鬥爭中，我們充分認識到沒有工人自己的職工會，沒有工聯會，我們就不會有正確的方向，就不會有全體工友的團結力量，就不會有團結港九工友對我們的支持。我們工人團結是有力量的，經得起任何嚴重的考驗，甚麼壓力都阻擋不了我們堅定的穩步的前進。

電車工友們，在我們工人自己的職工會旗幟下，永遠的鞏固的團結起來！

電車工友們，擁護工聯會，和港九廣大工友們結成友好，親密合作。

加強學習，擴大團結，鞏固勝利！

麥耀全

從一九四九年十二月廿四日到一九五零年二月九日的香港電車工潮，是復員後香港工運史上一件大事。……

香港各業工人在從精神上和物質上支援電車工友的行動中，也表現了港九工人的大團結精神和力量。去年十二月廿八日電車公司關廠停車，工聯會各常務理事在當天晚上就立刻前往慰問，當工聯理事會號召一元運動以後，許多工會、行業和工廠的工友，都普遍起來捐款支援電車工友，羅素街上慰問隊伍絡繹不絕，差不多沒有一天沒有工友前往慰問，有的工友去過多次慰問。……在慰問支援熱潮中，工人捐款不斷增加，從一元到兩

元，一工到兩工，有些失業工友則連別人送給他的救濟金也拿出一部分來支援電車工友。羅素街事件後，工友情緒憤激，支援熱潮，表現得更加高漲。這些事實就考驗了香港工人的大團結精神和力量。可見香港工人的階級覺悟已大大提高，已認識到工人階級利益是完全一致的。正由於香港工人有了這種大團結精神就幫助了電車工友在這次鬥爭中取得初步勝利。

資料來源：香港電車職工會保障生活委員會編：《電車工人‧保障生活鬥爭特刊》（非賣品），1950 年 6 月 15 日，頁 4 及頁 6。

☑ 歲月痕跡 2.2.6：

新中國成立對工人階級的鼓舞

祖國給了我們甚麼？

陳耀材

我們電車工友這次由於本港物價上漲，要求老闆保障我們起碼的生活，但是，我們合情合理的要求，被賺了大錢的老闆拒絕了，雖然我們堅持顧全市民交通，繼續上工開車，但老闆卻用關廠停車的毒辣手段與飢餓政策企圖使我們屈服。當今天新中國已經興起，我們中國工人階級獲得了全國的領導權，中國人民站起來了，我們的鬥爭不會孤立，祖國廣大工人兄弟與各界同胞的對我們的支援，增強了我們的鬥爭力量，更堅定了我們的鬥爭信心。

首先，在歷史上與我們血肉不分、痛癢相關的廣州工人兄弟們，當他們從報章上清楚了解到我們這一次的鬥爭，認為我們的要求是完全合理的和必要的，對英國正在宣稱承認中國人民的新政府，要求建立邦交的時候，而電車老闆，不惜妨礙香港廣大市民的交通便利，竟以關廠停車對待中國工人的行為，表示非常不滿，他們宣稱不僅在精神上支持我們，並且還盡力捐集物資給我們以援助。

我們合理的要求，受到步步的無理壓迫，甚至遭受到放彈開槍，格殺打撲，這種不義不德的行為，更激起國內廣大工人兄弟們與廣大同胞們無比的憤怒。當羅素街流血事件消息傳到北京，引起了首都各界人士的震

怒，北京市總工會蕭明説：「已經解放與勝利了的中華人民共和國的工人階級，再不容許任何欺壓我們工人兄弟的暴行，北京四十萬工人永作香港工人兄弟的後盾。」廣州市總工會嚴重抗議這一件事，並提出懲兇、放人、賠償、開車的四項要求。北起滿洲里，南迄五羊城，全國各省區，各大城市，傳來一片抗議的憤怒聲音，抗議武裝鎮壓徒手工人同胞，和侮辱新中國的行為，一致指出在香港工人兄弟的後面，有站起來的中國人民和組織起來的工人兄弟作為後盾。

這期間我們收到了全國總工會、廣州市總工會與各地工人同胞的捐款捐米，慰問書信，雪片飛來，物質支援，相繼不絕。我們被迫害的工人領袖幹部們，在祖國自己的城市裏，受到光榮的歡迎，熱烈的慰問。

我們在祖國廣大工人兄弟與同胞們的有力支援之下，我們更團結、更堅定，衝破橫在我們鬥爭道路上的一切困難，迫使對方企圖完全打垮我們的陰謀不能實現，我們終於爭取初步的基本勝利，結束了第一階段的鬥爭。由此，我們可以見得，有了新生的以工人階級為領導的祖國，我們中國工人任人欺負侮辱的時代是過去了。

工人們，新生的祖國與我們香港工人是不可分的，有了祖國同胞的支援，我們鬥爭就更有力量、有信心、有方向，贏得我們的勝利，我們今後要熱愛新的中國，快快建設起一個強盛的繁榮的新中國，我們的前途是光明的。

資料來源：香港電車職工會保障生活委員會編：《電車工人·保障生活鬥爭特刊》（非賣品），1950 年 6 月 15 日，頁 5。

☑ 歲月痕跡 2.2.7：

有工開仍吃不飽的狀況

老闆賺錢·工友挨餓──電車工友生活特寫

楊曼秋

橫亙在香港這個小島的北面，東由筲箕灣開始，經過人煙稠密的灣仔、中環，以迄西環最西的終點堅尼地城為止，這一條構成香港市面交通

的大動脈的電車軌道上，每天成千成萬的乘客在它上面乘電車軋過，但是那些坐在車廂裏的乘客們，誰會想到這一動脈的推動力的一千六百多位電車工友所過的是一種怎樣困苦的生活？所做的又是怎樣繁重的工作？相信能夠知道的一定是極少的少數。

到了這個月（編著者按：即十二月）二日，由於電車工友再不能忍受物價高度躍進帶來的重壓，而向電車公司資方提出改善待遇的要求，並聲明如不能獲得合理的調整，將以行動來爭取後，才給那些高踞在車廂裏的乘客一劑醒腦劑，他們才想到假使一旦這條溝通香港東西交通的大動脈癱瘓以後，他們將遭遇到怎樣的困難。

「我們要食得飽！」

電車工友為甚麼要提出改善待遇的要求？這裏，我們不妨先聽聽他們的控訴。

差不多每一位電車工友碰到詢問時，他們劈頭一句就是：「我們要吃得飽！」這是多麼淳樸而合理的起碼要求！他們是在飢餓的情況下，勒緊肚帶來為公司賺錢。每天在軌道上馳騁達十六小時的每一輛電車，哪一輛的肚皮不是裝得滿滿的？擠得一點空隙也沒有？但是一千六百位電車工友的肚子和電車的肚子卻恰恰相反，全是癟的。

不合理的待遇

電車工友的工作，大致分為三部分：營業部（包括司機、售票、守閘等）的工友佔了絕大多數，總數在一千名以上；其他是廠內機器部和街外工程部，人數約有五百。他們的待遇因工作的不同而分為幾種不同的等級，如電車司機（共二百九十人）每天是三元三角七，售票員（共五百八十人）每天二元八角一，守閘（共二百九十人）一元二角二，熟練工人（屬於機器部全數只有不到一百人）每天四元零五分，重工人每天一元五角三，輕工人一元三角二，學徒八角。這即是說，一位電車司機，他每月的薪金（卅天算）是一百零一元一角，賣票是八十四元三角，司閘卅六元六角，熟練工人一百二十一元五角，重工人四十五元九角，輕工人卅九元六角，學徒廿四元。除薪金以外，他們只拿到一筆所謂復員津貼，要是根據十一月份勞工處所訂的生活指數，十一月份的津貼總數是一百零五元，那麼他們上月份所得的薪津總數是：

司機	二〇六・一元
售票	一八九・三元
司閘	一四一・六元
熟練工人	二二六・五元
重工人	一五〇・九元
輕工人	一四一・六元
學徒	一〇九・五元（學徒的復員津貼每天只有二元八角五分）

一份半囚糧

説到復員津貼，一位電車工友曾咬牙切齒憤恨地説：「這叫甚麼津貼！實際上就是一份半囚糧。」不錯，這位工友的話一點沒有説錯，因為勞工處所訂勞工生活指數的幾種基本日用品和數量，完全是將赤柱監獄的囚糧來做標準，至於工友的復員津貼所以比一份囚糧較多的緣故，那是勞工處對工友特別「施恩」，加了半份囚糧。

對於這個問題，過去港九各享有復員津貼的工友，曾經不斷向勞工處交涉，要求改善，但是一直沒有結果。這復員津貼的計算對工人説是極不健全的，但對資方説，卻極有利。譬如説：勞工處所訂的勞工生活指數的基本日用品和數量，只以豆腐幾多塊，頭菜、鹹魚幾多兩為標準。住在香港的人，誰也知道，頭菜，鹹魚的價格是不會有甚麼變動的，就拿豆腐來説吧，過去豆腐是一毛四塊，現在也是一毛四塊，但拿現在的四塊豆腐和過去四塊豆腐一秤，重量卻有很大的距離了。

此外，囚徒們有監牢可住，但工友們的住處卻要自己掏腰包去租。而子女教育費、衣服費、醫藥費等都沒有列入在津貼項目之內，哪一位工友沒有妻兒？要是拿了那一份半「囚糧」的津貼，除養活自己以外，則自己老婆的生活費有一半就要另想辦法了。

半生血汗三十六元

再説電車公司不合理的待遇吧。對於年資方面，照公司的規定，服務滿一年的每天加工資八仙，這就是説，每月加工資二元四角，以後按年照這規定遞增，至十五年為止，超過十五年的也照十五年計算。一位服務了十五年的工友，頂多只能獲得三十六元的工資。

十五年的歲月是多麼悠長！他們在十五年中不知道和公司賺了多少錢，但是他們所得到的只不夠公司外籍職員的一頓午飯。

電車資方還有一點非常刻薄的規定，復員以後，對於工友戰前在公司服務的年資一概取消，要從一九四五年重新開始，假如更調工作崗位，過去的年資也失效。這說明了資方是怎樣騎在工友的頭上拚命剝削。

至於電車公司的學徒，他們也過着極不合理的待遇。依照公司的規定，學徒工作五年便可「滿師」算作熟練工友，但幾年來，由學徒提升為熟練工人的，真是鳳毛麟角，全廠不過兩三人而已。做了五年的學徒，多數只能升為重工人。而目前廠裏的學徒，他們多數都已擔負起相當重要的工作，和熟練工人一樣地操勞了，但他們每天只有八角錢的工資，二元八角五分的津貼。

老闆賺錢，工友挨餓

這次電車工友向公司提出的五項要求中，資方除了答覆了其中一項發給年底花紅薪津一月外（發給的時間還要拖到舊曆年尾），對於要求特別津貼，喪事津貼，司機改訂薪級和調整學徒薪金各項都一律拒絕了。兩個月以前，資方的總經理，曾在電車工會成立三十周年紀念的慶典上說過「電車公司勞資兩方，好像一個大家庭，大家能同甘共苦的相處」的話，但他現在似乎把這全部忘掉了。

工友生活的艱苦是毫無疑問的，電車公司賺了大錢也自毫無疑問。拿去年來說，電車公司年會上曾報告賺了三百七十萬元港幣。今年呢？電車公司的業務更突飛猛進了。從車輛來說，去年電車的總數是九十多輛，每天經常行走的只八十輛，便已經可以盈餘三百多萬；今年電車的總數是一百二十輛，每天經常行走的是一百輛，同時因為香港人口突增，每一輛車的超額搭客數量比去年大有增加，所以公司賺錢是絕對不成問題的。根據非正式的統計，現在電車公司每天的收入比六個月前每天的收入平均增加了一萬多元港幣，這就是說電車公司每月增加了至少三十萬元收入。老闆賺錢，工友捱餓，為了爭取生存的權利，工友們必定要鬥爭，這也是必然的，更是合情合理的。

（轉載大公報）

資料來源：香港電車職工會保障生活委員會編：《電車工人‧保障生活鬥爭特刊》（非賣品），1950 年 6 月 15 日，頁 11-12。

《電車工人・保障生活鬥爭特刊》（非賣品）封面。

在抗議莊式除人的工業行動中，
工友停工抗議，警察在場戒備。

第三章

1951年開始的更大角力
——莊士頓除人

1950 年代電車工會有兩段史詩式的工人權益保障運動。其一，是 1950 年 1 月 30 日的「羅素街血案」；其二，是由 1951 年莊士頓上台後開始的「莊式除人」。上一章談了羅素街血案，本章談曠日持久，前後抗爭了幾年的莊士頓的批量除人，簡稱「莊式除人」。

1950 年的「羅素街血案」是因工人爭取加津貼而起。事件結果是在三方談判下，由工人要求的每月增加三元津貼，妥協為加一元津貼。四電一煤五大公用行業同一標準。總體而言，工人付出了犧牲，重則被打至重傷流血，輕則受皮肉之苦，但算是引起社會關注，也爭取到一元的新增津貼。最公允的評論，是工人沒有失敗，資方也沒有成功剝削工人。然而，原來更大的一場角力緊跟在後頭。

1950 年代有一個不可忽略的大背景，就是 1950 年 6 月爆發至 1953 年 7 月簽署停戰協定的朝鮮半島戰爭。

一　莊士頓上場

羅素街血案後，電車公司總經理西門士的職位，於 1951 年由副總經理莊士頓接手。

莊士頓是香港當時僱主聯會理事之一，從非洲被調來香港。莊士頓在非洲對付工會和工人的手段，出了名強悍，可以說「惡名遠播」。在爭取加津貼的羅素街血案後，電車工會像被大報復般，公司對工人更加苛刻。莊士頓是以英資為主的僱主聯會理事，面對四電一煤之首的電車工會，更有棒打出頭鳥、敲山震虎的決心。按當時的形勢，只要清除了電車工會這阻力，對付其他工會及工人力量只如摧枯拉朽。

在莊士頓的主導下，僱主聯會和港英殖民政府，乃至勞工處，都在暗助電車公司。所以莊士頓上台後，膽敢豪言三年內可以打垮電車工會。

港英當局樂意暗助莊士頓，也事出有因。眼見 1949 年新中國成立後，愛國社團凝聚力量，發展勢頭愈來愈好；社會愛國情緒也高漲。於是讀本章就知道，當工人要求政府及勞工處擔起協調及促成談判的角色時，港英當局每每以不作為來得過且過，讓莊士頓的資方直接向工人施壓用力。

港英從來都不是球證之一

在莊士頓的主導下，僱主聯會和英殖民政府，乃至勞工處，都在暗助電車公司。

1949年新中國成立後，眼見愛國社團凝聚力量，發展勢頭愈來愈好，港英當局往往以不作為的態度面對勞資雙方紛爭，變相暗助資方直接向工人施壓用力。

二　1951至1952年大搞自由工會

　　1951年莊士頓上台，電車公司便推出「新例」共31條。當中最主要的一條是，在新例下，日後公司除人，只需補回七天工資，名之曰「保障週」；「七天保障」之外，除人無需交代理由。當時工會發動全廠工友實行反新例鬥爭，此舉得到工友齊心支持。在公開揭露新例不公、與廠方進行交涉等抗爭下，令公司的新例無法立即施行。過程中，工人齊心團結是關鍵；而莊士頓也看到這一點。於是在當年及之後數年的反擊中，都針對「團結」下功夫，搞逐個擊破及着力搞分化。

1．莊士頓用填表方式，想將工會的集體談判權化整為零

　　莊士頓在公司安排表格讓各工友單獨填寫，表示填上同意或不同意都可以，填妥便交回公司。此外，在出糧當日，把新例小冊子放當眼處，要工人每人都取一份。填表也好，要工友領取新例資料也好，目的是製造人心惶惶的氣氛，甚至是恐嚇。舉例，因為要填回表格，工友同不同意都好，都提交了有白紙黑字的記錄。而拿不拿小冊子，也是測試反應，看有多少人會看新例資料。結果，新例資料有人拿取，有人不拿取，以不拿取的居多。工會也通知工友，表格可以統一交工會，在互相照應下填寫；而且全部不表態，由工會一併交回公司。

　　上述方法失效後，公司轉用硬招，立即開除工會理事黎博倫、幹事陳鈺藻，以保障週補償七天工資的方式除人，其用意既是殺雞警猴，也表示強行新例。這一招於當時確實起到一定的恐嚇作用，有部分工人因而不敢接觸工

會，怕被以新例方式開除失業。

2. 1951 至 1952 年間，大搞自由工會及港英遞解工人出境

電車公司大搞跟愛國工會打對台的自由工會，不只是勞工福利上的平衡政策，其根本用意，是要削弱愛國力量和工會的發展。

在 1951 至 1952 年間，是港英全面地、在各個層面扶右壓左的時期。特別是在英資企業內大搞自由工會，利用台灣蔣幫進行分裂左派工會的力量。於是，凡有左派工會的行業，企業方必然另外成立一個自由工會。

重點

港英從來都不是球證之二

在 1951 至 1952 年間，是港英全面地、在各個層面扶右壓左的時期，此一事實反映部分香港歷史學者以「球證」來形容港英政府，有不準確之處。港英沒有直接出手，只是在運用警力及其他公權力時扶右壓左，例如在英資企業內大搞自由工會，利用台灣蔣幫進行分裂左派工會的力量。

按楊光[1]的筆記所述，「有一個時期，有被騙的工友，也有害怕的工友，也有工友以為參加了自由工會就不會被除失業。那兩年，自由工會的宣傳甚囂塵上。對比之下，當時愛國工會會員確是有所下降，有些則轉為地下會員，只暗中交會費。而新工友見工時，公司會向工友講，公司有兩間工會，一間公司承認的，一家是公司不承認的，你們參加工會要留意。」[2]

當時對左派工會的打壓是多管齊下的。既有公司方面非直接的扶右壓左，同時也有由政府層面直接出手的實招。「當時，港英政府以高壓手段拘捕工友遞解出境。瘋狂到在光天化日之下等工友收工時下手，以白色恐怖手段來恐嚇工友。工會反新例當事人之一蘇華樂工友，就是收工時在銅鑼灣站被捕和即時遞解出境。」[3]

1　香港工會聯合會（工聯會）的前領導人，先後任理事長和會長。楊光於 1948 年加入電車公司工作，1954 年起擔任「香港電車職工會」副主席，反對經理莊士頓開除工人。
2　摘自楊光筆記。
3　摘自楊光筆記。

楊光筆記手稿。

④ 由車資方莊士頓一上台在51年,公司立新例,31條,主要的一條就是公司開除人,只補回七天工資,無須講理由。古時保障週。

當時發動全局工友,進行反新例斗爭,公開揭路,交涉進行阻击,公司受到時間拖住,不能立即施行。

莊士頓采取分化,以此這一招,叫派表底頁填好,表示女師同意,或不同意,交表回公司。另外在出糧當日,把新例部放在窗口,要每人取一本,來測試來嚇嚇。当時工友有取有不取,但不取較多。此時工友把表集中交工會,由工會代表統一交回公司。工會都不表态。工友以計不成,便向工人馬埋手向工理事蔡博倫,陳鈺卷。一位不事,埋手,以保證週補七天工資,削除。強行試行新例。

当時全局工友恐怕耀,不敢接觸工會,怕削奪失去。

在51年-52年間,港英扶右压左高潮,令港特別英資也共,大搞自由工会,利用台灣飛机進行分裂左派工会力量。只有左派工会的行业,企业,便成立一間自由工会來對抗。一旦時有被騙工友,有些害怕工友,以为參加有自由工会不会失去 那時自由工会宣傳甚盛。

当時工会会员不除,有些電做地下会员,暗中交党。

新工友見工時,公司向工友講,公司有兩間工会,一間公司承认的,一間公司不承认的,你地參加工会是自意。

因時英政权,以高压手段,拘捕搞事工友出境,疯狂到在光天白日等工友收工時埋手,以白色恐佈手段進行来恐嚇工友。茅华工友就是收工時在铜鑼湾站被拘解出境。

3. 福利大鬥法

電車公司於當時大灑金錢,在鵝頸橋建了一棟職工福利樓房,交自由工會研藝社使用,內設茶水部、酒吧、公司醫務所、麻雀耍樂等等,吸引工友逗留,以抗衡愛國工會的服務部。

與此同時,公司指使一些工友(自由工會人馬)上愛國工會服務部要求取回股本,想製造擠提效果,以及令服務部周轉不靈,沒有本錢。但是,很多工友都不為所動,沒人去要回股本。而工會立即在股東大會上堵塞漏洞,在大會上議決通過不能退股的決定,只可讓出股份或折算為現金以使用方式扣除。這決定出來後,一些實為自由工會的人馬,紛紛上服務部將股金作現金使用,想吃光服務部。幸而在其他工友的支援下,令工會接得住突然興旺的生意之餘,也令服務部現金不缺。於是自由工會的小動作打擊,只起一時作用,想搞垮工會的意圖終告失敗。

然而,由公司扶持的自由工會只是風光一時,工友覺醒其用意之後都不上當,並指出公司福利部是謀人寺。結果,公司福利部在自由工會的主理下,業績愈搞愈縮。電車公司知道了也只能啞忍,最後讓它慢慢陰乾。再之後,藉政府要該大廈位置做暗渠,才趁機拆了該樓房。

在扶右壓左、藉故靠政府遞解工人出境也壓不到工會力量之下,莊士頓只能直接用硬招、出重手,實行一批又一批地、大批量開除工人。1953 年 6 月 30 日第十一批除人當中,包括創設「電車工友生活互助部」的其中一位負責人呂南。莊式除人去到 1954 年第十三批,一次過除人 31 名時(歲月痕跡 2.3.1),終於迎來了工會的大反擊。

三　1954 年——是角力白熱化的一年

自朝鮮半島戰爭爆發以來,美國禁運,令香港百業蕭條。朝鮮半島戰爭 1953 年才結束,1950 年代初,香港社會相當艱難,工人的處境就更加不堪。

而自 1952 年 9 月以來,電車公司經理莊士頓不斷集體大批除人,工人的職業生活受到很大威脅。電車工會根據工友要求,每次除人都進行積極負責的交涉,極力爭取談判解決,但資方毫不理睬之餘,除人變本加厲,愈來愈兇。

1954 年的三次工業行動

第一次：1954 年 8 月 31 日。

第二次（閱讀資料 *2.3.4-2.3.5*）：10 月 10 日，先後採取過兩次停工抗議行動。第二次停工糾察就超過 1,300 人以上，後來向工會送決心書的有千人以上。

第三次：1954 年 11 月 27 日要求公司 72 小時內回覆。在公司沒回覆下，原定 11 月 30 日作第三次工業行動。結果，在各方奔走調停下，延後至 12 月 4 日再議。但意想不到的是，忍讓換來的是工友黎博倫被毆事件。從中反映，當時的勞工，處於不對等之極的、被欺壓的弱勢。如沒有工會，工人更加無助。

1. 1954 年 7 月 1 日無理開除 31 名工友

1954 年時，電車工會已成立 30 多年，在跟資方的角力中累積了一定經驗。

1954 年 7 月 1 日清晨 5 時半，電車公司莊士頓作出第十三批開除工人的行動，人數更多達 31 名。被除工友中，有為市民交通服務達 29 年、25 年、15 年的資深工友，這裏面也包括工會的正、副主席和理事。當天，被除工友往見莊士頓，莊士頓無法解釋除人理由，卻叫來了大隊警察驅逐被除工人，始終拒絕與工人談判。

莊士頓此舉引起全體電車工友更大的憤怒，大家忍受了兩年多的除人威脅、精神壓力，終於忍無可忍，決定奮起反抗。過程中，工會曾向勞工處長求助，處方卻一直拒見工人代表。而蘇雲副處長在會見工會代表時，對工會代表聲稱，處方的權力只可轉達勞資雙方的意見，沒有督促資方莊士頓接納工人談判解決糾紛的權力。

電車工會於 8 月 4 日發表聲明，呼籲社會人士主持公道，也希望勞工處切實負責調處解決糾紛。1954 年 8 月 7 日，在港九工會聯合會提出及電車工會支持下，由工聯會致函港府輔政司，信中提出組織調處機構，以調處方式解決糾紛（閱讀資料 *2.3.7*）。至於電車資方莊士頓，一直蠻不講理，拒不談判，也拒不接受設立調處機構，令事件繼續擴大。社會人士方面，何明華會督、陳丕士大律師、貝納祺大律師等，都為糾紛大力奔走。

1954年工聯會加入

電車工會與莊士頓除人的角力，工聯會於1954年加入。而這一年，也是持續了約五年的莊式除人鬥爭得最激烈的一年。因為莊士頓1951年上任後曾誇口三年內鬥垮工會，隨時間一年一年的過去，莊士頓的壓力愈來愈大。在實力強弱懸殊下，工會的韌性超乎他想像。

殖民政府以洋人掌管高層

當時不接見工會代表的勞工處長是穆徽典，為洋人。副處長蘇雲，也是洋人。

2. 1954年8月勞工處不施援下，要求政府介入——以及文滿全事件

在勞工處不支援、莊士頓漠視工人要求下，更加激起工友的憤怒，認為只有採取實際行動才能促使莊士頓改變態度。

前文提及，港九工會聯合會早於8月7日已去信輔政司，建議由香港政府當局負責，組織一個包括社會公正人士及勞資雙方代表參加的調處機構，迅速秉公調處解決糾紛。這建議獲得港九廣大工人與社會人士的擁護與支持。8月10日，工聯會和電車工會派出代表，向勞工處要求政府當局接納及實現工聯會建議，但勞工處的答覆竟說「政府對此事不干預」，拒絕接受工聯會的合理建議。政府當局這種態度，實在不能使人滿意。與此同時，8月11日電車職工會往訪勞工處後，因仍無結果，工會遂向資方提出通牒。莊士頓不肯接收工會通牒；後來雖由勞工處轉去，但資方遲遲不作答覆。

第十三次（31人）批量除人事件糾纏至此，已一個多月，張力極大。電車資方不但毫無誠意通過談判協商解決糾紛，而且繼續「製造糾紛」，讓工人感到資方會硬幹。舉例，於8月11日，一個自稱有「友方」（即自由工會）做後台的司機工人陸有，惡意毆打工友文滿全，雖經警察將其扣控，但資方竟然出頭將其保釋。兩個都是工人，資方卻出手力保打人的那個，當中的蹊蹺一目了然。資方保釋打人的那一位，顯然是資方撐工人中個別敗類分子欺壓工友，製造工人間的糾紛，讓彼此窩裏鬥。

文滿全被打事件的結果，是被打者要坐牢約半個月，是一件標誌性的冤案。（重要記錄2.3.1-2.3.2）

個案

文滿全被無理毆打還要坐監

文滿全工友在八月十一日下午，被同是司機的陸有踢了一腳，即時踢傷了左手。陸有踢傷了人，還吹警笛召警。陸有被控打人有罪，要繳保款廿五元。後來由一名電車公司高級職員出面，替陸有交錢擔保他外出候審。

八月十八日下午，這個案件在中央裁判署提堂開審。文滿全工友是原告，陸有是被告。陸有出奇地得公司眷顧，由電車公司出錢請了摩亞律師做他的代表律師，為他在庭上進行辯護。庭審時還有幾名電車公司的高級職員及稽查旁聽。最無稽的是，辯方大狀及法官盤問的，不是關於陸有打人的細節，而是問些文滿全是不是被除的工人等事。

梁永濂法官在審問過程中疑似有偏頗。總之，文滿全被無理毆打，結果卻反而被法官在庭上羅織其他罪名，因其他罪名而被收監。

在庭上哪些問題需回答、哪些問題有權不回答，由法官一人說了算。庭審時，辯方律師一條文滿全認為有陷阱、不予回答的提問，被官判為與案情相關、必須回答。文滿全堅持不回答，最終因而獲罪。此外，法官在審訊過程中也以侮辱性的字眼、有針對性地羞辱原告文滿全（說文滿全「你的神經可能有毛病」，見重要記錄 2.3.1），凡此種種，是否反映法庭並非公正嚴明呢？

文滿全案於今日觀之，今昔對照，仍然是個意義極深刻的個案。

司法系統，究竟有沒有可能「完全中立」？抑或司法系統從來都是執政者的工具？更不是完全超然獨立、神聖不受干擾的一個系統？

司法系統由人去操作，不管是執政者，還是「有心人」，看來想要「干擾」這套系統並非無門。

　　8 月 14 日勞工處代表政府當局拒絕接受工聯會建議。這個不慎重的答覆，不但引來電車工人不滿，也引起港九工人與社會人士普遍的不滿。

　　8 月 19 日，工會接獲香港輔政司轉來的、香港勞工處處長給電車工會的書面答覆，回覆仍然是：「政府對此事不準備干預。」同一天，港九工會聯合會為事件發公開聲明《為香港政府答覆工聯會的建議　港九工會聯合會特發聲明》[4]，要求政府當局再三考慮工聯會的建議，並尊重工人及社會人士的意見，迅速秉公調處，免事件擴大做成社會不安。當工會要求再三考慮由

4　《電車工人快訊》，1954 年 8 月 22 日。

政府、勞工處負責調處時，蘇雲副處長的答覆卻是「已經考慮過，無須再考慮」，「工會自己去理」。

至於政府不斷說不介入勞資糾紛，這是不是真的呢？代表政府執法的警力，會否早就站在資方一邊？

> 我們記得，在資方開除卅一個工人的初期，被除工人到資方寫字樓講情講理要求復工，資方莊士頓說：「此事交由警司處理。」而警司也就驅逐工人離開寫字樓，干涉工人對資方講情講理，這件事情給予我們的印象，就是政府當局早已在干預工人方面的合情合理的做法，而不干預資方的無理橫蠻的做法，現在政府當局卻說「對此事不干預」，推卸主持公道、秉公處理糾紛的責任，這不能不使人想到，政府當局繼續縱容資方無理做法，任令糾紛繼續擴大，而不願意使糾紛迅速和平合理解決。[5]

政府與勞工處口口聲聲的不干預，是不干預資方而已，卻用警力、司法系統「干預」勞方，以及用勞工處「不作為」來偏幫資方。不干預，只是擺門面的語言藝術，用來推卸責任。

3. 1954 年 8 月底工人被迫將行動升級 —— 黃金球之死反映工人苦況

資方不談判之餘，香港政府勞工處當局又屢次不負責任地表示「不干預」，遂使糾紛延至 8 月底仍解決無望。7、8 月間，50 多天內，工人 6 次見莊士頓，21 次訪勞工司，都得不到解決的可能。於是，8 月 31 日，電車工友被迫決定採取停工兩小時的抗議行動。而正式停工兩小時前的 8 月 27 日，香港電車職工會發表了《為迫不得已採取停工抗議行動告社會各界人士書》。告各界人士書主要是說明事態發展，例如，訪勞工處沒得到支援；工聯會 8 月 7 日向港府當局提出由港府主持公道，政府說不干預。經過 50 多天爭取也沒有解決辦法之下，8 月 26 日通牒資方提出工人三項要求，但是資方依然態度如故。在調處無路，談判無門之下，也是全體電車工友忍無可忍的情況下，工會迫不得已要採取停工抗議行動。

告各界人士書清楚說明，為了照顧市民交通上的需要，決定只採取停工

---

5 〈為希望電車資方和政府當局　迅速改變態度合理解決糾紛　電車工會再發表聲明〉，《電車工人快訊》，1954 年 8 月 21 日。

二小時的抗議行動（上午六時至八時），以此對政府施壓，引起更大的社會關注。而選擇罷工兩小時，是想讓資方及政府知道，工會上下一心，有團結行動的能力，就看這力量何時及如何用而已。罷工兩小時是讓資方知道不要逼人太甚。而小小示警，選在清晨六時至八時、上班高峰期之前進行，讓全港市民知道，工會沒把市民當談判籌碼。一切純因迫不得已。

而 8 月 31 日當天，香港電車職工會主席陳耀材也發表談話，希望社會各界關注事件。因為之前已十多次訪勞工處，且由工聯會對政府提出組織調處機構，但也得不到正面回應。在求助無門之下，才停工抗議兩小時。

至於莊士頓，在接到兩小時停工的通牒後，態度死硬如昔。一方面把工會的通牒退回，函覆勞工處表示不論談判協商或仲裁都不接納。另一方面製造事件，包括扣去工友停工抗議兩小時的部分工資；開除因公司少算了工資而向公司追討的工友梁乃強；迫令工友張文達長期停工；開除滿師學徒李興華；唆使個別稽查強收被除工友的工作證，蓄意擴大糾紛。

8 月 31 日當天，陳耀材在講話中還指出，資方解僱的是做了十多年甚至 29 年的老工友，為甚麼解僱的全是有經驗的舊人？被解僱工友服務成績都很好，被除的不僅是司閘，還包括售票和司機。而關鍵是當中有不少都是工會職員、理事和正副主席，這又為了甚麼？莊士頓的大批集體開除，顯然並非「人力過剩」，而是別有用心。而正正因為莊士頓的除人手段橫蠻及別有用心，才引起全體工人誓死反抗。陳耀材說：「（莊士頓）要開除盡我全體老年工友以剝削他們的退休金，他要大批開除工人，以加緊剝削工人，加強工人勞動強度，使工人的健康更受嚴重損害。而解僱工會職員理事主席就可以打擊工會破壞工會的合法權益，恐嚇工人不做工會的事。」

健壯的黃金球之死

當時電車工人有工作也養不起家之餘，工作的辛勞度足以令一個強壯健康的人胃病、肺病，吐血而死。

黃金球死後三名孩子的讀書問題，由勞工子弟學校解決。

黃金球之死，是 1950 年代工人生活的時代寫照。（重要記錄 2.3.3）

4. 1954 年 10 月 —— 緊張交鋒、漫長的一個月

1954 年 10 月的角力分不同階段。總體上是爭取把事件向公眾揭露,以取得社會支持為主。並在此前提下,暫時不把抗爭行動升級,例如暫時不會有更大的罷工安排。

重點	**忍讓、後發是抗爭的主軸**
	整理抗爭最激烈的 1950 年代的電車工會歷史,發現忍讓、後發制人、謀定而後動,是抗爭的主軸。究其原因,是當時的工人是真真正正的大弱勢,資方背靠殖民地政府打壓工人,工人卻無「體制性」的機器可靠。於是,工人只可爭取民間的認同及支持。群眾、普通市民,是工人唯一可肯靠的力量。於是花時間「向公眾揭露和解釋」,成了必然的選擇。

(一) 10 月 5 日 香港電車職工會發表聲明要求立即舉行勞資談判

10 月 5 日 香港電車職工會發出了一份聲明(閱讀資料 2.3.3),既是給資方的,也面向公眾。聲明內容讓大眾知道事件的細節,從而知道道理站在哪一邊。以下摘引聲明內容。透過聲明的總結陳述,可以令大家更明白當時的事態發展。

聲明內容重點陳述如下:

(1) 要求立即舉行勞資談判及進行調處

工會一直要求用談判方式迅速合理地解決 7 月第十三批 31 人被除事件。然而資方不但拒絕談判,拒絕協商,拒絕調處,還變本加厲,繼續無理開除工友梁乃強,迫令工友張文達停工,唆使個別稽查強收被除工友工作證,製造事件,擴大糾紛。

香港電車職工會提出嚴重抗議,並要求首先立即舉行勞資談判及接受調處,以便解決早前提出的三項要求:

——合理解決資方 7 月 1 日無理解僱工友 31 人的事件;

——恢復梁乃強等工作,並立即停止繼續進一步壓迫工人的措施;

——改善休假、病假制度,不得脅迫休假及有病工人開工;病假第一天

工資照發。

（2）工會以談判協商調處為主要策略，針對的是特殊惡劣的莊士頓除人方式

在美國禁運、香港百業蕭條的大背景下，倒閉裁員事件時有發生，整體社會勞資關係緊張。而香港電車職工會以調解勞資糾紛為工會政策，一直相信經過談判協商調處，是可以解決問題的。工會識大局，講道理，實事求是。事實證明，資本家如果不是做得太過分，許多事可以互相忍讓公平處理。工會不是反對資本家一切解僱工人的措施，問題是莊士頓批量除人方式，是極少數個別資本家的壞做法。社會人士如何明華、陳丕士、貝納祺等及《南華早報》在 8 月 30 日社論都表示過這是不智之舉。莊士頓式的除人，只會加深香港社會及經濟上的危機。

> 我們認為莊士頓除人事件僅為一個局部事件，是個別極壞資本家所引起的一個不幸事件，故應該當作為局部事件去加以解決，而絕不應該去加以擴大，增加糾紛的嚴重性。我們電車工人三個月來委曲求全忍讓說理即是這個態度的證明。[6]

（3）莊士頓滴着血的除人方法

莊式除人是賺大錢而除人，人力不足而除人。在缺人下營運，以致部分休假及有病工友被迫開工，車輛檢查不善，路軌逾時不修，致使 1954 年 5 月及 9 月都發生過重大事故。

任意集體大量除人，拒不談判，拒不協商，拒不調處，是莊士頓的管理方式。1954 年 7 月被除工人共 31 人，是集體大量開除的第十三批；連前共計 184 人為除，個別零散無理的開除還未計算在內。最大問題是，莊士頓每次都是突然解僱，從來說不出一個理由，被除工人包括服務過 29 年、25 年、15 年，以及大部分在 5 年以上熟練的司機、售票、司閘員。

莊式除人是不惜損害工人健康而除人。因大量除人造成人手短缺，嚴重增加了工人的勞動強度。工友因而致病、勞累致死的個案時有發生（重要記錄 *2.3.3-2.3.5*）。

6　香港電車職工會：〈電車工會為要求立即舉行勞資談判的聲明〉，1954 年 10 月 5 日。見閱讀資料 2.3.3。

莊士頓式除人，是滴着血的除人方法

莊士頓式的批量除人，是在公司人力短缺的狀況下進行的。

於是，大量除人結果嚴重增加了工人的勞動強度，如街外部打風車工人原有 12 人，現減至 6 人，從而引起安全事故，工友林就因震動過度而割去腎臟，生命危殆。資方又脅迫工人帶病返工，工人崔聰（重要記錄 *2.3.5*）、彭耀、黃金球因而致死。8 月 15 日——五三號工友因病在車上昏倒；8 月 28 晚五六○號工友在車上過勞吐血，這些均說明資方不顧工人健康及安全，只顧瘋狂剝削。

莊式除人是為破壞工會合法權益而除人，目的是進一步開除工會正、副主席、理事及熱心工會工作的會員，企圖損害工會合法權益。此外也挑撥離間工友，同時是不顧社會公眾利益而除人。

（4）要求迅速實現增車 30 輛

電車公司應首先將停在廠內八輛車立即加入行駛。香港電車的擠迫情況本來已相當嚴重，但資方莊士頓因開除工人反而減少車輛行走，令電車的擠迫情況惡化。工會認為電車公司既獲得經營此項公共交通事業的權利，就有責任解決電車交通嚴重超載擠迫的問題。

（5）立即舉行談判

聲明最後的第五點，是電車工人堅決要求立即舉行勞資談判。

事實上，電車工會曾多次要求勞工處公正調處糾紛，工會代表亦多次訪勞工處。按 1954 年 10 月 8 日出版的《電車勞資糾紛特刊·莊士頓無理除人真相》小冊子，頁 31 附表反映，由 1954 年 7 月 5 日至 10 月 5 日三個月內，工人共 21 次訪勞工處。而派代表見莊士頓，由 1954 年 7 月 1 日至 10 月 4 日，共 6 次。

莊式除人六大害

以下是用唱龍舟的體裁,把莊式除人之苦歸納為六大害。

頭一害,電車公司賺大錢重要除人,……

第二害,人力不足而除人,令人火滾。現在每日出車一百二十輛要用工人一千零八十個,有數得計珍珠都冇咁真。營業部現在只有一千零三十一人,相差四十九人點能擔負全部行車責任。如果開夠一百三十一架,新車恢復設置守閘員,不足人數共有三百二十一人。以致部分休假有病被迫返工,捱到唔駛恨。工友捱生捱死,做到發昏。車輛檢查不善,試過有電車喺中環街市斷咗輪軸,嚇到搭客有得震時無得瞓。及試過電車在金鐘兵房門口,失火自焚,好多地段路軌已經超齡,搭客安全佢唔負責任。皆因人力不足,所以咁多事故發生。甚至減少開車,西環線車由卅八輛減少到廿五輛,成日迫到唔恨。所講都係事實,並冇半句虛文。

第三害,重令人怒憤,莊士頓任意集體大量開除工人,……何況今次被除嘅司機、售票、司閘員,個個都係熟練工人。

第四害,更可恨。加強工人勞動強度,增加工人嘅苦辛。以前要用十二個工人嘅打風車,而家減至六個人,以致工友林就因震動過度,搞到要割腎。生命危殆,莊士頓當工友唔係人。資方脅迫工人帶病返工,唔理工人苦困。工友崔聰、彭耀、黃金球因而致死,的確傷心。最近都常有工友在車上昏倒吐血,捱到工友唔恨。在莊士頓只顧瘋狂剝削,不惜損害工人健康而除人。

第五害,莊士頓為破壞工會合法權益而除人,工人就難容忍。違反職業社團法例不承認工會,陰謀萬分。工會正副主席理事都被開除,連熱心工會工作嘅會員都有份。企圖損害工會合法權益,離間工人。唆使個別工賊分子,進行分化把陰謀運。甚至毆打工友,傷害工友人身。致使勞資關係極端緊張,引起工友與全港市民怒憤。

第六害,不顧社會公眾利益而除人,……莊士頓式除人嘅結果,……做成大量失業工人,引致不應有嘅社會經濟貧困。做成社會不安與混亂,……

資料來源:〈莊式除人六大害〉,《電車工人快訊》,1954年10月8日。

1954 年，是莊士頓批量除人抗爭最激烈的一年。
圖為工業行動中工友停工抗議的情況。

（二）1954 年 10 月 10 日兩次被迫採取的短暫停工抗議行動

工會在 10 月 5 日發表了聲明後，資方還是不予回應。此時勞資糾紛已歷時三個多月。在 10 月 10 日上午 5 時 30 分至 11 日凌晨 1 時，工人被迫採取了一天停工抗議行動（*閱讀資料 2.3.4-2.3.5*）。為此，香港電車職工會保障職業生活委員會（簡稱「保委會」）於 1954 年 10 月 11 日為和平解決電車糾紛，發聲明呼籲立即組織調處機構，公正合理地解決除人糾紛。

（三）工聯會成立促委會——1954 年 10 月下旬暫時不把行動升級

（1）成立促委會

10 月 21 日，港九工會聯合會在千鈞一髮的時候，召開了全體理事緊急會議，通過成立港九工會聯合會促進談判解決電車糾紛委員會（簡稱「促委會」）。此事的意義在於，反映當年的抗爭，勞方如電車工會及工聯會由始至終都極之克制。對真正弱勢的工人而言，於當時，跟資方、尤其是英資角力，彼此強弱懸殊，一切可用的社會工具都不站在工人一邊。於是，只可以向社會求助。百般忍讓所為的，只不過是一份不足以糊口養家的工資，志不在破局及為反而反，當然希望和平解決。十月下旬的克制，尤其反映當時由工會至工人都相當理性；而負責領導工人的工會領袖，都能審時度勢，把情況看通透，分寸拿捏準確，不會輕易作出刺激性的舉措。不講理的，是賺錢仍然除人的資方。

港九工會聯合會促進談判解決電車糾紛委員會，以全體工聯會理事為會員，並加聘其他工會代表，選出李生、麥逢德、李苟、徐勞、胡申、陳輝、勞潔靈、余兆為正副主任委員，以促進電車事件的和平談判解決。促委會同時決定：（一）致函各大工商社團，呼籲大家關注事態發展，以免糾紛擴大，影響工商百業、市民交通；（二）決定在已有 15 萬人簽名的基礎上再擴大工人和各界的簽名運動，以支持爭取談判要求；（三）繼續籲請勞工司、社會賢達出來調停此事，冀令糾紛得到合理解決。

工會一直跟社會大眾保持溝通

促委會成立後，即發表告社會人士書，指出電車糾紛已面臨嚴重局面。告社會人士書中說：「電車工人要保障飯碗，維持起碼的生活，而又無路可走，被迫各走極端，那麼社會大局堪虞，工商百業和市民交通將因莊士頓一人而蒙受嚴重損失，前途難以估計，災害不堪設想，……為了工人的利益，為了全港市民的公眾利益，每一個人都有責任，用一切可行的辦法，責成莊士頓接受調處，與工人舉行談判，方能及時力挽狂瀾，避免損失，維護大局。」

（2）呼籲社會人士共同奔走

促委會曾致函各大社團及社會人士，並先後分頭訪問中華總商會及其他工商團體 100 多個單位、40 多間學校，以及訪問了社會知名人士 300 多人。促委會的努力呼籲得到各大工商社團響應，所作的努力獲得各階層社會人士支持。

發了聲明後，工聯會積極介入。在 10 月 22 日的一個工友大會上，促進談判解決電車糾紛委員會主任、工聯會副理事長李生被大會邀請講話。他讚揚電車工友團結，指出各界人士要求談判解決糾紛的力量愈來愈多。李生也強調，連促委會都成立了，希望工友在一個最短的時間內等待一下，暫時不採取行動，以便有更大空間去爭取談判。他還說：「如果爭取談判的努力得不到效果的話，電車工友被迫進一步採取行動的時候，必然得到各業工人與各界人士更大的支持。」[7] 因為更大的忍讓克制，就換來更大的支持。

由工聯會成立的「促進談判解決電車糾紛委員會」，另一名主任是楊光。他讓工友知道，10 月底抗爭行動暫時不升級，主要是給時間工聯會發動社會力量，讓社會人士有時間為事件奔走，目的是照顧大局。楊光在發言時認為，工人根本得不到支援，政府、勞工部門、法例及司法制度，都不站在工人一邊。所以，如太快把事件升級，工人手上便沒有進一步的籌碼，也未必得到社會各界的理解及認同。令事件發酵，是爭取時間讓社會公眾知道是甚麼一回事。知道了，事成或不成，都會站在工人一邊，因為知道道理在工人一方。

7　〈我們繼續擴大團結，準備力量　期望着和平談判，解決糾紛——十月廿二日工友大會簡記〉，《電車快訊》，1954 年 10 月 26 日，第二版。

陳耀材是靈魂人物

工友要求：又斬四兩。

十月廿二日的工友大會和過去每次的大會一樣，主席一站出來講話就被長久的鼓掌聲和歡呼聲所淹沒，許久許久才能繼續他的講話。陳耀材主席對電車糾紛目前發展的情況作了詳細的報告。……

保委會主任楊光，他竟然「滿場飛」，這一堆坐坐，那一堆聽聽，當他從最後的那一堆人中走回來的時候，他手上的白紙已經寫滿了密密的字。他對陳耀材主席笑笑說：「工友都同意等待一下了。」

……

總結的時候，保委會主任楊光首先帶領全體工友向工聯會的代表和各友會代表以最熱烈的掌聲致以崇高的敬意和感謝。然後他特別問我們兩次：「現在我們來決定，我們工友是否同意工聯會的意見再等待一下才採取行動。」

「同意嘞！」我們工友也兩次的用齊一的雄亮的聲音回答了楊光。也回答了「工聯會促委會」對我們的希望。

資料來源：〈我們繼續擴大團結，準備力量　期望着和平談判，解決糾紛——十月廿二日工友大會簡記〉，《電車快訊》，第二版。

（3）資方扶植自由工會

工聯會和工會的行動為何要如此小心克制呢？因為有「另一把『工人』聲音」在擾亂視聽。這就是由資方扶植的「自由工會」。自由工會主席楊康，就是工友口中的工賊。

我們之中出了一個工賊

「域多利電車自由工會」「主席」楊康（原名邵坤，一〇六七號司機）在停工抗議行動期間，脅迫、矇騙極少數工友入廠，意圖夾硬開車，破壞我們

電車工人的團結一致行動，打爛大家工友飯碗的行徑，已經使到工賊楊康自己的臭名遠播，楊康已經成為全港工人公敵，人人憎恨。工賊楊康賣身投靠資方，出賣工人利益的一貫行徑，早已街知巷聞。楊康知道自己破壞陰謀見不得人，兩次行動，他都大發謬論，企圖矇蔽社會人士，以遮掩其破壞工人團結，出賣工人利益的勾當。

八月卅一日，工賊楊康說決不參加行動，要「為工作而工作」；十月九日，當電車工人採取第二次行動的前夕，又發表聲明：「目前和將來，以公司當局的命令為依歸。」而在十月十一日，破壞陰謀失敗以後，還厚顏無恥的對記者發表談話：「左翼工人說要停工來爭取生活，我們卻要以工作來爭取生活。」

……

楊康！我們工友還要責問你，點解你一下「闊綽」起來了，你居然欺騙工友「入廠每人分九十元」。我們記得你在一九五三年初春節時，工友出年尾雙糧的時候，你藉擴充「會員」每人強借了十元。但是，你的「自由工會」會所並沒有擴充，還欠了十多個月租，被包租人通知要你遷出，後來還是靠威脅包租人，才把你的會所留下來，而被騙的工友向你催還借款的時候，你倒乾脆一句「我同你交咗月費」就吞沒了。你口口聲聲為工友辦福利，從來就無人來慰問疾病工友，卅元疾病補助金從來未有發過，幾時見你同工友做過一件好事！

資料來源：〈工賊楊康醜態現形　楊康原名邵坤司機號數一〇六七〉，《電車快訊》，1954 年 10 月 26 日，第二版。

（4）仍在拉鋸中的 10 月底

就在工人繼續努力，各界群起呼籲的情形下，10 月 27 日電車公司董事局主席巴頓致函港府勞工處長，表示「並不反對由政府委設一個公正法庭」。這一動作的意義是，電車公司首次認同不反對由港府委設一個機構，調查由莊士頓無理除人而引起的電車勞資糾紛真相，是第一次略為接近及正視現實。可是巴頓這信函仍然堅持對於除人糾紛，「不能同意任何仲裁或其他干預」，並認為這是「不可改變」的「態度」。即是只提出可以調查，卻不表示接受調處除人糾紛。所以，資方其實仍未具備解決除人問題的真正誠意，

糾紛根本無從解決。信函內容於事無補。

　　10月28日電車工會收勞工處長鶴健士的信函，附有電車公司董事局主席巴頓先生給鶴健士的信函之副本。

　　總而言之，基本態度不變。電車公司表面上接受政府委設機構，但是只限於調查「電車糾紛」事件，拒絕對「除人問題」作任何仲裁或其他處置。如此一來，根本於事無補，因為整件所謂糾紛的關鍵是除人。不碰除人問題，即是資方的讓步只屬虛招。

　　不過，10月31日香港電車職工會發表了一個聲明，及同時給勞工處函件；聲明及函件都提出，歡迎立即由港府出面委設一個機構，以調處電車除人事件的糾紛，並提出這機構的組織，可包括港府代表、勞資雙方、社會上的有關團體和公正人士共同參加，合力解決此項糾紛。

重點

當時的罷工抗爭，工會也講「法（律）」

1950年代的工運，工會在駁斥自由工會的抹黑、強調工人有權保障自己時，會引律師所言。由此可見，整個抗爭的理性程度及水平。

下文摘自《電車工人快訊》1954年11月21日，第一版（頁）的短論（近似社論）──《公道自在人心，誣衊只是徒然　擁護陳耀材主席的嚴正聲明》：

正如陳丕士大律師所說：「如果工人知道被開除是不公平，工人是有權提出抗議。」、「在法律許可下採取行動──如罷工行動。」

數據

至十月初，即抗爭了三個月的各方支援

截至十月份止，根據不完全統計，各業工人以及推出代表到我們電車職工會進行慰問的總共有三百零七個單位，我們工友被邀請前往各業工會作報告而受到各業工人親切慰問的還未計算在內，慰問金捐款統計達二九二九八元，慰問品四千多件，慰問信三六四封。

摩托工人在歷次的慰問中，也使我們感受到交通事業工人的血肉相連，聲氣相通的親密關係，他們並且還攜帶了一千五百個禮包到職工會來慰問，和我們電車工友一起慶祝國慶。紡織染工友送來了一千五百個慰問包。

洋務工友曾經送來三千月餅，進行中秋節慰問，還演出了活報「帶病要返工」和「陸文龍歸宋」，受到我們電車工友和家屬的熱烈歡迎。

……

船塢工人、輕工業工人以至各業工人在自己失業情況嚴重、生活困難的境況中，也充分表現了他（她）們同甘共苦，團結友愛，支持我們電車工人的堅強意志，他們說：「我地越困難就更加越爭氣」，踴躍參加捐款儲糧，支持我們電車工人，太古船塢裝船部工友抖工抖到索氣，一個月長返工不足一個星期，長期靠擺街邊、做泥工，槌石屎來維持家計，生活雖然困難，亦紛紛參加儲糧捐款，每個星期儲二毫、五毫；有些摩托工友捐出了他們九個月來節衣縮食省下來的錢來支持我們電車工人；五金工友節省他們朝早返工食的一毫子豬腸粉；內衣工友慳下晏晝的一毫子麵包。

資料來源：〈港九工人大力支持電車鬥爭！〉，《電車勞資糾紛特刊‧莊士頓無理除人真相》小冊子（非賣品），1954年10月8日。

5. 1954年11月──月底準備第三次行動

踏入1954年11月，是莊式第十三批除人的四個多月後。電車工人一直希望通過和平談判解決糾紛。他們25次訪問勞工處；此外，為合理解決糾紛，曾兩次向政府建議組織包括有政府代表、勞資雙方及有關工商社團和公正社會人士參加的調處機構。

此時，資方見工人不畏縮，因工會行的是「公開民主，光明正大」的作風，在鬥爭的過程中形象正面，得到全港22萬市民簽名支持。簽名支持的，還包括中華總商會等各大工商團體（歲月痕跡2.3.14），以及會督何明華等社會名流，也得到各區街坊的同情和支持，是名副其實、真正的「得道者多助」。

（一）台底下的角力

來自全港範圍的廣泛支持說明了，道理在電車工人這一邊。於是資方用工人打工人，用分化來爭回道德高地。早在10月份，「自由工會」與工賊便

出動頻頻。工賊們不斷造謠，例如說：「支持捐款捐物係騙人者，唔夠兩三日手錶戒指又帶回原人手上。」又說工人自己打爛飯碗：「你們打爛百五十多隻工人飯碗」，「支持你們舉行談判解決事件的工商界係工商界之敗類」。[8]

於是 11 月的《電車工人快訊》內有很多拆穿工賊面目的文章，旨在及時讓他們的狡計曝光，從而見光死（歲月痕跡 2.3.13）。

《電車工人快訊》於 1954 年 11 月 21 日（第一版）《全港工人義正詞嚴痛斥馮海潮謬論》一文，更直言「如何揭穿這些謬論的內容，粉碎工賊的破壞陰謀，就是我們當前最重要的責任」。10 月，自由工會的頭子馮海潮發表「不介入漩渦」的謬論，公然支持莊士頓無理除人，受到各業工人的指責。馮海潮 11 月 11 日繼續在《星島日報》發表了一篇談話，非常露骨地誣衊電車工人的正義鬥爭，也歪曲糾紛中的角力情況，說「電車根本並無糾紛」，「糾紛是由少數工人製造出來的」。馮海潮也挑撥離間，說所謂「十二批唔鬥（按：即之前的十二次批量除人），開除到陳耀材同工會職員才鬥」，攻擊工會只是為了保護陳耀材才起而抗爭。為此，《電車工人快訊》在 10 月及 11 月都有多篇文章回應、反駁自由工會一方「工賊」的說法。

工賊的抹黑，包括把「煽亂事件」、「左派」、「政治」等名詞加在這件勞資糾紛之上。正視聽、反駁誣衊，是 11 月的主要工作。除上文外，工人刊物還用近似社論的短評，《公道自在人心，誣衊只是徒然　擁護陳耀材主席的嚴正聲明》來正視聽。

道德高地在工人一邊

我們工會一貫公開民主，光明正大，為全港工人市民所熟知，因此得道多助，獲得巨大的支持。各業工人的捐款捐物和各界人士的踴躍簽名，都是空前未有的成就。事實是工友節衣縮食，一點一滴，積少成多。有的每期糧儲一工半工，有的每日儲一毫二毫，有的省下一毫麵包錢，省下一毫豬腸粉，寧願行路省下車費都要支電。有的改期結婚，獻出金飾，有的泵泥鯭或多開工這樣來支援我們。這些自覺自願的難能可貴的工人兄弟友愛的熱情，深深地感動了我們，鼓舞了我們。在第二次停工抗議行動期間各業工人送大飽、送西餅、送香煙、送生果、送茶水、送寒衣，大家有眼共

8　張老：〈這一回：老牌工賊信口雌黃放臭屁　工人團結義正詞嚴斥壞蛋〉，《電車工人快訊》，1954 年 11 月 27 日，第二版，「講古」欄目。

見。有近二十二萬的工人市民簽上自己的名字，要求成立調處機構，立即解決除人糾紛，已經成為普遍一致的公意，足見公道自在人心。我們的鬥爭正義合法，我們的鬥爭符合全港工人市民的利益，這些數不清的動人事實就是充分有力的聲明。馮海潮説：「捐款捐物是偽造的。」這簡直對每一個工人市民都進行了誣衊，但是每一個曾經捐款捐物或者簽過名的工友市民，都會拆穿他的卑鄙無恥的陰謀詭計，大家都指出，連近在身邊的事實，都敢於無恥地加以歪曲，大家都更堅決相信，在正義的團結力量之前，一切可恥的誣衊是注定地失敗的。

資料出處：〈全港工人義正詞嚴　痛斥馮海潮謬論〉，《電車工人快訊》，1954 年 11 月 21 日，第一版。

（二）面向社會的角力

此外，事件發展至 11 月，已累計爭取近 22 萬工人、市民簽名支持組成調處機構，並立即解決除人糾紛。全港工人和社會人士為促進談判解決糾紛所作出的努力，促使資方莊士頓開始稍為改變其不講情理的態度。起碼虛招及門面功夫也會做一點點，以敷衍社會輿論。

1954 年 11 月 2 日，港九工會聯合會對外發表公開聲明，同時附電車工會 11 月 1 日給勞工處長鶴健士先生的信函。香港電車職工會主席陳耀材在信中指出，資方只同意設機構解決糾紛，卻認為除人沒問題也不會收回，這正正是問題癥結之所在。

電車工會在信中有以下意見：

（1）由政府代表、勞資雙方、有關社團、社會公正人士共同組織調處機構。宗旨在於各具誠意地解決此次糾紛事件；

（2）此一機構主要任務在於解決關鍵的除人問題，但不反對調查相關的其他問題，例如審視資方人力、交通車輛、工人福利待遇、工會合法權益等問題；

（3）此項調查工作應在一個較短的規定時間內完成。

信末附工聯會的三項建議。

工聯會的三項建議

香港電車職工會主席陳耀材一九五四年十一月一日給勞工處的信，信末附工聯會的三項建議。

關於這個調處機構的組織，我們提出下列三個原則：

一、該機構包括政府代表、社會公正人士及勞資雙方代表參加。香港政府當局應負責迅速組成及主持這個機構。

二、該機構應根據談判協商調處的原則來進行多方面的協商，獲致一個公允的解決辦法。

三、該機構應本公正態度，根據事實，廣泛徵集工人與社會人士意見，及調查電車公司除人真相：

（一）電車公司是否人力不足？

（二）電車公司除人是否影響社會交通便利和安全？

（三）電車公司除人以後是否損害工人健康？

（四）電車公司現在的休假和醫療措施是否合理？

《大公報》、《文匯報》亦於 11 月 3 日及 5 日就解決電車糾紛一事發表社論。事件引起各界關注，成為社會事件，已不只是電車公司及工會的勞資問題。

至 11 月 5 日止，經開會討論過電車事件的，有中華總商會、豐貴堂蜑業商會、香港華人革新會、南北行公所、百貨商店職員會、福建商會、清遠公會等社團。

更進一步的是，爭取從速成立談判調處機構的呼聲愈來愈高，為此而奔走的各方社會賢達也不少，務使組織談判調處機構這一建議得以立即實現。

於當時，除極少數個別情況以外，全體電車工友都自覺自願參加了保障飯碗、保障自己的職業和全家大小的生活的鬥爭。

同心同德，團結一致

有人說：「電車工人有派別」，「左翼工人乜乜物物」，這不是惑於誰言，就是別有用心。因為電車工人的利害一致，大家都要做工要吃飯，絕無派

別彼此之分。看看兩次的停工抗議行動吧！入廠工友寥寥無幾，參加停工抗議行動的工友佔全體的絕大多數，少數曾受工賊欺騙脅迫的工友，事後向工會道歉認錯，表示堅決脫離工賊的控制。

資料來源：港九工會聯合會促進談判解決電車糾紛委員會編印：〈無比堅強，團結一致！〉，《努力促成調處機構‧談判解決電車糾紛》（約 52 頁小刊物，非賣品），1954 年 11 月 9 日出版，頁 28。

（三）踩在採取進一步工業行動的邊緣上

1954 年 11 月 20 日，電車工會開了一次工友大會。當晚，當司儀宣佈大會研究採取第三次行動時，工友心裏興奮萬分，有些工友高呼「啱嘞，爆佢」。因為已到了忍無可忍的限度。

1957 年 2 月 12 日，
電車工會辦的春節聯歡游藝晚會，服務部工人演出諧劇《八股先生》。

工友大會中工友發言摘錄

◎女工阿珍含着眼淚訴苦，她講到丈夫點樣俾公司醫療制度害死，留下了她孤兒寡婦，講到後來她已哭成淚人，她憤憤說：「我丈夫死得好慘，大家工友唔好再走崔聰的路，大家一定要團結起來唔好做衰仔，我自己亦唔做衰女，一於跟住工會走。」

◎崔聰的遭遇其實也就是千百個電車工友的遭遇，但今天提起崔聰，就更加激發了我們的心頭悲憤，許多工友都替年青的珍姐的慘遇難過而低下頭流淚，但更多的工友抹乾了眼淚之後，就憤憤要求工會迅速行動。

◎有個工友在珍姐講完話之後衝上台說：「我們工友要化悲憤為力量，唔走崔聰的路，堅決粉碎莊士頓的除人陰謀。」

◎街外部工友派出代表上台講話：「營業部唔夠人使，最近日日開少咗兩架車，莊士頓都唔恢復被除工友嘅工作，反為喺街外部調走六個人入營業部，加重街外部工友工作，陰謀分裂工人團結，蓄意拖延擴大糾紛。我們街外部工友要求大會採取行動，以實際力量粉碎莊士頓除人陰謀。」

◎有些工友上台話：「呢個時期，工賊分子四出造謠，破壞工人團結，我哋要百倍警惕工賊分子嘅破壞陰謀，粉碎工賊分子的破壞活動，才能取得第三次抗議行動的勝利。」

◎友會代表到來慰問，佢哋都表示盡力支持我哋正義鬥爭！摩托代表表示巴士工友決以有效措施支持電車工人，全場工友都歡呼，鼓掌。

資料來源：何真：〈團結起來，要求立即採取行動　堅持鬥爭，爭取糾紛合理解決——十一月二十日工友大會點滴〉，《電車工人快訊》，1954 年 11 月 27 日，第一版。

之後，11 月 24 日，香港電車職工會保障職業生活委員會總代表陳耀材、楊光、鄧新，以《要求協商調處解決糾紛　本會向資方提出通牒》（重要記錄 2.3.6）向香港政府勞工處、香港電車公司總經理莊士頓先生發出最後通牒，說明 72 小時內，如資方不答允立即接受協商調處解決糾紛的要求，限期滿後，只有被迫採取進一步行動，一切後果均應由資方負責。

「促委會」與「保委會」

◎香港電車職工會保障職業生活委員會，簡稱「保委會」。

◎工聯會成立的「促進談判解決電車糾紛委員會」，簡稱「促委會」。

11 月 27 日香港電車職工會去信洋人警務處長麥仕維，申明電車工人有停工抗議的權利。當時的警務系統在執法上對工會工友極不公平，警方無故指稱電車工人及其領導人物要受到嚴厲制裁，也對工會代表鄧新、蔡清無理盤問及進行登記。至於騷擾工會工友的不法分子，警方卻沒有嚴正執法。於是電車工會去信警務處，要求維護工人應有的權益。[9]

11 月 27 日同時是電車工友的大會。總之，工聯會與電車工會跟資方的談判進展，一直有跟工友溝通。27 日晚的工友大會（歲月痕跡 2.3.15），成為全港工人、市民所關注的會議。全體電車工人也因莊士頓的死硬態度而感到極大憤怒；也對警務處長發表聲明，對其意圖無理干預電車工人正義而合法的行動感到非常不滿。當晚，電車工友都趕着到會，各業工人代表也紛紛到來慰問，人頭湧湧，會場一直伸延到十多個天台，盛況可想而知。坐在後面的工友，只能從播音辨別是誰在講話。

當晚，各業工人代表送來了 12,000 多元慰問金，還送來 200 多張棉被和毛氈。有些工會代表還說：「這些棉被和毛氈都是工友一心一意送來給你們應用的，我們工友還表示：如果電車大佬採取行動時，決以全力支援，要錢有錢，要人有人。」

（四）　有心人一直為事件奔走降溫

同一天深夜（27 日），陳丕士大律師用電話及來信正式要求電車工人推延行動的期限，以促成談判。因為一些有地位的社會人士還在努力奔走，致力於尋求一個為每一個人所能接受的解決方案。為此，電車工會向廣大社會人士宣告：勞方接受陳大律師的要求，把第三次抗議行動的期限延到 12 月 4 日。

9　〈保障合法權益，制止破壞行為　本會提出四項聲明！—— 十一月廿七日致警務處信〉，《電車工人快訊》，1954 年 12 月 1 日，第一版。

整個 11 月底至 12 月初都在準備第三次抗爭。總之，過程中不斷預告[10]，讓公眾知道，電車工人被迫採取的第三次抗議行動，馬上就到來。

電車職工會為了使社會人士明白工人爭取談判協商調處解決糾紛的苦心，也為感謝社會人士和廣大工人、市民為促進談判的努力，特別發表了《告社會人士書》。告社會人士書最後說：「我們迫切希望並要求資方莊士頓，為商場利益計，為市民交通便利計，能回心轉意，改變態度，接受協商解決糾紛的要求，立即與我們進行談判協商，港府勞工當局能立即出面負責調處，使糾紛走向解決的途徑，使事件避免進一步擴大，我們更願向社會人士呼籲，請在最近期間繼續發揮你們正義的同情來協助推動談判調處，使我們電車工人和全港市民希望迅速合理解決糾紛的要求能及時實現。」

莊士頓繼續無理除人　工人唔鬥職業更受威脅

◎莊士頓無理除人的措施越來越瘋狂，最近又藉口「懶惰」以「保障週」發一個星期糧強將機器部一個做了十幾年的老工友李渭然開除，更把這個工友的年級（退休金）扣去不發，全體工友對此更加憤怒，工會派出代表去交涉，但莊士頓仍然一樣不講道理。可見工人唔鬥，使任何人都受到職業威脅。

資料來源：〈為迫不得已採取三次抗議行動——職工會公告社會人士〉，《電車工人快訊》，1954 年 11 月 27 日，第三版，簡訊。

五個月了，一直拒絕溝通及解決的是資方。11 月 27 日，前文提過，工會應陳丕士大律師的要求，推遲第三次工業行動。而工人們當時的態度是，如限期滿後一切仍沒進展，工人是有堅強的決心和力量進行第三次抗議行動的。電車工人早已決定鬥爭到底，直至糾紛獲得合理解決為止。

而香港電車職工會主席陳耀材，於 1954 年 11 月 30 日，因應工人願意延遲罷工一事，發公開信回覆陳丕士大律師。[11]

10　〈為迫不得已採取三次抗議行動——職工會公告社會人士〉，《電車工人快訊》，1954 年 11 月 27 日，第三版，簡訊。

11　《照顧大局，尊重社會人士意見　我們再作最大忍讓　本會覆陳丕士大律師信》，《電車工人快訊》，1954 年 12 月 1 日，第一版。

6. 踏入 1954 年 12 月──忍讓換來更大的迫害

11 月底，勞方是因為陳丕士大律師的要求，而答應把第三次抗議行動的期限，推遲至 12 月 4 日。可是，不幸地，就在延期的三天之內，事端頻生，當中包括黎博倫被毆，以及包括他在內的多人被捕事件。

（一）工業行動延期三天之內事端頻生──黎博倫被毆事件

12 月 1 日，警方人員在軒尼詩道、堅拿道交界處（鵝頸橋大三元酒家門口）不辨是非，無理拘捕工人和市民。期間，個別警員毆打僱員黎博倫令其受傷。事緣工友在 12 月 1 日晚 9 時 10 分，一如以往，帶工會會刊《電車工人快訊》去站頭派送。然而，當日公司總稽查梁志超顯然是在資方的指使下，干涉派報之餘，無故電召警方人員到場。不久，警車開抵現場。到場的警員全副武裝，如臨大敵。部分警方負責人員根本不辨是非，不問情由，毫無根據地拘捕工友。工友向警員交涉放人，不料警車愈來愈多，幾百名警察、英軍拘捕了工友及市民。被拘捕的工友計有廖元、吳晃、蔡清、張耀祖及工會服務部僱員王滿華、林寥（即蕭興）、黎博倫，以及過路的市民向光等八人。當中以黎博倫的情況最血腥。黎博倫被個別警員毆打，血流滿面，暈倒路上，還被拋上囚車。事後工友家屬到東區警署詢問，差館內的警察只說有此人，卻不讓探望，還將這些工友家屬無理驅逐。而被捕工友竟被提堂審問，加以控罪。

事件明顯是資方指使其職員蓄意挑釁，製造事端；而警方則不辨是非，隨意毆打及逮捕工人和市民。

12 月 3 日，香港電車工會去信香港警務處處長麥士維表示抗議。要求：（一）立即釋放無辜被捕的工友和市民。對被毆受傷的工友，警方應追查責任，並負責賠償一切損失；（二）工會的合法權利應受到保障，警方要保證以後不再發生同樣事件。

資方趕在 12 月 4 日之前找一些事藉故向工友「開刀」，明眼人都知道跟第三次抗爭行動有關。《討論工友被捕事件，舉行緊急同人大會》（重要記錄 *2.3.7*）一文便有以下陳述：「本月二日晚工會舉行緊急同人大會討論在一日晚上發生的工友無理被捕事件，大會決定派出代表向警務處交涉及抗議，並要求立即釋放無辜被捕工友。工友在會上嚴屬地譴責資方指使個別稽查梁志超有意製造事件，企圖打擊工人的第三次抗議行動的陰謀，呼籲社會人士主

持公道，以維護工人市民的安全。並堅決指出，工人絕不會因此而畏縮、動搖，必將繼續加緊準備第三次抗議行動，為爭取合理解決除人糾紛而奮鬥到底！……這是資方在工友舉行第三次抗議行動之前，有預謀地佈置製造事件，以圖擴大糾紛，使之複雜化，打擊電車工人的第三次抗議行動。」

而因有多名工友被拉被告，有官司糾纏工會，確是打亂了原定 12 月 4 日的第三次抗爭行動。而「是否落實」、「何時落實」行動的拉鋸，也是當時抗爭困難的反映之一。因為突發的掣肘（有人被捕），加大了處於弱勢的工友的變數。總之，資方可動用的工具及手段非常多，與工人實力極不對稱。毆打黎博倫事件發生在工友準備第三次行動的時候，並非偶然。

（二）電車工人紛紛表態已忍無可忍

12 月 9 日，工會舉行小組座談，對五個多月來的發展提出討論（重要記錄 2.3.7）。不少工友都認為勞方已達到最大忍讓，有工友更認為應早日採取第三次行動，避免墮入資方用 12 月 1 日黎博倫事件拖工會後腿的圈套。

會上，有工友認為：「五個多月我們已經做到超出了仁至義盡，真是忍無可再忍了，因此我們就向保委提出如下的要求：即係話迅速採取實際行動，爆佢一煲。」「我們要求工會在最短期間迅速領導全體工人採取第三次抗議行動——『爆佢』，我們誓決和大家團結在一起，堅持鬥爭，直至鬥爭得到合理解決。」「莊士頓變本加厲，一連串製造事件，例如鵝頸橋事件，最近話搞『中立代表』，這些事件，我們街外工友忍無可忍，要求保委會領導我們迅速行動、我們一致支持，……」

工人反推保委會要有所行動：「為了尊重社會人士意見，照顧大局，我們已再三再四忍讓，等待社會人士作進一步努力來促進談判，但是現在仍然冇乜聲氣，莊士頓還在製造新陰謀，指派偽『工人代表』，企圖分裂工人團結，破壞鬥爭，我們為了保障職業生活，已經忍無可忍，大家認為一定要迅速採取行動，並希望保委會接受我們大家的意見。……」

而此時，已累計有 22 萬市民簽名支持談判協商調處解決電車糾紛。

12 月 11 日又有工人大會。糾紛拖延了五個多月尚未解決，已進入寒冬。電車職工會及保委會極度克制，但工友決心已定。「工友們的決心書有如雪片紛紛送到保委會，這些決心書有些是長長的紙條，有些是信箋，但是每一張簽滿了工友名字的決心書，都表達了工友對莊士頓除人的憤恨，我們

工友都下定決心、提保證，要求迅速採取行動，每一個名字一條心，從決心書中我們看到千百個電車工人在宣誓」。[12]。大部分人認為左忍右忍無可再忍，一致堅決要求行動。此次大會要講話的工友特別多，人人都爭着說話，表達自己的鬥爭決心。

（三）電車工人被壓迫剝削不是孤例

而類似的、工人爭取權益的糾紛，不只發生在電車工會行業。是社會整體的勞工階層被壓迫剝削的問題。「牛奶、中電、電燈、九巴、紡織染、大英等友會代表講話都指出了電車工人幾個月來的鬥爭已取得了成績，把莊士頓繼續大批除人的陰謀拖延了。他們又指出牛奶毛漢事件、電燈黃添事件、中電陸皋才事件及港巴個別工友事件在各該單位工人團結及支持鬥爭影響下都獲得合理解決。又如電話資方對職工會代表說，他與莊士頓不同，他承認職工會。全港工人認識到，支持電車鬥爭反對莊士頓式除人，就是為了保障自己的職業生活和工人合法權益。各業工人代表說，為了共同保障飯碗的利益，盡一切力量支持鬥爭到底！」[13]

至於電車工會方面，在 12 月 11 日的會議上，因為群情較之前更加洶湧，發言踴躍，保委會在總結時說會研究發言工友提出的意見。請大家密切留意保委會的決定。

---

12 〈下決心，提保證　一致要求採取行動！　—— 十二月十一日工友大會花絮〉，《電車工人快訊》，
　　1954 年 12 月 16 日，第一版。
13 同上註。

1954 年 12 月 2 日多行業工會工友集會時的情況。

1954 年 12 月 2 日多行業工會工友集會上，
紡織染業代表發表講話。

1954 年 12 月 2 日多行業工會工友集會上，電車工友發表講話。

1954 年 12 月 2 日多行業工會工友集會上，有反映現實的短劇表演。

名詞簡釋

「莊士頓主義」

莊士頓對電車工會同工人採取敵對措施，其目的在造成電車工人生活職業無保障，工會合法權益受損害，勞資關係惡化，對香港社會的嚴重災害。香港電車公司自莊士頓就任經理以來，對工人採取壓迫手段，在一九五〇年宣佈不承認工會，對電車工人熱愛祖國誣捏為「政治和權力」，替工友戴上紅帽子，違反了工會的合法權益，妄想嚇怕工友。同時又扶植自由工會成立，分裂電車工人團結，造成電車勞資關係的惡化，以便向電車工友下毒手。接着集體大批除人，兩年內除人達三四百人，佔電車公司一千五百員工四分之一。為了掩飾莊士頓的卑劣陰謀，舉辦所謂福利大廈，不過是幾個自由勞工的活動場所，開賭檔，借大耳窿，但電車工人則以不參加工會為條件才得享受。莊士頓這些不合理的措施，在香港是非常罕見的。

「御用工會」

由莊記搞手製造的所謂「工會」，就是「御用工會」。其工會負責人極力維護資方利益，口口聲聲「以公司當局命令為依歸」，以出賣工人利益為榮，甘心同工人為敵，在資本家的口袋裏洋洋得意，搖旗吶喊。被騙的電車工友因不滿御用工會的所作所為，已紛紛擺脫其控制。而且其頭子越搞越「喎」，連莊士頓都大歎「失望」云。

資料來源：〈名詞簡釋〉，《電車工人快訊》，1954 年 12 月 1 日，第二版。

四 轉入 1955 年上半年第一季──莊士頓除人方式已被打退

　　1955 年 1 月，距第十三批除人事件已過半年。過農曆年前，工會陳耀材主席號召要堅持長期鬥爭。而經歷了六個月的磨練，工會更加團結，力量更加鞏固。莊士頓由非洲調來香港，本來就是有備而來。而意想不到的是，在強弱懸殊之下，資方至 1955 年也未打垮電車工會。

　　「想當日，莊士頓接任大班之時，誇下海口，指明一年內打垮電車職工會，掃清全部舊人，裝新車用新人，還自稱工運『專家』，話倫敦幾萬人嘅

工會佢都搞到掂，職工會千幾人唔睇在眼內。」[14]

1. 梁志超製造的「鵝頸橋事件」—— 即黎博倫被打及拘捕一事

在第三次行動之前發生的、由莊士頓主使總稽查梁志超製造的「鵝頸橋事件」，在 1 月份處於審訊狀況。由 12 月 1 日事發至 1955 年 1 月期間，已歷經 40 多天了。在中央裁判署已舉行了 14 次「審訊」。在這「案件」中，「控方」準備了 13 個「證人」。

事件發生後，工會立即保釋 7 個工友外出候「審」，並聘請林文傑律師轉聘陳丕士大律師及些洛大律師進行辯護。（重要記錄 2.3.8-2.3.9）

2. 莊式除人不再 —— 工會及工人不輸便是贏

1 月 14 日，楊光副主席在大會上作了半年鬥爭經驗的報告，指出工會及工人沒被打垮，等同勝利，因勞工是以卵擊石的一方。從中總結到三點經驗。

（一）倚靠工友團結力量，愈鬥愈強，愈鬥愈壯大。元旦聚餐，工友人數達到 1,100 人，絕大部分的工友都參加了。

（二）有勇有謀，能文能武。跟莊士頓鬥智。

（三）擁護工會，信任工會領導。兩次抗議行動，表現了團結一致，11 月 27 日「搵直莊士頓」（按：對莊士頓來了個虛招。事先張揚，卻並非真正罷工，虛虛實實，殺其措手不及，讓資方及部署的警力不能及早準備，從而對工人「大開殺戒」），又表現了團結一致。

3. 電車公司陷入自損困境

電車公司於 1955 年放出「向英訂購新型電車 40 輛，運港製配派出行走」的訊息。2 月 18 日，某些報紙載登的新聞，還說：「刻下此等運來新型車機盤底，正在該公司及太古船塢兩工程部加緊進行嵌裝中，陸續派出市面行駛。」增車一事，由 1953 年 8 月說到 1955 年的 2 月中，上述新聞刊出

14　機器佬：〈論莊士頓枉費心機〉，《電車工人快訊》，1955 年 1 月 12 日，第四版。

後，久久未見真有其事。《電車工人快訊》認為這是公司的虛招，有意放出陸續增車的空氣，以緩和市民及工友對增車的要求。

港九工會聯合會於 1954 年 11 月 16 日便曾列舉事實，向工務司鮑寧提出責成電車公司立即增車的要求。工聯會理事會指出，根據電車公司自己的年報統計，1948 年的電車搭客是 8,750 萬人，行走的電車是 103 輛；1953 年的搭客人數增至 1 億 3,680 萬人，（增加 56.3%），而行走的電車只增到 120 輛（增加 16.5%），所以每日每車搭客即由 1948 年的 2,327 人增至 1953 年的 3,123 人，等於一架車往日坐 200 人，現在要再擠 77 人。

而有趣的是莊士頓上任後，非但沒有增車，也沒有把空出來的 8 架電車首先開出行走各線，以實際減少搭客的擠迫情況。莊士頓不務正業，只懂大玩批量除人的把戲，令市民、工人、公司三輸。電車車少、人手不足，司機和乘客都是受害者。

嚴格來說，莊士頓時期的電車公司不算是管理得當的一門公共事業。

4. 除人不成的小動作

1955 年 2 月 28 日及 3 月 1 日，電車工友分別舉行了早夜更工友及家屬大會[15]，會上從工友口中得知公司又有新花招。

新花招是由 2 月底開始，莊士頓不斷向工友發警告。而很多警告都相當不合理。

從被警告的事項的原由，就知道是對付工友的手段

「砵」的意思是警告。

到底莊記點樣亂「砵」工友？照大家工友反映嘅情形，真係佛都有火，唔嬲就瓦燒。呢處舉出幾個例，就可以説明。

有一個司機，因為駛車經過利園山，碰到山上打石炮，唔過得，阻咗一陣；到終點時，竟因為遲到三分鐘被「砵」。

有一個司機走北角屈地街線的車，佢每轉車都準時不誤，只有喺收車時

15 〈電車工友團結一致　憤怒抗議莊記亂罰工人　在嚴重抗議之後亂「砵」現象已見減少　爭取實現合理要求工友堅持長期鬥爭〉，《電車工人快訊》，1955 年 3 月 13 日。

候，因為最後一轉，右乜人上落，到站時快咗三分鐘，被「砵」。

有一個司機，走跑馬地線。星期六下午，打波散場，搭客十分擠擁，成架迫到實。一連三轉車，車車如是，右法子下車鬆一鬆。到第四轉車嘅時候，佢好尿急，再忍唔住，只好趕快到跑馬地總站落車小便，咁嗰次車快咗四分半鐘左右，被「砵」。

有一個售票員，喺行車時間扣少一粒鈕，又被「砵」入寫字樓，話叫做「衣冠不整」。重講係「最後一次警告」。

有一個司機行車時，大鼻 X 啱啱企响旁邊，佢突然叫停車，唔知點樣喺軌道上執到一口八分長嘅螺絲釘，話司機睇唔見，又「砵」入寫字樓。

講唔講得咁多，但只要睇下上面幾個例子，就完全可以見到莊記最近「砵」工友嘅冇譜法，尤其大鼻 X 狐假虎威，亂指胡為，引起工友無限憤激！

工友一致認為，以小瑕疵發警告，肯定是莊士頓的陰謀。究其原因，是因為第三次抗爭活動雖然沒有實行，卻在一連串的角力之中引起了社會注意，批量炒人的莊式除人勢頭被打退！莊士頓未能無理除人，便改而發些無理警告。

而造成工友工作困難的原因之一，是車輛不足！

面對莊士頓的不合理管理，工人及工會已不再忍讓。1955 年 3 月 5 日，工會派代表去找莊士頓，對無理發警告提出抗議，並順道提出其他要求，例如，「應該增車；工友住得遠，上工放工時又冇車搭，往往行好遠，公司應該派車接送工友返工放工；工友家眷搭車應該免費；公司應該多建宿舍，同時取消入宿舍住嘅苛例，減低租值」。

不知何故，莊士頓已開始避見工會代表。而工會的抗議動作一出，亂發警告的情形已減少。至 1955 年 3 月 7 日，報紙上就有電車資方準備半年內建新大樓的消息。

由 1955 年第一季的情況反映，莊士頓支持的「自由工會」，非但未能分裂電車職工會工友之間的團結，也未能增加自身的會員數目。因而「自由工會」楊康被免，新任主席為黃波。有傳，莊士頓召見「自由工會」新任「主席」黃波，限他三個月內招收 300 名會員。而黃波不是新人，在楊康任主席時，他一直是幕後搞手。（歲月痕跡 2.3.16）

五　轉入 1955 年下半年——以收回制服製造擾攘

　　發展至 1955 年 5 月，莊士頓對工人提出控告訴訟，以要求取回制服。工會去信莊士頓抗議，並由勞工處代轉。可是，據蘇雲副處長說，莊士頓拒絕接收工會的信件。莊士頓要用到這一招來取回制服，反映除人手續未完成（工友有權不交出制服），莊士頓才會出此下策（重要記錄 2.3.11）。

　　而莊式除人，也在第十三批 31 人之後，沒有第十四批。

　　第十三批除人糾紛，至 1955 年 6 月為止拖延達 11 個月，仍未令工會屈服及瓦解。某種意義上，是工會勝利。

以控告手段取回制服，反映工人團結佔上風

電車糾紛至今將近一年了。這一年，對於電車工人來説，是深刻難忘的。我們不但在上半年打退了莊式除人的瘋狂來勢，也在下半年取得了粉碎莊 X 頓亂砑工友和扶植個別工賊分子進行分裂工人團結的陰謀。一年來，我們擴大了團結，鞏固了工會！

……必須指出，強收制服事件和鵝頸橋事件都是電車除人糾紛中的重大事件。這兩件事發生的時間雖然不同，但都是在莊 X 頓的陰謀遭受挫折的時候出現的，又都是企圖壓迫工友，想撇開勞資談判來達到壓迫工人的目的。

……最近，當我們工會代表往見勞工處長，要求談判來解決久懸未決的電車糾紛時，蘇雲副處長雖然還沒有切實負起調解的責任，但也要説談判協商是解決勞資糾紛的好辦法。

資料來源：〈加強團結，挫敗莊 X 頓的陰謀　爭取談判合理解決糾紛〉，《電車工人快訊》，1955 年 6 月 21 日，第一版。

　　早在 1955 年上半年，4 月左右，已出現一連串電車資方控告工人的事件。

　　而 1954 年 12 月 1 日當天發生的鵝頸橋案件，於 1955 年 6 月終於審至結案陳詞了。6 月 13 日控辯雙方結案陳詞時，當控方「證供」完結後，陳丕士大律師代表七個工友致辯護詞，對控方的「證供」逐點加以駁斥，認為控方人證物證不足，主張七個工友對各項「控罪」都無須答辯，並建議法庭撤銷案件。

　　發展至 8 月，於 8 月 22 日得到讓人意外的判決結果。結果為處於下風

的莊士頓「打氣」——法院判當日在鵝頸橋派會刊事件七名被捕工友罪名成立。警方以「未得華民署許可，派發印刷品」、「阻差辦公」、「拒捕」和「行為不檢」等「罪名」分別加在七個工友身上。電車工人蔡清、廖元、吳晃、張耀祖，工會服務部僱員王滿華、蕭興、黎博倫等七人竟被判處罰款及簽保。

香港電車職工會在1955年8月25日，為電車勞資糾紛拖延未決，資方莊士頓製造鵝頸橋事件，以及七位工友被控告判罪這幾件事，發表抗議聲明（重要記錄 2.3.10）。

當中有以下提醒：「莊X頓製造這一事件引致控告與對七位工友所加的罪名，是和今天他不甘失敗，正在耍弄新的花樣和手法來壓迫電車工人，製造新的勞資糾紛事件的陰謀，是完全配合和一致的！目前莊X頓通過法庭『控告』三十一個被除工友，強收制服，企圖迫使工人就範。最近將五十多個工人從機、街部轉到營業部，而同時又將街外工程轉判，企圖分兩步走實現重新大批除人。對於莊X頓這種新的除人陰謀，我們必須嚴密注意其發展，絕不讓莊X頓的陰謀得逞！」

鵝頸橋事件工人敗訴，可是，以訴訟逼工人交回制服一事，莊士頓卻並不順利。

莊士頓在香港地方法庭失敗後，不知悔悟，反而再用高等法庭來控告工友，硬將「大錢債案」套在工人頭上，以為這樣就可以強迫工人就範（重要記錄 2.3.11）。為此，香港電車職工會在1955年10月16日發了公開聲明。

總而言之，整個1955年下半年，莊士頓用各式小動作糾纏工會及工人，無疑是製造了一些蒼蠅式的滋擾，卻批量除人不再。

六　轉入1956年

自1952年以來，資方以「人力過剩」為藉口，先後十三批無理開除184名工友。此舉造成了嚴重的人力不足。1956年1月12日開起，資方不得不開始僱用新人。根據不完全統計，新請的達77人，計1月12日僱用7人；2月7日僱用3人；2月16日僱用8人；3月13日僱用8人；3月19日僱用2人；3月26日僱用9人；4月6日僱用12人；4月9日僱用3人；4月10日僱用5人；4月16日僱用5人；4月17日僱用9人；4月23日僱用6人。

為此，工會在電車通訊發文（閱讀資料 2.3.11），表示：「目前資方不斷僱用新工人的措施，事實再一次證明了電車公司並不是人力過剩，而是人力不足。我們認為：公司要僱用新人，必須首先要恢復過去被除工友的工作。」反映莊式批除人由 1952 年開始，至 1955 年已不再發生，反而要於 1956 年上半年新聘 70 多人。當然，從中也反映，莊式批量除人沒再發生之餘，被除的工友也不被復工。而有工友們說：資方請新人的企圖是令人懷疑的，如果想請新人除舊人，一定要堅決反對。最後還通過了致勞工處的備忘錄。（香港電車職工會，為電車公司僱用新人致香港勞工處備忘錄，要求立即停止不合理措施，是 1956 年 4 月 27 日印發的獨立單張。）

文獻

**繼承先友遺志，繼續努力！
擴大工友團結，發展福利！
——拜祭先友大會側記——**

**落大雨都要開會
充分表現團結精神**

四月廿四日，我們電車工人分別於上下午在咖啡園馬棚墳場舉行拜祭先友大會，好多工友特別是年老工友好早就到場，佢地話：「先進工友流血流汗，好辛苦至建立我地職工會，爭取我地利益，我地今天要齊心，發揚電車工人團結愛會的優良傳統。」下午雖曾落雨，個個都話：「落大雨都要開會！」充分地表現了我們電車工人團結精神。

資料來源：《電車工人通訊》，1956 年 5 月 29 日，第二版。

個案

〈一年來的工作報告〉（節錄）

秘書處

慰問救濟丁滄遺屬

一九五六年一月卅日，太古船塢附近發生軍車撞電車慘劇，司機丁滄工友不幸傷重斃命，遺下老父及妻兒五人，生活無依，境況淒涼，工會聞訊即

號召工友捐款慰問，並協助其家屬辦理後事。這次共捐得慰問金捌百肆拾圓零陸角柒分，經由工會交給其遺屬。後來其遺屬在工會協助下，多次向有關方面進行交涉，領取死亡撫恤金及賠償金。

這些工作充分表明了我們電車工友同舟共濟團結互助的精神。

資料來源：《香港電車職工會三十七周年紀念特刊》，1957年2月24日。

七　轉入 1957 年——不除人，但重推《新例》

這一年，莊士頓仍然在位，並隨意罵工會是「非法組織」、「黑社會」。礙於形勢，電車資方已不再批量除人了，但跟工人的角力未息。資方於1957年放出的招數是重新公佈《新例》！工人如接受新例的條款，即是接受除人只需一星期補償，而且不需要理由。工友紛表不滿（閱讀資料 2.3.12），在工會帶領下團結一致。工人對付新例的方法，包括大家有默契地不去拿取《新例》「手冊」，令「已通知工友」的效果做不到，從而令《新例》沒有實行的基礎。總之，是令工會跟公司對《新例》有更大的談判及修改空間。《新例》一天未落實，一天還能透過談判爭取改善空間。日後的結果是《新例》當中關於退休金及假期的部分，資方被迫要作出一些修改。

此外，為了維護職業生活利益，在 1957 年 3 月底，工會向資方提出六項要求。以下節錄其中一項。

文獻

〈一年來的工作報告〉（節錄）

秘書處

（四）爭取改善工友勞動條件

近年來，電車乘客激增，行走車輛少而搭客多，車上工友工作做到咳，而市民也感到不便。工會不斷為爭取改善工友勞動條件、照顧市民交通便利而努力，屢次向有關當局指陳：資方必須保障工人職業生活，減輕勞動強度；必須增加行走車輛，照顧市民交通便利。如去年資方僱請新人時，工會一再表示，資方必須保障工友職業生活，增派行走車輛，照顧市民交通。

由於全廠工友在共同處境下不分彼此的堅強的團結，以及社會人士市民的要求，公司已經增加了行走車輛——由一百二十六架增至一百三十八架。

資料來源：《香港電車職工會三十七周年紀念特刊》，1957 年 2 月 24 日。

順帶一提，踏入 1960 年代前的 1950 年代後半葉，工人在職赤貧情況仍相當嚴重。當時的香港法例對工人談不上甚麼保障，例如電車工友一旦有病，公司就逼其離職（閱讀資料 2.3.13）。

當時的在職赤貧

羅祺工友之死

· 今 ·

街外工程部羅祺工友，於六月六日上午十時許，在鰂魚涌近太古糖房的路軌上工作，不幸被一架「學」字牌私家車輾斃。

我們工友對羅祺工友的遭遇，異常關切，當日就進行捐款，慰問他的遺屬。工友們還幫助他的家屬辦理喪事，表現了工友們的團結互助精神。羅祺工友現年僅卅七歲，家中有高齡母親和妻兒等七人，最大的女兒才十四五歲，最少的才一周歲，平日靠羅祺每週四十二元左右的工資來維持生活，已經十分難捱，而羅祺工友竟遭慘死，今後一家七口的生活，怎樣維持呢？工友們都說：一家七口，無依無靠，公司應當照顧他的家屬，讓他的遺妻入公司工作，來維持今後的生活。他的家屬也曾向公司提出過要求。

此事至今快有兩個月了，仍未見公司接納這個合情合理的要求。我們認為，公司應該照顧他的家屬，而且以情況看來是可以做得到的。

資料來源：《電車工人通訊》，1957 年 7 月 30 日，第二版。

八 1958 年——仍然跟《新例》角力

到了 1958 年，電車工會與資方就《新例》的推行仍未達成一致意見，

從當年的《電車工人》[16] 中可一窺究竟。

（二）反對資方重新公佈新例 維護工友職業生活利益

一九五七年二月十二日，電車資方繼一九五一年底公佈的新例，又增加了九條，企圖再次把許多不合理的「條例」強加於我們工友身上，造成對我們電車工人的職業生活利益重大威脅。在原有新例中的「退休金」、「假期」等條文又加以修改，如將廿一歲以前的服務年齡不計入退休金計算之內，工友要服務二十年，又要滿五十五歲始得領退休金；把假期改為服務滿兩個月後，可得三日有薪給之假期。工友紛表不滿，指出資方的做法是企圖加強剝削工人，並懷疑資方企圖把工友每年的大假拆散來放，破壞過去假期慣例；同時指出新例中許多對工人不利的地方，表示反對。大家團結一致，要求維護職業生活利益，並向資方提出了六項要求。在我們工友團結一致的力量下，阻過了資方實施新例的陰謀企圖，同時迫使資方對「退休金」作了正式修改，取消了五十五歲才能退休的限制；對假期明確公佈，各部門工友放假辦法照舊。

資方在重新公佈新例期間，蠻不講理，使用陰謀詭計，利用出糧時間，乘機派發一本所謂「新例」手冊，企圖造成事實，迫使我們工友接受「新例」，由於工友們洞悉資方陰謀，一致堅決拒絕接受，打敗了資方的陰謀，表現了我們電車工人的團結力量，表現了我們工友反對新例損害工人利益的堅強意志。

這些成就，是依靠工友的團結力量和工會的正確領導得來的。

16　理事會：《一年來的工作報告》（節錄），《電車工人》，1958 年 5 月 1 日。

歷史檔案

莊士頓批量除人的抗爭以1954年最為激烈。
圖為工友停工抗議，車廠內的電車沒人開出。

☑ 重要記錄 2.3.1：

文滿全被打事件（1954 年 8 月 11 日）

導讀資料　非常重要的文滿全事件——被打的人反被收監！

當年警方及司法系統是管治者的工具。文滿全事件反映了司法系統打從港英時代就不是「完全客觀中立」。司法系統，是管治者的工具。

1954 年 8 月，是莊士頓第十三批除人後角力了個多月的日子。電車工會、港九工會聯合會合力發聲，但電車資方拒不回應。工人只好促勞工處協助，卻又得不到支援。於是，事件上升至布政司及香港政府層面。

8 月底就是電車工人行動升級的階段。文滿全被打，就發生在 8 月 11 日。一如文中所言，「道理講唔贏，而家出到拳頭，正一係爛仔作風」——當時的抗爭，是在打爛仔交的風險下進行。

陸有打人，公司出錢保
工友被打，反而坐監牢

工友對此事非常不滿，大家話：一定加緊團結，粉碎他的陰謀。

文滿全工友在八月十一日下午點幾鐘，到鵝頸大三元門口的電車站送茶給工友，他在車站上忽然被一個正在車上工作中的一一五九號司機陸有踢了一腳，當堂踢傷了左手。陸有踢傷了人，還吹警笛召警。警員即來查究，當時一個差人幫辦查問之後話：「你打咗人重吹銀雞？」結果，兩人被帶返警署落案，落案之後，文滿全工友被送到瑪麗醫院驗傷後回家。第二日兩人再被警署叫去審問，結果陸有被控打人有罪，要繳保款廿五元，後來由一個電車公司的高級職員出面替陸有交錢擔保他出外候審。

八月十八日下午，這個案件在中央裁判署提堂開審，文滿全工友是原告，陸有是被告，他卻由電車公司出錢請了摩亞律師代表辯護，當時還有幾個電車公司的高級職員及稽查到庭旁聽。

開庭後，梁永濂法官審問被告陸有是否打文滿全，陸有當即承認是打了他。照理，這件案可結束，法官可把被告陸有判罪。但卻整出一個辯護律師來盤問文滿全工友，最無稽的是他盤問的不是關於陸有打人的事，而是問些你是不是被除的工人等事，文滿全工友即駁他說：「我現在只談被打的事情。」

在法官對文滿全工友講了幾句關於律師問你的話一定要答，否則可話你藐視法庭的話之後，那個摩亞又向文滿全工友問些關於你是否見到除人通告的話，文滿全工友又駁他說：「現在我只告陸有打我，這些問話與打人無關。」

摩亞律師繼續問了許多完全與陸有打人無關及從前文滿全工友在電車公司工作等事情，文滿全工友完全不答他，只是對他說：「我現在是告俾人打」，「你何以不問我何時被打，而專問其他的事」？

法官又問文滿全工友：「你是否對一切問題都不願作答？」文滿全話：「我願答！只要所問的是與打人案有關的，我就答。」法官又說：「你的神經可能有毛病，我現在給你選擇兩件事，一是送去醫院檢驗，驗後再審，一是給你時間答辯何以藐視法庭，答得理由充足就不用罰。」文滿全工友嚴正的答覆他：「我冇神經病，我冇藐視法庭。」

———●━●———

【我們的話】
文滿全被無理毆打還要坐監　工友嚴重注意事件的發展

八月十一日，一一五九號電車司機陸有無理毆打文滿全工友。當時陸有打人還自己吹銀雞召警。結果上了差館，陸有說可以叫「事頭莊士頓」來擔保。到出庭的時候，陸有首先承認打人，未有再受到盤問，文滿全是原告，反而受到一連串的盤問。結果打人的打手陸有還未被判罪，而被打的文工友反被指為「藐視法庭」，判坐監兩星期。

這件事，引起我們電車工友異常的憤怒。工友們指出，陸有敢於在車上打人，而其後又有恃無恐，這顯然是有人在主謀的。而莊士頓派高級職員去擔保，出錢請律師，莊士頓何以咁着緊？其原因可想而知。有個工友講，道理講唔贏，而家出到拳頭，正一係爛仔作風。但係我們堅持合理要求已有五十天，越鬥越堅強，你估打得怕嘅咩？出到呢一槓，可見其已經冇晒麻包，而至於亂作胡為。

有個老工人擰擰頭講：個的友俾人收買，叫佢去打自己嘅工友佢都應承，佢總唔會想得遠一的。俗語有講，「只有千年伙記，冇千年事頭」，咁做真係太笨，無謂呀。世界嘅嘢，講打都有着數嘅咩？

我們電車工人嚴重注意這件事的發展，大家應更緊密團結，堅持鬥

爭，希望各界人士、各業工友大家支持，主持公道，使無辜被打的工友能夠呻一啖氣，做打手的，要得到應有的懲罰。不然這樣下去，連起碼的人身安全也受到威脅，後果是很難想像的。

資料來源：《電車工人快訊》，1954 年 8 月 22 日，第一版。

☑ 重要記錄 2.3.2：

文滿全出獄後第一次現身罷工場地

學習文滿全的堅決鬥爭精神！

興奮的消息

時間是八月卅一日早上，我們電車工友停工二小時抗議莊士頓無理除人的鬥爭剛剛勝利結束，大家正在興高采烈地談論着鬥爭的經過，並為電車工人的團結一致，取得停工抗議行動的勝利，及贏得廣大市民的同情與支持而感到興奮的時候：

「阿全仔返來嘑！」

「文滿全返來嘑！」

這個同樣令人興奮的消息，使得工友們個個跳起身來，撲上前去。大家爭着和文滿全握手，有的緊緊揸住不放，有的還伸手摸下文滿全。大家都親切地望實文滿全，文滿全也感激地望實工友；工友們笑，文滿全也笑。我們感覺到文滿全雖然是消瘦了一些，但是他表現得更堅強，精神更好了。大家高高舉起文滿全，夾手夾腳把他擁上了主席台。

激動的場面

「飲茶啦，全仔！」

我們敬佩的長輩，陳耀材老工友把茶遞到文滿全跟前，表現了他一貫對我們工友的熱愛與關懷。

這樣一個使人激動的場面，工友們眼圈紅了，文滿全的眼睛也紅了。

每個人的心裏都想着有很多話要説，但是久久都説不出來。

經過一段沉默之後，我們不約而同地高呼：

「學習文滿全的堅決鬥爭精神！」整齊而有力的呼聲，正説明了我們大家所想的和要説的都是完全一致。

學習文滿全的堅決鬥爭精神

事實説明文滿全的堅決鬥爭精神的確是值得我們學習的。

當文滿全被無理毆打的時候，他也感到肉痛，也想還手，但是他馬上就想到工友們曾經指出過：莊士頓可能要製造事件，企圖分裂電車工人的團結。「我哋一定唔上當！我忍住肉痛，冇還手！」

但是，「佢打得我，就打得我哋工友」，打人的應當受到懲處，事情的解決必須依靠工友的團結力量，因此，當文滿全感覺到事情還沒有得到解決而要離開差館的時候，他聲明：我一定將事情講畀工會主席聽，講畀全體工友聽！

在法庭上的大聲叱喝、大力拍枱嚇不倒文滿全，他堅決地拒絕回答自己被無理毆打以外的問題。

文滿全被無理毆打，還無辜被判坐監，他很憤慨，但是他一樣挺直胸膛，面不改容，全無畏懼。他想着：

「就算我個人犧牲都好啦，我都係為咗大家職業、飯碗有保障。」

時刻記住工友

在獄中，文滿全三晚沒有睡覺，唔食得飯。他想起很多很多的事情，他想起自己「九歲就冇咗父母，冇讀過書，雞噉咁大個字都唔識得十零個」，自己曾經遭受過不少困難，他就想到「好似黃金球咁樣，佢長期帶病工作，冇受到應有的照顧及醫理，如果不堅決起來鬥爭，今後豈不是更多工友像黃金球一樣捱到病捱到死為止。」

文滿全身在牢籠心在電車職工會裏，「家屬登記做好未呢？採取行動未呢？」他想着電車工人一定更加團結，更加堅決鬥爭。

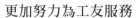

更加努力為工友服務

　　文滿全感謝工友們對他的關懷，表示要更加努力為工友服務，他希望工友們更加團結一致，提高警惕，堅持鬥爭到底，爭取糾紛的合理解決。

資料來源：《電車工人快訊》，1954 年 9 月 5 日。

☑ **重要記錄 2.3.3：**

有血有肉的電車工人生活 1：黃金球之死

　黃金球工友的個案，見證電車司機工作的勞苦程度。

黃金球由健康健碩，捱壞至胃病、肺病，甚至吐血。主要是工作時間過長，不只是開工期間食無定時——是壓根兒沒有足夠時間吃飯；總之是被極盡剝削。此外，當時有工作不等於有安定生活，因為薪金微薄。黃金球「食無定時，瞓無寶口」，在職貧困，一家生活艱苦。總之，「黃金球之死」是當時工友生活一個淒涼、有典型意義的個案。

一〇五〇號電車公司司機　黃金球工友之死

叫極唔見亞爸應

　　三月廿四日，一〇五〇號司機黃金球工友病臥在冷巷的床位上，輾轉反側，非常痛苦。

　　在這些臥病的日子裏，黃金球曾經時常講起這幾年來他在公司的工作和境遇；問及他的病是否還有希望，想到他的家人今後怎樣過活，他的三個孩子怎樣長大成人，眼眶裏總是禁不住流出兩滴淚珠來，使人同樣感到非常難過。但是，他表示自己無論如何辛苦都要捱下去。他時常對孩子們說：「要聽媽媽話，畀心機讀書。遲吓我病好咗，返得工，有銀紙，就同你哋去飲茶。」

　　孩子們知道爸爸病得辛苦，也的確比以前更聽話了，更勤力讀書了；學業有了進步，肯幫助家庭工作。大孩子炳華就常常孭住細佬，搬個箱到靠天井較光的地方做功課。黃金球工友也因此而感到一點慰藉。

可是，今天看來，黃金球的心情是非常混亂的了，他睜着眼睛望着自己的孩子，叫孩子去買一點餸回來給他煮飯吃，他要「食齋」。

孩子依照着爸爸的吩咐，去買了一點齋菜回來，給他煮飯吃。飯煮熟了，叫亞爸食飯啦！

「亞爸」！

「亞爸」！

叫極都唔聽見亞爸應，但見亞爸嘔到成床血！炳華想到要是亞爸死了，「就冇人搵錢，就冇飯食」，「嘩」的一聲哭起來，同樓和家人知道了，立刻叫「十字車」車去醫院。炳華還孭着細佬，哭着要跟上車去，誰知黃金球就在途中氣絕死了。

呢碗飯的確唔易食

黃金球是一九四八年三月十一日入電車公司工作的，任何一個工友入公司工作，都一定要經過醫生的全身檢查，眼、耳、口、鼻樣樣都要認為合格的，如果有心臟病，或者在檢查時「心跳跳」都不能過關。金球嫂知得最清楚：佢唔係「畢嗚」有呢個症。街坊們也是有目共見：黃金球體格好大件，唔應該咁早死。難怪工友們都説：佢係喺公司捱病死嘅。呢碗飯的確唔係容易食，好似返早更咁樣，朝早五點鐘就要返公司報到，四點零鐘就要起身，直落八個鐘頭，响車上冇得行，冇得定動，又要望前，又要顧後，精神少的都唔得。食咗飯返工又咁辛苦，唔食飯返工，一直餓到下午三點幾，點頂呢！戰前人少車少訂下的行車到站時間，現在人多車多了還是一樣，路線又咁長，咁多站，快三分鐘唔得，遲三分鐘亦唔得，所有呢的情形，不但增加了工友沿途照顧搭客方便的困難，對工友的健康也有很大的損害，黃金球工友胃病、肺病，甚至吐血都是因為工作太過辛苦而來。所謂「返工一條龍，收工一條蟲」，真係冇假嘅，你睇個個工友收工都兩眼深深，手軟腳軟，腰骨刺刺痛，面色灰白，好似死嘅一樣。下午兩點零鐘，公司醫生就走了，收咗工，奉旨睇唔到醫生。

食無定時，瞓無竇口

「食無定時，瞓無竇口」這句話對於黃金球來説是形容得最貼切了。他們一家六口人（黃金球、外母、妻和三個孩子）只有一張冷巷床位，又黑

又侷，日間都要點燈，用工友的口吻來説是「打工仔，租多個床位都搞唔掂」，得三件床板，點瞓呢，原來是大仔瞓床下底，外母搭件板瞓床尾。

有一次，天時認真翳侷，黃金球自己走出門，騎樓底瞓，恰巧警察來「掃街」，黃金球給拉上差館了一晚，加上自己有病，才咬實牙根標份會，整張鐵碌架床，分多一隔。

捱到病，捱到死

金球嫂説：佢（指金球）入公司做左幾年，睇住佢初初有的咳，痰中帶有血絲，重以為係「熱咳」添，自己買的西洋菜，煲的涼嘅畀佢食，以為冇事啦，點知近呢兩年，個病越來越重，時時話响車上吐血，自己個心實在都好難過，唯有死慳死抵，幾仔嫲食的咁多餸，幾條菜，一的腐乳，或者鹹蝦，又一餐嘞，總想慳出來畀佢食；自己頂冷嘅冷衫攞去當，值一個錢嘅都攞去當，當埋當埋，人地話食乜嘢好，自己就買乜嘢畀佢食。但係總唔見好，返唔得幾日工，又病幾個禮拜。舊年年廿八，又响電車上吐血，後來坐的士返，正話到門口，又吐嘞，真係嚇到我魂魄都冇埋。自己時時勸佢：你自己精神差，就唔好返工至啦！佢總係話：休息唔係唔想，要得先至得㗎，睇住冇銀紙咯，停手就停口，咁多個人，冇糧出去邊度搵來食呢，好難講嘅，唔係咁捱咯。

咁樣响公司捱吓一年又一年，就捱出呢個咁嘅病，捱到死！

今後嘅日子點樣過呢？

點算呀？而家的仔咁細個，大嘅正話十四歲，擔唔到工做㗎，亞婆年又老咯，向公司出埋的「年給」，還埋債，交埋租，辦埋喪事，乜都冇咯，今後嘅日子點樣過呢？金球嫂説他每每想到這些事情，心就閉翳，哭不成聲，甚至成個人都暈左。她曾經拖住兩個、孭住一個仔，去公司要求搵份工做，公司裏是有家屬做掃車等什務工作的，但是現在公司都將一些什務（如門窗）工作，要售票的工友做埋，唔落人了。

幸好勞校免費照顧了黃金球的兩個孩子讀書，有時，小孩子想起自己的爸爸時，還「亞爸！亞爸」的大聲喊，喊到全班同學都流出眼淚來。有一次，孩子説冇寄讀了，要「湊」細佬，等媽媽去做工。小同學們説：帶返來大家「湊」啦嗎！

好容易想到自己

現在，金球嫂只好找到一間五金廠做什工，差不多做十個鐘頭，才得工資一元。故此，工友和家屬講起黃金球的境遇，講起他的家人和孩子們，都常常想到他們自己，無限悲憤地說：我地工友做到病，做到死，難為莊士頓重話「人力過剩」。黃金球死而有知，一定唔會眼閉！（轉載電車工人快訊）

資料來源：《電車勞資糾紛特刊　・　莊士頓無理除人真相》小冊子（非賣品），1954 年 10 月 8 日，頁 62-64。

 重要記錄 2.3.4：

有血有肉的電車工人生活 2：廖昌、馮蘭

> **導讀資料** 下文的電車工人回憶談及香港淪陷及光復時的情況，從中反映工人對社會秩序恢復的付出。

廖昌、馮蘭訪問記

這裏寫的，雖然僅僅是幾個老電車工人的一些零碎回憶和感想，但從他們的零碎回憶裏，卻使人深深地感覺到：電車工人在維持社會交通的崗位上，是有着勞績的，他們甚至在最困難和最危險的時刻，也沒有放棄維持社會交通的責任。

可是，這些對維持社會交通有勞績的電車工人，所過的卻是非常困苦的生活，他們的職業和生活也還沒有得到保障。

親眼看着公司的發展

在電車公司營業部服務的售票員中，廖昌可以說是老資格了。雖然，論年齡，廖昌今年還只不過四十三歲，夠不上個「老」字，但他在電車公司服務的歷史，卻是相當老的。廖昌是打從十八歲開始就在電車公司服務

的了，計起來，到現在已經有二十五年之久。

二十五年，這是個多麼漫長的日子！可以說，他一生中最寶貴的時光都是在電車的車廂裏過的。照廖昌自己的話說是：「我已經在電車公司做了大半世。」但是，電車公司在七月一日開除的卅一個工人中，廖昌也是其中之一個。

對此，廖昌是有很多感想的，同時，也免不了要回憶一下過去。

「二十多年來，我親眼看着電車公司的業務一天天發展。」廖昌回憶起他初入公司服務時的情況說：「一九二九年我初入電車公司做撬路時，全部只不過幾十輛舊式車罷了。搭客還是疏疏落落的。但現在，電車公司的車輛多了。搭客多了。錢也一年比一年賺多了！」

廖昌說他記憶得最清楚的是太平洋戰爭爆發時他和全體工人一起在漫天炮火下，冒着生命危險行車以維持市面交通時的情景。

「那時候有一輛電車駛至干諾道中海旁時給炮彈擊中了。」廖昌說：「當時車裏有個『一八一』號售票員給炮彈破片劃去了半邊頭，司機也受了傷，大家將受傷的司機抬回電車公司之後，依然繼續開車，冒着生命危險來維持市面交通。」

父子兩代，為社會交通服務

在七月一日和廖昌一起被電車公司開除的馮蘭，也是個在電車公司服務了二十五年的老工人。目前，他還有個兒子在電車公司當售票員，父子兩代都在電車公司服務。馮蘭是廿六歲時開始在電車公司當售票員的，今年已是五十一歲了。

他還清楚地記得，當一九三九年電車公司的業務因為市面初有巴士行走而受到影響時的情景。馮蘭說：當時，電車工人為了照顧公司的困難，大家都自動每個星期抖一日工來減輕公司的負擔，維持公司的業務。那時候，電車工人都把犧牲一日工薪來照顧公司困難的做法，稱為「例菜」。

馮蘭也清楚地記得：一九四五年八月太平洋戰事結束後，電車公司簡直就像個垃圾崗，經過日本人掠奪而剩下來的二十多輛電車，都是破破爛爛的，電車上的很多零件，也給人家拿走了。那時侯，復員回來的電車工人，就自動的清除了堆在公司裏的垃圾，並在附近的居民那裏找回遺失的零件和器材，把破爛的車輛重新安裝起來，開出市面行駛，以維持上環街市至鑼銅灣之間的交通。

「現在，電車公司已有一百三十多輛車了。」馮蘭感歎地說。

一生辛苦，兒女衣食竟難顧

對電車工人這種維持社會交通的精神，香港居民是早就有了深刻印象的了。但電車工人的生活遭遇怎樣，有些人卻遠不大清楚，實在說，電車工人所過的生活是相當困苦的。

就以剛被開除的廖昌來說吧，這個在電車公司服務了廿五年的老工人，目前有四個兒女，連老伴是六口人吃飯，在還未被公司開除時，每個星期大約可以領到五十三塊錢工薪。

有家庭負擔的人都可以想像得到，這樣少的收入，要維持六口人的生活是很困難的。

「除了放大假和做年，我未曾帶的細嘅上過茶樓。」廖昌談起他的家庭生活時，好像有點對不起自己的孩子似的說：「死慳死抵，都要個幾月至湊出兩個銀錢買些豬骨夾生魚仔煲啖湯的細嘅『潤吓』。閒時兒女穿的衫仔、褲仔、鞋仔，都要靠親戚朋友畀才有得穿。兒女當生當長，個大女的衫褲不合穿了，也不曉得講了多少時候，做老母的才立實心腸從伙食裏慳出四塊錢來買布縫條褲給個女替換。」

一場疾病，捱足兩年才冚得掂

「過年過節，人有得食，你冇得食，對住班細佬哥實在難過。過新年買隻雞回來劏，都分開兩餐，團年食一半，開年時食半邊。生兒育女，有病有痛，就要捱死來應付。在車上因為沒有時間吃飯，要靠站頭站尾的一兩分鐘扒幾啖，很快就患上胃病。有一年胃病患得很嚴重，要入東華醫院割，當時人太瘦弱，恐怕開刀流血過多有危險，但醫生說：如果開刀尚有一成希望，不然的話，就要準備喪事了，結果只有開刀。因為體質弱，在醫院足足住了幾個月，為醫病而用去的這筆錢，一家人節衣縮食的捱足兩年至冚得掂。」

當廖昌講述起這些時，旁邊聽的人，眼眶裏都孕滿了淚水。因為大家從廖昌的講述裏，很清楚的看到電車工人所過的是怎樣的一種生活，而且很自然的會想到：這些為維持社會交通而辛勤地工作的電車工人，他們的生活遭遇，難道應該是這樣的麼！（轉載《文匯報》）

資料來源：《電車勞資糾紛特刊 · 莊士頓無理除人真相》小冊子（非賣品），1954 年 10 月 8 日，頁 60-62。

☑ 重要記錄 2.3.5：

有血有肉的電車工人生活 3：崔聰「腸穿肚腫」而亡

資料導讀　黃金球之死，與崔聰「腸穿肚腫」之死，是當年工人淒涼生活的典型個案。

這些其實屬於工傷的個案，當年被掩埋於「自己健康轉差、捱到病死」的個案內。本來是資方要負責的傷害，因制度保障不足，轉嫁到工人身上。可想而知，當時社會上有不少「體弱有病致死」的人，背後都來自一個對勞工極度剝削的機制。

帶病返工，崔聰無辜喪命
聲聲淚下，珍姐哭訴沉冤

話說莊士頓無理除人引起糾紛，死硬唔談判，工人被迫停工兩次抗議，團結一致，秩序井然，獲得勝利完成，全港九人人知曉，個個同情，讚揚工人，指責莊記不對。兩次停工抗議，充分證明工人係團結一致，有力量，講情講理，識大局。可恨莊士頓仍然執迷不悟，不顧輿情，繼續死硬拒絕談判，更進一步陰謀破壞，擴大事件，工人無奈，被迫準備採取第三次抗議行動。事情經有報載，暫且按下不表。

且說某日，正是華燈初上，萬家燈火時分，太平山下一處天台，二千餘婦女，扶老攜幼，拖男帶女，冒着寒風，舉行集會。各位，你道這群婦孺是誰？乃電車工人家屬是也。佢哋眼見丈夫兒子飯碗將被打爛，一家大細要吊起沙煲，內心非常憤激，故此扶老攜幼開會鼓勵丈夫兒子堅決一心，跟從工會，保衛飯碗。

家屬中有珍姐者，亦電車工人也。佢入電車公司做工，講起來一段傷心事。呢件事，珍姐兩載積壓在心，今次佢要喺大眾面前，沉痛控訴。

輪到珍姐講話，佢走上台，言未發，淚已盈眶。佢想起丈夫崔聰死得咁慘；想起自己年紀青青就要守寡；想起一堆細路哥未知人性就冇咗老豆，

真是五內俱焚，悲傷難禁。

講起電車工人崔聰之死，真係悲慘。老崔當年入公司捱牛工，年青力壯，成條好漢。誰料街外工程辛苦，老崔揸住架成幾十磅重嘅風鎚，日震夜震，容乜易震到膽跳心離；生活又唔好，捱捱吓，壯漢變瘦佬，身體越來越弱，有日染咗腸熱症，呢個症係好危險，病人瞓床上郁都唔俾郁吓至得，如果唔係就會腸穿命喪。老崔去公司睇病，但係醫生居然話佢冇事，只係熱氣，求其畀的藥佢食。如是兩三次，公司醫生都係咁，重要佢開工，過吓一日又一日，老崔唔止話冇得瞓床，重要日日揸住個風鎚「鄧」吓「鄧」吓，你話點頂？卒之，崔聰條腸咁就穿咗，人唔會行，坐都唔穩，公司醫生見唔係路，至冇法唔送佢入醫院。遲咯！醫院問點解咁遲入院，現在佢已穿腸，早日還有希望，現在，盡人事而已。當下工友將崔聰帶病重要開工等情表白，醫生聽咗猛咁搖頭。咁三幾日，崔聰就死咗。呢件事，電車工友個個都明白係誰之責任，個個都憤激到極。

珍姐講下講下，講到傷心處，聲淚俱下，泣不成聲，台下家屬亦流起淚來。

珍姐講：「崔聰條腸穿咗，個肚腫起，佢怕我悲傷，瞞住我，叫醫生唔好話俾我知。因為我當時正話蘇咗冇耐，坐緊月。個日，我借到的錢，就買的嘢去畀佢食，見到佢冚嘅被拖咗落地，想話同佢冚好，佢唔畀。佢見我買咗嘢去，就話屋企冇錢，叫我唔好買，我只好呃佢話係平時儲埋，佢話，佢話不如留返畀細路仔食，留返你自己，你重係坐緊月，唉！到咗最後，佢嘅肚更加腫得緊要，佢知道自己唔得，然後流着淚對我講：『我冇乜希望咯！我死亦唔眼閉呀！』我，我夾硬嗌下眼淚，我話：你會好嘅！你會好嘅！佢搖搖頭：『腸穿肚腫：唔好得咯！唉！阿珍，好對你唔住，可憐你入我崔家幾年，冇日好日子過過。』『完全係 XXX 害死我！你要記住！』佢吩咐大嗰個細路：『以後要聽亞媽話，唔好頑皮呀！』佢叫我抱個細嘅畀佢，佢睇下睇下，佢喊起嚟：『你出咗世，我睇都未曾睇清楚你點嘅樣，你就要做孤兒，唔知你命苦還係我命苦咯！』我聽佢講，我……」。

街上車如流水，燈光如畫，誰能料得到會有二千幾人一齊喊？激眼訴冤情。睇見珍姐，變咗成個淚人，睇見二千幾人眼紅紅，真係鐵石心腸，亦得融化。

「邊個害得我年紀青青守寡？邊個使我嘅仔女變成無父孤兒？你哋明白。崔聰臨死吩咐我有困難搵工會幫助，我記住佢嘅話，我跟住工會。崔聰死得好慘！唔想有第二個崔聰，就要團結，就要跟住工會，唔俾 XXX 打

爛我哋嘅飯碗！」

各位，工人飯碗被打爛，工人生活咁慘，莊士頓重話佢待工人好好，好個鬼！你話工人點得唔團結一致，起來鬥爭呢！

正是：

地慘天愁，含冤哭訴，誰家不洒同情淚。

新仇舊恨，激憤填胸，人人團結一心堅。

資料來源：張老：〈講古〉，《電車工人快訊》，1954 年 12 月 1 日，第二版。

 重要記錄 2.3.6：

升級行動前的最後通牒（1954 年 11 月 24 日）

> **資料導讀** 工人行動升級前提出最後通牒。從中反映當時的工會沒有盲動，一切工業行動都有充分的「事前揚聲」。這固然是鬥爭策略以講道理為主的側面反映，也是因工人處於真正弱勢，可以動用的工具不多，於是也不宜莽撞地把抗爭行動升級。

要求協商調處解決糾紛　本會向資方提出通牒

發出通牒後，七十二小時內，如資方不答允立即接受協商調處解決糾紛的要求，限期滿後，只有被迫採取進一步行動，一切後果均應由資方負責。

香港政府勞工處轉香港電車公司總經理莊士頓先生

電車除人勞資糾紛事件，歷時將五個月仍未解決。為了照顧市民交通，為了尊重各界社會人士的意見，我們不惜一再忍讓，誠意以求糾紛解決，經過本港各大工商社團紛紛集會，又經過社會人士多方奔走，再又有廿二萬以上的工人、市民簽名，都一致要求立即協商調處解決糾紛，但閣下仍一直拒絕接受協商調處並固執其一貫態度為「不可改變」。最近公司甚至連一百二十架車還開不齊，又調街外部工友六名到營業部工作，以掩飾其人力不足，對於這項態度，我們全體電車工人實異常憤激。我們茲

特向　閣下所代表的資方提出嚴重抗議，要求立即接受協商調處，合理解決此次糾紛。

我們特請資方注意，如果資方在我們發出通牒後，七十二小時內不答允立即接受協商調處解決糾紛的要求，而繼續固執其一貫蠻橫拒絕態度，那麼限期滿後，我們將只有被迫採取進一步行動，一切後果均應由資方負責。

香港電車職工會保障職業生活委員會

總代表：陳耀材、楊光、鄧新

一九五四年十一月廿四日

資料來源：《電車工人快訊》，1954 年 11 月 27 日，第一版。

☑ 重要記錄 2.3.7：

鵝頸橋事件過程 1：警方配合資方

討論工友被捕事件　舉行緊急同人大會

本月二日晚工會舉行緊急同人大會討論在一日晚上發生的工友無理被捕事件，大會決定派出代表向警務處交涉及抗議，並要求立即釋放無辜被捕工友。工友在會上嚴厲地譴責資方指使個別稽查梁志超有意製造事件，企圖打擊工人的第三次抗議行動的陰謀，呼籲社會人士主持公道，以維護工人市民的安全。並堅決指出，工人絕不會因此而畏縮、動搖，必將繼續加緊準備第三次抗議行動，為爭取合理解決除人糾紛而奮鬥到底！

開會時，本會主席陳耀材報告了事件的真相。陳耀材說，一日晚九時十分，本會工友在軒尼詩道和堅拿道交界處向工友分發《電車工人快訊》。這本來是合法權益，幾年來都是這樣做，不應受到任何干預。但電車公司總稽查梁志超竟無理干涉，對工友辱罵，並進行挑釁之後，無故打「九九九」召警前來，警車接着開到，而當警員抵達後，全副武裝，如臨大敵，不辨是非，不問情由，毫無根據地拘捕工友，工友向警員交涉放人，不料警車愈來愈多，幾百警察、英軍拘捕了工友及市民。被拘捕的工友計有廖元、吳晃、蔡清、張耀祖及工會服務部僱員王滿華、林寥（即蕭興）、

黎博倫及過路市民向光等八人，而黎博倫更為個別警員所毆打，以致血流滿面，暈倒路上。該晚被捕工友家屬到東區警署詢問，又橫遭驅逐。今日竟被提堂審問，加以控罪，陳耀材說，這個事件顯然不是偶然的。這是資方在工友舉行第三次抗議行動之前，有預謀地佈置製造事件，以圖擴大糾紛，使之複雜化，打擊電車工人的第三次抗議行動。陳耀材說，警方不問情由，無故拘捕工友，是一件嚴重的事情。他繼續指出，電車工人的正義鬥爭不會受任何橫逆所動搖，必將堅持奮鬥，以求糾紛的合理解決。

在陳耀材報告之後，工友紛紛發言。

一位老年工友憤激地說：工會職員向工友派送工人快訊，並不是昨天才有。這是工會為工友服務的工作，是合法的，與公司毫無關係。但是梁志超竟敢公然干涉，製造事件，不能不使人懷疑，這是否一個預謀？這位工友說，資方顯然畏懼工人的第三次抗議行動，千方百計地想辦法破壞，收買工賊，造謠威嚇，歪曲事實，無所不至，今天竟然製造新的事件，以為這樣就可以嚇倒工友，來達到他壓迫工友的目的。他強調指出，電車工人從來不會為任何粗暴手段所屈服，資方莊士頓的企圖，必然完全失敗。

一位街外部的工友說：工會應有的合法權益應受到保障，向工友派送會刊亦受到資方的干涉，這完全是超出公司的權力範圍。故意挑釁，製造事件，竟然召警拘捕工友，顯然是蓄謀有意。我們認為資方莊士頓指使個別稽查辱罵恐嚇工友，製造事件，因而使到糾紛更嚴重發展，莊士頓是不能推卸責任的。

一位營業部工友說：梁志超隨便可以召警員拘捕工友，而警員又不分皂白，不問情由，以粗暴的手段加諸工友身上，無理拘捕，又加以莫須有的控罪，電車工友是十分不滿和憤激的。這位工友說：我們要求警方立即釋放這些無罪的工人和市民，對受傷的工友負責治療，並追究毆打工人的責任。

一位機器部的工友沉痛地說：工人、市民可以隨便拘捕、毆打、落案，人身安全自由毫無保障，還有甚麼民主？還有甚麼法紀？資方職員隨時可以召警拘人，今後還有甚麼保障？這位工友說：我們必須向警方提出嚴重抗議，同時嚴厲譴責資方的陰謀。

工友們繼續說：這件事不只是電車工人的事，而且是全體市民人身安全自由所繫，如果不合理解決，必將引致社會嚴重不安。警方必須負起一切後果的責任，我們希望社會人士密切注意此項不尋常的事件，主持公道，設法解決。

工友們説：工人為了職業生活的合法保障而作的鬥爭，是不會因任何威嚇而畏縮的，假如有人以為這樣就可以把電車工人嚇退，就不免嚴重地錯誤。電車工人必將加緊團結，繼續保持抗議行動的一切準備，為爭取合理解決糾紛而鬥爭到底。

資料來源：《電車工人快訊》，1954 年 12 月 8 日，第一版。

＊＊＊

我們忍讓了五個多月，莊士頓拒談判、耍陰謀
全體工人憤怒填胸，立下決心，堅決要求保委會採取行動！
（各部門工友決心書選錄）

正義鬥爭　威武不能屈

正義鬥爭自非威武所能屈，資方面對此種環境竟採取卑劣手段，指使梁志超製造鵝頸橋事件，無理拘捕工友，度其用意，不外企圖複雜勞資糾紛，恐嚇落後工友，且拖延時間分散工友團結情緒，此中陰謀相當毒辣，就此現實問題，特於本月九日舉行小組座談，分別提出討論，均各指出工友等經已達到最大忍讓，亟應早日採取第三次行動，避免墮其圈套，事關全體職業保障……伏祈採納為幸。

迅速行動　爆佢一煲

五個多月我們已經做到超出了仁至義盡，真是忍無可忍了，因此我們就向保委提出如下的要求：即係話迅速採取實際行動，爆佢一煲。

保證唔做衰仔

公司製造出來嘅御用代表，係唔能夠代表我哋工友。我哋認為過去、現在、將來都係只有香港電車職工會係代表我哋，我哋堅決支持職工會。由於莊士頓橫蠻死硬，唔接受社會人士調解，反而製造事件。我哋忍無可忍，我哋要求工會迅速領導我哋採取行動，我哋一定堅持鬥爭，保證唔做衰仔。

堅決和大家一起堅持鬥爭

我們要求工會在最短期間迅速領導全體工人採取第三次抗議行動——「爆佢」，我們誓決和大家團結在一起，堅持鬥爭，直至鬥爭得到合理解決。

堅決執行保委會指示　自願簽名報上

莊士頓變本加厲，一連串製造事件，例如鵝頸橋事件，最近話搞「中立代表」，這些事件，我們街外工友忍無可忍，要求保委會領導我們迅速行動。我們一致支持，堅決執行保委會一切指示，我們全體工友自願簽名報上。

莊士頓死硬，變本加厲，我們工友忍無可忍，要求保委會迅速行動。

莊士頓好像目中無人　我們現在不能再忍了

莊士頓製造鵝頸橋事件，好像目中無人，我們現在不能再忍了，我們全組一致意見，要求迅速行動。

不能再讓　一致表示堅決鬥爭

我們工友接受社會人士的意見，希望談判解決事件，但莊士頓更加瘋狂製造事件，如鵝頸橋事件，又將兩位被無理拘捕工友停止工作，這表示莊士頓一意打爛工友飯碗，我們已不能再讓，要求保委會迅速領導我們行動，我們表示堅決鬥爭，保證不做衰仔。

我們無法再忍下去了

我們知道尊重社會人士公意是好的，但是我們已經忍讓了五個多月了，可是事件日日擴大，我們無法再忍下去了。我們堅決表示，要求你們迅即領導我們進行第三次抗議行動，我們有信心，保證唔做衰仔。

一定要迅速採取行動

為了尊重社會人士意見，照顧大局，我們已再三再四忍讓，等待社會

人士作進一步努力來促進談判，但是現在仍然冇乜聲氣，莊士頓還在製造新陰謀，指派偽「工人代表」，企圖分裂工人團結，破壞鬥爭，我們為了保障職業生活，已經忍無可忍，大家認為一定要迅速採取行動，並希望保委會接受我們大家的意見。我們並且表示決心，做好準備行動的工作，特上決心書表示決心。

要求保委會採取最迅速而有效的行動

我們簽名要求保委會領導我們以最有利行動，爭取我們今後職業生活得到保障。我們要求保委會採取最迅速而有效的行動，我們絕對擁護職工會同保委會的領導，站穩工人立場，服從職工會和保委會的正確領導。

資料來源：《電車工人快訊》，1954 年 12 月 16 日，第一版。

☑ 重要記錄 2.3.8：

鵝頸橋事件過程 2：法庭審訊紀要

鵝頸橋事件，是莊士頓幕後陰謀一部分 —— 法庭審訊紀要

鵝頸橋事件線索

莊士頓主使總稽查梁志超製造的「鵝頸橋事件」，到今天已經四十多天了，在中央裁判署已舉行了十四次的「審訊」。在這「案件」中，「控方」準備了十三個「證人」。

十二月一日，我們工友和過去幾年習慣一樣，在鵝頸橋大三元酒家門前，將工會快訊送給車上工作的工友。在莊士頓的指使下，公司總稽查梁志超竟無理越權干涉，並無故打「九九九」，召警拘人。而警方到場時不問情由是非，根據梁志超一面之詞，拘捕工友，而致發生的。

這事件發生在我們工友準備第三次行動的時候並不偶然的。正如工友所說：「狗上瓦坑有條路」。很明顯，電車鬥爭幾個月來，我們越鬥越團結，兩次抗議行動取得勝利，廣大的工人市民同情支持我們，莊士頓無理除人

喪盡人心，在道義上陷於嚴重失敗。莊士頓縮在幕後，不惜在報章上偽造有人恐嚇他的信件，甚至說有人在電車路軌放上金屬物，巴士準備闖事，空穴來風，煞有介事。莊士頓在十一月廿七日「召見」「自由工會」頭子有所「指示」，其中來龍去脈，明眼人當然一看就知。

莊士頓點解咁做？

正如保委會聲明指出：莊士頓這樣做，目的不外是：（一）威脅恐嚇工友；（二）製造事件，嫁禍工人，挑撥工人、市民和警方的關係；（三）轉移工人、市民視線，用「金蟬脫殼」之計，縮在幕後，來推卸責任，以達暗中破壞工人正義鬥爭的企圖。

事件發生後，工會即保釋七個工友出外候「審」，並聘請林文傑律師轉聘陳丕士大律師及些洛大律師進行辯護。對於此次事件，電車工人是極端憤怒的。我們工友都說：我們派快訊給工友，數年如一日，從來沒有發生過任何事情，莊士頓幕後指使梁志超無端干涉，不但是蓄謀製造事件，而且更是侵害工會的合法權益的問題。至於警方派出大隊警察、衝鋒車，重重包圍，如臨大敵，不問情由拘捕工友，甚至連正在交涉的工友也被不分皂白逮捕，甚至有工友被毆受傷，顯然損害了工會合法權益和人身安全自由，我們工人是非常不滿的。

十一次審訊經過（十二月）

日期	次序	情形
二日	（一）	警方以「未得華民署許可，派發印刷品」、「阻差辦公」、「拒捕」、「行為不檢」等罪名分別加在被無理拘捕的七個工友身上。七工友皆否認控罪。
三日	（二）	由華民署職員及梁志超分別作供。
七日	（三）	由我方律師與警方及法庭商定「審訊」日期為十一天。
九日	（四）	法庭因事將「審期」押後至十三日「續審」。
十三日	（五）	由梁志超及警車無線電生作供。
十六日	（六）	「審訊」因工展改期。
十七日	（七）	陳丕士大律師盤問無線電生（三三七〇警員）。
二十日	（八）	陳丕士大律師繼續盤問無線電生（三三七〇警員）。

二十一日	（九）	巡邏警車司機作供，些洛大律師盤問。他說警車到時，一切很平靜。
二十二日	（十）	第一輛巡邏車指揮人（二五二六警員）作供。
二十三日	（十一）	些洛大律師盤問第一輛巡邏車指揮人。他說誰在擾亂秩序，他也不明白。
二十八日	（十二）	些洛大律師繼續盤問第一輛巡邏車指揮人。他說不知誰鬧事，他逮捕人是根據稽查所指的。
二十九日	（十三）	些洛大律師繼續盤問第一輛巡邏車的指揮人。他口供一再前後矛盾，甚至連法官也緊張到拍案怒罵證人為「蠢才」。盤問畢，由另一警員（二七五七）作供。
三十日	（十四）	因原定審期已完，法官宣佈新年一月十三日另訂審訊日期。

資料來源：《電車工人快訊》，1955 年 1 月 12 日，第四版。

☑ **重要記錄 2.3.9：**

鵝頸橋事件過程 3： 律師致辯詞

 在勞資角力期間，資方可藉故動用警力及司法系統的力量來打壓工人。此事值得重視，因為可以鑒古知今——早在港英時期，整套司法系統就不完全是中立的。司法系統，從來都是政治管治的手段之一，是當權者的工具。

為去年十二月一日發生的鵝頸橋事件　陳丕士大律師致辯詞
指摘梁志超藉故製造事件　認為本案與勞資糾紛有關
指出控方人證物證欠充足　七工友均無須答辯各控罪

　　去年（1954 年）十二月一日，同電車糾紛有密切關係的電車公司總稽查梁 X 超無理干涉電車工人派快訊，打「九九九」召警拘捕七個電車工人，警方並以「未得華民署許可，派發印刷品」、「阻差辦公」、「拒捕」和「行為不檢」等「罪名」分別加在七個工友身上的鵝頸橋案件，直至六月十三日止，控方「證供」完結後，陳丕士大律師代表七個工友致辯護詞，對控方的「證供」逐點加以駁斥，認為控方人證物證不足，主張七個工友對各項「控罪」都無須答辯，並建議法庭撤銷案件。

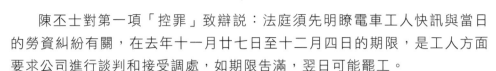

　　陳丕士對第一項「控罪」致辯説：法庭須先明瞭電車工人快訊與當日的勞資糾紛有關，在去年十一月廿七日至十二月四日的期限，是工人方面要求公司進行談判和接受調處，如期限告滿，翌日可能罷工。

　　律師説：電車工人快訊是電車職工會派與該會工人以傳達消息之物，派送地點是電車工人經常聚晤或經過的所在地，派發範圍，只限電車工人，絕無向外界人士派發。

　　律師又説：就證據方面來説，主控方面缺乏證據來指出「被告」派發印刷品。因為「被告」並無派發印刷品，只不過拿着一疊印刷品罷了。若控方認為確實曾派發印刷品，則應該具備兩項證物，才算完善。證物之一是「被告」手持的印刷品；證物之二是已經派到人家手上的一張印刷品。現在警方對第一項證物是有了，但第二項證物卻交不出來。

　　律師又説：控方物證既然不足，而人證也有問題。因為電車公司總稽查梁志超是個好生事之徒，是個仇視電車職工會的人，同時也是個專門騎在他人頭上以提高自己地位的人。所以從一九四八年入電車公司，幾年間就升到總稽查的職務了。這樣的人所説的話可信嗎？他的證供是不可靠的。

　　律師指出説：我曾經盤問過他是否確曾見到有人阻止電車開行？梁志超説沒有。既沒有人阻止電車開行，而撥九九九電話主要原因就是他在站上與人口舌，而遭人叫他的綽號「大鼻」。

　　律師：在法律上來説，向人呼綽號，不算凌辱或恫嚇，並非犯法。既無人犯法，而梁志超撥九九九電話，便等於見人吸煙，煙從窗口冒出，便向消防局報火警。因此當晚警方到達現場時，梁志超勢必要向警方濫指人派印刷品，否則便犯了無故報警的罪名，反被控「妨害公安」之罪。因此之故，梁志超的報警，可能是立意制止他人派發快訊或藉故引起事件，造成制止快訊的派發。

　　律師最後在辯護詞中還指出説：關於「阻差辦公」、「拒捕」及「行為不檢」等「罪」在此案中也不成立。因為當晚方奕輝副警司口口聲聲，叫「如事情與你們無關者，立即離開」。但在「被告」的工友心目中，自以為與事情有關，因為當時有一位工友被捕，他們於是才走近警車探悉這位工友被捕的原因。所以留於現場。如果方奕輝當時説「各人馬上離開，不離開就拘捕」，「被告」便不致誤會。既出於誤會而被拘，當然無須答辯。

資料來源：《電車工人快訊》，1955 年 6 月 21 日。

☑ **重要記錄 2.3.10：**

鵝頸橋事件過程 4：七位工友被判罪，工會發聲明

 「鵝頸橋事件」赤裸裸反映工人於當時如何弱勢及處境困難。當時的工人，是要跟殖民地治下、有政府機制撐腰的洋人資方去爭取公平待遇。而在抗爭過程中，因為警力及司法系統撐商人，工人被無理毆打之餘，最終還要承受牢獄之災。

香港電車職工會為電車勞資糾紛拖延未決
資方莊 X 頓製造鵝頸橋事件
七位工友橫被控告判罪發表抗議聲明

　　個別極壞的資本家、電車資方莊 X 頓為了實現加緊剝削工人、追求高額利潤的不可告人的目的，不斷大批除人、製造勞資糾紛、造成社會不安。在勞資糾紛發生後，竟又拒絕談判調處，漠視工人合理要求，不恤社會人士公正意見，而且對工人採取種種無理壓迫的手段，甚至不顧一切，不惜製造事件，造成警察拘捕、毆打工人及法庭控告工人。去年十二月一日發生的「鵝頸橋事件」就是莊 X 頓這樣製造的。事隔八個多月，最近八月廿二日我們電車工人蔡清、廖元、吳晃、張耀祖，工會服務部僱員王滿華、蕭興、黎博倫等七人竟被橫加判處罰款及簽保。我們電車工人感到無比的憤怒，向電車資方莊 X 頓提出嚴重的抗議，並堅決不承認由這一事件引致而加工人的任何罪名。

　　誰都知道，去年七月一日發生的電車勞資糾紛是資方莊 X 頓一手製造的，早在這個時候之前，在公司業務日益發展，年年賺大錢的情形下，莊 X 頓已經連續大批無理開除了十二批工人，同時對電車工人採取了蓄意破壞工會合法權益、撕毀勞資協約、加強勞動強度、訂出各種苛例等惡劣措施，嚴重地損害工人應有的權益和健康，而且造成了人力不足，交通擠迫，市民交通安全受到嚴重威脅的情況。但是莊 X 頓竟然不顧一切，變本加厲，在去年七月一日公然違背事實，以「人力過剩」為藉口，再開除卅一個一貫為市民服務良好的工友。我們全體電車工人為了保障職業生活與市民公共利益，不得不起而據理力爭，要求遵循談判調處的合理途徑來解決糾紛。我們這種正確的態度和合理的要求迅速得到各界社會人士與全港

市民、各業工人的一致同情與支持，但是莊Ｘ頓一而再、再而三地拒絕與工人協商談判，置廣大市民的公意不顧，橫蠻無理，一意孤行，加緊壓迫工人，一方面強迫工人帶病返工、放假要返工，另一方面對交通斷軸事故頻頻發生的情況毫不改善，危害市民的交通安全。並且嗾使個別稽查強收被除工人的工作證，造成法庭控告工人事件，致使糾紛發展日益嚴重與複雜。

我們堅持談判調處，合理解決糾紛的要求得不到實現，在不得已的情況下曾先後採取了兩次短暫的停工抗議行動，以表示全體電車工人的正義要求與團結一致，促使資方莊Ｘ頓覺悟，爭取糾紛的合理解決。但莊Ｘ頓仍然固執不變，反而誣衊工會與電車工人的正義的要求為少數人的做法，拒絕與工人談判，拒絕一切社會人士的奔走調處，繼續堅持其一貫橫蠻無理，漠視市民公共利益的態度。為了一時和緩廣大市民的不滿與指責，莊Ｘ頓曾發表過「增車諾言」，説為了市民交通擠擁情況要增加卅架車行走。這個意見早已為工會提出來的，但至今仍未有兌現。雖然經過電車工會多次交涉與及工人、市民的督促，莊Ｘ頓始終沒有實現這一廣大市民的迫切要求。

正當全港市民與工人以及社會輿論都希望通過談判調處，合理解決糾紛之際，莊Ｘ頓把二十二萬市民簽名要求談判的公意置之不理，對各大工商社團、街坊市民、各社會人士的建議和呼籲視若無睹，仍然一意孤行，而且為了破壞電車工人的正義鬥爭，挽救他的失敗，竟不顧一切，製造「鵝頸橋事件」。

誰都知道，工會派發會刊給工友，是工會的合法權益，和公司的業務管理絲毫無關，向來也不容許無理干涉。當莊Ｘ頓千方百計妄圖破壞電車工人正義鬥爭的時候，竟然發生總稽查梁Ｘ超藉口工會派會刊打「九九九」公然召警拘捕和毆打工友市民，製造了流血事件，並且陷害七個工友於無理被控。事件發生剛在電車工友延緩行動後幾日，事件發生時有電車公司高級職員到達現場拘捕工友，事件發生後莊Ｘ頓又對記者表示事件發生「早在意料之中」，顯然鵝頸橋事件的發生，不正是同莊Ｘ頓的陰謀有關嗎？但我們全體電車工人並沒有被陰謀和暴力所嚇退，我們清楚地看到，任何困難和壓迫都不能使我們低頭，因此我們更堅強地堅持着反莊式除人的正義鬥爭，繼續爭取糾紛的合理解決。因此，莊Ｘ頓這一橫生枝節的破壞企圖，就和他一切的卑鄙手段一樣，遭到了慘敗。

必須指出：早在「鵝頸橋事件」發生之時，我們已經屢次聲明，正如

廣大社會人士與各業工人的共同意見一樣，莊 X 頓的企圖是製造事件，擴大勞資糾紛，陷害工友，侵犯工會合法權益，危害社會的秩序安寧；同時也抗議警方這種輕信一面之詞，不辨是非、不分曲直、不問情由，干預勞資糾紛的措施。至今天電車糾紛已有一年多，仍然拖延未決。很明顯的，對這次糾紛和嚴重事件的發生，電車資方莊 X 頓是要負起完全的責任。照理法庭不應受理的，警方不應干預的，可是警方竟然干預糾紛，七位工友又竟被控告判罪，而真正製造勞資糾紛和這一嚴重事件的負責者卻逍遙法外，天下難以理喻之事，孰過於此！我們全體電車工人對莊 X 頓這一毒辣的陰謀和對七位工友所加的罪名，表示無限的憤怒，對莊 X 頓對合理解決勞資糾紛的破壞行為和無恥手段提出嚴重的抗議，同時絕不承認這種由於莊 X 頓的陰謀而引致的，對七位工友的所加的罪名！在八個月來，從各界社會人士和全港工人兄弟對七位工友的不斷關心和支持之中，我們看到正義是在我們電車工人這一邊。我們相信，從社會的輿論中將可得到真正的、正義的判斷。莊 X 頓和它的不可告人的陰謀企圖，只有更為全港人士、各業工人所不齒！

還有指出：莊 X 頓製造這一事件引致控告與對七位工友所加的罪名，是和今天他不甘失敗，正在耍弄新的花樣和手法來壓迫電車工人，製造新的勞資糾紛事件的陰謀，是完全配合和一致的！目前莊 X 頓通過法庭「控告」三十一個被除工友，強收制服，企圖迫使工人就範。最近將五十多個工人從機、街部轉到營業部，而同時又將街外工程轉判，企圖分兩步走實現重新大批除人。對於莊 X 頓這種新的除人陰謀，我們必須嚴密注意其發展，絕不讓莊 X 頓的陰謀得逞！

工友們！我們不會在任何困難和壓迫之下低頭。我們對今天莊 X 頓的陰謀詭計完全看得清楚。我們必須在一年來的鬥爭成就基礎上更緊密地團結起來，為反對調人轉判，反對新的除人措施而堅決鬥爭，為保障我們的職業生活，人身安全自由和維護工會的合法權益而堅決奮鬥！

我們相信，全港各界人士和各業工人兄弟，也必將像過去一樣，給我們正義鬥爭以支持，以保障全港工人的職業生活和社會的秩序安寧！

資料來源：《香港電車職工會》，1955 年 8 月 25 日。

☑ 重要記錄 2.3.11：

工會就資方強收制服，以訴訟「滋擾」工人發聲明

資料導讀 1955 年 5 月，莊士頓以訴訟手段逼工人交回制服。交出制服是小事，莊士頓旨在找茬，再藉司法工具跟進，以此對工人製造壓力。工會去信莊士頓抗議，並由勞工處代轉。可是，據蘇雲副處長説，莊士頓拒絕接收工會的信函。莊士頓要用到「以訴訟收制服」這一招跟工人鬥爭，也反映莊士頓除人已無用武之地，資方不再膽敢大批量除人，於是才出此下策。

而莊士頓式除人在第十三批之後，沒有第十四批，表示莊士頓式除人破功。第十三批除人糾紛共糾纏了 11 個月（以截至 1955 年 6 月計算），仍未解決。某種意義上，是資方不得逞，也可以説是工會勝利。

從工會就「以訴訟收制服」糾紛而發的公開聲明中，反映當時的勞工保障機制薄弱；反之，資方可以動用的工具卻相當多元，有足夠的手段可以「滋擾」（玩）工人，對反剝削、不屈服的工人構成巨大壓力。

致莊士頓的信（節錄）

電車公司總經理莊士頓先生：

　　卅四位工友被無理開除而引起的勞資糾紛，拖延至今已達十一個月。由於　閣下拒絕談判協商調處，以致事件仍未得到合理解決。

　　事實充分證明　閣下藉故開除卅四工友是極不合理的。我們一貫要求通過勞資談判來解決糾紛的主張屢遭　閣下拒絕。這次因無理除人而造成的勞資糾紛，拖延得不到解決，責任應由資方負起至為明顯。但　閣下仍再製造事件，無理控告卅四工友，強迫工友要交回制服，更加引起我們全體電車工友的不滿和憤怒。

　　我們工友認為：電車除人糾紛是由　閣下無理除人而引起的，這是勞資糾紛問題，不能通過任何強迫的手段來解決的，應該遵循勞資談判協商的途徑合理解決糾紛。

　　卅四工友無理被除的勞資糾紛，已成為各業工人與社會人士所關心的重大問題。我們根據電車工人要求，特再向　閣下重申我們希望談判協商

來合理解決糾紛的要求。同時我們根據五月十九日、二十日全體工友大會的決議，特提出下列六項要求：

（一）資方必須立即增加車輛行走，減少電車搭客擠擁情況；

（二）改善公司不合理的醫療措施；

（三）照顧工友健康、加派專車接送工友返工放工；

（四）給時間予工友食飯和大小便，以利便交通；

（五）照顧工友經濟困難，家屬搭車免費；

（六）減低公司新樓的租值。

上述要求，我們盼望　閣下切實接納，早日實現。以照顧市民交通，保障工友職業生活。

謹候　閣下的負責答覆。

香港電車職工會主席

陳耀材

一九五五年六月八日

● ━━ ● ━━ ●

香港電車職工會為電車資方莊 X 頓通過法庭控告，用「大錢債案」強收制服企圖以強迫手段解決除人糾紛發表抗議聲明

電車資方莊 X 頓自去年七月一日無理開除卅一個工友引起勞資糾紛以來，到現在已歷時十六個月。在這期間，由於我們全體電車工人在港九各業工人和各界社會人士的同情與支持下，團結一致，堅持長期的保障職業生活鬥爭，使莊 X 頓的不斷製造事件，步步壓迫工人的陰謀都遭受到連續的失敗。莊 X 頓在計窮力竭之餘，竟然不擇手段，企圖通過法庭控告來進一步壓迫工人。莊 X 頓此種肆意壓迫工人的手段是從來也沒有過的千古奇聞。自今年四月以來，已出現了一連串電車資方控告工人的事件，最近又企圖通過法庭，用所謂「大錢債案」強收制服，來達到強迫工人就範，按照他的意圖解決糾紛的不可告人目的。我們電車工人一致表示憤怒，向電車資方莊 X 頓提出抗議，並堅決不承認由這一控告所引致而加於工人的

任何判罪。我們堅決不承認電車資方這種以強迫手段解決除人糾紛的片面行動。

我們認為：電車除人事件是一個勞資糾紛，是受現行的勞資法例保障的，要通過勞資糾紛的正常途徑，才能使事件得到合理的解決。十六個月來，我們堅持這一正確的主張，而且為實現這一主張而作過不少的努力，得到港九各業工人和各界社會人士的廣泛支持。顯而易見，勞資糾紛同「大錢債案」實在是風馬牛不相及的。我們記得勞工處直到最近都承認電車勞資糾紛仍然存在。既然除人糾紛仍然存在，勞資關係當然存在，電車資方莊 X 頓又有何根據使用法庭強迫工人交回制服？莊 X 頓在香港地方法庭失敗後，不自悔悟，反而再復擅用高等法庭來控告工友，夾硬用「大錢債案」套在工人頭上，以為這樣就可以強迫工人就範，按照他的意圖來解決糾紛。十六個月來，我們全體電車工人為了保障職業生活和社會交通利益而不斷奮鬥。正義及生存所在，從來沒有在任何困難之前低頭，事實俱在，人所共見。因此，即使今天莊 X 頓通過法庭控告來壓迫工人，除了更加暴露他的醜惡面目之外，也絕不能挽救莊式除人的失敗。很明顯的，既然是由資方莊 X 頓一手製造成的勞資糾紛，法庭就絕對沒有理由接受這種「案件」，可是現在竟然列入為「大錢債案」，法庭這樣的處理實際上是違反真理事實，無異於為莊 X 頓張目，我們極表遺憾！

我們要指出：十六個月來我們曾盡了最大的努力去爭取事件的合理解決，處處從市民交通利益設想，多次提出解決事件與及照顧市民交通的建議與合理要求，但儘管我們如此努力，資方莊 X 頓對他一手製造的除人事件，始終採取蠻橫拒絕態度，漠視工人合理要求，不恤社會人士公正意見，以致糾紛長期拖延不決，且更不斷製造陰謀事件步步壓迫工人，危害社會。顯然的，莊 X 頓負有完全的責任。此外，我們不能不指出，在過去糾紛過程中，出現過許多使人憤激不平的事實。勞工處對於勞資糾紛應負有切實調處責任，但對莊 X 頓的橫行無理未見切實負責，不顧工人屢次提出調處協商解決問題的要求，任令莊 X 頓壓迫工人，港府當局一再表示對電車除人糾紛「不干預」，可是警方卻曾一再地事實上對糾紛加以干預，使事態更趨複雜嚴重，增加了解決的困難，這些都是十分不公平、不合理的現象。

工友們！目前莊 X 頓不斷通過法庭控告來進一步壓迫工人是和他企圖實現重新大批除人的新陰謀是互相配合、密切有關的。莊 X 頓調人轉判、分兩步走實現除人的措施雖然遭受挫折，但必仍不甘心失敗，必將繼續玩

弄新花樣來壓迫工人，以達到其加緊剝削工人、追求高額的利潤的目的。最近竟宣佈準備從本月廿四日起全面實行過時工作，增強勞動強度，企圖進一步剝削工人與重新大批除人。我們必須更加團結一起，提高警惕，為保障我們的職業生活和市民的交通利益而繼續堅決奮鬥！我們深信全港各界人士與各業工人兄弟一定繼續關心支持我們，使任何妄圖加之於電車工人的陰謀不得逞！

香港電車職工會
一九五五年十月十六日

1950年代中有多個行業及工會都發起爭取加薪及改善工作條件的抗爭活動。圖中所見是反莊式除人期間，電車工會主席陳耀材在一次友會代表招待會上發言。

1946 年 6 月至 1949 年的勞資協議

一九四六年六月勞資協議
改善待遇條文

（一）後開工資率，特惠條款及各項規則，由即時起，發生效力，並由公司及僱員雙方共同遵守。

「公司保留隨時修改或完全更改任何規則之權，但到時要勞方代表同意方可」。

（二）遇必要時公司隨時在點更房內告示牌，發佈特別命令或訓令，此種命令或訓令，僱員必須要遵守。

工資制度（按週支薪僱員，工資以每日八小時計）

定率

司機：每月二・二五元另加因長期服務而得之增加。

售票員，計時摺數員：每日一・八七五元，另加因長服務而得之增加。

由一九四六年起，不論新舊人員，一律除現在享受人工外，每年加薪一次，由二元起加至最高額三十元止。（若加二元，即每日多得〇・〇六七仙。）

（註）所有現在服務之司機及售票員，其各人之工金率，已提至最近年月，此包括戰爭時期及一九四六年七月到期之種種增加。

轉夾口工人，交通工役。守閘人：每日〇・九三七角，每年加薪由二元起至十元止。

信號人，轉夾口工人副目，工役：每日一・一七四元，每年加薪由二元起至十元止。

轉夾口工目：每日一・三八四元，每年加薪由二元起至十元止。

此為因長期服務，而給予之特別薪額。

機器部（熟練工人新工資率）

「一九四六年六月」

打鐵工人，沙模工人，天線工人，車床工人，接釺工人，電線工人，石匠，鉛匠，木匠，油漆匠，車輛打磨工人，石屎工人管工，發動機打磨工人，路軌打磨工人，籐匠，磨路車司機，帆匠，後備貨車司機：每日二‧一六元另加因長期服務而得之增加上百分之廿五，即等於每日二‧七〇元，或每小時〇‧三三七角。

路軌打磨工人助手，天線工人助手，接釺工人助手：每日一‧八〇元，另加因長期服務而得之增加。加上百分之廿五，即等於每日二‧二五元。或每小時〇‧二八一角。

練習生

每日一‧一六元。另加長期服務而得之增加，加上百分之二十五，即等於每日一‧四五元，或每小時〇‧一八一角。

學徒

每日〇‧五三五角，或每小時〇‧〇六六仙。

苦力階級工人新工資率

（一九四六年六月）

A 粗重工作：

運錘苦力——（打石屎工人）

幫打鐵工人——二

貨倉苦力——一

車輛上油工人——四

車輛打磨苦力

路軌打磨苦力

現在最低基本數為每日〇‧九四〇角，另加因長期服務而得之增加，加上百分之廿五，即等於每日一‧〇一一元，或每小時〇‧一二六角。

B 半粗重工作：

挑夾口工人──一

修路看更人──一

現在最低基本數每日為〇‧八一角，另加因長期服務而得之增加，加上百分之廿五。即等於每日一‧一二元或每時〇‧二六角。

C 輕易工作：

車輛清潔工人，車房工人，石匠工人，汽車清潔，路軌斟油人，石屎工人，天線工人苦力。

現在最低基本數為每日〇‧七五角，另加因長期服務而得之增加，加上百分之廿五，即等於每日〇‧四三八角，或每小時〇‧一一七角。

D 交通部：

交通苦力，轉夾口工人，守閘工人。現在最低基本數為每日〇‧七五角，另加因長期服務而得之增加，加上百分之廿五，即等於每日〇‧九三八角，或每小時〇‧一一七角。

轉夾口工人頭目：現在最低基本數為每星期七‧七五元，加上百分之廿五，即等於每日一‧三八五元，或每小時〇‧一七三角。

轉夾口工人副目及信號人：現在最低基本數每日〇‧九四角，另加上百分之廿五，即等於每日一‧一七五元，或每小時〇‧一四六角。

按月支薪職員：

1. 稽查（包括各段稽查，車輛稽查，及各分段稽查）每月一百元，每年增加二元，升至每月一百五十元止。

2. 調節員（即廠外摺數員）

每月八十元，每年增加二元，升至每月一百二十元為止。

註：此辦法對於現在職員影響所及祇限於其最高薪額而已。

3. 文員（書記）

第一級：由一百六十元至二百元──每年增加十元

第二級：由一百三十元至一百五十元──每年增加五元

第三級：由一百元至一百二十五元──每年增加五元

第四級：由七十五元至九十五元──每年增加五元

第五級：由六十二元至八十元──每年增加二元

第六級：由四十六元至六十元──每年增加二元（辦公室工役）

第七級：由三十元至四十五元──每年增加二元（辦公室苦力）

擢升辦法：

當僱員到達每一級最高薪額時，由公司選擇升至較高一級，以填補該級之空缺。

『善後津貼之發給是遵照政府所規定之制度及數額而行。』

註：僱員支領按年遞增之最高額者，將不再得增加，但該等支領超過最高額者，將一仍其舊，不致被減除。

超鐘點工作：

交通部：按週支薪之僱員，在任何一日，所作超過八小時之工作，均以兩倍計值。

機器部：（一）每日超過八小時工作，若在半夜零時之前完成者，所有時間均以倍半計值。

（二）若在半夜零時後仍須工作者，則以兩倍計值。

（三）若在星期放假日工作者，則以兩倍計值。

註：超過八小時之時間，工作與否，勞工保有自由權。

疾病支薪辦法：

僱員染病，經公司醫生或醫院當局證明，得依下列規定支取薪金。

（一）在公司服務不超過十年者，為首四星期或少過四星期之病假得支全薪，此後則由公司決定。

（二）在公司服務十年以外者，為首三個月病假，得支全薪，續後三個月則支半薪。

註：任何僱員遇有不斷患病者，或經醫生檢驗認為不適合工作時，公司有權將之辭退，退休金依任職年份發給。

疾病報告之規定：

在交通部之僱員呈報疾病，須在上午九時以前，或下午四時行之，除緊急疾病外，在星期日及放假日，病人將不送醫院。

註：交通部之僱員當早值者，報告疾病須向車廠稽查說明，否則作曠職論。

災害賠償：

做照中華電力公司所定之工人災害賠償方法，遇有英殖民地部修訂該項法令時，得修改之。

喪事津貼：

任何工人在公司服務十二個月以上，而於在職期間死亡者，公司發給其家屬喪事津貼一百元。

交通部僱員受薪假期：

每年准假期十八日，照支工金：另每月准假兩日，但每一次請假不得超過十日，如僱員想在某一時期請假，應儘先呈請登記，公司自將盡可能設法批准，但公司保留提前或押後任何已登記假期之權。

除因工務上之緊急事情外，僱員若在每年十二月卅一日仍未將該年應得之假期領清，則該年所餘之假期即予取消，但公司不給假者例外。

機器部僱員假期：（十二華人節日列下）

陽曆：
一月一日（新年）一天
二月一日（紀念八小時制）半天
三月廿九日（黃花節）一天
五月一日（勞動節）一天
七月七日（抗戰紀念）一天
十月十日——一天
十二月廿四日（聖誕前夕）一天
陰曆：
正月初一二（新年）二天
清明節——一天
五月五日（端陽節）一天
八月十五日（中秋節）一天
十二月尾日（年晚）半天（上午下午）

退職金：

A 服務十年退職時，可得退職金等於該員在公司最後一月之基本薪金之十二倍，另超過十年但未滿二十年內之年數，每年得加等於上述總數百分之十。

B 服務滿廿年退職者，可得退職金等於該員在公司最後一月之基本薪金之廿四倍，另超過廿年之年數，每年得加等於上述總數百分之五。

C 遇有服務五年之後，但未滿十年時，不幸身死者，公司發給等於該員最後在公司服務全年薪額百分之五，用曾經服務之年數乘之。

所有僱員應守之規則：

（一）職務：所有僱員於常環境之下，應遵照總經理或高級職員之指示。轉換別種工作，或除其本身工作外，多做其他工作。

集款事宜：向僱員募集款項，須先經總經理或交通監督批准。

交換職務：僱員不得自行請人替工，或私相交換工作。

伸訴及建議：任何僱員，感有不平者，可將事向總經理申訴。公司歡迎僱員對於改良交通建議。

怠玩：僱員有不願意或無能力完滿執行其職守者。公司將不挽留之服職。

革除：任何僱員觸犯下列任何一項者，經證實後即予革除，若屬索賄，則將其保證金沒收之。

（一）不服從或拒絕接受公司主事人之命令者。

（二）不忠實者。例如 A 舊票翻用之類。B 收費而不給票。

（三）盜竊公司物件。

請假：（扣薪）僱員請假，祇能在不礙業務範圍內方得允許。

脫班：僱員未經允許，即擅自離開職守，或事後不能作完滿之答覆者，可能受革除之處分。

交通部特有規則

工作時間，僱員應依照告示箱內所張貼之工作表規定時間工作。計薪之工作時間，若屬下午班，則由替班時間前十五分鐘起計，若屬上午班，則由出廠時起計，為求各方面便利起見，僱員應在規定時間前半小時返

工，此半小時內有十五分鐘，是上文所述屬於計值者。

保證金：新聘之司機及售票員須繳保證金一百元。

吸煙：當值時間，在路線全程內，司機及售票員不得吸煙。

路線牌：車輛在行走時，不得轉移路線牌，違反此例者，將被認為嚴重過失。

制服：司機及售票員在當值時間，或到法庭時，應穿着公司發給之制服及佩帶證章及帽，若僱員離開公司時，應將公司所發給之制服等物退還，若不正當使用而致損壞，或遺失者，該員應負責修理或補置之。

一九四七年，四電一煤大勝利

一九四七年九月間，又以工資趕不上物價聯合電燈、電話，中華電力、煤氣等五大公共事業提出加薪要求，順利地得到了勝利，其結果如下：

一、工資

熟練工人：由二元七毫加至四元零五仙。

司機：由二元二毫五仙加至三元三毫七仙。

收銀：一元八毫七五加至二元八毫一仙。

守閘：由九毫三七加至一元二毫二仙。

粗重工人：由一元一毫八五加至一元五毫三仙。

半粗重工人：由一元零一仙二加至一元二毫二仙。

二、例假：改為每星期放假一天（每年十八天照舊）

三、生活津貼：守閘、粗重工人、半粗重工人一律發給甲級生活津貼。（原發給乙級津貼）

一九四九年保障生活鬥爭，勝利後

（一）每人每月另發特別津貼卅元。（二）年尾發給雙薪雙津。（三）提高學徒薪為每天八角。（四）死亡恤金提高至二百元，另計退休金。

資料來源：香港電車職工會宣教部編：《電車工人・護約及保障生活特刊》（非賣品），1951 年 12 月 28 日，頁 19-23（附錄）。

抗議警方無理逮捕楊雨田等十五名工友告全體電車工友書

為抗議警方無理逮捕本會副主席楊雨田等十五名工友告全體電車工友書

親愛的電車工友們：

　　正當電車勞資糾紛拖延半年懸而未決，自由勞工分裂工人團結一再慘敗的時候，本會副主席楊雨田、理事李賢、工人談判代表陳廣發、護委會蘇華樂、藍慶、何兆、工友鄧佑、鄧國亨、黃生、周德、鄭超、關炳光、李振華及書記葉鋒、飯堂管理陳飛等十五人竟於六月二日凌晨二時許至三時左右與六月三日下午三時至四日凌晨，突遭香港警察分別在工會及工人住宅和街上先後拘捕，這是一宗非常突然的意外事件，自去年十一月卅日電車資方片面公佈「新例」以來，我們電車工友為照顧市民利益，維持市面交通，堅持勞資談判公正合理解決電車糾紛，雖然資方一意孤行，仍然以所謂新舊任擇為詞拒絕談判，我們還是極度忍讓不希望糾紛擴大，提出談判新原則，並根據這個新原則訂出電車勞資協約新方案，以作為解決糾紛的根據，電車糾紛本來可以和平解決，想不到竟然發生警方無理逮捕十五工友的事件，這簡直是無風起浪，使到電車勞資糾紛越趨複雜，解決更加困難，香港社會更加不安，這是使我們難以理解的。

　　本會副主席楊雨田及理事工友李賢等十五名，平日熱心辦理工會事務，辦理工友福利好有成績，深得我們全體工友的熱烈擁戴。他們全心全意為社會服務為工友服務是應該的，正當的，他們的服務精神，是值得我們學習的，警方用「超越法律範圍以外」做藉口，不明不白的將他們逮捕，其實只是「莫須有」的罪名，除了辦理工會事務，為工人謀福利的原因以外，再也沒有其他的原因可以解釋了。

　　工友們！電車十五工友的被捕不單是我們電車工友的重大事件，而且是有關全港工友和全港同胞空前的嚴重事件。我們要指出：造成目前香港社會不安的根本原因是美帝禁運，其次就是「自由勞工」分裂工人團結，破壞工人福利，毫無忌憚，毆打工友，更加助長了香港社會秩序的紊亂和不安。事實就是有力的證明，去年十月十日，我們工友莫鉗在英京酒家門前為蔣匪聚眾圍毆受傷，由於警方未曾切實負責懲辦兇手，以致打人事件

變本加厲，頻頻發生。去年十一月半島酒店工賊毆打工友劉天贊，西商酒樓 XX 工會糾察長劉忠揮刀斬人，有恃無恐。發展至最近，馮強自由勞工毆打工友黃榮重傷；九龍船塢、九龍巴士、電話、沙模的自由勞工連續打人，特別是電話「自由勞工」在五月十日晚上非法霸佔工會，拆旗除像並毆打工友麥祖容，五月十一日又糾眾擾亂電話工會六周年紀念大會會場；沙模的「自由勞工」在五月廿五日擾亂工會發米秩序，打傷工會職員羅鈞益、陳和，五月廿七日晚又再毆傷工會職員及工友謝成、李樹、蘇榮潤、黃鏢、李周、李冠倫、霍邦、何樹添等。事後還再揚言要打死幾個工會職員，這些製造事件毆打工友的兇手，到今天依然逍遙法外，而對繁榮香港社會維持市面交通對香港有貢獻的我電車工友卻遭受到無理的逮捕，這樣實在不得不令人懷疑：今天的香港，好人無辜被捕，壞人任意橫行，究竟是何道理？我們認為，對於自由勞工毆打工友出賣工人利益破壞工人福利的非法行為，一定要予以嚴密注意。

親愛的工友們！電車勞資糾紛已經發生半年了。我們根據全體工友意見訂出的勞資協約新方案並堅持勞資談判和平解決電車問題是正確的合理的。我們根據法律說情說理的做法是正義的。我們決不因為十五工友的被捕而畏縮，我們照顧市民利益維持市面交通的做法是一貫的，今後我們要求保障工友生活職業保障工會合法權益和保障人身安全的意志更加堅決。不論自由勞工同資方怎樣勾結，玩弄甚麼陰謀，他們的活動是無效的，一定不容於我們電車工友。我們對警方無理逮捕我們十五工友要提出嚴重抗議！逮捕事件必須立即停止，電車十五工友必須恢復回港自由，我們堅定相信正義的力量一定得到最後勝利！

香港電車職工會
一九五二年六月六日

閱讀資料 2.3.3：

電車職工會及港九工會聯合會分別發表的聲明
（10 月 5 及 6 日）

資料導讀 1954 年 10 月 5 日是莊士頓第十三批除人發生三個月後，事件仍未解決，但在社會輿論上已引起極大關注。

電車工會為要求立即舉行勞資談判的聲明

香港電車職工會為要求立即舉行電車勞資談判發表重要聲明內容如下：

（一）要求立即舉行勞資談判及進行調處，迅速合理解決此次除人事件

因七月一日資方莊士頓無理開除三十一名工友所引起的電車勞資糾紛事件，至今三月未獲解決。儘管我們曾盡最大努力爭取事件談判協商調處解決，但資方莊士頓一貫以來一意孤行，拒絕談判，拒絕協商，拒絕調處，漠視工人合理要求，不恤社會人士公正意見，不顧公眾交通社會安寧，抑且變本加厲，繼續無理開除工友梁乃強，迫令工友張文達停工，嗾使個別稽查強收被除工友工作證，製造事件，擴大糾紛。資方此種任意肆虐行為，實令人神共憤，為社會公眾所不容的。

鑒於上述事實，我們茲向電車資方莊士頓先生提出嚴重抗議，並要求首先立即舉行勞資談判及接受調處，以便在談判調處基礎上逐步合理解決我們早已提出的三項要求：

（1）合理解決資方七月一日無理解僱工友三十一人的事件；

（2）恢復梁乃強等工作，並立即停止繼續進一步壓迫工人的措施；

（3）改善休假、病假制度，不得脅迫休假及有病工人開工；病假第一天工資照發。

（二）我們對保障工人職業調處勞資糾紛的態度

工人職業及生活應該受到保障，這是勞工法例規定了的，這是工人及工會應享受的合法權益。但自美國禁運以來香港百業蕭條，確實產生了一

些因商業不景，生意虧蝕，工廠關閉而致個別解僱工人的情況，但是這些情況經過勞資雙方談判協商調處大都獲得了適當的解決。我們認為這是一個實際問題，我們工會的調解勞資糾紛政策是注意到這一點的，我們不否認這是一項勞資爭議，但我們相信經過談判協商調處即可獲得解決。我們是識大局，講道理，實事求是的，我們願意求得勞資關係的改善與工人職業及生活得到維持與保障。事實證明，資本家如果不是做到過分，許多事件是可以互相忍讓公平處理的。所以，我們必須指出有人企圖歪曲我們工會政策，並誣衊我電車工會反對莊士頓方式除人措施的正義合理行動是反對資本家一切解僱工人的措施，即不論在甚麼情況下除人，工會都不願根據事實情理毫無區別地拒絕合理解決，這是不符合事實的，這是一種惡毒的宣傳。我們早就說過莊士頓方式的除人措施只是極少個別資本家的壞做法，社會人士如何明華、陳丕士、貝納祺等先生及南華早報八月三十日社論都表示過這是不智之舉，就連大多數資本家也不贊成這種死硬做法。因此，我們認為莊士頓除人事件僅為一個局部事件，是個別極壞資本家所引起的一個不幸事件，故應該當作為局部事件去加以解決，而絕不應該去加以擴大，增加糾紛的嚴重性。我們電車工人三個月來委曲求全忍讓說理即是這個態度的證明。但是我們必須聲明：對莊士頓方式除人措施，我們仍然是堅決反對的，因為這種不合常理的除人方式，會使到失業人數惡性地增加，購買力低降，市場冷淡，它有如一種瘟疫，在傳播着惡性的災禍，其結果必將造成香港經濟蕭條危機的加深，典社會秩序公眾利益的損害，所謂法律是不能替它作絲毫掩飾的。

（三）莊士頓方式除人措施的六大害端，它是：

（1）賺大錢而除人

一九四六年至一九四八年電車資方每年盈利是二百多萬至三百多萬元，一九四九年至一九五二年每年的盈利增加到四百多萬，而一九五三年則高達五百多萬，資方獲得這些高利是全體電車工人付出辛勤勞動的結果。但資方莊士頓竟連續大批開除工人，顯見莊士頓是製造大量工人的失業飢餓與加重全體工人的工作負擔，這種做法與普通的生意清淡虧本，無法維持而除人是大不相同的。

（2）人力不足而除人

以營業部為例，現每日開出車輛一百二十輛，每天所需人數為：

職別	日夜兩更人數	星期休假人數	例假人數	合計
司機	二四〇	四三	一七	三〇〇
售票	四八〇	八五	三六	六〇一
守閘	五六	一〇	四	七〇
其他	三五	六	三	四四
病假入院	二〇	四	一	二五
坐亭	三二	六	二	四〇
合計	八六三	一五四	六三	一〇八〇

　　營業部現有實際人數一〇三一人，每日不足人數有四十九人之多（如果一三一輛車全部開出及新車恢復設守閘員，不足人數共三二一人），以致部分休假及有病工友被迫返工。以致車輛檢查不善，路軌逾時不修。如五月廿三日即有一輛電車在金鐘兵房前失火，九月二十日又有電車在中環街市前斷了輪軸；如由上環街市至中國銀行，養和醫院至跑馬場門口及其他各處地段路軌都已經超齡而不合行駛，常常發生事故；但資方莊士頓因人力不足而不加修理，甚至因人力不足而減少開車，如西環線車即由卅八輛減少到廿五輛，使搭客更形擁擠。

　　（3）任意集體大量除人，拒不談判，拒不協商，拒不調處

　　此次被除工人為集體大量開除的第十三批，連前共計一百八十四人，個別無理開除還未計算在內，自始至終，莊士頓均拒絕工人、社會人士與政府所建議過的任何談判調處機會。事實上工人沒有任何過失，莊士頓每次都是突然解僱，從來說不出一些理由，被除工人中包括了服務過廿九年、廿五年、十五年及大部分在五年以上熟練的司機、售票、司閘員。

　　（4）不惜損害工人健康而除人

　　大量除人結果嚴重增加了工人的勞動強度，如街外部打風車工人原有十二人，現減至六人，致引起安全事故，工友林就因震動過度以致割去腎臟，生命危殆。資方又脅迫工人帶病返工，工人崔聰、彭耀、黃金球因而致死。八月十五日一一五三號工友因病在車上昏倒；八月廿八晚五六〇號工友在車上過勞吐血，這些均說明資方不顧工人健康及安全，只顧瘋狂剝削。

　　（5）為破壞工會合法權益而除人

　　資方違反職業社團法例，拒不承認工會，且進一步開除工會正、副主席、理事及熱心工會工作會員，企圖損害工會合法權益。又挑撥工人團

結，嗾使個別工賊分子毆打工友，致勞資關係極端緊張和惡化。

（6）不顧社會公眾利益而除人

莊士頓方式除人措施結果將不但使工人職業生活朝不保夕，而且必將做成工人大量失業，引致不應有的社會經濟困難，做成社會混亂和不安。

（四）要求迅速實現增車三十輛，並首先將停在廠內八輛立即加入行駛

電車擠迫事實，人所共見，一九四八年電車一○三輛，乘客八千七百五十萬人，一九五三年電車一三一輛，乘客一億三千六百八十萬人，今年乘客比一九五三年更擠擁，如跑馬地至堅尼地城線每更車每輛三等乘客由九百人增至一千三百人以上，頭等乘客由四百五十人增加到六百五十人，月票乘客還未計算在內，筲箕灣馮強車站常常擠滿近百人乘客，跑馬地天樂里站乘客上車常常要兩分鐘才得上車，筲箕灣至上環線三等車滿載至八十人，其他各線均達六、七十人。擠迫情況如此嚴重，但資方莊士頓因開除工人反而減少車輛行走，寧願將一三一輛車中十一輛車（三輛小修，八輛完整可行）棄置不用，而不願復用被除工人開用該車，此種一意孤行的行為實令廣大市民不能容忍，對公眾利益是有極大損害的。

鑒於目前電車擠迫情況，我們電車工人與廣大市民有權利要求莊士頓立即復用被除工人，首先將此可行的八輛電車開出行駛，莊士頓是無理由拒絕的。莊士頓在八月卅一日聲明中曾不得不答允增車三十輛，我們認為電車公司既獲得經營此項公共交通事業的權利，那就同時有責任解決社會公眾對電車交通的要求，因此莊士頓的諾言就不能是一紙空言，而必須規定時限迅速兌現。

（五）最後，我們電車工人一再聲明堅決要求立即舉行勞資談判

如果資方不改變這種一貫橫蠻拒絕態度，電車工人在廣大市民與社會人士同情與支持下，在正義與道理是屬於我們的情勢下，我們全體電車工人是必有決心有力量來爭取此次糾紛事件的合理解決的。

香港電車職工會
一九五四年十月五日

港九工會聯合會為積極支持電車工友　要求立即舉行勞資談判
迅速合理解決電車除人事件發表重要聲明

電車資方莊士頓，七月一日無理除人事件，歷時三個多月，仍然拖延不決。三個多月來，電車工會為爭取談判協商調處解決，曾盡了最大的努力，六次見資方莊士頓，要求談判；廿一次見勞工處，要求調處均未有結果。昨（五）日電車工會為要求立即舉行勞資談判，逐步合理解決除人糾紛，發表重要聲明並提出三項要求：（一）合理解決資方七月一日無理解僱工友卅一人的事件；（二）恢復梁乃強等工作並立即停止繼續進一步壓迫工人的措施；（三）改善休假病假制度，不得脅迫休假及有病工人開工，病假第一天工資照發。對電車工友希望立即舉行談判合理解決糾紛的正義要求，我們表示積極支持。

工聯會對勞資糾紛一貫都主張通過談判協商調處來和平合理解決。自美國禁運以來，香港百業蕭條，商店歇業工廠關閉，產生個別解僱工人糾紛的情況，我們一再主張工人職業生活應該得到維持與保障，同時我們表示願意照顧資方維持生產維持營業的困難，許多糾紛在勞資雙方互相忍讓互相照顧困難的情形下，獲得適當的解決。十月五日電車工會聲明指出：「有人企圖歪曲我們工會政策，並誣蔑我電車工人反對莊士頓方式除人措施的正義合理行動是反對資本家一切解僱工人的措施，即不論在甚麼情況下除人，工會都不願根據事實情理，毫無區別地拒絕合理解決是不符合事實的」，真正的事實是電車工人一再表示願意談判協商調處，對合理解決糾紛具有最大的誠意，電車工會戰後復員以來，通過勞資談判合理解決的勞資糾紛，數不在少。電車工人是識大局，講道理，實事求是的。問題只在莊士頓除人特別與眾不同，莊士頓式的除人是：（一）賺大錢而除人；（二）人力不足而除人；（三）任意集體大量除人；（四）不惜損害工人健康而除人；（五）為破壞工會合法權益而除人；（六）不顧社會公眾利益而除人。莊士頓除人方式只是極少個別資本家的最壞做法。莊士頓除人事件僅是一個局部事件，是個別極壞資本家所引起的一個不幸事件，故應該當作為局部事件去加以解決。莊士頓這一種不合常理超越常軌的除人方式必然帶來香港工人同香港社會的嚴重災害，因此受到各業工人的堅決反對和社會人士的強烈指責是一定的。

　　目前香港電車搭客擁擠，各業工友各界人士紛紛要求電車公司增車，莊士頓在八月卅一日聲明經已答允增車三十輛，可是遲遲未見實行。各界人士及各業工友一致迫切要求莊士頓的諾言早日兌現。為解決目前乘客擁擠情況，莊士頓應該立即將在廠內可行的八部電車先行開出市面，以減輕擠擁現象。

　　電車除人糾紛根據事實根據情理，是可以解決的。由於莊士頓拒不談判，拒不協商，拒不調處，甚且變本加厲，繼續無理開除梁乃強工友，迫令張文達工友停工，嗾使個別稽查強收工友工作證，製造事件擴大糾紛，使到糾紛發展更趨嚴重。但電車工人仍然爭取談判協商調處，誠意希望合理解決，已經充分說明正義與道理是在電車工人這一邊。電車工友的正義要求，一定得到港九各業工人和各界社會人士更大的支援。電車資方莊士頓必須改變態度，立即接受電車工友的要求，舉行勞資談判。香港政府勞工當局必須負起調處責任，召集勞資談判，迅速合理解決除人糾紛。我們希望各界社會人士正視莊士頓式除人的情況，主持公道，共同努力促使除人糾紛的合理解決。

港九工會聯合會

一九五四年十月六日

閱讀資料 2.3.4：

10 月 10 日第二次罷工的現場情況

電車工人被迫採取第二次停工抗議行動經過

　　十月十日凌晨五時卅分，在往常開出第一輛電車的時間之前，千多個電車工人積聚在香港電車公司羅素街舊廠和在北角電照街的新廠前面。他們帶上了紅臂章，有秩序地排成數列橫隊，把守着新舊車廠的大門和每一處出車的通道，巡邏的和平糾察隊分批繞廠巡迴。

　　羅素街舊廠在通常工人上工的時間開門，工友們一致不入廠，只有電車自由工會首要分子工賊楊康脅迫、欺騙的極少數工友，低頭入廠，電車

工人糾察隊即向他們責以大義，由於絕大多數工人的團結一致，有些被騙的工友都臨崖勒馬，臨時決定不入廠，有些入了廠則從勿地臣街的橫門走了出來，參加電車工人的鬥爭行列。因而羅素街舊廠不時響起了熱烈的鼓掌聲。北角新廠也自始至終都大門緊閉，全部車輛停於廠內。

成千累萬的電車工人家屬、街坊、各業工人、學生、教師、店員、小販、家庭婦女……湧向羅素街舊廠，羅素街、波斯富街、霎東街……都站滿了密密的人海。他們緊緊地和電車工人握手、慰問。他們關懷着電車工人的職業生活，和電車工人親切地交談。

令人感到興奮的是港九各業工人兄弟的衷心支持。一早洋務工友和餅業工友就用貨車給電車工人送來團結大飽、西餅麵包；香港巴士工友又在九時，停工一刻鐘，以實際行動予電車工人以有力的支持；晌午，政軍醫工友又送來了三百斤熱騰騰的大米飯，海塢、紡織染和大英煙廠工友，又連續一車一車送去大批沙田柚、蘋果和香煙；入夜以後，筲箕灣區的太古工友、五金工友和橡膠工友，給在新廠站崗的電車工人夜送寒衣。港九工人這一切關懷支持，都是使電車工人感到無限溫暖和鼓舞的，市民對這兄弟一般的友愛深深感動，深予讚揚。

維持秩序的電車工人糾察隊，不時向關懷他們行動的市民解釋這次行動的目的。電車工人說：「我們的行動只是針對莊士頓方式除人，我們抗議行動是為了反對莊士頓無理除人而又拒絕談判的措施，我們抗議行動一天是迫不得已的，目的只在於促使莊士頓改變態度，迅速和工人談判解決糾紛……。」

市民聽過了電車工人的解釋表示了非常同情。不少人說，他們早已知道，有些人說：「莊士頓確係冇解，電車公司賺大把錢，沒有理由除人呀。」

有些街坊說：「一日都係莊士頓，工人都主張談判，三個月啦，但都唔制，搞到大家冇車坐。」電車工人的抗議行動繼續了一整天，行動在十一日凌晨一時勝利結束，十一日電車工人恢復了工作。電車工人表示，停工一天的抗議行動已經告一段落，但他們仍然堅持爭取有工做有飯食的鬥爭，不達合理解決，誓不休止。

資料來源：港九工會聯合會促進談判解決電車糾紛委員會編印：《努力促成調處機構．談判解決電車糾紛》（約 52 頁小刊物，非賣品），1954 年 11 月 9 日出版，頁 46-47（附錄）。

1954 年，是莊士頓批量除人抗爭最激烈的一年。
圖為工業行動中工友停工抗議的情況。

228

☑ 閱讀資料 2.3.5：

10 月 13 日為停工抗議行動勝利告全體工友書

為停工抗議行動勝利告全體工友書

全體電車工友們：

我們電車工人為抗議莊士頓無理除人，拒絕談判而於本月十日上午五時卅分開始，採取停工一天的抗議行動已經勝利完成了，並且，本着我們電車工人一貫為市民交通服務的精神，為了照顧廣大市民和各業工人交通便利，和表示我們電車工人對爭取通過談判、協商、調處的途徑，合理解決事件的誠意，經於當晚的全體工友大會決定於停工抗議行動勝利完成後，隨即於本月十一日恢復工作。

我們停工抗議行動的勝利，顯示了在全港九工人兄弟的團結支援下，我們全體電車工人團結一致，又一次以實際行動來表示出我們一貫爭取和平談判，合理解決糾紛的力量和決心；取得了各階層人士和各業工人更廣泛的同情和支持；取得了我們全體電車工人進一步的堅強的團結，打擊了極少數工賊分子的陰謀打爛大家工友飯碗的破壞企圖。

我們停工抗議行動之所以有這樣巨大的成就，首先是由於我們保委會的正確領導，和我們全體電車工友的團結一致，也由於全港九工人兄弟的大力支援，社會各界人士的同情支持，正義和道理是在我們這一邊。我們的勝利是和這些重要因素分不開的。「一定要支持電車工友！」在全港九各業工人兄弟的心目中，一直認為是最重要的事情，每日慳返一個麵包，慳返一條豬腸粉，慳返一毫子，是為了支持我們電車工友；食少兩口煙，甚至戒煙，也是為了支持我們電車工友，全港九工人兄弟團結一致，十萬以上的工人兄弟已經莊嚴地簽上了自己的名字，表示對我們電車工人的正義要求堅決支持。大家節衣縮食，儲款儲糧，已經送來的慰問金，已超過十萬元。

三電一煤工友和牛奶工友曾經數度和我們電車工友聚首，顯示了親密的團結。就在這次停工抗議行動的前夕，還送來了一千多份慰問品。摩托工人曾經送來過國慶禮包，和我們一起慶祝國慶。在這次停工抗議行動中，香港巴士工友更採取了停工十五分鐘的行動給我們以有力的支持。

社會各界人士對我們的正義要求也很重視，何明華會督、貝納祺大律

師、陳丕士大律師等曾經努力奔走，我們在停工抗議行動中，曾經受到各階層市民的關注，其中還有些帶有生菓送來慰問我們而不吐露自己的名字。

所有這些動人的事例都和我們的勝利分不開，而這次行動的勝利對我們電車工人爭取和平談判合理解決糾紛又是一個重大的鼓舞，讓我們對各業工人兄弟及各界社會人士的同情和支持表示衷心的感謝！

我們行動的目的是在爭取談判
假如莊士頓還是橫蠻不理，一意孤行
我們電車工人只有「斬完四兩又四兩。」「整完一煲又一煲。」

我們行動的目的是在爭取談判。我們曾經再三指出，對於任何勞資糾紛，都是應該而且可以通過談判、協商、調處的途徑達到合理解決的，這是我們對待解決勞資糾紛的最基本的態度，過去如此，現在亦如此，因而在過去的三個月來，我們電車工人曾經盡最大的努力來爭取談判協商調處解決糾紛，即使是現在被迫採取了第二次的停工抗議行動之後，也還是一樣希望能通過和平談判的途徑，合理解決。所以，在停工一天之後，我們為了照顧全港九工人兄弟和廣大市民的交通便利，為了給資方莊士頓又一次和工人談判的好機會，以表示我們的誠意，我們恢復了工作。我們電車工人是為廣大市民的交通服務的，我們的利益和市民的利益相一致，和全港九工人的利益相一致，我們是照顧全面的，因而也是正義的，我們已經得到而且一定能夠得到全港九工人和市民更廣泛的更有力的支持，以和平解決糾紛。如果電車資方莊士頓能夠改正其無理除人的錯誤做法，具備誠意與工人談判，問題是自然易於解決的。但是假如莊士頓還是橫蠻不理，一意孤行，那麼，我們電車工人只有「斬完四兩又四兩」，「整完一煲又一煲」，必然更加團結一致，繼續準備下一步行動，直至達到爭取和平談判解決糾紛為止。我們這樣做，是既合情、又合理的，又符合港九工人兄弟和廣大社會人士的願望的。

我們同意和支持工聯會聲明的精神及三項建議
我們要求的只是有工做，有飯吃，合理解決糾紛

我們完全同意和熱烈支持工聯會本月十一日全體理事會議通過發表的聲明的精神和聲明所提關於和平解決電車糾紛的三項建議，即是：一、港府勞工當局應公平處事，接受工友申訴，立即責成資方莊士頓與工人談

判，勿令事態因資方莊士頓任意孤行而致擴大，發生不幸，造成惡果，噬臍莫及。二、工人的要求只是有工做，有飯吃，合理解決糾紛，望社會賢達與各界人士共同想辦法，努力奔走，尋求可行的途徑，以解決勞資糾紛，有益社會。三、電車資方應即實踐其在八月三十一日增車三十輛的諾言，並接受工人及市民要求，立即將廠內空車開出，以改善交通擠擁狀況。

我們工人要求的只是有工做，有飯吃，合理解決糾紛。在這樣的基礎之上，只要莊士頓有誠意和工人談判，互忍互讓，實在沒有不可以解決的問題。我們再三呼籲各界人士及時出而奔走，共想辦法，以謀解決的途徑，希望勞工司出面調處，希望資方莊士頓看清事實，接受工人舉行勞資談判的要求。

工賊楊康出賣工人利益，群聲指責
受騙工友應該及時醒覺，脫離自由工會

我們必須指出：在停工抗議行動期間，極少數個別的工賊分子「自由工會」主席楊康竟然說只聽莊士頓的話，脅迫、矇騙少數工友入廠，意圖夾硬開車，破壞我們電車工人的團結一致行動，打爛我們大家工友的飯碗，冒犯正義，冒犯眾憎；膽敢與全體電車工人為敵，幹其一貫出賣工人利益的勾當。但是，在全港九工人和電車工人的團結一致下，個別工賊分子楊康的陰謀，又遭受到悲慘的失敗了，沒有一輛電車開出廠，為數已極少的受騙工友也在電車工人團結一致的影響下紛紛覺悟，一個一個的設法走出來，受到我們工友的熱烈歡迎。而個別工賊分子楊康的醜事則街知巷聞，不但為我們全體電車工人所鄙棄，而且為港九各業工人所鄙棄，為街坊市民所指責。我們認為全體工人都要有工做、有飯吃，我們工人的利益是共同的，應該不分彼此，團結一致。今天，仍然受到工賊楊康脅迫、矇騙的少數工友應該及時醒覺，不再受欺騙，反對工賊破壞工人利益的陰謀和行動，脫離工賊所控制的「自由工會」。這樣一定會受到全體電車工人更熱烈歡迎！

繼續爭取談判，準備行動，以求糾紛的和平合理解決

我們電車工人在這一次停工抗議行動取得勝利完成之後，應當更加信任保委會的正確領導，加緊全體電車工人的團結一致，不分彼此，不究既

往，倚靠我們全體電車工人的堅強的團結，倚靠全港九工人兄弟的大力支援和社會人士與公正輿論的同情支持，繼續爭取談判，準備行動，以求電車糾紛的和平合理解決！

香港電車職工會保障職業生活委員會
一九五四年十月十三日

☑ 閱讀資料 2.3.6：

訪問陳耀材

深得港九工人愛戴的工聯會理事長陳耀材
樸素和藹的老工人多年致力福利事業

在我們的讀者中，在香港的各界社會人士中，對陳耀材這個名字，都早就很熟悉了。

大家都曉得陳耀材是港九工會聯合會的理事長；

大家都曉得陳耀材是港九勞工教育促進會的副主任；

大家也都曉得陳耀材是香港電車職工會的主席。

到了今年七月一日，當陳耀材被電車資方開除後，大家就更曉得他是為社會交通服務了二十九年的老工人。

因為陳耀材多年致力於工人的福利事業和社會福利事業；同時也因為他替社會交通服務了一輩子，所以大家都對他懷着很大的敬意。

各業工人談起他，都説「我哋嘅理事長！」電車工人談起他，上年紀的都親暱地稱他「老陳」，年青的工人則尊稱他做「材叔」。

對包括他在內的卅一個電車工人被開除之事，社會各界人士都異常關懷，並寄與無限的同情。在關懷與同情之下，大家都希望對這個多年致力於工人和社會福利事業，多年為社會交通服務的老工人有更深刻一些的了解。

最近，記者在一個偶然的機會裏，和這個大家所敬愛的老年工人——陳耀材先生談了一次話。談的時間雖然很短，而且他談的多是電車工人的生活遭遇，以及電車工人對解決這次除人事件所採取的主張等這些，但這段談話卻使人留有很深刻的印象。

在記者的印象中，陳耀材是個樸素的、和藹的老年工人。他的身材瘦削，戴着副老花眼鏡，頭上已經有了很多白髮。

操勞過甚患着胃病身體瘦削有如「枯柴」，當時，陳耀材已患着胃病，因為胃出血，好幾天沒有吃飯了。他說電車工人，染上胃病和肺病的很普遍，而且說這和工作環境有很大關係。

陳耀材說他現在體重只有九十多磅，已經變成「柴條」，捱到枯晒。

「喺公司捱咗幾十年嘅老野，個個都係好似我咁一條籐咁瘦嘅！工作咁辛苦，食飯又冇時候，一碗飯要走幾轉車至塞得晒落肚，有乜法子唔瘦？」他很痛心地說出這段話。

這個五十一歲的老工人，說起話來是不厭求詳的，他的每句話都蘊藏着豐富的感情。自己的事他談得很少，談得最多的是電車工人和各業工人今天的生活遭遇。他說今天香港工人所過的生活已經夠苦，如果再加上職業生活得不到保障，那就更加苦上加苦。

陳耀材說他在廿二歲時開始入電車公司服務。當時做的是「售票員」，現在做的還是「售票員」，所以他這廿九年最寶貴的時光，就在那擠滿搭客的電車廂裏度過了。「我替香港居民服務咗大半世！」他說這句話時有點自豪，但也帶着些兒感慨。

關心港九工人生活說來激動很多感慨

幾十年來為香港居民服務，為社會交通服務，陳耀材對此事沒有一些兒遺憾的。但當他想到為電車公司服務了大半世，眼看着電車公司的業務一天天向前發展了，而他自己卻被公司作為「冗員」而開除出去，這就免不了要引起很多感慨了。

「我從我自己嘅遭遇，想到所有電車工人嘅遭遇，想到香港各行業工人嘅遭遇！」陳耀材的感慨，是有所感而發的。他關心工人的生活，所以他從別人的遭遇裏想到自己，也從自己的遭遇想到別人。

談起那些和他一道入電車公司服務，後來一個個先後死去了或者離開公司的老同事時，陳耀材心情很難過。他背轉臉激動地說：「現在還留在電車公司服務的老同事已經不多了！」

「談談你的生活好麼？」為了讓他那難過的心情平靜，記者於是換了一個話題。

「一期糧出五十幾皮，個個電車佬嘅生活都係一樣咁苦嘅喇！」談到自

己的生活，他又想到所有的電車工人了。

睇住掃車工友吐血說起往事眼淚盈眶

他説這幾年，因為車少搭客多，在車上工作比過去特別辛苦，所以患肺病和患胃病的工友很普遍。售票員在車上暈倒和吐血的事情，就常有發生。

「一聽到呢的咁嘅事，我個心就有好耐唔舒服。前兩年，有一日喺跑馬地總站，睇住個掃車工友喺廁所裏邊吐咗大堆血，扶佢返屋企，冇幾耐就死咗……」説到這裏，他的眼眶裏孕着淚水，好一會説不出話。

這幾年，陳耀材就曾因為操勞過甚而患上肺病在律敦治醫院住過，也曾在拿打素醫院治過胃病。他説其中有一次是帶病在車上工作時頂唔順，由十字車送到拿打素醫院去的。

「瞓喺醫院，睇到病房好多係自己工友，個心真難過，想到工友在車上工作咁辛苦，特別係呢幾年公司不斷除人，好多工作都加重在職工友身上，又要這許多工友行多一轉車，咁樣捱法，容乜易好人捱到壞，病痛當然係更多啦」。他説在「律敦治」和「拿打素」留醫的病者，就經常有很多是電車工人。

希望電車勞資糾紛能夠通過談判解決

陳耀材説他住在醫院那個期間，每天都有人去看他，其中有自己的同事，也有其他行業的工人。

在病中得到工友這樣關心，陳耀材説他感覺到很愉快。他説再沒有甚麼比得上能夠替工友做點事情，得到工友關心和信任更值得高興的了。

因為他事情很忙，所以只能和他談了很短的一個時間，在記者告別的時候，他表示希望這次電車的勞資糾紛能夠快些通過談判協商來解決，而且還説：「我希望能夠繼續替工友多做點事。繼續為維持社會交通盡點力量。」

這次簡短的談話中，陳耀材雖然對他自己的生活、自己的事情談得很少，但很多電車工友，都很熟悉他的生活。

據工友説，陳耀材的家庭負擔很重，一家十口，八個兒女，就靠着他一個人吃飯。因為生活困難，他那個較大的孩子，都是只讀了三四年小

學，在十三、四歲的時候就要到工廠去當學徒，自己維持自己的生活。

三個超過學齡兒女還未有讀書的機會

陳耀材雖然是港九勞工教育促進會的副主任，同時也是勞校的創辦人，但現在他還有三個已經超過學齡的兒女，沒有得到讀書的機會。很多工友都聽他這樣説過：「勞校學位有限，自己嘅兒女要讀書，工友嘅兒女一樣要讀書。」

眼看着自己的兒女過了學齡都沒有書讀，陳耀材心裏是會難過的，但看着其他的子弟沒有書讀，他的心裏就更難過。因為這樣，他對勞工子弟的教育問題特別關心。現在還有很多老年工友談起陳耀材在戰前創辦電車工人義學的情形。這間電車工人義學是一九三七年創立的，因為辦得好，一九三九年他就被大家公推做了電車工人義學的校長。

為了工人子弟的讀書問題，戰後幾年，陳耀材對創辦港九勞工子弟學校盡了很大的努力，而且是勞教會的副主任。

出於陳耀材多年致力於工人的福利事業和社會的福利事業，所以大家對他非常敬愛。自從七月一日他被電車公司開除，港九工人和社會各界人士都對他寄與無限的同情與關懷。

在平日，陳耀材就常常教導工友要關心大家，從他的所言所行來看，這個在電車公司服務了廿九年而被開除的老工人，得到大家的同情和關心不是無因的。（轉載自文匯報）

資料來源：《電車勞資糾紛特刊‧莊士頓無理除人真相》小冊子（非賣品），1954 年 10 月 8 日，頁 56-59（附錄三）。

☑ 閱讀資料 2.3.7：

有關電車勞資糾紛事件工聯會與電車工會重要文告摘要

有關電車糾紛事件工聯會重要文告摘要

時間	文告性質	文告內容
七月八日	聲明	聲明指出電車公司年年賺大錢而無理大量除人的措施，是製造大批工人失業及其家屬的飢餓和死亡，加重在職工人工作負擔來追求高額利潤的無理做法。 聲明支持電車工人向資方所提恢復卅一個被除工友復工的合理要求，並希望勞工處公正調處糾紛。
八月七日	致港府輔政司的建議書	建議書要求港府當局迅速組織調處機構，秉公調處勞資糾紛。建議書並提出組織調處機構的三項原則：（一）該機構包括政府代表，社會公正人士及勞資雙方代表參加。（二）該機構應根據談判協商調處的原則來進行多方面協商，獲致一個公允的解決辦法。（三）該機構應本公正態度，根據事實，廣泛徵集工人與社會人士意見，及調查電車公司除人真相： 一、電車公司是否人力不足？ 二、電車公司除人是否影響社會交通便利和安全？ 三、電車公司除人以後是否損害工人健康？ 四、電車公司現在的休假和醫療措施是否合理？
八月十九日	聲明	對港府不恤民意、不理工人要求的「不干預」態度表示遺憾！該聲明再三要求政府認真考慮工聯會建議，迅速秉公調處，使糾紛能通過談判協商調處途徑得到合理解決。
九月六日	聲明	聲明對港府八月廿九日所發表的電車除人事件的聲明，分析指出其不符事實之點，最後一再重申通過談判、協商、調處的途徑解決糾紛的要求。
十月六日	聲明	聲明指出莊士頓除人事件是一個局部事件，只是個別極壞資本家所引起的一個不幸事件。莊士頓不合常理超越常軌的除人方式必然帶來香港工人同香港社會的嚴重災害。 聲明表示積極支持電車工友要求立即舉行勞資談判迅速合理解決電車除人事件的要求。

（六日以後的聲明在本書有刊出，故不列入。）

有關電車糾紛事件電車工會重要文告摘要

時間	文告性質	文告內容
八月四日	告社會人士及工友書	指出莊士頓無理除人的經過，並提出兩項要求：（一）電車資方應恢復卅一個工友的工作，切實和合理地保障工人的職業生活；（二）勞工處應負起責任保障工友的職業生活，責成資方接受工人合理要求。
八月五日	聲明	呼籲港府當局及社會人士重視糾紛發展，歡迎社會人士主持公道及有關當局出面調處，迅速合理解決事件。
八月廿一日	聲明	指出工聯會新建議實際可行，港府當局採取「不干預」的態度和資方拒絕談判的態度徒令事件擴大，希望港府當局和資方迅速改變態度，合理解決糾紛。
八月廿七日	告社會各界人士書	告社會人士書指出由於資方莊士頓拒絕談判的態度如故，勞工處仍然置之不理，已使事件陷於調處無路，談判無門的境地。因而電車工人迫不得已將於八月卅一日採取兩小時停工抗議行動，以促使資方改變態度，促請勞工當局迅速調處。
十月五日	聲明	指出莊士頓的無理除人與一般資方除人是不同的，莊士頓方式除人有六大害端：（一）賺大錢而除人；（二）人力不足而除人；（三）任意集體除人，拒不談判，拒不協商，拒不調處；（四）不惜損害工人健康而除人；（五）為破壞工會合法權益而除人；（六）不顧社會利益而除人。 聲明提出三項要求：（一）合理解決無理解僱卅一名工友事件；（二）恢復梁乃強等工友工作，立即停止繼續進一步壓迫工人的措施；（三）改善休假、病假制度，不得脅迫休假及有病工人開工，病假第一天工資照發。 聲明還提出要求莊士頓實踐增車卅輛諾言以減輕搭客擠迫的現象。

（六日以後的聲明在本書有刊出，故不列入。）

資料來源：港九工會聯合會促進談判解決電車糾紛委員會編印：《努力促成調處機構・談判解決電車糾紛》（約 52 頁小刊物，非賣品），1954 年 11 月 9 日出版，頁 42-45。

事件關鍵《名詞簡釋》

《名詞簡釋》特輯

自從七月一日電車資方莊士頓無理除人，引致嚴重的勞資糾紛之後，就引起了全港工人、市民、各界人士的密切注意。……我們特將一些經常會碰到的名詞輯錄於後，並略加解釋，以供參考。

（一）莊式除人

電車工會在十月五日發表的聲明中，指出莊士頓方式除人有六大害端，「是個別極壞資本家所引起的一個不幸事件」，「它有如一種瘟疫，在傳播着惡性的災禍，其結果必將造成香港經濟蕭條危機的加深，與社會秩序公眾利益的損害，所謂法律是不能為它作絲毫掩飾的」。聲明指出這六大害端是：（一）賺大錢而除人；（二）人力不足而除人；（三）任意集體大批除人，拒不談判，拒不協商，拒不調處；（四）不惜損害工人健康而除人；（五）為破壞工會合法權益而除人；（六）不顧社會公眾利益而除人。

（二）人力不足

電車公司現在每日開出車輛一百二十輛，以營業部為例，每天所需人數為一〇八〇人（包括司機、售票、守閘、其他及休假例假候補工人等在內），但現在有人數只得一〇三一人，每日不足人數有四十九人之多。如果一三一輛車全部開出及新車恢復守閘員，則不足人數為三二一人。所以，目前電車實際情況為人力不足，而非「人力過剩」。

莊士頓在十月廿六日的聲明中，承認電車職工會所說的「目前所需要之員工數目，大概無誤」。

（三）疾病醫療問題

電車工人最不滿的資方措施之一，是疾病時得不到應有的醫療。

（1）據工人的反映，公司醫生會有在不夠三十分鐘內「診治」疾病工人四十多個的事實，給錯藥，打錯針，有病説沒有病的情況常常碰到。但不到公司醫生處看病，就即使其他醫生有證明，也根本不能取得假期，而且還受到無理的處分，甚至有因此被開除的。

（2）病假給薪：電車工人即使幸運地被准許告病假，但是在病假的第一天是沒有薪金的，這樣，不要説養護病體，就連生活也發生問題。有時還有這種情況：准告假一天，第二天要上工，第三天又准告假一天，第四天又上工……。工人被迫帶病上工，而間歇的一天病假就都被扣了工資。

（3）帶病上工：因為給病假的不合理和人力不足而增加勞動強度，很多患病的工人常被迫帶病上工。街外部打風鑽工友林就因震動過度以致割去腎臟，生命危殆。工人崔聰、彭耀、黃金球因而致死，在車上昏倒、吐血、嘔吐等都在所常有。成為電車工人生命健康的嚴重威脅。

（四）增車問題

電車公司是有責任滿足市民的交通需要的。據電車條例第二十三條：「如電車交通未能予公眾以充分便利，經工務局長或納税市民二十名敬呈總督在政務會籲請補救時，總督在政務會（如以事情確有研究必要）得委任專員調查具報，果屬實情，則令公司着即增加車輛……」電車公司現有行走車輛是遠不足市民實際需要的。以一九四八年與一九五三年的情況比較：

年份	行車輛	每年乘客人數	平均每車乘客人數	平均每天每車乘客人數
一九四八年	一〇三架	八七・五〇〇・〇〇〇人	八四九・六〇〇人	二・三二七人
一九五三年	一二〇架	一三六・八〇〇・〇〇〇人	一・一四〇・〇〇〇人	三・一二三人

一九五三年的乘客人數是大大增加了，今年搭客更多，但電車公司只增車至一三一輛（只派一二〇架行走）。因此交通擠擁情況，達到嚴重程度。市民在報章上歷有申訴，電車工會早已指出應該增加車輛行走，但資方一直沒有做到。本年八月卅一日，莊士頓才説：「為適應大眾逐漸的需求，該公司之電車將由現有之一百卅輛增至一百六十輛。」（見九月一日各報）但説過之後，始終未見成為事實。電車工人曾指出目前停在廠內的空

車十一輛，除三輛在修理外，八輛是隨時可以開出的，應先行增加行走，然後迅速全部增加。可是資方又遲遲不見之行動。到了十月廿六日莊士頓的聲明中，竟然說：「本公司總經理並無應允立刻增加三十部電車，只是解釋改建車庫之原因是為使車庫能夠多容三十輛或更多電車之用。」連自己講過的話，載在報章上的，也不承認了。

（五）風閘傷人

電車公司把舊式手閘改為風閘後，即開除守閘工人，把司閘工作增加在其他工人身上，以致賣票要兼打鐘，看閘口，司機要望前兼顧後。因為沒有司閘員，不少市民因此受傷，群情不滿。歷見於中西各報的消息和讀者來信。

（六）減車加轉

莊士頓為了開除工人，把原來最擠迫的跑馬地至堅尼地城一線的車在五月卅一日起，從三十八輛減為二十五輛，七月一日就以「人力過剩」為藉口開除工人。但搭客更擠迫了。另一方面莊士頓又強迫工人做過時工作，在堅尼地城線和筲箕灣線每更車走多一轉，使工友長期做過時工作，加重了工友工作負擔。這對市民工人都有嚴重的影響。

（七）不承認工會問題

電車職工會是有三十多年歷史的電車工人組織，向來為電車工人的福利和職業生活保障而努力，並且得到很好的成績，受到電車工人的熱烈擁護，成為電車工人團結的旗幟。但是莊士頓在一九五〇年無理地停止了一向都有的勞資會議，並片面無理地非法不承認工會。至今未解決。

（八）促進談判運動

電車除人糾紛事件因莊士頓的堅拒解決而越拖越長，形成僵持，糾紛將因資方拒人千里而各走極端，發展擴大。在這種情況之下，全港工人和各界人士都深感局勢嚴重，前途堪虞。工聯理事會特於十月廿一日召開全體理事緊急會議，決定成立「促進談判解決電車糾紛委員會」，並立即展

開工作（詳見本書另文），各界人士也大加響應，成為一個全港性的運動，並已取得初步的成績，現在還在繼續擴大發展中。

（九）調處機構

電車職工會在十一月一日致勞工司的信中說，同意由港府委設一項機構來處理電車糾紛。這項機構由港府代表、勞資雙方及社會上有關社團、公正人士組成，主要任務是首先以協商調處方法解決引起此次糾紛關鍵所在的除人問題，但不反對調查以此次事件為限的各種有關問題。這一建議受到全港工人和各界人士一致支持，認為是適當可行而能夠公平解決糾紛的辦法。

（十）調查法庭

電車公司董事局致函勞工司說「不反對由政府委設一個公正法庭」，但錯誤地規定只調查不調處，並堅持不解決莊式除人問題為先決條件，仍然拒絕對除人問題有「任何仲裁及其他干預」。據德臣西報十一月三日社論的說法，這一法庭是沒有勞資雙方及社會人士在內的。工人認為這種法庭由於它的組成及資方的先決條件，只能是資方拒絕談判的一種藉口，徒然阻礙糾紛的解決，因此不表示同意，而要求組織調處機構。

（十一）工聯「八七」建議

電車糾紛發生後，工聯為謀取事件解決，於八月七日致函港府輔政司，建議並要求由政府負責組織一個調處機構，這個機構應包括政府代表、社會公正人士及勞資雙方代表參加，來調查電車公司資方莊士頓無理除人事件的真相，並迅速公平合理調處解決糾紛。這建議受到電車工人的擁護和全港工人市民的同意和支持。但由於莊士頓的拒絕接受，以致糾紛無從解決。

（十二）支電委員會

這是工聯會屬下各工會支援電車工人爭取保障職業鬥爭的臨時組織。它的任務是以精神、力量、物質來支持電車工人的鬥爭，通過支電委員會

的發動，各業工友捐款、送慰問品、發動簽名⋯⋯造成支持電車工人的巨大力量，充分表現了港九工人兄弟緊密團結的兄弟一般的友愛。在工聯促進談判解決電車糾紛委員會組成之後，各工會的支電委員會下又成立了「促談小組」，來響應和執行工聯「促委會」所號召的工作。

（十三）第一次停工抗議行動

電車工人因資方莊士頓對工人的合理要求橫加拒絕，使事件拖延擴大，不得已而於八月廿六日向資方遞送通牒。電車工人以莊士頓終無誠意，便在卅一日上午五時卅二分到七時卅二分舉行了兩小時停工抗議行動，全部車輛都沒有出廠，行動勝利完成。

（十四）第二次停工抗議行動

在第一次停工抗議行動之後，電車工人再等待資方莊士頓的醒悟，但是資方仍然拖延不理。因此電車工人為了爭取談判解決，被迫在十月十日再度採取了一天的停工抗議行動。第二天起便即恢復維持交通工作。這次抗議行動也同樣完全勝利完成。

（十五）個別工賊分子

在全體電車工人為爭取職業生活保障而一致團結，堅決鬥爭的時候，「域多利電車自由工會」主席楊康，「電車研藝體育會」主席林耀、鍾少波等三人，公然進行破壞活動，說唯莊士頓之命是聽，企圖破壞糾紛的解決。因為這三個人賣身投靠資方，受到全體電車工人憎恨，即使極少數工友曾被騙被迫參加他們的活動，也很快就覺悟回頭，反對和脫離他們的操縱。這極少數的幾個人就被工人叫做「個別工賊分子」。

資料來源：港九工會聯合會促進談判解決電車糾紛委員會編印：《努力促成調處機構 ‧ 談判解決電車糾紛》（約 52 頁小刊物，非賣品），1954 年 11 月 9 日出版，頁 32-36。

☑ 閱讀資料 2.3.9：

莊士頓無理除人詳細分析

資料導讀

下文可特別留意資料第一點的內容。從中反映，電車公司一直在賺錢！所以，電車公司是在賺了大錢的情況下去壓榨員工和大批量地除人。由於人手不足，不少工人都在休假日被迫上班。有些工人因不願在休假日上班，更被公司以各種藉口扣住了糧單。

以下是莊士頓此地無銀的辯解。

1954 年 8 月 12 日資方莊士頓先後發表聲明說：「每一個工人每週有一天休息，任何工人皆不需於其休假日工作，除非他自願上班。」（摘自：〈為希望電車資方和政府當局　迅速改變態度合理解決糾紛　電車工會再發表聲明〉，《電車工人快訊》，1954 年 8 月 21 日）

如果在休假日不用上班是慣常、恆常的做法，莊士頓就不用回應休假日上班這問題。

莊士頓無理除人真相

一、賺了大錢，還要大批除人，有意製造失業

　　莊士頓的除人措施是最不合情理，超出常軌的。首先是：賺了大錢還要大批除人，增加了社會上本來不應該有的失業人數。究竟電車公司在這幾年賺了多少錢，有數好計，電車公司每年的純利，據香港經濟導報一九五三年四月第十二期的報道及電車公司一九五三年年報，其數額如下：

　　一九四六年——二百二十七萬三千三百五十九元；

　　一九四七年——二百四十九萬五千八百零七元；

　　一九四八年——三百七十萬零一百五十八元；

　　一九四九年——四百零七萬一千五百三十四元；

　　一九五零年——四百二十四萬零八百九十五元；

　　一九五一年——四百七十一萬三千八百二十元；

　　一九五二年——四百六十七萬零六十四元；

　　一九五三年——五百零一萬六千九百一十五元。

　　從上面的統計，可以看出電車公司的純利是一年比一年增加，以一九四六年和一九五三年比較，一九五三年電車公司純利比一九四六年增

加一倍有多。增加數達二百七十四萬三千五百二十元。從一九四六年至一九五三年八年間電車公司的純利達三千一百一十八萬二千五百五十二元，這個數目確大得驚人。然而還不止此，若果加上歷年來沒有計算在內的購置與建設費用，如增加新車一〇二架，及擴設堅拿道東新廠、寫字樓增設冷氣等支出，最低估計約一千四百二十萬元，電車公司八年來實際賺了在四千五百萬元以上。電車公司賺了這樣多的錢，是全體電車工友付出辛勤勞動的結果。

但是，莊士頓怎樣對待辛勞的電車工人呢？是大量、集體的無理開除，根據記錄，從一九五二年九月起至一九五四年七月底止，總共開除了十三批。就今年三月十五日，第十二批開除電車工友三十二人。七月一日第十三批即最近被除一批開除三十一人。前後被無理開除的工友共達一百八十四人。莊士頓在賺大錢當中無理大批除人，製造不應有的失業。如果以每一個被除工友平均每人有妻、一子、一女計算，那末兩年來由莊士頓一手造成了七百多人捱飢抵餓的痛苦。一九五三年是在美國政府禁運影響下，香港經濟危機加深的一年，是港九工人生活困苦加深、失業增加的一年，然而就在這一年莊士頓連續卻無理開除九批工人，增加社會的不安，而這一年電車公司純利卻達五百零一萬多元。莊士頓的狠毒心腸，與超越常軌，由此可見。

二、大批除人，造成人力更加不足，加重工友工作負擔

莊士頓在八月十四日給工商日報的信中承認若干年前電車工友有一千八百五十人，現在減為一千五百人，而電車公司的車輛數量，在一九四八年時還是一百〇三架，現在是一百三十一架，車輛多了，反為要大量減人，究竟有何理由呢？

莊士頓說這是為了改裝了新車，手閘改為風閘，不用守閘員的緣故。就算是風閘車不用守閘員，讓我們計一下數，可以看到莊士頓除人後人力不足，實在是不應除人：

（甲）營業部每日實際開車一百二十輛，其中九十二架新車，二十八架舊車。每日兩更共需司機二百四十人，售票員四百八十人，司閘五十六人，四個站（屈地街站兩個、跑馬地站兩個、糖水道站兩個、筲箕灣站兩個），兩更掃車十六人。五個站，撬路兩更共十人，再加上打紅旗二人，更房托箱三人，糖水道移車二人，車出廠搭線兩人。合共每日日夜兩更開

工人數一共八百一十一人。

（乙）每日應有放禮拜假人數計：司機四十三人，售票八十五人，司閘十人，紅旗撬路掃車六人，共一百四十四人。

（丙）每日應有放大假人數計：售票員三十六人，司機十七人，司閘四人，紅旗撬路掃車三人，合計六十人。

（丁）現在在醫院治療工人十人，另平均每日請病假十人及其後備工友五人，共二十五人。

（戊）應有「坐亭」、「企站」（都是後備工友）三十二人及其後備工友人數八人，共四十人。

以上每日應有人數合共一千〇八十人，在大批除人以後營業部現在實有人數一千〇三十一人，每日不足人數有四十多人，如果將現在停在廠內可以開出的車輛開出，人力就更不足。

而且，電車改裝風閘與司機和售票員有何關係呢？為甚麼要開除那些工齡很長技術熟練的司機和售票員呢？（最近一批被除三十一個工人中包括有司機五人售票十八人）莊士頓是無法自圓其說的。

改裝風閘車是否適宜撤銷司閘員呢？許多市民因為風閘車沒有守閘員而經常發生事故表示不滿，要求莊士頓要設守閘員來保護市民的交通安全。如果全部電車設守閘員，人力就更加不足了。

莊士頓在過去連續十多批的除人，早已造成人力不足，現在又大批開除三十多人，就造成人力的更加不足。他是用甚麼方法來解決人力的需要呢？是用加重工人工作負擔的辦法。因而嚴重損害到工人健康，這不但對工人不利，而且對市民交通安全也是不利的。

據記錄，因人力不足在休假期間被強迫返工的七月份有二十三人。八月份有八十八人，例如一〇八三號工友，八月三十一日開始放大假，在九天的假期中，就返了七天工。一二〇〇號司機在幾星期前曾連續做了兩更工作，早更做司機，夜更做售票。

因人力不足許多工友有病，資方也不給假，工友要被迫帶病開工，而致疾病加重，或身體受傷，有些工友因帶病返工沒有及時救治而死亡，營業部黃金球和機器部工友崔聰慘死的印像，我們難以磨滅。

因人力減少，營業部的司機要兼司閘，售票員要兼打鐘，乘客又多，工人的體力和精神消耗更加大，是容易產生交通失事事故的，這些事故必須由莊士頓負責。

由於莊士頓大批開除工友後，各部門都存在人力不足，人力減少，工

作加重於在業工友身上，如街外打磨部，過去換三對路軌的工程有五十七人，由晚上十時至第二天早上六時完成，現在時間一樣長，但人數減少到只有二十八人，比前少二十九人，而且工作增加，以前換三對，現在要換四對。

又如打風車，過去每架車有十二個工人，其中八個揸風鎚，每個風鎚兩個人負責，可以輪流揸，一個揸，一個休息，另外四個剷坭，除人後由於人力不足，每架車只有六個人，三個人揸兩個風鎚，但其實是兩個人揸兩個風鎚，因為一個人要剷坭。輪流換做，完全沒有休息的時間，因此打風鎚工人崔聰、刁松做到重病死亡。由於人力不足，揸風鎚的林就工友在今年三月，因揸風鎚工友減少，工作時間太多，震動得太厲害，兩腎合到一起，後來又調到新廠，用風鑽掘洞安柱，要到地洞去鑽，因空位少，全個人要縮埋，又沒有人換手，到四月時因腎磨擦得厲害，小便有血，但公司醫生吳國全還說他沒有病，要他繼續返工，開工不久暈倒送瑪麗醫院，割去一個腎，現在仍未好。

三、交通擠迫市民要求增車，莊士頓卻除人減車，不顧公眾利益

目前電車乘客的擠迫是人所共見的，一九四八年電車乘客為八千七百五十萬人，一九五三年電車乘客增到一億三千六百八十萬，一九四八年的電車為一百〇三輛，但目前的電車只增到一百三十一輛，實際開行的只有一百二十輛，市民普遍都迫切地要求增車，按照常理莊士頓應該增車增人，但是莊士頓卻於此時減車除人。

下列的事實說明莊士頓無理大批除人，造成人力不足是怎樣地損害公眾利益：

（一）減人減車，增加擠迫。跑馬地至堅尼地城線是最擠迫的，五月三十一日，資方莊士頓卻把行走這線的電車從三十八輛減為二十五輛，跟着七月一日就宣佈「人力過剩」，開除工人，跑馬地至堅尼地城線更擠迫了。有些車輛因為缺乏後備人力，在工友工作中發生急病時要停工，就無法繼續開行而要駛回廠，更加增加了擠迫，這種情況在八月份就發生四次：

八月十五日，一一五三號工友在車上因病暈倒，車駛回廠。

八月十八日，一一七三號工友因為肚瀉車駛回廠。

八月二十日，三三七號工友在西灣河附近肚瀉，收車回廠。

八月二十日，五六〇號工友在北角總站因病過勞吐血送入醫院車駛回廠。

收車回廠，行駛車輛頓時減少，使原來已經擠迫不堪的現象增加。

非常明顯，造成上述事故的主要原因是人力不足。而所以人力不足的原因就是莊士頓不顧市民交通利益，不顧市民交通安全，大批除人，不斷除人所造成的。

（二）人力不足車輛檢修不周，時生故障，市民交通安全受威脅。由於人力不足，電車的修理及檢查工作因而馬虎不妥善。沒有除人之前，每架電車半年就要大修一次，大修時候，要把車底拆出來，洗淨，修理壞的部分，抹過油再裝好，時間要一個月。大批除人以後，時間夾硬減為半個月；以前一個技工有兩個什工做幫手，現在減為一個；以前每架電車三個月小修一次，每次小修，時間為二個星期，現在夾硬縮為三天。這樣車輛哪得不容易損壞，發生故障，發生危險。

例如：一九五四年五月二十三日，一輛電車在金鐘兵房之前突然因為機件發生故障，發生火警。由於電車上工友機警處理，才不致發生傷人事件，但是乘客已經飽受虛驚。

一九五四年九月二十日，一輛西行電車在中環中央市場前面突然斷了車軸，不能行駛，要用工程車拖回廠，影響東西行的電車，受到相當長時間的停滯，很遲才能恢復正常的交通。

（三）不修理超齡路軌，增加車輛出事的可能性。亟需立即修理的路軌有：甲、花園路口至上環街市一段。乙、銅鑼灣全個轉彎處的路軌十字夾口全部斷了，路軌薄了。丙、養和醫院到跑馬地馬場門中一段。丁、西營盤鹹魚欄至太平戲院地段。戊、屈地街至長庚里地段。路軌不修，電車容易出軌，一九五二年六月時，就有一架電車在中國銀行大門前發生出軌事故，十分危險，今年五月莊士頓無理開除街外部三十二人，更影響到這些路軌的修理工程。

四、工友沒有過失突然被集體開除，工會合法權益被損害

莊士頓的除人是最不合情理的，最不合常軌的，除了上面所列舉各項情況證明以外，還因為他沒有因為工友有甚麼過失，而突然地把他們集體開除。如果不是因為生意淡，業務無法維持，工人無過失是不應該被開除的，而且莊士頓所開除的很多都是工齡長達二十多年，長期為市民交通服務、技術熟練的工友，這就更不合理了。

莊士頓對工會的合法權益，毫不尊重，對工會的理事都隨便開除，特

別是開除工會主席陳耀材，他是一個忠誠為市民交通服務的老工人，在公司工作已經有二十九年了，他對業務很熟悉工作很熟練，他同時又是港九工會聯合會的理事長，他為電車工人和港九工人的福利盡過不少力量。同時被除的工會理事和其他理事一樣都是平時熱心於電車工人福利事業的，莊士頓把這些工人代表無理開除，究竟是何居心呢？莊士頓還不怕羞地欺騙社會人士說他對工人福利照顧得很好，「僱員很為感激」（見八月十一日工商日報發表的莊士頓聲明），如果莊士頓還有想到照顧工人福利的話，他為甚麼還要無理開除真正替工人辦福利的工會主席和理事呢？為甚麼全體電車工人對他的做法感到異常的憤激呢？

以上各項事實，揭穿了莊士頓無理除人的真相，證明了莊士頓所謂「人力過剩」所謂「電車改裝風閘」可以減少人力和完成了現代化計劃，都是不符事實的，是空洞的騙人謊言，企圖掩飾他的最不合常軌的除人做法，但謊言掩不了事實。

資料來源：《電車勞資糾紛特刊 · 莊士頓無理除人真相》小冊子（非賣品），1954 年 10 月 8 日，頁 7-11。

閱讀資料 2.3.10：

只是為了職業和生活（散文）

祗為了職業和生活

電車工人四個多月來所進行的鬥爭，唯一的目的，僅僅是為了保障自己的職業和全家大小的生活。很顯然，假如電車工人不是為了職業受到嚴重的威脅，而且人人自危，那麼他們在這個不算很短的時期中保持着越來越強的、牢不可破的團結，就是難以想像的。

這職業的威脅來自莊士頓的無理除人措施。工人看到，連在公司服務幾乎三十年、二十多年的老工人也毫無理由地被公司開除的時候；在工人一批又一批，連續被開除的時候，怎能夠不為之動心呢？工人在今天的要求並不高。社會經濟困難，是人盡皆知的事實，只要還能夠有份「牛工」可做，還能勉強養妻活兒，即使生活充滿了辛酸，距離一個應有的理想還

是十分遙遠，也已經願意工作下去。但是，至少也要有路可走，生活得下去。而莊士頓的做法，很清楚地：是要把工人逼上絕路。

設身處地想一想，誰都會了解在此時此地「失業」兩字包括了多麼痛苦、悲慘的涵義，有工可做已經不易維持，至於因失業而製造出來的悲劇，只在報紙發表出來的，已經使香港市民看得夠了，太多了，每一個有良知的人，即使不能夠作全面的補救，至少也不應該火上加油，落井下石。工人為了盡可能減輕在這方面的困難，平日通過緊密的團結互助，拿出最大的力量，去辦好福利事業；而今天，自己被迫或將要被迫成為「悲劇」主角的時候，難道他們應當默爾無言，拱手待斃嗎？

而且，電車公司是以賺大錢聞名的，莊士頓也許因此而覺得自己「經營有方」而躊躇滿志，可是他忘記了，誰在駕駛、售票、修理、養護，錢究竟怎樣賺回來。只要稍為把利潤數字減一個百分之幾，或千分之幾，那麼這些工人是不會被開除的。有一位工商業家說得好：「做生意要賺錢，就要對工人好一些。」勞資雙方保持較為良好的關係，對於業務發展有百利而無一害。莊士頓這種過橋抽板，殺雞取卵的做法，首先就應當受到電車公司股東們的不滿，至於工人因此而憤激不平，堅決反對，只要是稍明事理的，有惻隱之心的人，都是可以充分了解的。

又假如，莊士頓雖然誤之於前，而能夠改之於後，不是堅持錯誤，還能接受市民和工人意見，那麼事件是不會擴大發展的，工人的希望亦在於此，但事實擺在人們面前：四個多月來，莊士頓是這樣地頑固不變，即使最近資方提出「不反對調查」的第一次似稍改變的態度中，隱藏着的也實在是逃避解決除人糾紛，使糾紛繼續拖延擴大的實質，工人怎樣能夠忍受？

問題已經很明白：電車工人是為着甚麼而鬥爭？是為了保障職業和起碼生活的合法權益而鬥爭。事件怎樣才能解決？關鍵只有一個：莊士頓是否改弦更張，面對現實，講一下情理。

電車工人的堅決奮鬥所以得道多助者在此；電車工人的團結無間，敢於堅持自己的要求，務求合理解決為止者亦在於此。

寫到這裏，突然想起了一些別有企圖的、可笑復可恥的謠言，有意地歪曲電車工人正義鬥爭的謠言，比如甚麼「鬥爭是政治性的」呀，「鬥爭是別有企圖」呀，諸如此類。

造謠者的意圖不可問！但要駁斥是多餘的。紙包不住火，墨寫的謊言掩不住真正的事實！

「謠言止於智者」，難道有人會相信這些謠言嗎？（夏）

資料來源：港九工會聯合會促進談判解決電車糾紛委員會編印：《努力促成調處機構‧談判解決電車糾紛》（約 52 頁小刊物，非賣品），1954 年 11 月 9 日出版，頁 29-30。

☑ 閱讀資料 2.3.11：

對於「除舊聘新」的不合理政策，工會致勞工署備忘錄

香港電車職工會為電車公司僱用新人致香港勞工處備忘錄
要求立即停止不合理措施
（1956 年 4 月 27 日）

本年一月十二日以來，資方不斷僱用新人，根據不完全統計，已達七十七人，計一月十二日僱用七人；二月七日僱用三人；二月十六日僱用八人；三月十三日僱用八人；三月十九日僱用二人；三月廿六日僱用九人；四月六日僱用十二人；四月九日僱用三人；四月十日僱用五人；四月十六日僱用五人；四月十七日僱用九人；四月廿三日僱用六人，我們全體工友對此甚為不滿。

自一九五二年以來，資方以「人力過剩」為藉口，先後十三批無理開除一百八十四名工友，已造成了嚴重的人力不足，社會交通利益受到嚴重損害；又由於加強工人勞動強度的結果，嚴重地損害了工友的身體健康。我們屢次指出，資方除人是完全無理的。目前資方不斷僱用新工人的措施，事實再一次證明了電車公司並不是人力過剩，而是人力不足。我們認為：公司要僱用新人，必須首先要恢復過去被除工友的工作。

眾所周知，過去和現在電車搭客都是十分擠迫，公司人力不夠應用，車輛不足，根據電車公司董事長巴頓報告，去年電車搭客共達一億四千六百萬人，創過去最高紀錄，而車輛並沒有增加。可以想像，工人的工作強度又被加重了。在目前搭客異常擠迫的情況下，如果資方為了照顧市民交通安全利益的話，那是沒有理由不首先恢復過去被除工人的工作的。大家知道，他們都是為市民交通服務又是為公司辛勤工作了多年，以至十多年、二十多年的熟練工人，對交通事業有豐富的經驗，資方為甚

麼不恢復這些工友的工作，而要另行僱用新工人呢？我們有理由指出，資方這種不合常規、不合情理的措施，不能不令人懷疑是企圖通過僱用新人開除舊人來進一步加重剝削，置工人的職業生活於不顧，以達到其追求更高的利潤的目的。我們全體工友對此密切注意。

我們認為：勞工處對此須要加以嚴重注意，並有責任責成電車資方立即停止這種不合理的措施。本會根據工友的要求，有必要將上述情況通知勞工當局。

一九五六年四月廿七日

註：是當年印發的單張

☑ 閱讀資料 2.3.12：

為反新例而提出的六項合情合理的要求

六項要求　合情合理
要求資方　切實答覆

電車資方重新公佈新例，工友紛表不滿，團結一致，要求維護職業生活利益，並向資方提出六項要求。

新例中許多地方，對工人是不利的，工友一直以來表示反對。工友們特別對所謂「保障週」，始終認為不能接受。工友們表示對任何藉口無理除人的手法，我們工人一致堅決反對。工友們對「退休金」、「見習技工」等問題，指出資方陰謀詭計。工友們對所謂「港外旅行」指出不合實際。工友們說：回鄉會親，公司應予便利和照顧，而不應作出種種限制和藉口過期回港，解除職務。

工友們對資方重新公佈新例問題，曾進行了多次討論。我會根據工友意見，向資方提出六項要求。個多月來，由於工友們的團結力量，阻遏了資方二月十九日實施新例的企圖，迫使資方作了一些修改，對工人的要求作了一些事實的答覆。

我們六項要求中第一項退休金問題，資方取消了五十五歲的限制；我們要求的第二項假期問題，資方最近公佈各部門工人放假辦法照舊。這是

我們工人團結爭取的初步結果。

　　但是資方作出的修改和答覆，對我們工人的要求距離尚遠，關於退休金方面，資方仍堅持一九五一年十二月卅一日以後入公司的工友，既要期限二十年又要達到五十五歲方可退休；對我們第三、第四、第五、第六項要求，仍沒有切實答覆。工友們對此紛表不滿，認為我們的要求是合情合理的，公司應予接受。

　　正當我們全體工友團結一致維護職業生活利益，催促資方接納工人合理要求之際，「域 X 利電車自由工會」竟然發出所謂「告會員工友書」，説新例對工人「並無不利之處」，又説公司重新公佈新例是他們獻計。我們知道這是個別分子假託「自由工會」招牌，出賣工人利益。這種卑鄙無恥所為，已引起工友們紛紛譴責。

　　工友們一致表示：我們繼續加強團結，共同努力維護我們職業生活利益，要求資方切實答覆我們的合理要求。

資料來源：《電車工人通訊》（非賣品），1957 年 3 月 31 日，頭版。

☑ 閱讀資料 2.3.13：

九年辛苦為誰勞——鄧根工友完整的個案

一旦有病迫離職九年辛苦為誰勞
鄧根工友一家九口面臨失業飢餓威脅

　　流血流汗，辛勞九年，一旦有病，只入咗醫院三日，資方一聲「你唔做得」就強迫離職。你話幾咁慘，今後日子點樣過！

　　街外工程部打磨技工鄧根，在公司做了九年，最近患病，入醫院只留醫三天，電車資方竟藉口「你唔做得」就強迫鄧根離職。一家九人，頓時面臨失業飢餓威脅。

　　工會在本月一日、二日舉行了工友大會，對資方無理強迫鄧根工友離職事，進行討論。會場一片訴苦聲，工友們越講越憤怒。鄧根工友的八十八歲的老祖母、鄧根嫂帶同成群兒女都參加了大會，向工友們報告了鄧根工友被資方強迫離職的經過。

　　工友們見到了鄧根工友的家屬，個個都看看他們，帶着異常關切的口吻説：呢的係鄧根工友嘅家屬，咁多人食飯，開除咗佢，點搞呀，去邊度食飯呀？公司咁做法無疑係趕到我哋工友絕！

一家九口　點樣過活

　　鄧根嫂首先上台報告。根嫂説：「我丈夫鄧根在公司做咗九年，呢兩年來都未去過公司睇過病，最近到公司診病，入醫院住咗三日，第三日出院，公司就話：『你唔做得，不如告辭啦！』後來又話早已計好大糧，『你唔做得咯，出埋大糧啦！』我一家九口，鄧根祖母八十八歲，我六個兒女一級級，而家一旦開除，試問叫我一家九口去邊處搵食，以後嘅日子點樣捱？」她一邊訴説，一邊流淚。她又説：「公司工作咁辛苦，就算係鐵打嘅都會捱到壞，捱到病。鄧根同個個工友一樣，入公司時要經過醫生檢查合格，而家捱到病，公司就唔照顧，入醫院只係三日，點解話實冇得醫？公司咁冇良心，一有病就開除，試問我一家大細去邊度搵食！慘咯！公司如果咁做法，即係趕到我哋絕。」

老祖母訴苦　老淚縱橫

　　鄧根的八十八歲的老祖母，她忍不住心頭悲痛，帶淚上台講話。她説：「我二十二歲守寡，養大個仔，希望有得依靠，點知我個孫亞根出世才十一個月，我個仔又不幸死咗。我捱盡鹹酸苦辣，希望養大亞根，有工做，有啖飯食就好咯，我捱到八十八歲，點知佢公司又話亞根有病開除佢，話佢『唔做得工』。公司只醫咗三日點能話佢唔做得！一家大大細細九個人，叫我哋去邊度搵食，我而家八十八歲，點樣捱過世？呢個老闆咁冇良心，逼到我哋咁慘，真係捱唔死都會餓死咯！」

　　亞婆憶起淒涼身世，講話時搥胸頓足，老淚縱橫，工友們聽了個個悲憤不已，很多工友也忍不住流下淚來。工友們都憤怒地説：「咁做法，我哋利益邊度重有得保障，幾大都唔得！」工友們紛紛走上講台，爭着講話。

悲憤交集　慷慨陳詞

　　一位工友説：「鄧根工友有病，公司俾佢入院三日，未盡責照顧，一聲

『唔做得』就開除，平日一家九口依靠一人維持，已經夠索氣，今後生活點樣搞？我早兩日到公司睇醫生，竟然話我：『你個頭都好肯痛嘛！』佢開除得鄧根，我睇兩次病又咁樣講法，容乜易開除到我哋。做生做死，到頭來就係失業、捱飢捱餓。資方咁對工人，我哋點都唔肯過佢！」

一位售票工友訴苦説：「聽見真係把幾火！一聲唔做得就開除，一家九口點樣過活？我自己喺公司做咗十二年，一家八口一張床，出二百文人工，唔夠開支，我有時只食一餐飯就返工，收工後只食兩件麵飽算一日；十二年來未做過一件新衫，有件較好的都係朋友送畀我。十二年來，我從身壯力健做到有胃病，面青青。鄧根工友的遭遇，難保臨到我地身上。而家咁苦，如果學開除鄧根一樣開除我，試問又點過活？」

無辜被降職　資方好無理

有位工友説：「前幾個星期六正係跑馬，西環車搭客好擁擠。有架車由跑馬地開出，沿路各站好多搭客上車，逼到唔轉得身。車到天樂里站，有一批客上車，同時有一個稽查上車查票，稽查一上車就向正在賣票嘅收銀員問：『賣晒飛未？』收銀工友話：『未賣晒。』稽查當時查到仍有幾個搭客未買票。後來公司就對呢個工友話：『未賣晒飛又話賣晒，你漏收！』這位工友竟被打落做掃車。公司咁無理，你話幾把火，你話我哋收銀點樣做！」

過去對資方有幻想　而家知道笨

一位售票員説：「我俾公司話漏收，要降我職，當時我唔同大家工友商量，以為通過個的人拉拉吓就傾得返，唔使降職。但到底公司一樣降我做掃車。我而家知道，對資方根本冇得幻想，我哋要團結喺工會，有事同大家工友商量，先至能夠保障我哋利益。」

一於要交涉

一個頭髮斑白的老年司機工友激昂地説：「此可忍孰不可忍，資方咁樣對待我哋工友，全不照顧，一旦有病就一腳踢開，以後重使企嘅！邊個敢話唔會病呀，幾大都要團結起來同佢交涉！」

十幾個工友紛紛在會上發言，列舉資方近年來藉口因病開除工友的事實，大家還指出：丁滄、羅祺等工友因公死亡，公司對其家人也沒有給予應有的照顧。工友們憤怒地指斥資方的無理做法。大家都說：只有堅決鬥爭，才能保障我哋切身利益！

資料來源：《電車工人》，1958 年 11 月 5 日。

☑ 閱讀資料 2.3.14：

海軍船塢閉廠除人，
聲明對四千五百工人的職業生活不負責任

繼續支持海塢工

一九五七年十一月廿八日，香港海軍船塢宣佈閉廠除人，並聲明對四千五百工人與二萬家屬的職業生活不負責任。這是香港史無前例、與一般閉廠不同的事件。海塢四千五百工友面臨着失業飢餓，而且影響全港工人與市民的利益，全塢四千多工友在海塢產業職工會的正確領導下，以團結一致的力量，堅決起來向塢方鬥爭，提出三項合理要求，曾經採取多種多式的英勇機智的行動抗議塢方不顧工人的死活，全體工友堅決鬥爭，表現了堅強、堅定、堅決、堅韌的鬥爭精神。

我們電車工友和全港工人兄弟一樣，堅決支持海塢工友爭取要求有工做有飯食的合理鬥爭，多次召開工友座談會，聯合四電一煤工友與摩托工友大會商討支持步驟，發動捐款，親切前往慰問，響應工聯會支委號召，展開簽名運動，簽名人數達到八千人。

正義道理在海塢工人這一邊，獲得全港工人及社會各界人士四十多萬人的簽名同情支持，鬥爭四個多月來爭取得目前的初步成就，在職業安置問題上，已使塢方與港府當局從初期聲言不負責任，至現在表示盡力介紹而且予這種盡力以保證；從初期不安置工人職業，就逼工人離廠，但現在已爭取到有部分工人先安置然後離廠；最近塢方於三月十四日公佈在結束階段的期內不作大批除人；而港督柏立基的覆信也表示避免及減少離廠與就業的脫節；塢方初期不將第一、二批失業工人作為閉廠範圍一樣待遇；

但最近則表示盡速安置這兩批失業工人就業；而且勞工處亦已公佈這兩批人的失業數字，自八月八日第一批被除離廠人數至現在第九批人數二五三人，已爭取到就業人數是一五一人，目前失業工人已到勞工處登記的有七十人，還有卅二人是離廠後失去聯絡的，其中六十三人是受到社會局的少量救濟；其次在工積金方面，工人已取得了日治期間三年八個月列入工積金計算。這些初步的成就是團結的力量爭取得來的。

　　工人最大的問題是有工做有飯食。塢方對工人的三項要求仍未有明確答覆，正如海塢職工會指出：海塢工友必須以團結的力量堅持堅決的鬥爭來爭取有工做有飯食的合理要求，而且有信心來爭取事件合理解決。我們電車工友要以堅強團結的力量繼續支持海塢工友的正義鬥爭！

資料來源：《電車工人》，1958 年 5 月 1 日，第四版。

1957 年香港電車職工會家屬車縫班第六屆全體同學結業合照。

香港電車職工會家屬車縫班第六屆全體同學結業合攝

一九五七年十一月廿四日　青春攝

反莊式除人的友會代表招待會上，
工友們互相支持，團結一致。

除人數字小統計

年年賺大錢年年大除人 —— 電車公司近年除人小統計

目前，香港的公共事業是最賺錢的，電車資方每年都賺錢四、五百萬元，而且一年比一年賺得多，但是電車工人卻越過越窮，在資方為了加緊賺錢，製造「人力過剩」的藉口下，自一九五二年九月以來，年年除人，唔理你係邊個部門，唔理你年輕或年老，一樣咁無理開除，電車工人的職業生活更加沒有保障了。

一九五二年電車公司所賺純利：四百六十七萬零六十四元

一九五三年電車公司所賺純利：五百零一萬六千九百一十五元

電車公司自一九五二年九月以來，就開始用「人力過剩」的藉口無理除人。

一九五二年無理除人：

九月一日卅五人；十一月十一日卅一人。（兩批共六十六人）

一九五三年無理除人：

一月二十日四人；二月九日六人；二月十一日四人；二月廿三日九人；三月五日七人；三月十九日十人；六月三十日五人；七月卅一日五人；九月二日五人。（九批共五十五人）

一九五四年無理除人：

三月十五日卅二人；七月一日卅一人。（兩批共六十三人）

其中機器部三十一人，街外五十九人，司機二十三人，售票五十人，司閘二十一人。

資料來源：《電車工人快訊》，1954 年 7 月 18 日，第二版。

歲月痕跡 2.3.2：

其他工種的工友對剝削感同身受

 資料導讀 從其他行業的工友對電車公司「新例」的反應，可以更全面地感受當時整個勞工階層的狀況。

電車資方橫蠻無理，慘剝工人
各業工人紛紛指責——友會工友對電車片面「新例」意見摘錄（節錄）

工友繼續指出：最近香港巴士的工賊走狗正積極進行搞偽組織，威逼利誘部分工友參加，說甚麼參加了之後有「好處」，不錯，有「好處」，有除人「好處」，有減薪「好處」，我們每一個正直的巴士工友都很清楚他們陰險毒辣的企圖，我們不難看見，這並不是偶然的事件，這是陰謀大量除人減薪之先聲，這是電車資方曾經走過的道路。

起重機部門的工友說：我睇見電車工友受壓迫，覺得火燒到肉一樣痛，因此我雖然唔識講話都要講幾句。他說：我地一定要支持這電車工友護約的鬥爭，因為「新例」如果實行，不但電車工人難捱，將來我地全港九工人也同樣會更加痛苦。

黑鉛部的工友憤慨地說：判頭楊銓撕毀協議開除工人代表吳基，並採取不合理的輪工措施。我地為了呢件事，五次請求勞工處調解，勞工處說甚麼「資方有權除人，你地可以向資方交涉」，「你地可以到法庭控告佢」，最後無可再推、再辯時，「香港政府叫我這樣做的」。現在電車資方又毀約了，這不是說明勞工處助長了資方氣勢凌人嗎？這種不合理措施我們是堅決反對的。

一個姓賴的工友說：我個部分嘅工友，一天光就講電車呢件事，食飯又講，企埋又講，大家都關心，大家都憤怒，有一位老工友平日好少睇報紙嘅，現在日日都買張報紙，大家都說電車工友嘅護約及保障生活鬥爭同我地有重大嘅關係，大家不但同情電車工友並表示支持到底！

一個姓徐的工友說：我看完了電車資方訂出的「新例」真是憤怒到眼火都標出來！這個「新例」簡直是一張賣身做奴隸嘅契約。電車工友反對資方這種瘋狂無理舉動，係正確的！同時勞資協約是勞資雙方共同簽訂

的，現在電車資方不能片面訂「新例」撕毀原有協約的，電車資方這個措施，不但無理的，並且無效的！

牛奶冰室部一位姓陳的工友說：電車工友這次鬥爭，和我們關係重大，即如我地嘅隣家着火，我地能夠置之不理嗎？幾大都唔能夠，所以我地一致起來協助隣家撲滅火頭！就是這個意思。

牛奶工會座談會上工友說：電車工友被壓迫，利益被剝奪，也就是牛奶工友和全體工友的被壓迫，利益被剝奪。電車資方今天想將一條鎖鏈把電車工友鎖起來，明天這條鎖鏈同樣可以把牛奶工友和全港九工友鎖起來。但誰又肯讓這條鎖鏈鎖在自己的頸上呢？

木匠工友說：電車資方片面「新例」是企圖慘剝工人，分裂工人團結，打擊工會的狂妄做法。他們說：電車工友的利益是與港九各業工友的利益是休戚相關的，因此一致表示堅決支援電車工友的護約鬥爭。

工友代表又說：工會屬下的工務局日薪工友已被廠方實行了所謂減津貼，加底薪的凍結工資、破壞生活律貼辦法，來搵工友的老襯。資方對月薪工友也是照用這個辦法。今天政軍醫工友正密切注意這件事。並已經要求工會召集有關部門工友來研究這件事。

大英煙廠工友說：「港九工人一家親，港九工人一條心，電車工人的事情，也是大家的事情，我們一定要全力支持他們。」有些工人代表比喻說：「電車事件如火燒屋，一間燒着，其他都要受累；現在這火已經燒到電車工人身上，過些時候就會燒到我們自己的身上。因此我們要支持電車工人撲熄這火。」工人們並認為香港政府勞工處，應該制止電車公司資方的毀約行動。

九龍船塢各部門工人代表在前晚舉行會議時大家慷慨激昂地說：「我們全港工人是血肉相關、呼吸一致的。電車公司資方這種剝奪工人利益的措施，只是一個起點，假如給它實現了，其他的資方同樣也可以實行，特別是公用事業和產業部門的資方會跟着來。」打銅部工人代表說：「電車工人的護約鬥爭，不僅是為了保障他們自己的利益，而且是維護全港工人的利益。我們要全力支持，不到勝利，決不罷休！」各代表更強調勞工處應該責成電車公司資方立刻和電車工會舉行談判。

一位的士工友說：今天資方迫害電車大佬，明天就會迫害我們。

資料來源：香港電車職工會宣教部編：《電車工人‧護約及保障生活特刊》（約 40 頁的小刊物、非賣品），1951 年 12 月 28 日，頁 10-13。

☑ 歲月痕跡 2.3.3：

當年生活面貌之一：工人心聲

> **資料導讀** 一篇篇生活散文，記下了當時工人的真實生活實況，為空洞、框架化的 1950 至 1960 年懷舊潮添加肌理與血肉。

二十五年非易過　工友生活實艱難

廖友

亞昌叔從一九二九年起就進入電車公司工作，為市民交通服務了。事到如今，已經整整有二十五年。

二十五年非易過，工友生活實艱難啊！

亞昌叔在電車公司裏，揸過紅旗仔，做過撬路，到一九四一年以後，才做「賣飛」。他最初入公司時，正話十七歲，現在，他做到頭髮都變白了。和其他的電車工友一樣，昌叔是衷心為市民交通服務的，太平洋戰事爆發後，日本人從擔竿山吊炮過來，由早至晚，炮火連天，電車線被打斷，電車廂被打穿。有一次，電車開到干諾道東山酒店附近，中了炮彈，當時在車上工作的一八一號工友，成邊頭冇咗，樓上樓下亦有幾個搭客受傷，情形非常嚴重，眼看就要完全斷絕交通了，工友們在職工會的號召下，為了維持市民的交通便利，決心冒着槍林彈雨，堅持工作。這時候，昌叔住在石塘咀，朝朝四點零鐘就要起行返公司，到「黑齊」冇吊炮至返屋企，成日咁長，家人都很擔心，時常都話「返來個晚至知道你生」。但是，工友們沒有害怕危險。

又要賣票又要打鐘　做到「口擘擘」

和平後，香港市民逐年增加，對電車交通的要求也更加迫切，搭客是異常擠擁了。昌叔是在筲箕灣至上環街市的電車上工作的，他說：「每日賣千幾張票，重有『月票』呢，又要賣票，又要打埋鐘，一邊擔頭出去睇住乘客上落，一邊用手拉住鐘繩，逼出逼入，唔同行街咁行。特別是天時熱，做到『口擘擘』，車上茶都冇杯飲吓，真係唔容易捱。」昌叔話：你

搭過車你都知道,人多、車少,又要趕時間,遲到三分鐘唔得,條路線咁長,你話幾多站呀?昌叔逐站數吓,然後説:紅白牌計埋,足足四十六個站,但是公司規定行車時間只有四十二分鐘,少數怕長計,如果站站停,或者停耐的,真係會飛都攬唔掂。

又譬如話,有個大人孭住個三歲細佬哥上車,有乜理由叫人買兩張票呢,但係人多又熱,或者孭得辛苦,放佢落來,好平常啫,但係公司規定要搭客買多張票;又如拿一條竹升或擔杆上車,公司「例簿」都有規定唔得上車的,卻一樣處罰工友,要你「飲杯」,又唔見咗日幾人工嘞。你話幾難做呢。

等出花紅做衫褲　有病有痛標會還

和其他工友一樣,昌叔也有家庭負擔,有老婆,有四個子女,一家六口,工資唔夠五十三元(按每日工作八小時,昌叔每小時工資為九毛六仙,每週出糧一次),兩老節衣縮食,單係房租、伙食,每週至少要六十三元,已經慳到冇得慳了,手巾牙刷,番棍牙膏,涼茶涼水,都係冇數打嘅,除咗做年、放大假,未曾飲過茶,七個星期至輪得一個星期日放「禮拜假」時,才抽兩個銀錢買的豬骨夾生魚仔煲啖湯畀的細嘅「潤吓」;要到年尾出花紅,至能為仔女做套衫,閒時的衫仔、褲仔、鞋仔,幾年來都係靠親友畀,唔係就冇衫褲着。兒女都係當生當長,大女條褲唔啱着,唔知講咗幾耐,褲襠擘到冇得補了,做老母的才咬實牙根,出四個半銀錢買布返來借架車自己車;過年過節,人有得食,你冇得食,對住班細路仔實在難過,過年買隻雞返來都分開兩餐,團年食一半,開年食一半;生兒育女,有病有痛,都要靠標會還;自己在車上冇時間食飯,總係靠站頭站尾一兩分鐘扒幾啖。個年胃病嚴重要入東院割,人太瘦,流血過多,恐怕有危險,但係醫生對老婆講,若然開刀,重有一成希望,唔開刀,就要準備喪事了。結果只有開刀,因為血少,刀口難以生返埋口,足足住咗五個幾月,自己買咗唔少針,用咗幾百銀,事後做會,足足還咗兩年,先至得甩身。

捱到「索晒氣」　始終「冚唔掂」

打工仔,係咁多就咁多嘞,真係捱到索氣,始終冚唔掂。我哋生活咁困難,工作咁認真、咁辛苦,點能夠話「人力過剩」呢,實在公司應該為市民

交通的便利與安全着想，增加車輛，恢復被除工友工作，增加工人至啱。

資料來源：《電車工人快訊》，1954 年 8 月 5 日，第二版。

☑ 歲月痕跡 2.3.4：

當年生活面貌之二： 簽名運動顯各界心聲

 導讀資料 港九工會聯合會也參與莊士頓除人的抗爭角力。下文摘自「促進談判解決電車糾紛委員會」編印的小刊物內。此小刊物內的文章，內容觸及社會不同階層，以本文為例，文內的「心聲」來自普羅大眾，從中折射出來的社會面貌，反映工人、市民的真實生活狀況。
像這樣的材料，很值得被保存下來，讓更多人有機會閱讀。

聽聽二十萬人的簽名呼聲

自從工聯「促委會」成立以後，為早日促進談判解決電車糾紛，社會各界發起簽名運動。簽名範圍是非常廣闊的：從香港到九龍，從新界的農村到香港仔、長洲的漁區，從工廠、學校、到商店及街市檔口，從白髮老人到青年學生，都捲入這波瀾壯闊的運動裏。

以下是簽名者的心聲。

一間戲院負責人講：「電車這件事應該組織機構來談呀，不談又怎樣能夠解決呢？交通不方便，對我們戲院生意有很大影響！」

有一位判工說：「這件電車糾紛事件越早解決就越好，交通才不再受威脅，簽名紙放在我這裏，等我叫所有同居的人簽吧！」

一位涼茶店老闆說：「資方和勞方應該有商有量去談判、解決這次糾紛才是，電車糾紛擴大，對港九市面影響好大呀！」

一位藥行商人講：「談判的做法是對的！這樣才是解決問題的途徑，這樣看來，電車工人的做法真是夠忍讓，為大眾市民着想，應該支持的。」他又說，「工聯會提到電車資方應該立即實現增車諾言，這個建議很好，的確係照顧社會人士交通方便的好提議」。

一間冰室的老闆表示說：「莊士頓不同工人談判，這樣是不對的，一旦

電車停開，我們直接間接都受好多損失的，我們日間靠來往客商來飲茶，夜晚靠工友街坊來幫襯，工友有份工做才能長久，電車這件事，一定要談判，不談就不對喇！」

一位汽車公司經理說：「你們這樣做就對喇，我個人的意見覺得勞工處應該出來理這件事，勞資雙方大家談談才好！」

有一位洋行的女職員說：「我們公司的同事整天都在談論這件事，這次電車工人只要求談判，莊士頓也不答應，工人這樣忍讓的做法是難得的了，我們有的同事在筲箕灣住，有的住在西環尾，假如沒有車搭，就要行路了，因此我們同事差不多全體都簽了名。」

小販魚販都來簽名　不想糾紛擴大被累

北角電車總站有一個賣菜小販說：「停工那一天，真是被莊士頓累死，我叫我的女兒上街去買菜賣，因為沒有電車搭，只好將買到的貨（指菜）寄貨車帶返來，人呢？搭巴士也搭不到，只好行路返來，你說在西環行返來要幾多時間呢？貨已寄到齊，但人還不知在哪裏，當時我以為那些貨是自己的，拿來通通賣清光，等到我的女兒回來，才知道是人家搭買的，你說多倒霉呢？原來整天賣的菜都替人賣的，這不是莊士頓累死人嗎？我幾大都簽名支持電車工友呀！」他又取了兩張簽名紙，並說：「我拿回家去，叫那些左鄰右里的人都簽，過兩天我還給你吧！」

有一個魚販聽過工友的解釋之後說：「你講起來我就激氣，十號那一日，要搭的士去買魚，我買貴魚，你們又食貴魚啦！電車資方這樣不講理是不對的，你畀兩張簽名紙給我，等我叫人家都簽！」這個魚販後來拿了簽名紙叫很多的魚販都簽了名。

有一間木園的鉎木師傅說：「你們工會的聲明和意見都非常合情理，所以得到許多社會人士同情和支持，因為一旦行動起來，真是會損害到工商業和市民的利益的。雖然莊士頓死硬，但不能由他不理，若果他不理的話，一定會受到整個港九各階層人士指責！」他又說：「我很早就想簽名的了，今日見到你，一定簽啦！」還對叫他簽名的工友說：「你們做得真好，真好！」

荃灣有一個理髮師傅說：「這次電車除人的事件相當重要，因為大量工人失業，市面蕭條，剪髮的人也會減少，我想全港九社會人士要加緊支持電車工人談判解決糾紛的合理要求才對。」他也簽了名。

有一位置業商人，他對電車事件很關心，他表示：「電車工人是有力量的，同時電車工人夠忍讓，能照顧市民的利益，電車工友是值得敬佩的。」他又說：「莊士頓不和工人談，真是笨啦！要大家商量解決，這樣才好！」

一個中年婦人說：「停工那一天，我以為一直停下去，那麼我的女兒天天上學怎辦呢？於是我就叫她去學單車，怎知亞女由七點出去到九點鐘回來，滿口鮮血，當時我嚇了一驚，以為發生甚麼事，原來她學單車跌到通口損了。」她一邊講，一邊很憤怒地說：「若果不是莊士頓這樣逼工人；我亞女就不致弄成這個樣子了，我無論如何都簽名支持電車工友。」最後還拿了簽名紙回家去叫同住的人簽！

大家都要照顧飯碗　支持促談理所應當

有一個太古工友，到一隻漁船上去找人簽名，艇家是一個女人，她說：「我叫做福好，這件事我好樂意支持，請你替我簽吧！」「你自己簽好了」，工友講。福好立即舉起雙手，好像誓願似的說：「我對天都敢講，我老實告訴你，我們三代都不識字的！」然後放低手，無限感慨地說：「唉，我們顧得食就顧不得穿，哪還顧得讀書、識字呢？你代我簽，等我打個圈上去吧。」她又對船上的工友說：「各位都應該簽個名，我們都是工友，大家都要照顧飯碗的。」

有一個計程車工友去西環 XX 冰室飲茶，拿一張簽名紙出來看，有一位伙記問他：「這是甚麼紙呀？」工友詳細地講了簽名支持電車的意義，並且說：「不單止工人簽，好多老闆都簽。」結果那位伙記首先簽了名，並且推動幾個伙記也簽了名，最後簽名的那個伙記又問：「我在菓菜欄有好多朋友，可以拿去簽嗎？」那個工友說：「當然得啦！如果電車事件擴大，對菓菜欄生意都有好大影響，他們也有責任要求談判的。」於是那個伙記就取了兩張簽名紙準備去菓欄買菜時叫菜販簽。

一位商店老闆說：「電車這件事許多社會人士都說莊士頓不對的。電車公司年年賺幾百萬，還開除工人，完全沒道理，同時他又不同工人談，使到這件事一天天擴大，至今天每個人都指責，他才提出組織法庭『調查』，調查不調處，根本沒有辦法解決問題。應該要根據事實去做才對的，工人只要求你談判，你肯談甚麼事都解決啦，現在這樣做法只是想拖吧了。若果再任他繼續拖下去，不單只商場生意更加難做，市民大眾都受好大損失，所以每一個人都希望早日解決，誰都不想給他拖延的。」

一個織鐵線用品的小商人，在簽名之後說：「莊士頓這樣做是不對的，電車工人願意談判，他總不肯談，其實工人又不是要求甚麼，只不過要有工做，有飯吃吧了！」

糾紛擴大影響生意　商店老闆參加簽名

　　北角一間餐室的老闆娘說：「電車停工那天，我們的生意受了影響，莊士頓這樣做不對，賺大錢還要除人，這件事一定要解決它才好！」跟着一個伙記說：「大家簽名，支持電車啦，讓我先簽！」一個帶頭，所以老闆娘及所有伙記都簽了。

　　一位洋服店老闆說：「如果事情擴大，大家都受損失，是非不怕給人知，莊士頓不談真是不對的，就算有或者沒有理由，都要大家談才對呀！」

　　一位木屐舖老闆說：「莊士頓為甚麼要這樣呢？就以我們舖頭來說，每日都是做十幾二十元生意，都沒有隨便開除伙記的，如果開除了他們，各行這樣淡，真不容易找工作，整天說老闆有權除人！如果伙記無錯處，生意又夠做，亂除人是講不通的。」

　　一位中藥舖老闆說：「現在生意這樣淡，如果加上更多工人失業，生意就會更加冷淡，電車公司一年賺大把錢，不應該這樣開除工人的呀！」

　　一個船廠的老闆說：「我都知道電車公司除人是不對的，賺大錢就不應除人，各行最好賺就是交通事業，工人沒有犯廠規，就不應開除他們，等我也來簽個名吧！」

　　有一個建築工程師說：「莊士頓真無理，賺這樣多錢，還製造這樣的事件做甚麼呢？假如莊士頓唔談，市民一定指責他的。」他又說：「電車資方給勞工處的那封信，真是無理由，這封信還講：一九五〇年就不承認電車工會，照勞工法，他沒權不承認的。」

　　一位織造廠商的會計員說：「莊士頓這樣做法是不對的，工人不是不和你談判，你不和工人談判又如何知道工人的意見？莫說勞資糾紛，就算世界大事亦可用協商談判解決。我非常同情你們的做法，我一定簽名支持你們。」

資料來源：港九工會聯合會促進談判解決電車糾紛委員會編印：《努力促成調處機構 · 談判解決電車糾紛》（約 52 頁小刊物，非賣品），1954 年 11 月 9 日出版，頁 21-25。

☑ 歲月痕跡 2.3.5：

當年生活面貌之三：小商戶心聲

 導讀資料 港九工會聯合會也參與莊士頓除人的抗爭角力。下文摘自「促進談判解決電車糾紛委員會」編印的小刊物內，從工商界人士發表的意見，側面反映當時的社會情況。

促進談判獲得熱烈支持　各界要求立組調處機構
社團、各界人士意見選輯（節錄）
工商界人士發表意見

廠商說除人不對　何以不談判解決

某膠廠廠商說：「莊士頓有錢賺，工友冇犯錯，開除工友係唔啱嘅，有的做咗十幾年嘅工友都開除唔合理由，呢啲小事啫，無謂擴大呀，呢件事冇好過有啦，呢個係有關社會問題，解決咗大家都好。」

一間五金廠廠長說：「電車是香港的交通大動脈，若一旦受影響，對社會的繁榮和工商業影響甚大，物價亦會受到波動，引起市場的混亂，這是當然的。像倫敦工潮就引起了很大的影響。應該談判解決，公道自在人心。」

一位姓黃的商人說：「電車勞資糾紛事件我都非常關心，因為這件事不是一個人的事，而是關係到大家利益的事。巴頓的信只提出調查，而不提調處，這樣調查來有甚麼用呢？他只不過藉此『拖』吧了！」

又一位姓林的商人說：「只是調查不能解決問題，因為不知調查到何時，應該迅速成立一個調處機構來解決這件事。」他又說：「我一有機會就向人講，如果電車糾紛不解決，以致沒有車行，住在筲箕灣的居民就很難出來買東西，那麼，我們的生意也要少做了！」

西營盤一位士多老闆說：「電車公司只講調查不講調處，是不對的，電車工人誠意要求談判，為甚麼不同意勞資雙方、社會人士和政府代表一齊談判的辦法來解決糾紛呢？有社會公正人士參加談判更加公道啦！」他又說：「工人要求有工做有飯吃是很合理的。莊士頓賺大錢而除人，我自己同樣是老闆也反對他的做法。」

商人說莊式除人　人人談起都反對

一位姓楊的商人說：「電車公司除人是不合理的。電車公司年年賺大錢，電車搭客擠迫，工人在擠迫的搭客中賣票好辛苦！電車公司實在人力不夠用，而它反要除人，這是講不通的。」他又說：「如果電車公司沒有誠意談判，工人被迫停工，那麼，港九居民都將受到重大損失。」

有一位潮州籍的商人說：「總之是莊士頓不對，第一他賺大錢而除人。第二除了人，工人要求談判又不肯同工人談。電車工人只要求有碗飯吃，我將這件事同朋友談，他們十之八九都認為莊士頓是不對的。」他又說：「電車公司除人害處甚大。它造成失業人多，小販也會因此而做少了生意，所以任何一個市民都關心這件事的。」

米業商人有意見　力陳糾紛應解決

一位米業商人說：「這件事如果不解決，對市民交通有很大影響。好像我這一行，有很多同業一早就由灣仔或者筲箕灣到上環，如果沒有電車行，就很不方便了。」他又說：「發生勞資糾紛是應該協商解決的，如果不用協商解決，造成各走極端，大家都沒有好處。如果沒有理由開除工人是說不過去的。」

另一位中山籍的商人說：「公司每年賺幾百萬，卻要除人，是沒有理由的。被除的工人都是在電車公司服務有很長歷史的，電車公司卻要除他們，真是太不近人情了。」

中區一個雞鴨行商人說：「目前香港生意能夠賺大錢的不多，電車公司賺到大錢，而莊士頓卻要除人，實在沒有理由。現在市場那麼清淡，如果電車糾紛再不解決，致事件擴大沒有電車行走，出入不方便，就會更加影響生意低落了。」

一個姓楊的商人在會上發言說：「電車呢件事，同我地關係重大，試問邊一個市民唔駛搭電車？我係一個老闆，唔係工人，我都覺得電車資方莊士頓唔啱，我地做生意嘅人，總係咁樣嘅，賺多的錢，就請多的伙記；再賺多的錢，就開多的舖頭。莊士頓呢條友，賺咗錢重要開除工人，重要減少車輛行駛，先幾時佢話唔反對港府『調查』，但係又唔談除人問題，並且表示不受任何仲裁或其他干預。咁樣即係話佢都冇乜誠意嚟解決糾紛，咁樣點啱？我贊成電車工人嘅聲明，請港府和各有關社會組織調處機構，

請勞資雙方及公正社會人士參加調處，公平合理解決糾紛。」

資料來源：港九工會聯合會促進談判解決電車糾紛委員會編印：《努力促成調處機構 · 談判解決電車糾紛》（約 52 頁小刊物，非賣品），1954 年 11 月 9 日出版，頁 15-17。

 歲月痕跡 2.3.6：

當年生活面貌之四：市民街坊及街坊組織意見

導讀資料　港九工會聯合會也參與莊士頓除人的抗爭角力。下文摘自「促進談判解決電車糾紛委員會」編印的小刊物內。街坊意見，就是最在地的生活意見。

促進談判獲得熱烈支持　各界要求立組調處機構
社團、各界人士意見選輯（節錄）

清遠公會開會討論

清遠公會在十一月四日晚舉行理監幹事聯席會議，並就電車勞資糾紛事件提出討論。席上有工商界人士、工人、家庭婦女，他們均先後熱烈發言，……。有一位是在西營盤做生意的，他說：「如電車糾紛一再拖延，不作合理解決，事情鬧到尖銳化時，電車停開，那麼，我做生意的地方，因交通不便，顧客不能來，生意也要少做。我們為了全港市民利益，一定要促使電車公司勞資雙方談判解決這次除人糾紛。」

電車本不夠應用　不去增車卻除人

有一位家庭婦女說：「電車是香港重要交通工具，現在乘車的人比以前多，車輛卻沒有增加，大家都急需搭車，車上擠擁現象隨時都能看到。可能因為工友不夠，三等電車門沒有人照顧，有些乘客曾被電車門弄傷。其中受傷的有不少是帶着小孩的婦女。從事實上看，現在電車已不敷市民應用，需要增車，而增車就要增人，為甚麼還要開除工人呢？」

勞工處要負責任　致函講秉公處理

……

勞資意見還有距離
勞工處應引導解決

……

致函資方指出民意
應為公眾利益着想

……

西區街坊集會討論

西區坊眾在十一月七日晚舉行座談會，討論促進談判協商合理解決電車糾紛問題。與會者咸表示對電車工人的合理要求無限同情與支持，並希望港府當局及各有關方面、各社團與社會公正人士出面調處電車糾紛，以求通過調處談判的途徑，合理解決電車糾紛，以免事態日趨惡化，致影響居民交通及工商百業。許多人還提議用西區坊眾的名義，致函勞工處，請求迅速調處，避免糾紛擴大。

教師學生要坐車　迫切望事件解決

一個姓鄧的教員在會上説：「我曾經聽一個學生家長講，佢係一個小商人，往時佢每日都做得一百蚊生意，佢對我話，十月十日嗰日，因為莊士頓使到工人不得不被迫停工一天，嗰日佢就只做得三十零蚊。大家想吓，如果電車事件因為莊士頓拒絕調處而更嚴重發展，搞到出咗事，咁樣，教師同學生上課就冇車坐，大家都遲到，咁重點樣教學，點樣辦學校？本來電車事件係可以好快得到解決嘅，工人一路嚟都主張談判協商調處，就係莊士頓加以拒絕。以教書先生來講，我表示支持電車工人，希望大家都來關心電車事件，都來支持電車工人。我希望電車事件快啲解決。」

老醫生責莊士頓　連累病人受妨礙

一個老醫生在會上發言説：「電車資方成日只話要調查而唔談除人問題，話態度無可改變，成日唔想辦法解決糾紛，有一日迫不得已，搞到電

車工人要停工，咁我嗰啲病人就嚟唔到我處睇病，咁樣對我同埋對我嘅病人影響有幾大！」

　　一個姓朱的店員：「我係一個送貨員，又兼埋做送信。我日日要去成十次灣仔，我日日要坐電車。如果莊士頓使到工人要採取行動，咁樣我冇電車搭，我又冇錢坐『的士』，咁即係話我日日都要行路，行十幾次來回西環同灣仔。我要話畀莊士頓聽：我話佢唔啱！我希望莊士頓快啲唸番轉頭，快啲接受調處，同埋工人談判。」

　　一個姓何的學生説：「我地嘅爸爸返工要搭車，媽媽買餸去街要搭車，我地自己返學要搭車。我地嘅同學，有的住喺西灣河，有的住喺灣仔，家下嚟講，電車咁逼人，有好多時候朝早返學遲到，已經誤咗學業；如果莊士頓攪到電車工人停工，咁樣叫我地點算？」

資料來源：港九工會聯合會促進談判解決電車糾紛委員會編印：《努力促成調處機構‧談判解決電車糾紛》（約 52 頁小刊物，非賣品），1954 年 11 月 9 日出版，頁 10-11 及 14-15。

☑ 歲月痕跡 2.3.7：

當年生活面貌之五：教育界所受的影響

 資料導讀　港九工會聯合會也參與莊士頓除人的抗爭角力。
下文摘自「促進談判解決電車糾紛委員會」編印的小刊物內。電車公司辦的是公用事業，從教育界的反應，側面反映當時抗爭事件對整個社會民生都有影響。

促進談判獲得熱烈支持　各界要求立組調處機構
社團、各界人士意見選輯（節錄）
教育界同聲指責莊士頓

糾紛不談而擴大　學生上課受影響

　　福建商會一位理事在十一月三日的理事會上指出：如果電車事件擴大，不僅該會會員所經營事務遭受巨大影響，甚至會員子女上學，亦受阻礙，

該會所辦的福建中學亦將受影響，學生學業也會受到損失。

堅道一學校的校務主任說：「電車糾紛這件事，我認為都是早日解決好。我們學校有好多學生住在灣仔、銅鑼灣等地，如果電車事件不解決，事件擴大，學生沒有電車搭，上學一定會成問題。我對這個問題同意用和平談判方式解決。凡一個繁榮都市，沒有了交通對各行各業都有損失。不單只工人同我們教師希望早日解決這次電車糾紛，就是廣大市民也希望早日解決。」

半山區一中學校務主任稱：「這件事我已經同教師談過，大家都認為電車資方除人是不合理的。這件事僵持下去對我們是不利的，如果電車工人被迫停工，交通不便，我們教師同學生上學就不能準時到校。平時我們的學生都有充裕時間補習功課，但如果在交通不便的情況下，學生補習功課的時間也會被剝削去了。」

他又說：「電車工人有相當誠意使事件合理解決的，香港當局對這個問題應該負責調處，因為這是關係到整個市面繁榮及交通安全的問題。」

中學校長有同感　糾紛解決要迅速

西營盤一間中學的校長說：「我同一些其他學校的校長都談過，認為電車事件應該迅速解決。我們許多學生都是住在中區的，如果電車事件擴大，學生無電車搭，就一定會影響上學。」

中區一間中學的校務主任說：「我們學校的學生，東邊住到筲箕灣，西邊住到石塘咀，如果電車事件得不到解決，沒有電車搭，學生勢必曠課，先生也會遲到。」

青年學生對糾紛關心

對於電車事件，青年學生們也特別關心，而且表示他們一定支持促進電車談判的決心。他們認為，如果電車事件得不到合理解決，迫使電車工人停工，那麼他們一定遭受重大損失，因為許多學生住的地方往往距離他們的學校很遠，會使他們因無車可搭而致學業受影響。下面便是青年學生們的意見：

只是調查不調處　就是把事件拖延

西區有一群青年學生表示：「在我們青年學生來說，十分盼望此次電車

糾紛早日得到合理的解決，電車資方立即與工人方面展開談判，組織公正的調處機構，化干戈為玉帛。單獨所謂進行『調查』，是不能解決問題的，只是把事件拖延。電車事件一日不解決，我們求學便受到莫大的威脅，我們希望莊士頓先生要正視學生和家長們的利益，為教育着想，不可一意孤行。」

全家都要搭電車　糾紛擴大不得了

住在堅尼地城一位姓盧的學生說：「我大哥每天上工，母親上街買菜，我每天上學，總少不了要乘電車，如果電車停開一天，我們全家就要叫苦連天」。

住在西營盤一位姓謝的學生說：「我每日要乘車往灣仔到學校讀書，由於人多，往往乘不到車，常常遲到，對於功課的影響極大。如果電車糾紛不解決，事件擴大，沒有電車開行，就會更加影響我的學業成績。」

一位姓李的學生說：「提起沒有電車坐，我不免有點害怕，因我住的地點和讀書的地方距離較遠，我每天都要坐電車去上課的，如果沒有電車開，我去上課一定遲到，甚至第一節課也不能上了。我還是希望電車資方要和工人談判，並增多些車輛行駛為佳。」

資料來源：港九工會聯合會促進談判解決電車糾紛委員會編印：《努力促成調處機構 · 談判解決電車糾紛》（約 52 頁小刊物，非賣品），1954 年 11 月 9 日出版，頁 17-18。

☑ 歲月痕跡 2.3.8：

三篇材料——電車公司不增加車輛，車廂擁擠易生意外

資料導讀 多篇文章反映人手不足，危及乘客安全。

架架電車擠滿人

為社會交通服務的電車工人都明白，每一個乘客都是希望交通方便，等車是一件令人討厭的事情。但是，很多時候因為電車廂裏擠滿人，實在不能再上客了，面對着站在台上的候車的搭客，我們也替他們焦急，往往

亦只好這樣解釋:「上唔得嘞,逼唔落嘞,後面架啦!」

候車的人會怎樣說呢?他們說:「架架都話後面,後面,唔知等到幾時!」「上埋啦,我地等左五、六架嘅嘷!」「趕時候㗎,大佬,搏命你都要畀我上呀!」

我們何嘗不想到搭客們的焦急的心情呢,每一個搭客都是趕時候的,但是,往往就在三等車(車尾)閘門這一小塊地方就逼滿十多人,甚至二十人,簡直無法轉身,寸步難行,大家只好伸高雙手,客傳客的買票,你想,車上的搭客會怎樣呢?他們說:「唔好畀人上嘷喂,真係想逼死人咩。」「唏,唔好逼嘷,你睇,逼到我個仔。」

這時很容易使我們聯想起一件事情:這一天,一個年約四十歲的婦人,她背着孩子,在七姊妹道登車到筲箕灣,車上人逼得很,孩子一直在喊,有甚麼辦法呢,車到鰂魚涌站,她說要落車行路了。

「我獨一粒仔喳,唔好同我逼死佢呀,唏呀,我寧願行路咯!」結果她落了車。

實在,搭客擠迫的現象是普遍存在的,住在筲箕灣的居民當然清楚,晨早由柴灣坳出來馮強站候車的搭客,即經常擠滿七、八十人甚至過百人,在西灣河街市和第三街兩個站都經常因為客滿而上不到車。由跑馬地至堅尼地城線的車輛,可以說是整日存在搭客擠迫的情況,第一架車開出至中環街市即擠滿搭客;晨早在天樂里口站滿人,往往要停車兩分鐘才能上齊搭客開車。在修頓球場和經濟飯店等站候車的搭客,也是經常因為客滿而上不到車的。

在我們電車工人和很多老香港的記憶裏,以前在頭等車上釘着有一個白牌,牌上寫的是:「此車樓上嚴禁企立,搭客如超過限額者,司機不得將車行駛」。三等車廂也有「搭客不准在車尾企立」九個字,但是,自一九四七年以來,由於搭客人數大量增加,由一九四七年的六千六百萬人增到一九四八年的八千七百九十萬人,以至去年(一九五三年)的搭客人數竟達一億三千六百八十萬人,而電車公司的電車祇從一九四八年的一百零三輛增加到目前的一百三十一輛(實際開出車輛只一百廿輛),即是說,以目前的情況和一九四八年比較,搭客人數增加二分之一人有多,而車輛增加僅得四分之一左右,遠遠追趕不上搭客人數增加的需要,顯出了車輛不足的嚴重問題。雖然以前車上的字牌早就給收起塗抹掉了,但是任誰都不能抹煞搭客擠擁的事實。

當前的問題是搭客普遍要求增加車輛行走,特別是跑馬地至堅尼地城

線，由於西環有魚菜市場，還有雞鴨欄和豬欄，估計和市場有關係的搭客佔有很大的數量，他們人來人往，大都靠電車作交通工具的，兼且近年來在西環尾建了一些平民屋，他們都是由跑馬地、藍塘道等木屋區遷來的，一定要到市區來找生活。可是莊士頓沒有正視這樣一個擠迫的事實，反而於五月卅一日起，在這條線上縮減了十三輛車，由原來的三十八輛減為二十五輛，無異於將三十八輛車的搭客，改由二十五輛車來負擔交通的責任，以致平均每輛車每更三等乘客由九百人增至一千三百人以上，頭等乘客由四百五十人增加到六百五十人（月票乘客還未計算在內），其結果不但增加我們工人做多四成以上的工作，也使市民感到交通的不便。老年的菜販説：「我地的伯爺婆，唔夠後生仔逼嘅」，要求增加車輛，「丟那媽，你地老闆賺咁多錢，應該叫佢開多的車呀」。

住在筲箕灣的搭客也説：「你地電車公司個大班『零舍衰』嘅，年年賺幾百萬，應該增多車呀嗎，整到我地周時搭車要等五、六架至搭得到。」

南華西報也曾於九月十四日、十六日、廿一日連續發表該報讀者來函，「希望電車公司盡早安排多些車輛」，對於電車公司將增加車輛行駛「衷心希望能及早實行」，以解目前的擠迫。

所有市民對電車擠迫情況的意見和迫切希望增加車輛的要求，都是與我們電車工人的利益完全一致的，我們電車工人早就體會到車輛不足，搭客擠擁，市民交通不便的事實存在，早就反映了市民的這個迫切要求，提出這個迫切要求。

資料來源：《電車勞資糾紛特刊 · 莊士頓無理除人真相》小冊子（非賣品），1954 年 10 月 8 日，頁 14-15。

———●————●———

港九工友團結一致　支持我們的合理要求
——半月來各業工友慰問我們的綜合報道（節錄）

工友們又説：報載五月二十三日下午四時多，行駛經海軍船塢附近有一輛電車漏電失火，幾乎鬧出人命，如果不是電車工友合力搶救的話，市民生命會受到危險的威脅，這件事大條道理指明：電車公司是應該負責任的，如果電車資方關心市民交通安全的話，加派工友經常檢查電線，就不

致有漏電失火的危險。「人力過剩」、「冗員過多」是完全不符事實的。

資料來源：《電車工人快訊》，1954 年 7 月 18 日，第二版。

●━━●

電車風閘夾傷搭客　工友認為公司要負責任

張偉

　　七月卅一日上午十一時，有一架正擬由北角糖水道總站開出嘅六十二號電車，發生夾人事件。

　　該電車係風閘車沒有司閘員，由三等售票做埋打鐘工作。該售票員睇過車站已經冇搭客上車便打二下鐘正想走入去車廂內賣飛嗰陣時，有一個婦人抱着一個女孩由車尾走來，急將小孩舉上車，啱啱風閘關閉，便夾住了該女孩右手，售票制止不及，立即打急鐘，司機聞鐘聲，急開了閘。事後，查悉該婦人名叫郭佩賢，廿三歲，其女名叫黃麗珍。

如果有司閘員　就會安全得多

　　工友知道咗呢件事後紛紛談論，有個工友說：「若果公司留用司閘員，就冇呢的事發生，我哋賣飛佬又要做賣飛工作，又要照顧搭客上落打鐘開車，你估有三頭六臂咩？我哋打咗鐘，揸車佬喺倒後鏡望見三等站冇人上車，就鬆開風掣，但風力未到，風閘未曾關閉，若果有搭客走來，以為風閘未閂（其實已經逐漸關閉），衝上車來，便畀風閘夾到，若果有個司閘員，便會制止他，必要時用手撐住風門，便會安全得多。」又有個工友話：「莊士頓裝風閘，為着想扣返司閘個份人工，就唔顧搭客嘅安全。」

一人做兩人功夫　公司錢命兼收

　　有個工友講：「而家搭客咁擠擁，『賣飛佬』已經做到七個一皮！點有足夠時間去門口照顧搭客上落。賣『飛』要時時入車廂賣，又點能走出去先至打鐘及關照度閘呢？如果賣飛佬賣遲咗，公司又話我哋『漏收』。如果夾到搭客，公司又話我哋唔『小心』，又要處罰，總之想伙記死。一個人做兩個人功夫，工資一樣咁多，但精神上已經負擔多一倍，唔怪得個個

都話：『公司錢命兼收』咯。」

資料來源：《電車工人快訊》，1954 年 8 月 5 日，第 2 版。

☑ 歲月痕跡 2.3.9：

取消守閘員引致市民受損傷

莊士頓除人不合常軌　社會輿論紛紛指責
道義是在工人一邊　各界人士支持我們
（關於電車事件社會輿論摘錄）（節錄）

……

電車資方莊士頓大量開除工人
取消守閘員而引致市民遭受損傷
引起市民紛紛指責並要求設守閘員管理車閘

七月廿九日星島日報「讀者呼聲」欄刊載該報長期讀者黃文輝的來函……指出：「電車自從設有風閘以來，時時有夾傷市民事件發生，因而我要求電車公司在風閘處設立司閘員，防止風閘夾傷人事件發生，這是電車公司要負起的責任。」

八月六日星島日報「讀者呼聲」欄又刊載該報讀者曾繼崇的來函說：「見貴晚報刊有電車閘門夾傷乘客，而且傷勢頗重。一婦人攜幼女在下車時遭受此種不幸，上述此等事情不知已發生過若干次，何以交通當局以及電車公司仍沒有考慮有效辦法，防止這不幸事件發生。站在生意立場的電車公司和素以保障市民生命為宗旨的交通當局，應即採取有效措施，以防止再有同樣之不幸事件發生。」

八月六日星島晚報發表短評指出：「大約三個幾月之前，一老翁曾被風閘鐵門夾斷肋骨，而這次則有母女兩人被夾至重傷。……可見風閘鐵門的裝置，實有改善的必要了。」

該短評又說:「公共交通的首要條件為安全,所以電車公司負有改善電車上風閘鐵門至毫無危害乘客安全的程度之責;而負有直接管理交通責任的交通部,更負有督促電車公司改善風閘鐵門至毫無缺點的程度之責。」

八月六日南華西報刊載該報讀者李約瑟的來函說:「對市民來講,電車三等的自動閘是損多益少的。自從公司安裝了這些閘之後,已經發生過很多受傷事件。……上月卅一日在北角總站發生的事件受到很大的關注,因為那個小孩受到如此重擊,以致要叫『十字車』。」

該函又說:「既然這是一件為市民服務的事業,公司應首先考慮市民的安全和方便而不應將賺錢放在第一位。英皇道的意外事件,市民是記憶猶新。」該函又說:「讓我借用貴報的篇幅向公司提議,在三等採用舊式閘或者將三等的風閘,從司機的控制下割離開來,把它交給司閘員去管理。」

八月七日南華西報刊載該報讀者士坦地的投函,說:「作為香港電車的一個經常搭客,我要接着李約瑟先生一起提出我的提議。那些『小巧的裝飾品一樣的門』曾經兩次打在我的頭上,但是真正的危險在於手上,由於大多數搭客要做工謀生活,他們的手受傷是吃不消的。」

八月十四日星島日報「讀者呼聲」欄刊載該報讀者曾繼崇的來函說:「港九巴士之閘門俱是由人力的啟閉,卻從來很少聽到有意外事件發生,由此可知電動閘門仍未能達到理想階段,愚意以為,防止此不幸事件之較佳辦法,仍需要有一個專負責看守車門的人員,倘因節省開支而只為公司本身利害着想,那無異視乘客的生命如草芥。」

該來函又說:「電車公司在晚上九時後即開始減少車輛行駛……故每當夜校下課,戲院散場及渡海輪泊岸時,候車乘客擁塞車站,常久候多輛都不能登車,在下雨天時,乘客尤感苦惱。」

八月十七日南華西報刊載該報讀者「一個推銷員」的來信說:「我認為莊士頓先生報告的沒有受傷的意外事件的數字只是根據公司所接到的報告。我深信不少被風閘打傷的事件是沒有向公司報告的。搭客和售票員都會怕麻煩而沒有向公司報告這類事件,這是很自然的,除非該搭客是傷到如此程度,在電車工作人員及其他搭客的心目中認為嚴重到需要照料的。」

該函又說:「以我自己的事情為例。今年二月某日……我的手腕被打傷很重,雖然當時沒有流血,但後來受傷處瘀黑了,而第二天仍然很痛。當然,我沒有向公司報告,也沒有叫十字車『作預防的步驟』,我想問一句莊士頓先生有否將我的事件記在公司的記錄?如果沒有,請將我這件事加在公司的卷宗裏,而把它列為『完全沒有受傷』那一類。」

該函又說:「我們不能夠說搭客不得不要冒一些危險,時不時要給車門夾一次,因此我完全支持李約瑟先生的提議將三等車閘交給司閘員看管,因為他比較司機更能控制得好。」

……

資料來源:《電車勞資糾紛特刊 · 莊士頓無理除人真相》小冊子(非賣品),1954 年 10 月 8 日,頁 18-21。

☑ 歲月痕跡 2.3.10:

工友見莊士頓經過紀要

資料導讀　文內描述的是莊士頓第十三批除人的角力過程。
電車工友希望除人事件能早日獲得合理解決,在多次要求談判被拒之下,於 7 月 13、14 兩日去見莊士頓,要求舉行勞資談判,恢復他們的工作,但是莊士頓仍然表示不接受工友的要求。
以下是《工人快訊》記下來的情況。讓大家透過記錄下來的對話感受當時的氣氛。莊士頓說英語,在場有人為他翻譯。

電車工友要求勞資談判未有結果
工友追問為何除人,莊士頓無話可說
——十三、十四日工友見莊士頓經過紀要

卅一個電車工友,曾於本月(1954 年 7 月)十三、十四兩日再見電車資方莊士頓,要求恢復他們的工作,以保障工友的職業生活和維護社會交通的便利與安全。工友們還追問莊士頓為何除人,要求勞資談判,接受工友的合理要求,恢復卅一個工友的工作。莊士頓給工友們問到無話可說,但是,莊士頓仍然不接受工友的要求,以致未有結果。

自本月(1954 年 7 月)一日清晨五時半,香港電車公司突開除工人卅一名事件發生後,到今天為止,已經是半個月了,電車工友為了保障工人的職業生活,曾經兩次向電車資方進行交涉,並曾兩度往訪勞工處,並要求勞工處對這次除人事件切實進行合理調處,恢復卅一個工友的工作。

各業工友和各界社會人士對這次事件也很關心和重視，各業工友更紛紛慰問、寫信、捐款支持電車工友，表示支持電車工友的合理要求。希望事件能早日獲得合理解決。為此，電車工友再於十三、十四兩日去見莊士頓，要求舉行勞資談判，恢復他們的工作。但是莊士頓仍然表示不接受工友的要求。

十三、十四兩日工友見莊士頓的經過是這樣：

信係由邊個發出　莊士頓說：「是我」

十三日由上午十一時四十分至十二時四十分，又由下午三時五十五分至四時卅五分，只有四個電車工友分別見到莊士頓。十四日由上午十一時至十一時五十分，又有四個電車工友分別見到莊士頓。兩日共計有八個電車工友分別見到莊士頓。

工友問道：公司無緣無故停止我們工作已有十多天了，究竟候至何時才給我們返工？公司根據甚麼原因停止我們的工作？

莊士頓說：原因就在這裏面。

工友問：信係由邊個發出？

莊士頓說：是我。

但是，當工友問信是怎樣講的，要求他當面解釋，莊士頓卻不回答。

莊士頓被問到無話可說　一味話「我唔同你講」

工友問莊士頓說：公司話「人力過剩」，點解七月一日公司一面開除我們，一面又要休假工友返工？工友有病，醫生都話唔夠人使，冇假畀，係唔係「人力過剩」？

莊士頓冇得好講，只有話：「我唔同你講。」

工友問莊士頓說，我們工友做到有病，甚至在車上吐血，都唔准請假，要工友帶病返工，而且將放大假工友的假期臨時取消，這難道是「人力過剩」嗎？

莊士頓又冇得好講，只有話：「我唔同你講呢個問題。」

工友又問莊士頓說：跑馬地至堅尼地城線原有卅八輛車，現在減為廿五輛，少了十三輛，工作要我們工友做多了。

莊士頓答工友說：「唔關你事。」

工友又問：西環線車輛天天都擠擁（人逼），需要增加車輛，增加工人照顧搭客，而你反而藉口「人力過剩」除人，是甚麼原因？

莊士頓又冇話好講，只有話：「我唔同你講。」

理屈詞窮，莊士頓話「我唔能夠答覆你」
還不願意解決事件？莊士頓說「我已經決定了」

工友問：工人在公司工作二、三十年，始終為市民交通服務，為甚麼還要開除？

莊士頓想了很久，擰了擰頭，才說：「我唔能夠答覆你。」

工友又問莊士頓說：那麼，你還不願意解決呢次事件？

莊士頓說：是的，我已經決定了。

資料來源：《電車工人快訊》，1954 年 7 月 18 日，第一版（即頭版）。

☑ 歲月痕跡 2.3.11：

工友撰文寫工友，聆聽真實的工人階級心聲

嚴正的批評

洪民

電車公司董事局主席巴頓先生在十月廿八日致函勞工處，說不反對「調查」引致糾紛事件的真相，但仍然錯誤地拒絕對除人事件的「任何仲裁和其他干預」。

電車工人和全港工人密切注意着這個情況，他們立即紛紛集會討論，提出了許多看法和意見。

資方目前採取這種態度，顯然還是不想解決糾紛，而所謂「調查」，不過是在全港居民的公意下，不得不用以掩飾拖延談判的藉口，但是，這將騙不了工人，騙不了市民。電車工人說：「巴頓的信，撇開除人問題不談，只是說調查福利待遇和所謂承認工會問題。實在全廠工友最關心的是飯碗問題，飯碗有保障，才能講到福利。」「最重要是除人問題，你公司不除

人，就沒有這次糾紛。不談除人問題明明搵我地笨。我們一定要先談除人問題。」「如果不談除人問題，那麼包袱豈不是仍然掛在門鈎上面？以後隨便除人都可以啦！」「調查，調查，又不解決問題，有甚麼用？又沒有說調查到甚麼時候，又沒有說到甚麼時候才調處！」「這個機構一定要包括各方人士，幾大都要調查莊士頓無理除人真相，來解決糾紛，『鬥生鬥死都係為着飯碗咋！』」電車工人有豐富的經驗和尖銳的眼光，問題一擺在他們面前，就甚麼也不能遁形。

其他工會的工友也同樣分析了巴頓提出的意見，打銅工友說：「這封信是沒有誠意的，除人問題都不提，只說調查不調處，要調查到甚麼時候？」太古工友說：「這封信不遲不早在這個時候拿出來，不過是想轉移社會人士視線，避重就輕，一些也不能解決問題。」勞聯工友說：「電車資方的做法只是想拖延時間。」電燈工友說：「調查結果得個知字，結果如何，沒有下文，對於解決糾紛沒有用處！」牛奶工友說：「資方不談除人，不受干預，好像做戲一樣，想草草了結，這是不可能的。」

工友們一致同意工聯會聲明所指出的，今天主要的任務在於進一步推開促談運動，和各界社會人士一起努力，爭取立即組織談判調處機構合理解決糾紛。

電車工友說：「如果不是我們兩次停工抗議行動成功，如果不是我們電車工人有力量，全港工人兄弟、社會人士支持，那麼恐怕資方連這一聲也不開。」工人指出：「有力量，有道理，就自然有辦法。現在我們更有信心，進一步團結，就不難取得問題的解決！」

資料來源：港九工會聯合會促進談判解決電車糾紛委員會編印：《努力促成調處機構‧談判解決電車糾紛》（約 52 頁小刊物，非賣品），1954 年 11 月 9 日出版，頁 19-20。

1954 年 12 月 19 日，多行業工會工友集會時的情況。

 歲月痕跡 2.3.12：

工人階級互愛互動，互相支持

資料導讀 從中可見當時互相支持，工會聯動的氣氛。

正義的鬥爭　大力的支持
記三個多月港九各業工人支援我們的熱潮（節錄）

……各業工友更加紛紛繼續用具體行動來大力支持我們的鬥爭，捐款、儲糧、簽名、開會、慰問、贈錦旗、送慰問信、送慰問品……經濟上、物質上、精神上的支持，來自四面八方，支持我們的動人事例講不盡，寫不完。

幾十間工會的工友　來慰問我們

從八月十九日起，四電一煤、摩托工會、牛奶工會、四大船塢、紡織染、洋務、樹膠、內衣、政軍醫、絲織、中書等幾十間工會紛紛到本會慰問，致送錦旗。紡織染工友還送來一千五百個慰問包。九月八日，洋務工會的工友送來了三千個月餅，進行中秋節慰問，還演出了活報粵劇「帶病要開工」和古裝粵劇「陸文龍歸宋」，受到我們工友熱烈歡迎。許多工友和家屬看過「帶病要開工」，有的感動到流下眼淚，有些家屬對她的孩子說：「阿仔！做你阿爸呀！」有一個家屬說：「點解好似同我嘅事一樣架，我雖係頭暈，我都一定要看完佢。」

九月十九日摩托工友攜帶了一千五百個國慶禮包到本會慰問，同我們一起，一齊慶祝國慶。

家庭負擔雖重　仍每月捐薪一百元

摩托工會有位老工友他本人有一個妻子幾個仔女住在鄉下，每月要寄食回去，家庭負擔是不輕的，但他表示：「如果電車工友被迫要爆，我每月捐薪三分之一（即每月捐一百元）。」該會還有四個工友，他們每人每日

儲蓄一毫子，準備邊個有困難，或者月尾水尾唔過得關時，要來用的，他們足足儲了六個多月一共七十多元，但他們為了支持我們的鬥爭，在一個支持我們鬥爭的大會上，他們把存了七十多元的銀行存摺及四個人簽名的提款紙送出來。

寧可遲點結婚　幾百文結婚費都捐出來

紡織染工會一位工友，連四五年前姊妹組送給她紀念的戒指都捐了出來；有一個工友儲了幾百元準備結婚，但為支持我們的鬥爭，寧願遲點結婚，將全部儲款捐了出來；有個女工友將她媽媽打給她過年做裝飾用的戒指也捐了出來；有個亞嬌工友在今年起每期糧儲五元，準備過年時買番個新錶帶，共儲了五十多元，現在全部捐了出來；還有彭喜、談志強兩位工友，他們是開夜工的，日間睡覺，但他們寧可唔睡覺，搭車到元朗發動親友簽名支持我們，動員在商店工作的親友簽了，再落田去動員耕田的親友簽，共簽了二十幾人，回來飯都沒有食就去開工了。

冇錢捐　幫別人替工嚟搵錢捐

太古職工會有一個工友一家幾口，又要輪工，生活很苦，但他每期糧幾辛苦都設法慳番兩文來支持我們。

牛奶工會有一個工友因為生活苦，冇錢捐，他就在星期日在公司幫工友替工，將替工的工金捐出來。

洗熨女工收入少　捐起款來最熱心

洋務工會有個姓羅的老工友，他一家數口，生活很苦，冇錢捐，他就要求工會服務部，國慶工友敘餐的時候請他做散工，他把做散工的工金全部捐出來。有個工友他每月二百二十元人工，他第一次捐一百一十元，以後每月捐五十元。有個洗熨女工友，她每月人工八十元，她捐了一個月人工出來。有個姓吳的年青女工友，她每日要做十小時以上工作，但她一有時間就去發動親友及工友簽名支持我們，幾日間已簽了六十幾人，她還提出要突破一百人。

為了支電　幾十年煙癮都決心戒

中電工會有個女工友今年五十六歲，從十一歲就開始食煙，食了四十五年，最近他參加工會開會，聽到大家都非常熱烈捐款支持我們，他即席表示決心戒煙，返去買個錢罌，按日將食美麗煙的錢放落去，我們有行動，他就將全個錢罌捐出來。

搭車改行路　節省車費來捐助

石印工會有個姓余工友，他四年來都係每天早上食一隻雞蛋，一杯阿華田，在一個多月前就開始每日不食雞蛋，按日將買雞蛋的錢放入廠內「支電節約箱」內；又有三個工友他們每星期都有三晚要來工會參加太極班，過去每次都係從銅鑼灣搭頭等電車來，現在他們每次都行路來，第二天每人就將節省下來的車費放入廠內「支電節約箱」內。

多簽一個名　我哋就多一分力量

內衣工會一位姓梁的女工友，她響應工會號召發動工友及親屬簽名支持我們，她提出簽一百人，但在第一次初步總結的時候，他簽了二十人，她心裏很難過。晚上，她想到自己的責任，想到如果達不到目的就對不住電車工友，她越想越難過，甚至傷心地哭起來，可是她沒有灰心，第二天早上，雖然眼睛哭腫了，仍然一樣去簽名，中午放工也不休息，爭取多簽一個名，多一分力量來支持我們，結果在四號晚上她勝利地突破簽一百人的數目。

十萬工人簽名支持我們　認捐數目已達十五萬元

目前港九各業工人熱烈展開的儲糧、集款、簽名運動，已形成了一股巨大的力量，鼓舞着我們，大大提高我們的信心。有十萬以上的工友簽名支援我們。各業工人兄弟初步認捐十五萬元來支援我們。有了我們電車工人的團結，有了港九工人兄弟姊妹這樣熱烈的大力支持，有了社會人士廣泛的同情與支持，電車除人糾紛是可以得到合理解決的。

資料來源：《電車工人快訊》，1954 年 10 月 8 日。

歲月痕跡 2.3.13：

資方扶植自由工會，誤信工賊終痛改前非

資料導讀　因為正義不屬於自由工會一方，於是要用威逼利誘，甚至欺騙的方式，才找到支持他們開工行動的人手。10月工賊出動頻頻，於是 11月的《電車工人快訊》有很多拆穿工賊面目的文章。

牛仔痛改前非　脫離工賊操縱　受到工友歡迎

謝友

「我冇面見大家！」牛仔對自己被騙入廠的行為深感痛苦，他既恨且悔。對於工友歡迎他覺悟回頭，牛仔更是又興奮又慚愧的。

牛仔年紀還輕，處世不深。早一個時期，他和工賊鍾少波同車工作，他在那裏學會賭錢，牌九、十三張，他玩得滾瓜爛熟。鍾少波慫恿他，借錢給他去賭，牛仔就越賭越沉迷，越借越多，也越陷越深，欠下了鍾少波一筆賭債而為他所束縛。

前頭表過牛仔和工賊的一段「因緣」。且說十月十日電車工友停工行動的時候，工賊楊康、林耀、鍾少波在福利大廈集合了一、二十個被騙工友入廠。牛仔呢，鍾少波當然不會放過他。牛仔入廠的事情很快就傳開了，牛仔的老母知道，同居知道，工友也知道。

牛仔被騙入廠以後始終雙眉深鎖，不言不語，冇厘情緒。

一天過去了，牛仔被派去「坐亭」，他想起了很多事情，昨天入廠以後受到家庭、朋友、同居指責的情景，也一幕幕湧上心頭。他想起回到家裏老母憤怒的斥責：「你個衰仔，陀衰我，邊個唔識我係牛仔個老母！個個人為飯碗做糾察唔入廠，你好似遊刑咁，重慘過做賊……你知唔知羞。」「你好群唔群，成日同個的衰人行埋！」他想起同居的不瞅不睬，對自己鄙視的眼光；牛仔越想越難過也越痛恨自己的行為。他自己盤算着一個問題：「我對唔住工友，工友會唔會原諒我？」

「我要返職工會道歉！」牛仔經過痛苦的思索、考慮以後，才鼓足勇氣搵個工友陪伴，心情忐忑的到工會找着保委會負責人。牛仔劈頭就說：「我咁做好醜，我對唔住工友，我冇面見大家。」

牛仔又覺悟回頭了。正當大家祝賀牛仔轉變的時候，工賊鍾少波卑鄙地強迫牛仔立即將糧銀一半來還他的賭債，可是，工賊的嘴臉，牛仔看得更清楚。

資料來源：《電車工人快訊》，1954 年 11 月 5 日出版，第二版。

 歲月痕跡 2.3.14：

第三次罷工前各界的具體意見

導讀資料 從各大社團代表所發表的意見，側面反映當時的社會情況。而各大社團及商界的介入，打破了勞工階級孤立無援的狀態。

促進談判獲得熱烈支持　各界要求立組調處機構
社團、各界人士意見選輯（節錄）
各大社團紛紛集會討論

中華總商會會議上展開討論

電車事件如再僵持擴大　勢必影響商場市況交通

中華總商會在十月廿五日舉行常務會董會議，就電車糾紛展開討論，會董們紛紛指出莊士頓至今還未願與工人談判，如果事件再僵持下去，致使事件擴大，這就勢必影響工商百業及市民交通，進而使市況更加蕭條，對商會會員之利益亦有不良影響。因此，常董盼此項糾紛能夠迅速和解。

豐貴堂蛋業商會開會討論

莊士頓拒絕談判　業務受糾紛影響

豐貴堂蛋業商會在十月廿七日開理事會議時亦將電車糾紛事件提出討論，各理事對此事件紛紛發表意見，並指出電車糾紛如不早日解決，將對

該行業務帶來不良影響。某理事說：目前每天清晨，筲箕灣、西環各區小販都來疍行購貨，供應各處，而疍行亦派人前往各處收取，因此絕不願見電車糾紛擴大，影響生意及民食供應。電車工人既屢次表示爭取談判解決，莊士頓一人拒絕談判，無論如何都是説不過去的。

會議上另一理事又指出電車糾紛發生後，工人始終表現忍讓態度，兩度停工抗議，都為照顧市民需要，而迅速恢復交通，並再三要求莊士頓談判，如果糾紛擴大，責任何在，至屬明顯。

該會最後議決致函中華總商會，請設法促成談判，解決糾紛。

致函商會要求斡旋　促使糾紛迅速解決

豐貴堂疍業商會致中華總商會的信中説：「各理事監事認為此項糾紛實有早日召開談判加以合理解決之必要；若始終談判不成，事件勢將擴大，如此，則原已奄奄一息之商場，必將更趨蕭條，並使各界市民遭受損失與不便；尤其敝會所屬會員，一向賴出售疍品為業，萬一交通梗阻，則此類鮮口貨將形滯市，得失堪虞，爰一致決議專函貴會，務盼起而設法斡旋，俾電車糾紛得以迅速和解，則不特敝會所屬會員深感欣慰，即港九各界人士，想亦當同此願望也。」

華人革新協會開會討論

主席陳丕士指出　糾紛已威脅市民

華革會在十月卅日執行委員會議上，討論電車糾紛事件，發言的人非常踴躍，主席陳丕士首先説：電車勞資糾紛是直接間接威脅到居民生活的。事實上，港府遇到這些事情，是可能而且應該處理的。同時香港居民都嚴密注意此事可能發生的影響。

曾靖侯發表意見　莊士頓阻礙談判

曾靖侯又説：「我個人認為電車糾紛造成目前不安情勢，是莊士頓造成的阻礙所致。莊士頓應談而不談，這就不僅是勞資雙方的事情，而是關係到整個社會的。在目前工商百業不景氣的時候，造成這個局面，的確是『得人怕』的」。

曾靖侯最後説：「扭轉局面的關鍵在電車公司方面。它應該開誠佈公，

和工人談判，被除的工人做了幾十年，如果不好，又怎會做得那麼久？現在資方造成目前情勢，使工商百業及居民交通都直接間接蒙受其害。因此，勞工處應該促使雙方談判解決這事件。」

潘範菴提出批評　何以不舉行談判

潘範菴説：「最近電車公司的聲明，是不敢面對現實，節外生枝，倒果為因。是轉移、迷惑、帶人走向錯誤看法的。我們不能同意莊士頓的邏輯，不贊成莊士頓式的除人。因為這種方式是使勞資之間的關係更趨複雜，他的邏輯是見不得人的。如果他有理的，為甚麼不敢談判，為甚麼不敢面對現實呢！」

陳君葆發言指出　糾紛不應拖下去

陳君葆説：「巴頓的聲明對重要之點，並沒有一句話談論到。這個問題絕不能，也不應該用『拖』來應付。我認為：（一）華革立場，要促進勞資糾紛打開直接談判之門。（二）要使大家了解用協商態度是可以解決一切問題的。（三）電車糾紛不僅是勞資雙方的問題，而是有關整個社會及全體居民的問題。」

一位姓蔡的委員説：「電車公司資方屢次聲言不承認電車工會，使人不能不懷疑其除人的目的，是為了打擊工人團結。」

莊成宗語重心長　商場不容受打擊

莊成宗説：「事件如不解決，各方面均受損失，目前商場蕭條，不堪再受打擊，事件擴大則不堪設想，必須協商解決。」

另外兩個委員發言，一個指出工人忍讓，照顧市民交通，但資方屢次不理，資方的做法絕對不能得到居民同情的。如再僵持，資方須負責任。另一個強調指出港府必須負調處責任。

陳丕士總結意見　工人有權提抗議

最後陳丕士總結各委員意見時指出：「香港工人，本身關心着的是他們自己的生活，假如他們日常生活受到威脅，他們會在法律許可下採取行動——如罷工的行動。」

陳丕士説：「如果工人知道他們之被開除是在不公平、不正當的理由下，他們是有權提出抗議的。」陳丕士又説：「在其他的公司裏，資方不會與工會及其工人發生此種糾紛，但在一九五〇年，電車公司發生過嚴重糾紛，而在一九五四年的今天，電車公司又發生同樣的糾紛。」

「其他公司機構內亦有工會人員，站在同一的原則及立場下，我們就有一個問題：為甚麼電車公司要發表聲明——電車公司與工會及個別工人之間的聲明，而其他公司則不需要？」

調查法庭拖時間　應該組調處機構

陳丕士最後説：「所謂成立『調查法庭』，可能要延到很長的時間，才能完成其報告，就算單要找出『人力過剩』的問題，亦要很長時間才能找得出來。比較迅速的辦法，可以邀請有關方面及社會人士，包括勞工處代表在內，組織調處機構，找尋電車糾紛問題的實質。」

決議致函各方面　支持組調處機構

最後會議一致通過他的總結及致函有關方面，即電車公司、勞工處、輔政司及其他適當社團如中華總商會、西商會等，請他們同意及支持組成解決電車糾紛調處機構的建議。

南北行公所開會討論

糾紛拖延已四月　商場市民受影響

南北行公所在十一月一日舉行第十九次常務理事會議時將工聯會「促委會」來函提出討論。該會主席首先説：電車糾紛拖延四月，如談判不成，事件擴大，則對南北行業務有所影響，全港居民交通亦蒙不便，站在商界地位而言，認為應釜底抽薪，談判解決才是辦法。

常務理事發言指出　調查法庭於事無補

「……就南北行而言，對於『二盤』（拆家、批發商）、『三盤』（零售），因為交通不便而影響買賣雙方交易，其他如飲食、百貨各業均受影響，市況恐更冷淡。」

電車是公共事業　應接受談判要求

另一位常務理事説：「電車公司賺大錢，車輛供應不夠，乘客擠迫非常，卻要除人並拒絕談判，引起糾紛，這是很不合理的。萬一事件擴大，影響交通，則居民時間、金錢、精神都受損失。電車公司是公共事業，實在應該與工人談判，解決糾紛。」

決定致函總商會設法促糾紛解決

該會議最後一致決議致函中華總商會請促成電車勞資雙方談判，協商解決糾紛。南北行公所致總商會的信首先説：各常務理事紛紛指出電車交通為本港一項公用事業。顧名思義，電車勞資雙方發生糾紛時，勢必影響及於公眾利益，故電車公司有盡力維持交通，迅速消除糾紛之義務。

該信又説：就該公所所屬會員而論，如一旦糾紛惡化而致交通受阻時，則不但千百職工難於依時返店工作，且對接洽業務及賬目交收等方面亦必造成困難多端。該信又説，該公所各會員之僱主遍佈於港九各區，在交通發生梗阻時，營業額自必隨之而降低。在此商場已日趨蕭條之際，更何堪再受此打擊？該信最後請中華總商會為維護商民利益，設法促使勞資雙方早日談判，使糾紛得以早日解決。

百貨商店職員會開會討論

交通不能受梗阻　糾紛必須早解決

百貨商店職員會在十一月一日晚召開全體理事會議時將工聯會「促委會」來函提出討論，……他們認為電車是重要交通工具，對市民來往交通特別是對百貨公司商店職工上班落班有密切關係。並認為目前商場原已受禁運影響，生意一蹶不振，如再遭受交通梗阻，不但東主生意受莫大損失，而店員職工亦間接受牽連。經一致決議：希望有關當局對電車除人糾紛出而調處；各大社團，各社會賢達也起而設法斡旋，及早成立調處機構，促使電車資方與勞方談判，使糾紛得以早日解決，各方免受不良影響。

福建商會開會討論

糾紛癥結在何處　主要是沒有協商

福建商會在十一月三日舉行理事會議，該會會員不少經營進出口業務，貨倉多靠近海傍，交通不便，則看貨樣，貨物上落，入倉等工作都會阻延不少時間。

有一位理事説：「目前本港商業清淡，電車公司生意甚好，應該多派車輛行走才是。何況今年該公司盈利比過去都增加了。賺錢而除人，殊不合常理。……」

致函總商會提出促成組調處機構

又有位理事説：「現在各理事均贊同致函中華總商會促請有關方面接洽，從速組織成調處機構，進行談判協商，合理解決問題。」
……

資料來源：港九工會聯合會促進談判解決電車糾紛委員會編印：《努力促成調處機構．談判解決電車糾紛》（約 52 頁小刊物，非賣品），1954 年 11 月 9 日出版，頁 4-9。

歲月痕跡 2.3.15：

第三次工業行動前的晚間大會（11 月 27 日）

 導讀資料 花絮式的報道有臨場感，讓大家感受當時的氣氛，也感受當時工人的忍讓。此次大會是第三次工業行動前的會議，後來因為友好律師建議給他們時間斡旋，令工業行動延至 12 月初才執行。而事情發展，是工人的忍讓沒有換來好結果。

支持我們的力量越來越大　我們的抗議行動正義合法
不容干預，不容誣衊破壞——十一月廿七日工友大會花絮

星期六下午就是通牒期滿之時，也就是電車資方莊士頓不顧市民公

意，社會人士意見，拒不談判調處，蓄意拖延擴大糾紛，電車工人忍讓已到了仁至義盡，隨時採取合情合理合法的正義行動的時候。毫無疑問，廿七日晚的工友大會就成為全港工人、市民所關注的會議，全體電車工人也因為莊士頓的死硬而感到極大憤怒；對警務處長發表聲明，意圖無理干預電車工人正義行動感到非常不滿。大家都趕着到會，各業工人代表也紛紛到來慰問，人頭湧湧，會場一直伸延到十多個天台。坐在後面的工友，只能從播聲音辨別是誰在講話。

通牒期限一滿，我們電車工人就有理由隨時採取正義的抗議行動。各業工人代表送來了一萬二千多元慰問金，還送來二百多張棉被和毛氈。有些工會代表還説：「這些棉被和毛氈都是工友一心一意送來給你們應用的，我們工友還表示：如果電車大佬採取行動時，決以全力支援，要錢有錢，要人有人。」

陳耀材主席到會的時候，先是天台通道的那一截工友響起了鼓掌聲和高呼「陳耀材主席好嘢」，接着全場爆起了雷動熱烈的鼓掌聲，充分表露了我們電車工友對工會主席的熱愛。陳耀材主席則一面行一面四圍點頭，表示他的謝意。

保委會主任楊光首先講話，佢前後講了不足五分鐘，講得又簡短又有力，當佢提到「我哋通牒期限已滿，我哋要考慮我哋嘅第三次行動」，「廿二萬港九工人市民的簽名，社會人士嘅同情支持就係我電車工人取得勝利嘅保證」，「工賊分子嘅破壞陰謀一定遭受到悲慘失敗」時，這些嘹亮雄壯有力、充滿勝利信心的話，引起了會場歷久的震撼會場的歡呼聲和鼓掌聲。

陳耀材主席講兩個問題，一個駁莊士頓嘅荒謬談話，一個報告幾次見警務處的經過。他説到麥士維警務處長也承認電車工人採取行動是合法，而且第一、二次抗議行動都做得好，守秩序。他又説：「我當時就對處長話：『咁就係咯，我哋電車工人兩次行動做得好、守秩序、又合法，所以第三次抗議行動，有任何事情發生都係另外有人製造……』」講到全場工友都笑起來，有些工友還大聲話：「好嘢，陳耀材主席好嘢！」

當楊光主任代表保委會宣佈大會結束，並定時廿九日晚舉行工友緊急大會的決定後，許多工友都笑起上來，有的話：「我都以為係聽日添，重帶便制服番來。」有的話：「我都估唔到，工會確係有勇有謀。」

因為人太多，有排唔落得晒，塞住喺門口的工友群中，有的人講：「保委會都諗到絕，呢回咁樣做真係好嘢，夠晒計劃。」有個又回答話：「莊士頓呢回重唔疲於奔命！呢次撚到佢哋一戚都冇。」

住得遠的工友留着等候工會用車送回家，佢哋越談越起勁，佢哋話：「幾過癮，嗰的報紙造謠，大早就話我哋聽日要爆，呢次睇錯晒咯，爆唔爆由我哋大家決定，使乜你自作聰明，呢回『中央社』遭殃咯！」

有個在公司服務了將近廿年的老工友對一些年輕的工友話：「你班後生仔見得少，估唔到！工會有勇有謀我就見得多，總之跟住工會走就係啱。」

資料來源：〈花絮〉，《電車工人快訊》，1954 年 12 月 1 日，第一版。

☑ 歲月痕跡 2.3.16：

自由工會新主席跟國民黨有關

 資料導讀 揭露自由工會的真面目。

加強工人團結，粉碎分裂陰謀
工賊分子妄想「借屍還魂」必然失敗！

堅強

至於黃 X 嘅來頭，呢度不妨順便提下：

黃 X 在解放前早已是蔣幫黨棍一名。廣州解放前夕，才逃亡來港，最初在旅 X 工會踎躉，後來該會爭權奪利，黃 X 獲工會書記之職。當時適國泰酒店、國泰公寓、百樂門酒店和百樂門公寓四大酒店工友進行改善生活鬥爭，由於四大酒店的工友包括有洋務工友和旅業的工友，黃 X 表面上代表旅 X 工會與洋務工會聯合鬥爭，而實則暗中勾結資方破壞。當四大酒店聯合致函資方提出改善生活的時候，黃 X 就臨時宣佈退出鬥爭，以後又冒用國泰酒店工人名義，寫信給資方降低工友所提改善生活的條件，破壞鬥爭，出賣四大酒店工人利益。後來全靠工人團結一致，揭露了他的陰謀，才取得鬥爭的勝利。黃 X 在那個時候就幹起了工賊的勾當。

黃 X 還參加過所謂「世界自由勞工」在錫蘭舉辦嘅勞工訓練班，受訓三個月之後，回港就擔任老工賊馮 X 潮所控制的工團總會所舉辦嘅勞工訓練班嘅教授。黃 X 一直來就係「自由勞工」中負責人物之一。

舊年七月一日，莊 X 頓第十三批除人時，就曾召見過黃 X，要佢分裂工人團結。電車工人兩次行動期間，佢暗中指使楊 X，欺騙工人入廠，但結果都失敗了。

前嗰排，老工賊馮 X 潮居然入廠搵佢，唔使講，又係商量分裂工人團結。我哋工友必須提高警惕，粉碎工賊分裂陰謀。

資料來源：《電車工人快訊》，1955 年 3 月 13 日。

歲月痕跡 2.3.17：

工友章叔的個案反映公司醫療措施不合理

資料導讀 下文反映真實的 1950 年代。為不無空洞化、過度簡約化的懷舊潮補上血肉。1950 乃至 1960 年代的香港，是個仍未發展起來的社會。

一定要公司改善不合理的醫療措施

章叔說：我嘅病咁樣，你話點開工呢？就算叫我帶埋張床上車瞓，都唔得架……工友說：咁樣我哋條命唔係越來越兒戲，我哋一定要公司改善不合理的醫療措施！

章叔患了嚴重的胃病，在三月八日入了醫院。在醫院住了四十多天，仍未痊癒。四月廿六日，醫生突然通知他：「你哋大班昨日來過醫院，佢話你應該出院咯，畀三天假你休息。」章叔話：「我身體未妥，點樣出院？」經這一問，醫生也很難過。但是，他說：「有事就去睇街症啦，因為你哋大班話過，你哋喺醫院住得太耐，好返五、六成就要出院；如果係貴重藥，藥費也由工人自己負擔。」

章叔出了院，在家休息。三天的假期過去了，病狀還是一樣，兼且行幾步路，腳骨就發痠軟。但是公司醫生對他說：「假期滿咗，公司話你要返工咯！」章叔聽到真係心都酸晒。他據理陳詞，說：「我嘅病咁樣，你話點開工呢？就算叫我帶埋張床上車瞓，都唔得架！」最後，公司才不得不繼續給假他休息。

為了早日恢復健康，章叔曾經加聘醫生料理，並且還得到工友們的幫

助，但是藥費無法維持。經過一次、兩次向公司提出要求，最後才同意了介紹入院留醫。

前幾天，章叔又出院了，上午去見公司醫生時，醫生説：「你下午返工啦！」章叔一再講述自己個頭重好暈，希望至少畀多一日假。但是由於公司不合理的醫療措施，醫生拒絕了工友的合理要求，説：「冇得講咯，公司話返工咯！」結果，章叔返工，做咗兩三轉車就暈咗。非常辛苦。

工友們對公司這樣不合理的醫療措施反應很大，表示很不滿意。工友們説：「照計一切都應該依照病情來決定，而家公司對章叔咁做法，即係帶病要返工，難保又再出現崔聰、黃金球事件。」工友們又説：「如果公司真係要貴重嘅藥由工人自己買，咁我哋工友生活已經咁困難，個個病自己買藥點搞得掂呀！」工友們都説：「現在咁樣對待章叔，第日個個都咁嘅啦，我哋條命唔係越來越兒戲！我哋一定要公司改善醫療措施至得！」

資料來源：《電車工人快訊》，1955 年 6 月 21 日。

☑ 歲月痕跡 2.3.18：

電車電箱爆炸事故反映電車公司人手不足

資料導讀　事實説明，人手不足是會危害市民交通安全的。

一件電車電箱爆炸事件

五月二日早上六時二十分，一架行走筲箕灣線的三號電車（即當日的 D 字 10 車），由西向東行到國民漆廠附近，主管電箱突然爆炸起火，火花四射。當時全車乘客都驚恐萬分。有一位乘客因為驚恐過度，急得從窗口跳出，結果跌倒地上，腦漿都迸出來了。車上的司機工友，也被電火灼傷，送入醫院。這架電車只有攞牌回廠。

事後，搭客們都帶着猶有餘怖的神態説：「嘩！全車人生命響處喎，咁牙煙！」有些搭客在責備公司不照顧搭客安全，他們説：「唔係一次啦嗎，以前響筲箕灣又試過。」

搭客們和工友們都説，如果電車公司有足夠的人力，經常對車上機件和天線、路軌等及時進行檢查修理，相信這種意外事件是可以避免的。事實説明，人力不足正危害着市民交通安全和工人工作安全。因此，大家對電車資方莊 X 頓竟然又於四月間減少檢修車輛的工友，由五個人減為三個人，都感到不滿。

搭客説：「梗係啦，五個人縮為三個人，做到氣咳都搞唔掂架！」營業部的工友也説：「機器部的大佬係辛苦，工作做唔掂，還要縮減人，你叫工友做死都搞唔掂架，咁樣工友生命好兒戲，搭客亦牙煙！」大家都體會到市民和工友的利益一致、要求一致。大家都話莊 X 頓必須重視市民交通安全和工人工作安全！

資料來源：《電車工人快訊》，1955 年六 6 月 21 日。

☑ 歲月痕跡 2.3.19：

售票員生活

工人生活　售票員的生活

「冇『飛』買『飛』」，「冇『飛』買『飛』」，大熱天時，電車售票員整天在擠得像沙丁魚般的電車三等車廂裏擠出擠入的叫着，擠得滿頭大汗，這只不過是電車工人在工作中一點辛苦罷了。

電車工人生活上、工作上的痛苦還多着呢。做電車呢行，真是「起早瞓晚挨飢餓，返工放工叫早晨」！電車工友整天在搖搖晃晃的車廂裏站着工作八九小時；早晚送一批批工人上下班，學生上學放學，但是，電車工人自己上下班沒有車搭，只好跑路呢。工友有大部分係住不起樓，只有在灣頭灣尾搭間木屋來棲身。上班要跑上點多鐘的路，遇着落雨打風時更苦不堪言。有幾個工友住在柴灣尾，但是早班返工要五點幾就到廠開車，那時哪裏有車送他們返工呢？每天只好凌晨三時就要起身行路返工；做夜班收工時已是凌晨一時了，也只好行路返柴灣；返到柴灣已是凌晨二時幾了，有時碰到返早更的工友，大家都叫聲「早晨」！電車工友的生活是很痛苦的！大部分工友每月只得二百元左右收入，要負擔六七個人的生活費，柴

米油鹽、房租、衣服、兒女教育費等等。「雞碎」咁多人工，邊處夠咁龐大嘅開支呢，所以很多工友都面有菜色，有時還會遭受到無理的停工處罰，那麼這個星期的生活就更苦了。工友入公司做時，個個都好大隻，但是做上三幾年就祇剩番一棚骨了，加上工作辛苦，而且在車上工作，到站時間太少，食飯要打樁咁打，時時都有染上肺病或胃病的可能，那打素醫院及律敦治醫院經常都有十多廿個電車工友在留醫的。戰後電車公司的業務是大大發展了，從三十幾部舊車發展到今天有一百四十幾架新車；每年利潤有數百萬，年年打破紀錄。但是電車工人生活只有一天天痛苦，債台高築，有時還要遭受職業生活的威脅呢！

資料來源：《電車工人通訊》，1956 年 5 月 29 日，第二版。

歲月痕跡 2.3.20：

與莊士頓的角力，工會工人的心聲

工友呼聲

林記

前幾日喺大三元門口等接更，聽見成班工友喺度講，你一句我一句，個個越講越憤怒，細聽之下，原來係講工會代表往見資方之事。

一個老年工友話：莊 XX 唔承認我地工會，你估唔承認就得架？大間工會喺度，我地工友支持工會，擁護工會，時時都團結喺工會周圍，唔到佢唔承認。

另一個工友跟住話：我地工會有幾十年歷史，一直都為我地工友爭取利益，資方想搞笨，工會就領導工友進行反對，所以莊 XX 將工會睇作眼中釘，想破壞又破壞唔來。我地工友更加團結，更加愛會，吹漲佢莊 XX！

一個工友幽默地說：上月我地工會會慶，喺戲院千幾人，大三元酒家四五十圍，要分兩輪來飲。點解咁多人呀？就係工友愛會啫，莊 XX 睇見就悲咯！

跟住有個工友憤怒地說：我地工會係合法社團，事實存在，莊 XX 竟然敢膽話我地工會「非法組織」，簡直係對我地電車工人侮辱，所以我地工

會提出抗議。勞工處應該有責任制止莊 XX，唔能由佢咁樣做。

仲有個工友話：我地大間工會喺度，莊 XX 竟然唔承認，真係有眼不識泰山！

一個工友大聲説：點解莊 XX 咁憎我地工會呀？就係我地工會站喺工友立場，為工友爭利益，不能任由公司為所欲為啫！我地工友要更加團結更加愛會來答覆莊 XX，睇佢有乜符！

資料來源：《電車工人通訊》，1957 年 3 月 31 日，第二版。

☑ 歲月痕跡 2.3.21：

工會辦好福利，深得工友歡迎

辦好我們的福利事業

鈞

在狂風暴雨的一個晚上，我在車裏忙着工作，肚子餓了，於是馬上通知站上的服務員送飯來。

食過飯後，我心裏這樣想：假如沒有服務部，今晚就要捱餓了。同時我也感謝服務員大佬，在狂風暴雨中都依時送上來，就算自己家人也未必送來的。當我拿着那碗飯，我覺得好難過，不知怎樣向他答謝才好。

因此我更認識到這個福利事業對我們「食」的問題極為重要，不但我有這個感想，相信整體工友同樣有這個感想。

雖然目前把它辦得不錯，可是我們要鞏固這個成就，進一步發展福利，就要依靠全體工友和職工們共同努力，大家出主意，愛惜公物，厲行節約，把服務部辦得更好。

為了要做好這個福利事業，就要拿些問題來談談，例如我們日常在車上食嘢，食完後，無意中把碗筷等亂拋，或忘記交回服務員，這些小事，都是對我們的福利事業有損失的，這是一個例子，希望大家重視，愛惜公物，把碗筷保管好。

服務部的利益就是我們工友的利益，我們要關心愛護服務部。

資料來源：《電車工人通訊》，1957 年 7 月 30 日，第一版。

1957年2月24日，
電車工會三十七周年紀念暨第三十八屆
職員就職典禮。是晚在鵝頸大三元酒家
舉行聚餐聯歡。

工會成立四十周年（1960年）暨第四十一屆職員就職典禮。

第三部分

自 1920 年成立以來，電車工會艱苦經營，抗爭連連；不少工友前輩都直接面對嚴峻的挑戰。遞解出境、收監等事情時有發生。因此，長久以來，工會為了緬懷先輩，都會在清明時節有拜山活動，以向先人致敬意。圖為 1957 年 4 月 29 日電車工會拜山活動，發言者是陳耀材會長。

第一章

1960 年代總體情況

1960 年開局，民生困苦是其大背景。當時工人的生活沒有保障，也沒多少社會福利。一方面，60 年代一如 50 年代，勞資雙方的力量並不對等，勞方沒有多大的議價能力，導致資方的剝削呈一面倒；但另一方面，在當時香港經濟資源分配不均的情況下（歲月痕跡 3.4），仍出現向前發展的一些趨勢。只能說，階層不同，貧富有別。再加上社會發展，物價飛漲，令低收入的勞工階層生活壓力大，非爭取加薪不可。工會作為真正為工人發聲的存在，於當時有實際需要和意義。

1950 及 60 年代，工人收入低，生活質素差，有工作也保障不了家人溫飽、保證不了下一代也有書讀。這些都是當時勞工階層的普遍實況——也是殖民政府管治下的總體情況。因此，1950 及 1960 年代的工會史，既是勞資鬥爭史，也是反抗殖民政府壓榨的抗爭史。

六七事件發生於 1960 年代中後期，在點出事件受中國大陸文革影響同時，亦必須重視勞工運動的背景。整理電車工會史便能得知：香港工人運動自 1920 年代便存在；流過血的勞工運動，1950 年代有羅素街血案。工運在六七事件的角色及重要性，不可以輕描淡寫便帶過。

1960 年 3 月，由於物價飛漲，生活困難，全體工友向資方要求加薪，結果爭取到每小時加底薪一毫（每月加薪二十元零八角）。

1961 年起，政府及公共系統頻頻加稅加價，而生活必需品的物價也不斷高漲，尤其是屋租一再劇增，令工人生活苦不堪言。

1961 年，電車公司不再批量除人，取而代之的是用營業部不斷開出罰則及罰停工以扣減工友實收薪金來打擊工人。這是 1950 年代用過的飢餓法。此外，也用降職處罰等手段令工人自動憤而離職，成功曲筆除人。同年，沙文接替莊士頓成為電車公司的經理。

1962 年，電車工會成立 42 周年（歲月痕跡 3.2）。

總而言之，於電車公司而言，1950 年代勞資雙方繃緊的張力仍在，只是資方使出的招式不斷變化而已。從民生、市民工人的角度整理六七事件前的社會狀況，可見要求加薪、勞資關係緊張，是整個 1960 年上半葉的主軸。

舒巷城的小說

舒巷城 1950 年代的作品《鯉魚門的霧》及 1960 年代的《太陽下山了》，是當時社會的人文記錄。今天回望過去，這類小說的歷史意義頗為重要。將這類早年香港寫實小說與本書同年代的電車工會史料並讀，能令讀者對 1950、1960 年代的香港有更立體的認識。

1956 年 5 月 28 至 31 日，
工會互助部發股摺盈餘金的情況。

電車工人緬懷先輩，向先人致敬意。
圖為 1964 年 4 月 14 日拜山活動。

第二章

1961 年開始的
挑剔濫罰

一　電車工人長期以來在緊張的勞資關係下工作

　　自開辦以來，電車公司都偏向以勞資對立的態度和剝削工人利益的方式去營運這個公共事業。在前面的章節中，筆者交代了 1940-1950 年代的重大鬥爭事件，例如 1950 年代的羅素街血案和莊士頓除人（簡稱莊式除人）。而踏入 1960 年代，由 1961 年 3 月開始，電車公司與基層工人，又在新任總經理沙文的管治下，展開新一輪的勞資角力。這一次，是以挑小毛病為手段，從而達到剝削和壓榨工人的目的。

　　由 1961 年初開始，先後有不少工友被公司以小事挑剔，令其降職、罰停工扣薪酬。此外，因各種原因而被迫離職者，大不乏人（*歲月痕跡 3.5-3.7*）。受影響的包括售票員、司機等工種。舉例，一位做了廿餘年司機的譚姓工友，無端被營業部某主管指為「不忠實」而降職為掃車。該工友不服，在其他工友及工會工友支持下，譚司機向公司據理力爭，最後雖然得以恢復司機職位，卻仍難免吃虧：因為過程中被「塔」（停工）五天，將不獲補薪；復職了，卻也不能算是完全公平。當時的工友手停口停，停工扣薪很關鍵，令本來已僅可糊口、未必可以令家人飽餐的薪水更見緊絀，生活更加艱難。

　　自 1950 年代開始，公司找藉口停工扣薪的處罰政策被命名為「飢餓政策」。這命名一點不為過，實事求是，這是令工人及其家人沒飽飯吃的手段。

　　以下是工友親述被惡意挑小毛病的事例，從中介紹幾種常見的罰則。

1.「飲杯」與被「塔」

　　工友們說：在行車中發生轆響，要「飲一杯」，到站時間有快慢——有時甚至只有一分鐘落差——也要「飲杯」。每天經常有十多人要「飲杯」，而結果往往就是「塔」一日。這樣對待工人，就是飢餓政策！

　　「飲杯」即是口頭上說的「port」。被資方管理層 port，即是被 report，被打報告。於當時，被「飲杯」、port、被打報告的，就要去見洋上司（鬼佬）。見面時或被斥罵，或被罰。如被罰「塔」一日，即停工一天。沒開工一天，就扣一天薪水。

2. 司機被挑剔的情況

要「飲杯」的，大多屬於實際工作中在所難免的小事。工友指出，電車搭客多，停站時間難以劃一，上落客人多人少時間便完全不同。而車站多，停站時間的分秒誤差疊加起來，便令到總站時累計的時間出入很明顯；再加上香港路窄車多，只要某段路稍為塞車，便令全程時間難以鐵板一塊地準確劃一。在漫長的電車路線上，全程時間快慢一分鐘本來在所難免，是小事；可是，當時資方有心刁難，於是司機隨時因全程時間的一點落差而動輒得咎，被「飲杯」。於 1961 年間，某高級職員曾搭乘由上環至筲箕灣線電車，親身體驗及測試行車情況。走了一轉——即由上環至筲箕灣，再由筲箕灣至上環——連他也說：「依足規定方法行車，一轉車（一次行車）也會慢兩分半鐘。」由此可見，責任不在司機身上。部分主管刻意找茬，吹毛求疵處罰司機，是無理行為。

而電車到站是否準時，又如何確定呢？於當時，公司在各站頭都掛了電時鐘檢測時間，實行所謂「標準時間行車，快慢不准超過一分鐘」的管理。可是，有司機工友指出，各站頭的電鐘並不一致。掛在筲箕灣站、北角站、鵝頸橋、上環街市等站頭的電鐘，所示的時間並非同步。這就有趣了，叫工友守「時」，是守哪一個鐘的「時」呢？公司有些高級職員如此回應：「各站電鐘都不對，要照麗的呼聲時間。」如此一來，既然公司掛在各站頭的電鐘都不管用，那營業部主管又根據甚麼標準來指控工友快或慢了呢？根據何在？這就是動輒得咎，典型的欲加之罪。

除一兩分鐘快慢被罰，行車時車轆（輪）發出聲響，都要被 port。要知道在行人多、路面車多的情況下，電車為了避人避車而煞車減速，從而引至「轆響」本來在所難免。煞車有「轆響」跟車輛鋼質不夠堅硬有關，責在工具，司機無錯。可是，公司把「轆響」、磨蝕鋼轆的賬，也算到司機頭上，要被「飲杯」或罰停工，做法完全不合理。

3. 整體電車工友被挑剔的情況

司機之外，不少電車工友都被雞毛蒜皮的小事挑剔，有的因而降職，有的離職。

以下是 1961 年的個案。司機黃 XX、張 X、售票員鮑 XX，被飲杯的都是小意外，例如售票員鮑 XX 打錯孔。營業部某主管卻惡意糾纏於各式小意

外，將工友降職掃車。某主管甚至對黃 XX 工友說：「將來可能開除你，亦可能連公積金都無！」這種半恐嚇、半挑事的激將法是「奏效」的，當中姓張、姓宋的司機，就是在受刺激之下，氣憤地說了句晦氣話：「我最多唔做。」——誰知，主管如獲至寶，逮住這句氣在心上、衝口而出的話，逼兩位工友離職。

當時面對公司縱容下的「惡吏」，工人於情感上被欺負，於工作上被挑剔，於職位保障上充滿風險。1960 年代的勞工狀況，可從上述的具體例子以小見大。

二　電車工會對保障工友生活的努力

1.　為工友出頭

早在 1960 年 3 月，由於物價飛漲，生活困難，全體工友向資方要求加薪，結果爭取到每小時加底薪一毫（每月加薪二十元零八角）。

而以 1961 年 3 月開始的惡意挑毛病為例，電車工會根據工友們的意見，派代表陪同司機工友代表往見資方及勞工處，提出有關保障工友職業生活與交通安全的三項建議。

以 1961 年 5 月 1 日為例，機器部陳錦裕工友被無理開除，工友對此紛紛表示不滿。工會立即派代表陪同陳錦裕工友往見勞工處進行交涉，公司後來遂給陳錦裕多補發兩個月工資。

2.　爭取增加津貼對抗飛漲的物價

1962 年 1 月間，物價步步高漲，工友生活困難，而電車公司的勞工生活津貼不升反降。生活津貼是合併計入日薪工資之內的，以 1961 年 11 月份及 12 月份為例，因為生活津貼相繼被調低，令日薪工資從 10 月份的每天一元五角，降為一元三角，工人生活更加困難。工會根據工友們意見，於 1962 年 1 月 3 日派出代表往訪勞工處，要求對生活津貼加以調整。2 月份生活津貼不再調低，令每天日薪微升為一元四角。可是，1962 年 3 月生活津貼又降，令日薪工資再次降為每天一元三角。

面對工資低、生活津貼追不上物價的現實困境，工會不斷向有關當局反

映意見，爭取合理調整生活津貼的權利。

3．籌建會所

1962 年初，電車工會羅素街卅號二樓會址由於業主收回拆建，工會根據工友意見，也為了適應會務需要，購置了新會址。新會址於 1962 年 3 月 1 日啟用。置建會所，是電車工會 42 年來的第一次，是當年電車工人的大喜事。

新會址購置費 48,300 元，連稅項、律師費、裝修費等約計 53,000 餘元。會所舊址拆遷補償 24,000 元，當中的差額，由全體工友捐款湊合而成。當中很多工友認捐數十元，有部分工友認捐 100 元、150 元、200 元，也有工友認捐 200 餘元，有的工友家屬也認捐以數十元計。在工友齊心協力的集資下，令電車工會購置了屬於自己的會址（歲月痕跡 3.1）。

4．用工會力量為工友提供福利

以財政年度 1960 年 10 月 1 日至 1961 年 9 月 30 日為例，工會會員有五人不幸仙遊，工會依章將每名仙遊會員之帛金 600 元發給其遺屬，並協助辦理喪事，年度共支出帛金 3,000 元。這種幫忙於當時極為需要，令貧病致死的工友遺屬得到及時的支援和安慰。

此外，工會經常派人探望因病入院或在家養病的工友，真誠關懷工友疾苦。工會也實施生活補助和醫藥補助，凡會員因病不能工作一個月以上的，每星期可享受生活補助金十元（一年內以四次為限）；會員到工人醫療所診病的，每月可享受醫藥補助金一次，每次一元。年度支出探病慰問品 184.95 元，支出醫藥補助金 143 元，疾病生活補助金 450 元。

這些工作令患病中的工友可減輕經濟上的一點負擔，最重要的還是從而得到精神上的安慰，彼此守望相助，困難共渡。

5．支持勞校籌募經費

自港九勞工子弟學校成立後，解決了不少勞工子弟的就學困難，是對港九工人的重大福利事業。1961 年下半年，港九勞工子弟學校又辦起小學延

續部分。為了把勞校辦下去，而且辦得更好，同時改建校舍，以適應更多工友子弟的就學需求，於是，勞教會在 1961 年 10 月提出籌募經費 50 萬元的目標。而電車工友和家屬熱烈支持了這項籌募活動。除熱烈捐款外，工友、家屬們還展開義賣衣服、日用品、粥品、生果等，支持勞校的籌募工作。

6. 開辦文娛、康樂活動

電車工會一貫重視工友文娛康樂活動。為提高工友參與正當康樂活動的機會，1961 年春季曾舉辦「電車職工會團結杯乒乓球單打賽」；同年 4 月又聯合電燈、電話、煤氣、中電等工會舉辦「四電一煤工會團結杯乒乓球賽」，電車工會乒乓球隊得到團體亞軍。當時，曾令乒乓球活動在工人當中成為風氣。

此外，文娛康樂活動還包括中樂組、粵劇表演等。1961 年曾演出古裝粵劇「楊門女將」、「打麵缸」、「花木蘭」等，頗受工友、家屬歡迎。在支持勞校籌募經費的工作中，中樂組也盡了很大力量。

當年工友的戲曲表演。

1962 年慶祝寶靈頓道新會所落成。

劉少奇主席

毛澤東主席

新會所落成

第三章

1963 年要求加薪至
每日 1 元 4 角

一 於 3 至 4 月間提出加薪至每日一元四角

踏入 1960 年代，物價升、基層勞工薪金沒有升的情況一直存在（*歲月痕跡 3.4*）。1963 年初，物價及屋租繼續飛漲，工人生活日益困苦。於是，電車工會在 3 月份根據工友們的意見，並徵集各部門工友的看法，於 3 月 29 日派代表攜函往訪公司總經理沙文，提出調整工資的要求。

主要是要求調整工資至每日一元四角。向資方提出的加薪方案如下：

（一）在原有工資的基礎上，全廠工友一律每人每日增加工資至一元四角，撥入底薪計算；

（二）自一九六三年一月一日起實施。

3 月 29 日的加薪方案提交資方後，沒收到回應。於是 4 月 11 日再派出代表攜函往訪資方，再次提出要求加薪（*重要記錄 3.1*）。工會的要求並非電車公司能力負擔之外，因為即使電車資方答允工人的加薪要求，也只不過佔電車公司之前一年（1962）純利 847 萬元的十三分之一（*歲月痕跡 3.3*）。對於勞工的合理要求，電車公司總經理沙文拒絕回應，也拒見工人，拒收工會函件。

向資方提出要求外，工會同時於 3 月 30 日、4 月 8 日，4 月 11 日先後三次派出代表攜函往訪勞工處，將兩次致資方函的副本送達勞工處參考，要求該處將工會函件轉交資方，並盼勞工處催促電車資方接納工人的加薪要求，調整工資待遇。

加薪要求是由電車職工會正式提出的。工會有 43 年歷史，會員人數眾多，是用合法勞工團體的地位去跟資方提出加薪要求。按理資方加不加薪也好，可以循正常方式跟勞方溝通。可是，在兩訪資方的過程中，電車公司總經理沙文的態度都相當傲慢，竟說「我唔收工會的信」，一再拒收工會函件，拒見代表。這種漠視工人要求的態度，令電車工友異常不滿。

二 至 5 月份仍陷入僵局

踏入 5 月份，加薪要求陷入僵局。前文提及，3、4 月間工會曾三訪勞工處，要求調處，並要求勞工處將工人加薪方案的信件轉送資方。可是，勞工處表示不肯負責轉信；而且，對電車這一勞資問題亦沒有進行調處的打算。在資方不回應，勞工處不協助的情況下，加薪要求陷入僵局。

香港電車職工會於 5 月 20、21 日兩天分別舉行港九各業工會代表招待

會，出席者有 60 多間工會的代表。包括摩總屬下港巴分會、九巴分會及電燈、電話、煤氣、中電、牛奶、太古船塢、九龍船塢、紡織染、洋務等工會代表。

　　代表們紛紛在會上發言，一致表示關心電車工人的加薪問題，堅決支持電車工人的合理加薪要求。對於電車資方加諸電車工人的高壓手段和無理做法，各業工人深表憤慨，一致指責電車資方漠視工人的意見要求，是不顧居民交通安全的無理措施。

　　電車工會主席劉和在會上報告電車工人要求加薪問題陷於僵局的最新情況，之後，指出電車資方對工人的高壓手段和無理做法、拒絕承認工會、拒見工人代表，是造成勞資關係惡化的主因。電車工人認為電車資方必須迅速改變對工人的惡劣態度，例如，必須恢復勞資正常關係、接見工人代表、商談加薪問題。此外，也希望勞工處採取積極態度進行調處，並幫忙敦促資方盡快與工人談判。

　　即使勞工處不作為，電車工會仍一直希望透過正常程序和談判解決問題。

當時的勞方處於求助無門的狀況，工會是唯一依靠。行業工會也橫向合作，不同工會之間互相聲援。

三　之前開始挑小毛病的做法變本加厲

　　前文提過，自 1961 年開始，公司便經常出現挑小毛病濫發警告及處罰工友的情況，令工友倍感壓力。公司所訂苛例多如牛毛，舉凡快車、慢車、漏收、漏剒、剒錯、打歪票孔、衣服不整、停車不正，乃至車轆響等等，無一不認為屬於犯例，要「飲杯」。同時，資方經常迫令稽查要多「砵」（port）工人，以此表示對公司忠誠。自 1961 至 1963 兩年來，被「砵」工人幾無日無之（歲月痕跡 3.6），全廠司機、售票工人，幾無一人不被「砵」過，受「砵」的每天最少 20 多人，最高時達到 80 餘名，通常每天有 3、40 人被「砵」。以最保守的估計，兩年來，被「砵」工人達到 21,000 人次！

　　電車工會主席劉和指出：「大家都知道，電車工人工作是十分辛苦的，特別是上下班時間，因為車少人多，車廂擠迫有如沙甸魚，工人做到沱沱擰，

有時票孔打歪一些，或劌錯一個阿拉伯字，工作上往往是難以避免；同時電車搭客多，車站多，交通車輛多，在漫長的路線上，快慢三分鐘本來是極平常的事，這是交通環境造成的。電車公司高級職員也曾親自視察，事後也承認：『按照公司規定方法行車，一轉也要慢兩分半鐘。』但資方不管這些事實，不問情由，不問是非，對被『砵』工人，都動輒加以停工、降職以至開除的處罰，如果工人申辯，甚至可能受到加倍處罰。在電車公司，工人是完全沒有辯護餘地的。兩年來，被罰停工、降職的工人達五千人次，被開除的、不滿公司高壓做法憤而辭職的工人，根據有稽可查的工人達到二百二十多人。」[1]

合理的避人煞車也是錯 —— 令車轆受磨損
從中反映六七事件前的勞資關係極為不對等！

小知識

對於今天的香港市民而言，最初讀到「車轆響」也是員工受罰的原因，未必即時明白當中的意思。別以為受罰是因為「車轆響」引起嘈音擾民，又或者是修轆員工技術不好因而被罰。花點時間弄明白文意，便會感到錯愕！原來被罰的原因如下。

急煞車、急減速引起「車轆響」，表示車轆會承受磨損。對於避人避車的「必須」磨損，竟然都成為工人被罰的原因？！於今天而言實屬匪夷所思。荒謬之處，是將資方「生財」工具在合理使用上所產生的折舊率，算到工人身上。

所以只要不粗心大意，弄明白「車轆響」也受罰背後的勞資倫理，大家會更加明白 1960 年代勞工在承受着怎樣不合理的待遇。

以下是解釋相關情況的引文。

電車工會主席說：「電車資方只顧賺錢，不理居民生命安全的無理措施做法，也是我們電車工人所堅決反對的。香港車多人多，我們電車工人為了避人避車，經常需要緊急煞掣，以免發生交通失事，照顧居民生命安全，這原是必要的措施。但是，緊急煞掣時，車轆必然發生響聲，資方竟對工人加以處罰，公司表示『車死人係一件事，車轆響，公司就要損失』。兩

1　〈電車資方拒談加薪　各業工人同聲指責〉，《電車工人》，1963 年 5 月 25 日，頭版。

年來，許多工人為此而遭到嚴重處罰，有些工人更因此而被降職。試問我們電車工人安全行車，照顧交通安全，照顧居民生命這種做法，有甚麼過錯呢？難道車死人才對嗎？作為交通事業的電車資方，對工人安全行車不予鼓勵，反加處罰，試問居心何在？試問居民生命何價？車輛何價？電車資方為何只顧一己利益，而置居民交通安全於不顧？對於資方這種超乎常軌、違情悖理的措施，我們電車工人深痛惡絕，堅決反對。」

（〈電車資方拒談加薪　各業工人同聲指責〉，《電車工人》，1963 年 5 月 25 日，頭版。）

從上文中反映勞資雙方的不對稱，不只是工人工資低、資方賺錢不加薪那麼簡單，是行業內的管理存在有違常情常理的規矩。當中的不公平已達到扭曲常理的地步。工人要在不合理的管理規例下工作，生活上各種壓力以及怨氣可想而知。

像上述細節，極需要整理予今人知道。沒有細節的歷史，難以折射出真相。

四　走了莊士頓，來了沙文——反映資方態度的根本性

電車公司於莊士頓離任後，換了沙文當總經理。然而，不管由誰當總經理，電車公司對工人的態度始終不變。

或曰沙文及電車公司拒絕承認的是電車工會，不是工人——非也，因為當時的電車公司有九成人員都加入了電車工會。不管資方承不承認電車工會的法定身份，它確是代表大多數。所以客觀上，電車公司視工會為透明，即表示拒絕與工人溝通。如果電車工會不是如此實實在在地有代表性，資方也不用扶植自由工會來消解電車工會「工人代表」的意義。資方就是意識到電車工會的代表性及重要性，才會大費周章，花資源去建構自由工會。所以，拒絕承認電車工會的地位是幌子，背後用意是拒絕聽取工人的聲音。

這，就是當年不對等的勞資關係。而資方的野蠻，其實已嚴重至漠視電車作為公共事業需肩負的社會責任。由下面 1963 年 5 月 25 日刊出的文章引文可見，為了刻意壓低電車工會的認受性，公司不惜對涉及交通安全的議題不予回應，只因提出議題的是電車工會。

電車資方敵視工人合法組織，打擊工會，其惡劣行為，早為眾所周

知。資方沙文上任，就表示「無意改變前任大班所訂下的政策」，兩年來，從不接見工會代表，一直拒收工會信件，甚至對於任何有關改善居民交通問題，也拒絕商談。我們電車工會在一九六一年四月，和一九六二年九月，曾先後就有關工作安全、交通安全問題，向資方提出改善的建議。我們的建議，港府交通部、勞工處都接受了，但是卻遭到沙文的拒絕。我們建議是經過工人充分、反覆研究才提出的，不論對公司、對工人、對居民都有好處，沙文有何理由拒絕呢？前年九月，勞工處舉辦工會領袖訓練班，在這種公事的情況下，通常由資方給予工人有薪假期的，各行各業資方都這樣做了。但是，沙文不獨不給予有薪假期，工人申請無薪假期也不獲准，甚至後來連勞工處代為請假，也不獲准，根本剝奪工人請假權利，剝奪工人參加社會活動的權利。[2]

殖民管治下非一般的壓抑及緊張的勞資關係

重點

上述的描述有一點很值得注意。當時的電車公司，是連在路面天天行走的司機對工作及道路安全的建議也不接受，而勞工處、交通部都接受了。從中反映沙文因「（工）人」廢言，非理性而野蠻，也公然漠視公共事業的權責！

這些看似是瑣碎小事的陳述，是準確理解當時勞資關係的寶貴細節。反映資方跟勞方「不咬弦」，不只是彼此站在不同層面、角度，乃至階級立場去看資源問題那麼簡單。一切已上升為一種建基於剝削的管理方式和霸道的勞資倫理下，對弱勢勞工不合理的欺壓。如果以階級矛盾觀之，也是疊加了殖民政府偏幫下的、嚴重的階級矛盾。

資方明擺着不需要溝通，要的是對立——是壓迫着去進行剝削。因為凡溝通都必然涉及或多或少的妥協與讓步，屬於「平等」概念；於資方而言，一有平等，便剝削不成。

六七事件的遠因及大背景，是勞工長期被逼迫打壓，不只是資方賺錢而不加薪那麼簡單。電車工會史的整理，對細緻地了解當年的勞工情況，起關鍵作用。

2　〈電車資方拒談加薪　各業工人同聲指責　工會招待各業工會代表　詳細報告資方無理措施〉，《電車工人》，1963 年 5 月 25 日出版，第一版。

五　沒有社會配套支援工會組織的應有權益

從上述事實反映，不管是莊士頓還是沙文，電車資方對工人所採取的主軸方針，就是以高壓手段來進行經營管理。對此，資方的做法，可謂無所不用其極，而且橫蠻無理，甚至不惜漠視居民交通安全的利益。

所以當年的香港，表面上工人有組織工會的自由，可是其權利卻在實際運作中沒有受到勞工處及政府的保障，致令工會的運作及作用充滿不確定性。而電車工會是被打壓的典型例子。據工會主席所言，其他工會的情況沒有電車工會惡劣。以港巴、九巴兩大交通事業的資方為例，起碼資方有跟工會作經常性的、定期的勞資會談。

而電車公司非但不跟工會溝通，由莊士頓至沙文，都非常積極地扶植「自由工會」來取代電車工會的地位。電車資方於 1963 年之前的 13 年內，一直不承認電車工會的合法地位。

1962 年慶祝寶靈頓道新會所落成儀式上工會會長陳耀材發言。

第四章

1964 年反對修改
工人退休金辦法

1964 年最重要的大事，是「修改工人退休金辦法」抗爭事件。

過程中，電車工會要面對兩方壓力——資方電車公司以及由資方扶植的「自由工會」。

1964 年 3 月 11 日，在各業工會代表招待會上，電車工人維護生活利益委員會主任劉和報告了勞資糾紛的真相，並揭露「自由工會」出賣工人利益的勾當。本章將探討事件的本末。

一　單方面推出修改工人退休金辦法

1964 年 1 月 2 日，電車公司資方片面公佈修改工人退休金辦法。

這個新辦法，是凡服務未滿 10 年而自行辭職或被開除的員工，不得領取退休金；即是剝奪了服務 11 年以下工人的全部退休金。

而服務 11 年以上到 20 年以下工人的退休金，也要按服務年期分級數比例計算。總之，修改的大方向是削減工人原有的退休金。這單方面提出的方案引起全廠員工的不滿和反對，群情鼓噪。

而與此同時，港九兩巴士公司，也有規定服務滿 10 年才計退休金；可是，如未滿 10 年但已到 45 歲，則可以領退休金。

以當年勞工的勞累及健康損耗程度而言，再加上精神壓力，服務 10 年絕不容易。應得的退休金要滿 11 年才有，否則一筆勾銷，是對工人赤裸裸的剝削！

雖然電車公司的服務規章內，有規定服務 20 年才可以領取退休金的一節，但那是前任總經理莊士頓於 1957 年間單方面制訂的辦法，當時已被全體工人反對，拒絕承認有此修訂。因此，即使公司單方面寫入服務規章內，卻一直沒有真正執行。退休金的計算一向沿用 1957 年修訂前的舊法；莊士頓寫了的，反而沒執行。依 1957 年前的舊法，電車工人每服務滿一年，即給予百分之十的退休金；就算服務半年的，也給退予退休金的百分之五，向來相安無事。

而公司在 1964 年 1 月推行新辦法，可能跟 1963 年內、也是向工友提出各種挑剔的高峰階段，有百餘名工友自動辭職有關。這批工友之自動辭職，又與高壓式管理制度有絕大關係。

退休金（公積金）計算方法

原規定：每一年服務期間之退休金為全年底薪十分之一。（以最後服務期間之底薪率計算）。

公司原有習慣，員工服務滿一年或一年以上，不論服務年期多寡，均一律以其離職時之底薪計算，根據其全年底薪之總和，每年發給等於其全年底薪十分之一的退休金。服務滿二年者，離職時可領等於其全年底薪十分之二；以此類推，服務滿十年，可領取等於一年工資總和之退休金。是項退休金支付辦法，由該公司前任經理莊士頓初訂（即1953年）及修正（即1957年）現行服務條例，歷時十年，向安無異。

1964年1月2日由公司單方面提出的新通告，修改退休金辦法。

以下是通告的大意。

茲因在不能管制之環境下，本公司很抱歉，必須修正退休金辦法，由一九六四年元月二日起至另行通告之日止，員工或職員以後如在本公司服務十年或未滿十年而自行辭職或被開除者不得領取退休金。

服務於本公司十年以上者其退休金百分之二十以全年底薪計算如下：

服務十一年者，其退休金為該年底薪的百分之二十。十二年百分之四十。十三年百分之六十。十四年百分之八十。十五年百分之一百。十六年百分之一百二十。十七年百分之一百四十。十八年百分之一百六十。十九年百分之一百八十。服務二十年或二十年以上者依照本公司條例辦理。

公佈中並聲明員工如被證明體格不宜工作或因裁員致被解僱者，不在此例。

將新計算方法比之原有計算法，則工人損失巨大。

如服務十年之電車售票員，按照原有退休金辦法及計算法，應得退休金2,830元，如係技工，十年則應得退休金3,280元，現在則全部喪失。至於服務十五年之售票員，原有退休金4,430多元，新計算法只得2,954元，損失1,470多元；如係技工，十五年原有退休金5,100多元，現在只得3,400元，比對損失1,700多元。

二 由 1964 年 1 月初公佈至 1 月中的發展
—— 只跟自由工會接觸

1964 年 1 月 3 日，電車公司總經理沙文會見由公司扶植的電車自由工會主席黃波，以示「已見過工人代表」。

沙文在會見工人代表黃波時宣稱：此次變更員工退休金辦法，事先經過與勞工處洽商，然後作出決定。沙文表示改變退休金的理由，是鑒於當時電車職工頻頻離職，僅 1963 年內，司機及售票員離職者已達 130 多人。因此，公司當局為防止職工隨意離職，不得不改變退休金的計算方法。

這「說法」當然令工人不滿，因為漠視了根本——「近年電車職工頻頻離職」的原因何在。出現離職潮，吃虧的，當然不是員工流失的電車公司——工人才是找茬濫罰下的受害者，工人是在忍無可忍之下才離職。

工人對資方的單方面修例大力反對，表示新訂的退休金辦法是在原有辦法上的剝削，相等於把退休金取消。工人決定力爭，維護原有權益。

香港電車職工會於 1 月 5 日舉行理事擴大會議，就此事進行討論，一致表示嚴重關切。

公司在群情激憤和輿論指責下，於 1 月 10 日和 1 月 25 日貼出兩份公佈，作為對 1 月 2 日通告的補充。所修改者，只是增加 20 年以上工人的「酬賞」，並用每日三毫的津貼（每月共七元八角），代替 20 年工齡以下工人的退休金。這修補實際上仍然是換湯不換藥，強行剝奪工人血汗錢的本質不變。工人認為退休金是工人應得生活待遇的一部分，是工人辛勞所應得的果實，絕不是所謂甚麼「賞賜」。入職時接受偏低的薪酬，是預計退休及離職時會有另外一筆收入；對薪酬的概念，包括了對退休金部分的預期。

對 1 月 10 日的公告，自由工會主席黃波於 1 月 12 日分上下午召開大會收集意見。會上，各工友熱烈發言，指出即使加入了補充，仍然嚴重損害工友利益。此外，也認為公司營業部施之於工友的管理方法，太過吹毛求疵，濫罰令工友遭受莫大損失（*閱讀資料 3.1*）。大會討論出四點決定，包括於 1 月 14 日作「和平請願」以示不滿。

自由工會召開的大會上工人表示了強烈不滿

大會上出席之工人指出：公司營業部人事管理制度苛刻，應立即改善的有不少，舉其最主要的如下：（一）樓上售票員，每當乘客擠迫至扶梯亦站滿客人時，每每走下扶梯售票，由於客人擠迫，不能及時返回樓上時，一旦稽查登車發覺，認為是與司機扳談，屬於犯規，記過處罰；（二）三等座位有限，乘客每每擠迫不堪，售票員為了售票工作的需要，每每深入至車廂內部售票，以致到站時，不能及時走回閘口，如遇稽查登車發覺，認為「只能在車內拉閘，不顧乘客安全」，予以記過處罰；（三）電車乘客擠迫時，每每有等乘客，手持輔幣，而不向售票員購票，目的在乎瞞騙車資，但一旦遇了稽查登車，即指沽票員故意漏票，予以記過處罰；（四）售票員如打孔不正，例如車行筲箕灣打孔時打了西灣河，便是犯規，予以記過處罰；（五）又如售票員，因太熱而將制服之扣子打開，不幸遇着稽查，又被記過處罰；（六）電車樓下近司機處的車門置有一鎖鏈，但如遇稽查登車時，此鏈不見，則予司機記過及處罰；（七）電車是有風掣與電掣兩種的，風掣是平常行車使用，電掣則是遇着緊急時立即煞掣之用，但如司機必要時使用電掣，路軌必有所損而發生聲響，因而被稽查發覺時，又被記過處罰。此外，戴帽不正、在車上吸煙、到終站時早了一兩分鐘、行車時食飯等，如任何一樣，被稽查發現，就被記過處罰。在這苛刻的人事管理制度下，造成工人紛紛辭職，這是全體電車工友要求公司當局立即改善的。這些問題，電車工人明日「和平請願」時將向電車公司沙文總經理提出。

資料來源：〈電車工友定明日進行集體和平請願 要求公司撤回改變退休金辦法並列舉理由提出改善管理制度〉，《香港時報》，1964月1月13日。

1月14日，自由工會發動電車工人向公司當局進行「和平請願」，要求電車公司撤回改變退休金辦法的通告。請願者據報為二百至三百餘人。

電車擠迫問題一直相當嚴重

香港電車公司經理沙文於 1 月 17 日晚對外表示，電車公司計劃製造 50 部單層拖車，以解決交通擠迫問題。不過這計劃能否行得通，仍待試車後才能作最後決定。而第一部單層拖車，據沙文所説已進行裝置中。

不過當時在太古船塢製造中的一架電車，仍是普通的雙層電車，編號為一六〇。而之前的電車拖卡就如火車拖卡一樣，用掛鈎方式扣接。這種單層拖卡，有座位 30 多個，連企位，可容 5、60 人。

從需要製造更多的單層拖車反映，當時電車擠迫的問題相當嚴重。

自由工會稱，在 1 月 19 日（星期日），會在會所召開第二次會員工友大會，共商應付辦法。

以下是自由工會式的調子——極希望控制住工人的不滿情緒。

> 我們相信，公司當局在可能之內，一定願與勞方取得能使雙方接受的協議，事關主事人應比所屬員工更不願意把事情鬧大。
>
> 基此關係，我們對於工友心目中的有效行動，切望不越出勞資範圍。[1]

1 月 19 日的電車自由工會的會員大會，以公司務必要取消 1964 年 1 月 2 日發表的新例為前提，總共提出五項要點，包括：（一）促請資方盡快定期談判；（二）保持原有退休金發給舊例；（三）若資方不再約晤，或拒絕答覆，則由大會去函勞工處出面調解；（四）若調解無效，將舉行記者招待會，向社會人士公開報告此事件引起之真相並取得社會及報界之支持，以爭取獲到圓滿而合理之要求為止；（五）決以禮貌及合法方式爭持到底，但決不會重演羅素街事件，以影響市民交通。

以及定以下跟資方談判的五項步驟：

（一）強調要求資方撤回 1 月 2 日改變退休金辦法之通告，以安定工友信心，保存工友應得利益。

（二）為了顧及資方撤回該項通告之困難，可能同意資方在兩個月內，暫不接受未滿廿年以下工友之離職申請。

（三）倘資方對上述一、二兩項不予接納時，提請資方必須履行員工服務

1　〈電車工人明天大會〉，《天天日報》，1964 年 1 月 18 日，短評。

手冊第四十節規定——如要執行該新方案，必須預先一個月通知，同時，資方對此要求必須在一個時限內答覆。

（四）如資方不予答覆時，將請求勞工處進行調處，作合理解決，並將此事件經過及詳細內容舉行記者招待會，昭告社會人士。

（五）如勞工處調處失敗，或伸延時日，決再召開工友大會，採取一切有效措施。

由上述大會的五點共識反映，自由工會基本上只要求撤回及暫緩執行。席上同時通過由主席黃波在1月20日與資方約時間面談，期於1月23日（星期四）舉行勞資特別會議。

三　1月下旬農曆年在即——工人急欲解決事件過大年

1月23日上午10時，電車自由工會由該會主席黃波、副主席楊炎、楊齊及鍾水等四人，赴公司寫字樓向總經理沙文重申工友要求撤回該新辦法，以維護工人利益。並請沙文改善人事管理制度，以減少工友的「離心」傾向。

重點　談判於當時有一個時間指標，就是農曆年關將至。1月23日已屆農曆十二月初九日，距農曆新年還有20天。工人都希望事件在農曆年前獲得圓滿解決，讓大家可以輕鬆過年。

1月25日，電車公司再宣佈另一個補充方法，就是每日增加津貼三毫。由接受提議之日起計，一併計算在農曆年賞之內。電車自由工會為資方的第二個補充刊發徵求工友意見書，主要是要工友就不同小修改的版本作出選擇。

徵求意見書列出三項問題：（一）你願意維持電車公司實施已久成為習慣的退休金辦法嗎？（二）你願意接受電車公司元月二日及十日所公佈的退休金辦法嗎？（三）你願意接受電車公司元月廿五日所公佈之另一辦法嗎？

1月27日沙文發佈「告員工書」，聲稱「公司需有經驗及勝任的員工始能保持現享之盛譽」。然而，大部分工人都感到「告員工書」口惠實不至，公司實際上十多年來對工人都採取高壓管理方法。被公司無理開除或因不滿公司重重苛例而離職的工友，保守估計，幾年間達700多人。所以，公司一邊說需要「有經驗及勝任的員工」，一邊卻剝奪和削減工人退休金，說的與

做的並不一致，難以令工人信服。

在 1 月份的爭取行動中，沙文只跟自由工會談判，拒見會員人數更多的電車職工會代表。

據報，自由工會有會員約 200 至 300 人。

四　1 月底「電車工人維護生活利益委員會」成立 ——2 月初勞方態度轉強

在自由工會沒有實質進展之下，資方一再表示拒絕收回 1964 年年初單方面推出的退休金新例，工人對退休金新例的抗議在 1 月底進入另一階段。

為了維護工人切身利益，經 1 月 29 日晚上及 30 日上午全廠工人代表大會決議，由全廠工人選出代表 90 餘人組成「電車工人維護生活利益委員會」，並於 30 日晚上及 31 日上午由該委員會正式選出工人總代表五名，向資方進行談判交涉。代表大會並號召全體電車工人不分彼此，緊密地團結在委員會的周圍，為維護切身生活利益而努力。

至於自由工會方面，黃波已控制不了會員的不滿，會員的態度也轉趨強硬。在黃波兩次見沙文無結果之下，決定於 2 月 1 日派代表請求勞工處調處，並向勞工處處長石智益呈交信函。此外，也於 2 月 2 日成立一個「行動委員會」，以便在談判破裂時採取必要行動。「行動委員會」所採取的步驟計劃和行動隊隊員姓名，自由工會保留機密，不向外宣泄。

電車公司與自由工會每月一次的勞資雙方例會，會期正好是 2 月 3 日，黃波說再談。但會上資方對勞方提出的要求仍沒有答允。沙文在會上表示既然如此，可由勞工處作仲裁，旋即致電勞工處勞資關係組，約定於 2 月 4 日上午 10 時，由勞資雙方代表赴勞工處，在勞資關係組主任黃泰和主持下作一次「官式談判」。

> **重點**
>
> ### 勞工處會即時回應的，是資方
>
> 由上文小節反映，勞工想見勞工處負責人，比登天難。可是，資方一通電話便聯絡上勞工處。而且勞工處會按資方的意願，作出相應的配合行動。勞工處或應改名資方處。

　　與此同時，「電車工人維護生活利益委員會」於 2 月 3 日發出《為反對資方剝奪工人血汗錢、維護切身生活利益告全體工友書》（*重要記錄 3.2*），詳述事理，並清楚陳述公司存在的管理問題，號召全廠工人團結一致，為維護工人生活利益而努力。電車工人總代表也往訪資方，要求舉行真正的勞資談判——不是只跟自由工會談——以便合理解決退休金問題。

> **重點**
>
> ### 兩個委員會
>
> 行動委員會——由屬於公司扶植的自由工會提出。
> 電車工人維護生活利益委員會——由電車工會班底成立的委員會。

五　自由工會想打斷勞工的勢頭

　　真正能代表勞方的香港電車職工會在忍無可忍之下，開始轉趨主動積極之際，2 月 4 日電車自由工會負責人透露似有進展，而且雙方所持態度是樂觀的。

　　黃波聲稱詳細內容雖未能公佈，唯因此顯示有打開僵局之希望。於是 2 月 6 日再在濱海街會所召開全體工友大會（*閱讀資料 3.3*）。會上，黃波說，扭轉僵局的關鍵是勞工處勞資事務主任黃泰和。黃泰和在當日的勞資談判中，提出了折衷辦法，就是：（一）維持原有習慣，凡服務滿一年以上者，在離職時，即可領取年薪百分之十之退休金；（二）工人如欲離職，需預先六個月申請，否則不能取得退休金；（三）由第三者成立調查小組，改善人事管理制度，如認為措施過當，將造具報告書請公司加以改善。

　　黃波表示，對資方提出的辭職要六個月之預先申請，認為時間太長，建議改為三個月。

　　自由工會會員大會的討論結果，是對於官方所提意見，除（一）（三）兩

項同意外，關於第（二）項如工人欲離職，必須預先六個月申請一點，並不同意。原則上，只能預先三個月提出。

在此岔開一筆，《華僑日報》於 2 月 7 日報道自由工會的會員大會時，將有二三百人參加的和平請願的照片，說成是踴躍赴會的照片。由此反映《華僑日報》的立場站在自由工會一邊。

2 月 7 日晚，電車工人維護生活利益委員會，假香港電車職工會會所舉行各業工會代表招待會。委員會主任劉和強調，資方必須跟真正代表大多數員工的組織進行談判。

> 我們密切注視電車資方對修改工人退休金問題的一切做法。我們認為公司必須同全廠絕大多數工人選出的代表舉行勞資談判，才是真正的勞資談判，才能解決當前的勞資問題。任何談判和決定如沒有經過全廠絕大多數工人同意也是沒有效的。[2]

劉和也談了公司對工人的態度不合理。劉和再度指出挑小毛病濫罰的情況仍然嚴重。此外，有個別工人因放大假不返工竟然受到警告；工人經公司醫生證明告病假，公司仍要派人去「訪問」調查一番，並諸多挑剔；有工人結婚告假竟被公司勒令一定要開工。凡此種種，都是苛待和剝削工人。劉和認為電車公司必須改變對工人的不合理態度，適當改善工人生活福利待遇，尊重工人意見。只有從根本上去解決，才能真正對居民交通負責，才能真正保持公司的信譽。

電燈、摩總屬下港巴及九巴兩分會、煤氣、太古、牛奶、紡織染等工會代表，在 2 月 7 日晚的大會上發言指出，電車資方以「不能管制」為藉口（意思是：因太多人離職，於是想用收緊甚至沒收十年工齡者的退休金，來管控離職者眾的情況），剝奪和削減工人退休金，是非常荒謬的。

2 月 7 日勞工處的談判，自由工會出席者是主席黃波、楊齊、楊炎、鍾水，歷時約二小時，卻以破局散會。此外，就預先若干日申請離職始能援用原有辦法領取退休金問題上，勞資無法取得調協；且談判氣氛一度極不和

2　〈反對資方剝奪退休金措施　電車工人要求合理　各業工人一致支持　盼資方與工人總代表早談判〉，《大公報》，1964 年 2 月 8 日。

諧，籠罩着火藥味。雙方商訂於 2 月 8 日在勞工處作第三次官式談判。

重點

1964 年 1 月份資方發出的訊息共三次

在 1 月 2 日以「不能管制」為藉口，片面宣佈修改退休金辦法及計算法。這一無理措施，在全廠工人的不滿和反對下，公司又在 1 月 10 日和 1 月 25 日貼出兩張佈告，作為 1 月 2 日佈告的補充。佈告寫道：只增加 20 年工齡以上工人的「酬賞」，並用每日三毫的津貼，代替 20 年工齡以下工人退休金。

六　2 月 8 日戲劇性的真假「協商」

在 2 月 7 日談判破局的情況下，第二天（2 月 8 日）再談，劇情卻「急轉直上」。而 2 月 8 日當天，電車自由工會立即於下午在中環威靈頓街港九工團聯合總會中區辦事處舉行記者招待會，聲稱在勞工處三次調解下，勞資雙方在勞工處已達成了協議。可是，這是在未有談判結果詳情下的所謂「達成協議」，會上發表的書面報告如下：

> 由於電車公司於元月二日，十日及二十五日連續頒佈之有關支付員工退休金新通告所引起之紛擾，介於電車自由工會與電車公司之間，經元月六日勞資會議，元月十四日之和平請願，及元月二十三日及三十日歷次勞資談判中，無法獲得結論；因而勞方（即電車自由工會）不能不將此一事件提請勞工處作公正之調處。經二月四日及七日、八日在勞工處一連串的勞資會談後，經勞工處主管官的努力幹旋及在勞資雙方的相互尊重與彼此諒解及相互忍讓的原則下，勞資之間卒之達成協議。其詳細內容有待中文英文對照本繙譯完竣，另行公佈。至此電車工人希望在習慣上所能得到的退休金利益，已提供了有力的保證；而此次電車勞資間之爭議，可稱圓滿解決；而一般社會人士所最關心的電車工潮所引起的交通任務問題，至此亦總可舒一口氣了。[3]

3　資料來源：〈電車工友退休金事件　勞資達成協議　工會表示已獲圓滿解決　內容尚待繙譯另行公布〉，《時報》，1964 年 2 月 9 日。

角力

黃波口中的達成協議的是以下三點。

（一）保持原有退休金辦法之習慣；（二）如工友離職，需預先六個月申請；但此辦法只屬權宜的，以限行六個月為限，屆期滿後，即回復原有辦法——工友離職，可於一週前申請；（三）由第三者組成調查小組，檢討目前人事管理制度，以促使改善之（*閱讀資料 3.5*）。

而同一天——2 月 8 日，代表絕大多數電車工人的電車工人維護生活利益委員會也派人員約見資方及勞工處，卻未得到面見。

電車工人維護生活利益委員會派出總代表四人，往見電車資方及勞工處。工人總代表於上午 9 時許到達電車公司，公司一職員說，大班剛外出，總代表即申明來意，說明該委員會根據大多數工人的意見，要求公司舉行勞資談判，並維持原有退休金辦法及計算法。該職員將工人要求記錄在案，表示會轉達公司當局處理。

四位總代表又於 9 時 50 分往訪勞工處，由該處勞資關係組副主任陳兆潼接見。代表首先指出委員會產生經過，讓陳兆潼明白委員會是由全廠絕大多數工人選出來的，認為資方應與該會一千多工人意見之總代表舉行勞資談判。陳主任希望代表最好用書面陳述意見。代表們即表示，下星期將再繼續來見勞工處，要求早日安排勞資會談。

公司是在賺錢之下剝削工人待遇

香港重光後的 18 年間，電車公司從 60 架舊車發展到 1964 年擁有 160 架新車。戰後 17 年內，電車公司純利累計 9,000 萬元。

電車公司連年都賺錢不少，1960 年賺了 623 萬；1961 年賺了 716 萬；1962 年賺得更多，增至 847 萬幾，而載客是年也創新紀錄，達 1 億 8,900 萬人次，業務可稱鼎盛（*歲月痕跡 3.3*）。

可以說，公司資產越積越多，純利數字越來越大，工人待遇卻沒有相應改善。

七　詳情披露後始知所謂「協議」實為騙局

2月10日下午4時許，電車工人維護生活利益委員會派出總代表劉和等往見勞工處，要求舉行勞資談判，再由勞工處勞資關係組副主任陳兆潼接見。

工人總代表再三申明工人要求勞資談判，要求維持原有退休金辦法及計算法，希望勞工處負責召集勞資談判，解決退休金問題。陳兆潼表示將意見轉達資方。在會談中，當陳兆潼說電車退休金問題已獲「協議」時，總代表立即指出大多數工友都不知道有關「協議」的事項。退休金是有關全廠工人的事，資方應同絕大多數工人選出的代表舉行勞資談判，才有利於勞資糾紛的合理解決。陳則推說「有時多數還是次要的」。總代表指出大多數工友都不知道有關「協議」的內容，認為只有極少數人片面同資方達成的「協議」，硬要大多數工人承認，顯然是不對的。最後，工人總代表將致勞工處處長石智益的函件留下，並表示將於日間再訪勞工處。

發展至2月10日，多方角力爭分奪秒地搶先進行。

與電車工人維護生活利益委員會去勞工處要求舉行談判之同時，2月10日下午，電車公司發表了一篇有關退休金辦法的新通告。這項新通告說，「協議」是由電車資方代表與電車自由工會經三次官方談判後達成。

「協議」內容如下。

> （一）保留原有員工離職時習慣上領取退休金之利益；（二）但員工欲享受前項利益者，則離職必須作六個月之預早申請，否則不能獲得前項利益；（三）公司同意邀請由第三者組成之機構以作人事管理上之調查；（四）由勞資雙方協議日起，以後公司新僱用之員工，其享受退休金之權利，將完全根據員工服務手冊第十六節辦理；（五）本協議為暫行辦法，其實施有效期間為六個月，由協議日（二月八日）起計算，期內公司將尋求另一更佳之退休金辦法，以代替現時公佈之暫行辦法，但保證任何新辦法之實施，將必於實施前一個月予以公佈，俾員工有所選擇。

針對所謂的「達成協議」，絕大多數電車工人都表示不滿和反對。認為這個「協議」表面上仍然維持原有退休金辦法，但是（一）新通告第四項規定由通告發出日起，以後公司新僱用之員工，其享受退休金之權益，將完全根據服務手冊第十六節辦理；即是公司正式宣佈以後新入職的員工要用新修訂的方式計算退休金，也即是做滿二十年以上才有退休金，不能享受原有退

休金辦法；（二）新通告第二項規定工友離職必須作六個月之預早申請；（三）第五項規定協議為暫行辦法，其實施有效期間為六個月，由協議日起計算，期內公司將尋求另一更長遠之退休金辦法，以代替當時公佈之暫行辦法。

資方與電車自由工會達成的所謂「協議」，根本沒有完整保留原有計算退休金的辦法，甚至原有的一個星期離職申請，被改為六個月預早申請。一個工人離職要六個月申請，於當時香港各行各業而言，並無這種規定；跟當時全世界的情況相比，也是天下奇聞。而且既是「協議」，又何以六個月後會另尋長遠辦法呢？很明顯的，這個所謂「勞資協議」實際上是一個大騙局；對電車工人普遍提出維持原有退休金辦法的要求，並沒有實際的解決和讓步。更不是資方口中所說已保留原有辦法。而這一個騙局，由自由工會跟電車公司合演。

八　以少數「代表」混淆視聽，真正的大多數不接受「協議」

為了反抗電車公司在 1964 年 1 月 2 日單方面提出的修改退休金辦法及計算法，電車工會成立了電車工人維護生活利益委員會，並選出工人的總代表。一如上文所述，就在工會總代表往見勞工處和資方要求合理解決退休金問題時，電車資方就與自由工會少數人火速訂立所謂「協議」，目的無非是以「工人」打壓工人，也為社會輿論製造假像，混淆視聽，從而在交涉中行拖字訣。

而沙文拒見電車工會代表時，就用已見過自由工會的黃波等人為藉口，以示曾跟工人談判，並達成「協議」。

自由工會在與資方成立這個所謂「協議」後，發表了《告社會人士暨工友書》，既歌頌「成果」，也對電車工會予以誣衊攻擊。然而，事實擺在眼前，該「協議」五項內容一經公佈，非但令大多數廠內工人不滿，連「自由工會」的會員當中，也有人認為該「協議」是「十幾年來的奇恥大辱」，是「喪權辱會」，違反電車工人的利益。於是有自由工會會員憤而撕爛自由工會會員證，拒交月費，甚至退出自由工會（重要記錄 3.3）。

電車工人維護生活利益委員會為要求合理解決工人退休金問題，於 2 月 26 日晚及 2 月 27 日早晚分別舉行電車各部門工人會議。與會工友紛紛發言，指出公司新通告只是廠內極少數工人達成的協議，不是絕大多數工人的真正意願。會上一致決議派工人總代表再訪資方，要求舉行勞資談判，以利

於合理解決工人退休金問題。

工人在會上說：「公司在二月十日貼出通告，說工人離職時必須作六個月的預早申請，否則不能獲得退休金。我們是每星期出糧一次，一向以來，只是在一星期前申請，為甚麼今天竟用六個月前之預早申請來限制工人！？」[4]

也有工人說，所謂六個月內將訂出新辦法，顯然暗示資方目前的做法不是定案，無非是想將退休金這個問題的解決拖下來。

而最關鍵的仍然是代表性問題。工人認為電車工人維護生活利益委員會的總代表，是全廠百分之八十以上工友投票選出來的，資方未同絕大多數工人的代表談判，只同極少數的、以公司意見為依歸的人搞甚麼「協議」，就說已「搞掂」，並從而拒絕跟工人總代表會談，全廠絕大多數工人都不服。堅持要繼續談判。

3月2日電車工人維護生活利益委員會派出工人總代表劉和等三人攜函往見資方。沙文拒絕接收委員會函件，並表示拒見工人總代表。

以下是電車工會駁斥電車自由工會《告社會人士暨工友書》的其中一點（全文見重要記錄 3.3），且看自由工會如何中傷電車工會。

黃波之流　製造分裂

三、在這個「文告」中，黃波等少數人還誣衊我們電車工人一九四九年要求改善生活待遇的鬥爭，說甚麼「帶來『賣』『當』『借』的災害」，並且把一九六〇年和六三年加薪都說成是他們交涉的結果。事實真相如何，我們電車工人都是很清楚的。我們工人不禁要問：一九四九年電車工人要求改善生活待遇鬥爭，每月爭取三十元的特津（現已撥入底薪）、年底雙薪雙津，十多年來，每個工友不是獲得六千多元的利益嗎？連黃波在內也享受了工人團結鬥爭的果實，可是黃波現在卻這樣食碗面翻碗底。講到一九六〇年和一九六三年的加薪，無可否認這是全廠工人團結鬥爭的結果，但這並不是憑你們的所謂「交涉」得來！我們要問：你們的所謂「交

4　〈要求談判解決退休金問題　電車工人決再訪資方　對十日發表所謂協議不能承認〉，《文匯報》，1964年2月29日。

九　事件再一次令工友看清自由工會面目

自由工會跟資方私定的「協議」過於不公——例如以星期為計算單位出糧，卻需於六個月前預早申請才可離職，以及「協議」生效後入職的工人要接受新修訂的苛刻退休金計算方法等。事件令工人明白，自由工會沒有真正為工人爭取合理的退休金（公積金）保障，還創出按週計酬的工人離職要半年通知的罕見規例，再一次暴露了自由工會的真面目。3 月 11 日在各業工會代表招待會上，電車工人維護生活利益委員會主任劉和詳細報告了勞資糾紛的真相，並揭露「自由工會」出賣工人利益的勾當（重要記錄 3.3）。

對比之下，工人更加慶幸有電車工會令工人團結，而且領導的方向正確。在維護生活利益的鬥爭中，也讓工友認識清楚看問題要看實質，不能只看表面假象（閱讀資料 3.6-3.7）。事件令工人更齊心合力，堅持抗爭，也更加支持及信賴委員會。即使在勞資力量懸殊的角力下，勞工未必佔上風。

十　改善無望之下年中出現離職潮

1964 年 7 月前後，有 120 餘名電車工人離職。這使本來已感人力不足的電車交通，面臨進一步缺乏人力的困難。

這批離職工人，包括電車司機 40 餘人，電車售票員 70 餘人；辭工的司機約佔司機總數的八分之一，辭工的售票員佔全部售票員的十分之一。此外，機器部和工程部有一些工人亦已向公司提出辭工。

而電車公司於知道這批工人將要辭職時，將該批工人的號碼從大假的佈告牌上勾掉，停止了他們半年內本來仍擁有的大假。

電車公司資方沙文曾於 1964 年 1 月 2 日以「不能管制（離職潮）」為口實，片面宣佈修改工人退休金計算辦法，使服務 10 年以內的工人退休時

喪失全部退休金，服務 11 年至 19 年員工的退休金亦遭削減。此舉令工人對公司心灰意冷。而爭取了幾個月，資方於 2 月 10 日雖然宣佈維持原有退休金辦法，卻規定工人離職，須在六個月前預早申請，始能獲得退休金；此外，資方同時說在六個月後「將尋求新的退休金辦法」，即是完全沒有回應。工人對公司的失望，在於公司只是將問題拖半年，猶如資方在角力中感到處於下風，作中場休息暫停而已。於是，沙文口中「不能管制（離職潮）」的情況再次出現。責任，完全出在資方身上。

　　由 1964 年年初至年中，幾個月下來，工人對電車資方這種片面做法，一直表示不滿和懷疑。他們認為資方只是將問題拖延，並沒有放棄剝奪工人血汗錢的打算。

　　1964 年一年來，電車公司經常招請工人，但是人力不足的問題始終沒有得到解決。公司經常要放大假或星期例假的工人返工，才能維持 140 輛電車出廠行走。電車工人工作辛勞之同時，公司仍然往往因快慢車、打錯票孔，甚至忘記扣一粒衫鈕或袋之類的小事處罰工人，離職者眾的情況又怎可能有改善呢？

十一　半年凍結期滿後的新修訂對年輕員工極不利

　　1964 年 8 月中，在暫緩執行的半年期滿後，電車公司果然再推出新修訂。此次一邊加薪、一邊繼續在工人退休金上鑽空子，大方向仍然是以剝削為主。退休金新辦法規定於 1964 年 9 月 1 日實施。

　　新定的退休金辦法令年輕的員工受到特別束縛，因為新辦法規定能夠享受全部退休金者，須連續做滿 20 年或以上，否則就要連續服務 10 年而年齡達 45 歲者（*閱讀資料 3.9*）。

　　8 月 18 日，電車工人維護生活利益委員會舉行擴大會議，對電車資方公佈修改退休金（公積金）新辦法問題進行討論。

文獻

8月18日，電車工人維護生活利益委員會舉行擴大會議。會上，委員們說：我們電車工人的公積金是我們工人長期勞動累積的血汗錢，向來是服務期間工資總額的十分之一（以最後服務期間底薪率計算），而任何時候離職都可以立即享受的。而沙文片面公佈的新辦法，卻規定要服務廿年或最低限度要服務十年而年齡又達四十五歲才能享受全部退休金，這是不合理的。

委員們指出：資方片面規定在一九六四年九月一日以後入公司的新工人，必須符合「資格」才能享受退休金，即是說這些丁友必須捱滿廿年或最低限度要捱滿十年而年齡又達四十五歲才能享受公積金利益，否則，這筆工人應得的利益，就全部被剝奪去。這是非常不合理的。

委員們又說：我們電車工人是週薪工人，向來慣例，任何員工預早一星期通知離職，即可領取應得的公積金。而資方沙文卻片面規定「未符資格者」欲離職，須作三個月之預早申請，才能享受一九六四年九月一日之前退休金。電車資方沙文憑甚麼理由硬要工人離職時要作三個月之預早申請？憑甚麼理由要將工人九月一日以後的公積金剝奪？資方這樣的措施是毫無理由的。

資料來源：〈不滿資方剝奪退休金　電車工人集會　決廣集工人意見以作今後對策〉，《文匯報》，1964 年 8 月 20 日。

　　新的退休金計算法引來離職潮，令 160 多輛電車只開出 140 餘輛。原因是其餘電車無司機開車（*閱讀資料 3.10*）。

　　8 月 27 日，電車工人維護生活利益委員會派出工人總代表攜函往訪資方，要求維持原有退休金辦法，冀於 9 月 1 日實施前盡量力爭。但沙文拒見工人總代表，拒收委員會函件。

1955 年 7 月香港電車職工家屬車縫班第一屆全體同學結業合照。

香港電車職工會足球隊。

第五章

1965 年要求加薪至每日 1 元 6 角──六七事件前兩年

一　1965 年 9 月成立「電車工人要求加薪委員會」

　　1965 年 9 月，香港政府宣佈加稅、加水費、加學費、徙置大廈加租。而百上加斤的是，連電車公司的宿舍也加租，市面物價在連鎖反應下又掀起一場加價風，工人生活愈加困苦。

　　當時的電車工人待遇又是如何的呢？一般每月薪津在 300 左右，而低薪什工每月薪津僅由 230 多元至 270 左右。於當時，如此微薄的收入，根本負擔不起一家幾口的生活、租金、兒女教育以及各項開支，令有工作的工人都生活得捉襟見肘。

　　為此，工會對工友進行生活調查，經反覆研究，一致認為需要向資方要求加薪，並經全體工友投票選出代表，組成「電車工人要求加薪委員會」。被選為工人總代表的，包括：劉和、林金陵、陳妹、黎梧、王汝波五位，於 1965 年 9 月初開始負責對公司提出加薪要求。工人認為要求有理，是因為工人收入低，但電車公司的收益卻一點也不低，而且年年賺大錢。單是 1964 年的盈餘，已達 832 萬元。反映電車公司有足夠能力接納工人的加薪要求。

　　電車工會的加薪要求，是希望自 1965 年 4 月 1 日開始，全體電車工友每人每日增加底薪一元六角。

二　電車公司特別敵視工人及工人組織

　　1965 年 9 月初，工會公司總經理沙文拒見代表，拒收委員會要求加薪函件，工會的新聞稿 9 月 3 日見報。至於當時的勞工處，竟以「不適當」為詞，將電車工會給資方的信件退回。而在百物騰貴的大背景下，1965 年香港有很多公用交通運輸業的勞工都要求加薪。公共事業的資方，如中華巴士、九龍巴士和中電等，都和工人會談，嘗試以談判協商方式解決加薪問題。而電車資方沙文卻一如莊士頓，以蠻橫傲慢、無理的態度對待電車工人，令電車公司的勞資關係特別惡劣。此外，被資方扶植的自由工會，其自稱曾經在新德里自由勞工學院留學的主席黃波，則在 9 月 4 日公開配合資方的論調，在報章、電台發表「資方已加了一元津貼」的說法去混淆社會視聽，為資方拒絕工人加薪要求提供藉口。

歷史事件

六七事件前幾年……

有人將六七事件連上內地文革氣氛，這並非全無道理。可是以此角度去解讀六七事件，只看到其中一面。更大、更深、更合符香港民生民情的背景——勞工的苦況，一直因材料不夠完整而被忽略。香港勞工階層於光復後的二十年間，長期處於被剝削的狀態。社會在飽經戰火後慢慢恢復元氣的過程中，勞工階層的付出必不可少；然而，他們的生活，卻沒有隨社會百業慢慢復蘇而獲得應有的改善，仍處於被壓榨的底層（*閱讀資料 3.11*）。六七事件的起因，有工運因素。這一點，不應被忽視。

直接介入六七事件的是紡織業工友；而整理一部前五十年的電車工會史，是從行業勞工史資料的角度，補充六七事件中的工運元素。

勞工階層佔去當時社會過半數人口。他們的處境，就是六七事件發生的背景。一部電車工會史，是社會的縮影。（*工人及工會情況參考歲月痕跡 3.8-3.10*）

三　1965 年 11 月的發展

1965 年 11 月 17 日，沙文被迫不得不公佈由 7 月 1 日起，每日每人加薪八角，由 11 月 15 日起將原有津貼撥四角入底薪。雖然跟原來的要求仍有距離，但是，該加幅已是依靠工會及全體電車工人團結一致所爭取的成果，而且幾經波折。例如，到了不能不面對加薪要求時，沙文企圖通過「自由工會」的配合，答應一個有蹊蹺的加薪方法：由 10 月 1 日起加六角四分，並宣稱「不能再加」、已是最多的了；又企圖把津貼撥四角入底薪，以此作為加薪一元零四分來欺騙工人。沙文是力求能夠不加則不加，能少加則少加，所以最初聲稱「並無工人組織要求加薪」。資方最後不得不加，決不是沙文突然發了善心；答覆每人每日加薪八角，並將加薪日期提前到 7 月 1 日，完全是靠職工會和加薪委員會正確領導，而全廠工友又一致團結起來施加壓力的結果。

而「自由工會」則一如以往，勾結資方、出賣工人利益，並非真心為工友爭取權益（*閱讀資料 3.12、歲月痕跡 3.12*）。

1960 年 4 月 11 日拜山活動，
發言者是工會主席劉和。

☑ 重要記錄 3.1：

4月11日 致資方要求加薪函之全文

四月十一日致資方函全文錄下：

香港電車公司總經理沙文先生閣下：

三月廿九日，本會根據工友意見派出代表往見　閣下，提出加薪要求，而　閣下竟拒見代表，拒收工會函件，我們工友均表不滿。現特再派出代表前來會見　閣下，提出要求加薪方案，請為接納工人要求，進行調整工人的工資待遇。

年來物價高漲，據統計，柴、米、油、餸菜、燃料等生活日用必需品，一般上漲了百分之三十，工人生活愈加困苦。在這樣的情況下，調整工人工資，以減輕生活困難，完全是合情合理的；而資方利潤躍增至年賺八百四十七萬元，接納工人加薪要求是完全有能力的。

本會經徵集大家多數工友意見，一致向公司提出：

（一）在原有工資的基礎上，全廠工友一律每人每日增加工資一元四角，撥入底薪計算；

（二）自一九六三年一月一日起實施。

我們工友的要求是合情合理的，實際可行的。為此特派出代表劉和、林金陵前來，商談有關調整工資的問題。

謹候　閣下負責的答覆。

香港電車職工會
主席：劉和
一九六三年四月十一日

☑ 重要記錄 3.2：

2 月初告全體工友書——反對資方剝奪工人血汗錢

電車工人維護生活利益委員會
為反對資方剝奪工人血汗錢、維護切身生活利益
告全體工友書

親愛的全體電車工友們：

電車公司經理沙文在一月二日以「不能管制」為藉口，片面宣佈修改退休金辦法和計算法。這個新辦法剝奪了服務十一年以下工人的全部退休金，削減了服務十一年以上到二十年以下工人的退休金，因此引起全廠員工的不滿和反對。公司在群情激憤和輿論指責下，接著又在一月十日和一月廿五日貼出兩張佈告，作為一月二日佈告的補充，公司只增加二十年以上工人的「酬賞」，並用每日三毫的津貼（每月共七元八角），代替二十年工齡以下工人的退休金，來達到資方舖平修改退休金的道路，實際上仍然是換湯不換藥，強行剝奪工人的血汗錢。公司這樣獨斷獨行，不顧工人利益，我們全體電車工人是一致堅決反對的。

工友們：我們電車工人長期辛勞為香港市民交通服務，付出了我們寶貴的青春。十八年來，電車公司業務不斷發展，公司裝新車、建新廠、建新寫字樓，公司從六十架舊車發展到今天一百六十架新車，公司十七年純利累計九千萬元，公司資產越積越多，純利數字越來越大，這都是同我們工人的辛勤勞動分不開的。公司給予我們的生活福利待遇，一點一滴都是我們工人血汗的代價，都是倚靠我們工人團結爭取得來的。十多年來我們的工作已加重了兩三倍，可是我們的工資待遇，卻遠遠趕不上我們加重的工作負擔，我們已經感到不滿。現在公司在利潤不斷增加的情況下，又再進一步剝奪我們工人的血汗錢；公司這樣貪得無厭，不顧工人生活，顯然是極端無理的。

我們認為電車工人的退休金，是我們應得生活待遇的一部分，和其他的假期和福利待遇一樣，同樣都是我們工人辛勤勞動應得的果實，都是我們全體電車工人團結爭取得來的，絕不是所謂甚麼的「賞賜」。十多年來，在工人的團結下，公司發給工人退休金的制度和辦法，行之無異。不料沙文上台以來，對工人的壓迫和剝削變本加厲，竟以「不能管制」「抱歉」為

詞，片面修改公司原有的退休金辦法及計算法，強行剝奪工人辛苦得來的血汗錢，實在是非常荒謬的。一月廿七日沙文告員工書中說是「公司需有經驗及勝任員工始能保持現享之盛譽」，實際上十多年來在公司對工人採取高壓的錯誤做法下，被公司無理開除或因不滿公司重重苛例而離職的工友，以保守的估計，也達七百多人。現在公司感到「有經驗及勝任員工」的需要了，竟用剝奪和削減工人的退休金，來達到保住「有經驗及勝任員工」，「以保持公司之盛譽」，確實也是難以令人入信的。剛剛相反，公司強行剝奪員工的血汗錢，使到員工徬徨不安，已經使電車公司的信譽，添上一項不光彩的新紀錄。公司以「不能管制」同「為保持公司之盛譽及予員工與乘客以保障」作為片面修改退休金辦法和計算法的藉口，是完全站不住腳的。

我們必須指出：電車工人的流動是一貫存在的。造成電車工人流動的主要原因，是由於公司苛例太多，舉凡快車、慢車、漏收、漏筒、筒錯、打歪票孔、衣服不整、停車不正，以至車轆響等，無一不是認為犯例，都要「飲杯」。同時資方經常迫令稽查要多「砵」工人，以此作為對公司忠誠的標準。每日被「砵」的工人達數十人之多，公司不問情由不問是非動輒處罰工人，使到工人精神不安。據悉電車公司是經常招請新人和訓練新人的，不少工人在訓練期間離職者有之，上車服務不久即離職者有之，服務不及一年而離職者有之。這些工人離職主要都是同公司的高壓手段和苛例太多所造成的。港巴、九巴兩大交通事業的資方，有正常的勞資關係，較多傾聽工人的意見，去處理有關市民交通和勞資問題。而電車資方則這樣苛待工人，同時又拒見工會代表，漠視工人意見，漠視居民交通安全，又何能給予員工與乘客以保障？又何能保持公司之信譽？因此，我們認為公司必須改變對工人的不合理態度，適當改善工人生活福利待遇，尊重工人意見，才能真正對市民交通負責，才能保持公司真正的聲譽。否則，如果以「對員工和乘客保障」為名，而強行剝奪工友血汗錢之實，是非常不智的，必定是行不通的。

工友們！公司片面修改工人退休金的制度和計算法，嚴重損害工人利益，沙文在我們工人的不滿和反對下，在執行的措施上作了一些修改，但是實質上仍然維持二十年退休金的條例。因此全廠工人目前不分彼此、不分新舊、不分部門，大家緊密團結起來，要求公司維持原有退休金的辦法和計算法，維護我們既得的生活利益。我們電車工人有光榮的團結歷史，現在我們工人享受的一切福利待遇，都是倚靠大家的團結爭取得來的。只

有工人堅強的團結，工人的利益才能得到保障。工友們！我們電車工人維護生活利益委員會就是這樣成立起來的。我們的委員會是由全廠絕大多數的工人選出來的，是真正代表全廠工人的利益的。維護工人利益、維護市民交通是我們的職責，我們的要求只不過是維持工人原有利益。我們相信我們的正當合理的要求必然獲得廣大社會人士的同情和支持。我們將根據全廠工人的意見要求，向公司進行交涉。電車公司資方必須同我們的總代表舉行真正的勞資談判，合理解決有關退休金的問題。我們希望全廠工人緊密團結在委員會的周圍，信賴我們的委員會，擁護支持我們的委員會，為維護我們工人的切身利益而堅決鬥爭！

電車工人維護生活利益委員會
一九六四年二月三日

☑ 重要記錄 3.3：

「自由工會」出賣工人利益，委員會向工友報告事件真相

「自由工會」出賣工人利益　委員會報告事件真相
希望受騙工友早日回到團結大家庭
並盼資方接見總代表談判解決問題

1964 年三月十一日在各業工會代表招待會上，電車工人維護生活利益委員會主任劉和，報告勞資糾紛的真相，並揭露「自由工會」出賣工人利益的勾當。全文如下：

所謂「協議」　實為騙局

由於電車資方於本年一月二日片面公佈修改工人退休金辦法而引起的勞資糾紛，至今達兩個多月，仍未獲得合理解決。電車資方在二月十日下午發表了一篇有關退休金辦法的新通告，這項新通告說是由電車資方代表與「電車自由工會」經過多次談判後達成的所謂「協議」。這個「協議」表面上說仍然維持原有退休金辦法，但是（一）新通告第四項規定由本通告發出之日

起，以後公司新僱用之員工，其享受退休金之權益，將完全根據服務手冊第十六節辦理，即是公司正式宣佈以後新入公司的員工，做滿二十年以上才有退休金，不能享受原有退休金辦法；（二）新通告第二項規定工友離職必須作六個月之預早申請；（三）第五項規定協議為暫行辦法，其實施有效期間為六個月，由協議日起計算，期內公司將尋求另一更長遠之退休金辦法，以代替現有公佈之暫行辦法。我們要問：電車資方既然說保留原有退休金辦法，為甚麼又要將原來一個星期的申請改為工人離職必須作六個月之預早申請？既然規定六個月前申請才能領退休金，為甚麼原有退休金辦法實施只有六個月，又將尋求另一更長遠的辦法？很明顯的，這個所謂「勞資協議」實際上是一個大騙局；對電車工人普遍提出維持原有退休金辦法的要求，並沒有實際的解決和讓步。資方口頭上說是保留原有辦法，但並沒有放棄其剝奪工人血汗錢的打算；而目前對工人的急迫要求，實際得個「拖」字，因此引起電車全廠工人的不滿與繼續反對！

欺壓工人　目的在拖

資方發表這一新通告，距一月二日片面公佈修改退休金辦法及計算法，相隔一個月零八天。由於資方無理剝奪工人的血汗錢，引起全廠工人一致的反對。為了爭取合理解決退休金辦法及計算法，我們全廠工人不分部門不分新舊一致團結起來，經過絕大多數人選舉，我們成立了電車工人維護生活利益委員會，並選出我們工人的總代表。就在我們的總代表往見勞工處和資方要求合理解決退休金問題的時候，電車資方就與「自由工會」少數人成立了這個所謂「協議」，目的無非是想把絕大多數電車工人的真正意見壓下去、將工人提出維持原有退休金的要求拖下來而已。目前全廠工人對此是不滿和反對的。我們的總代表和各部門數百工人曾先後往見資方沙文。令人不滿的是：沙文直到今天仍然拒見我們的總代表同廣大工人，沙文只表示自己同「自由工會」黃波等取得「協議」，藉此拖延。

所謂「協議」　誣衊工人

在這裏要提到的是：「電車自由工會」在與資方成立這個所謂「協議」後，還發表了「告社會人士暨工友書」，自我歌頌一番，對我們電車工人極誣衊攻擊。

一、在這篇「文告」中，「自由工會」黃波等少數人對這次「協議」說成是他們「交涉的成功」，又説他們這種（對「成功」的）分析相信全港市民百分之九十九都會「同意」。又説：「一般工友心理來説，稍為有理智的都表示相當滿意」等等。這簡直是無恥之言。我們要問：你們「交涉」有甚麼「成功」？這次所謂「協議」，對電車工人提出維持原有退休金辦法這個要求，有哪些實際上得到解決？這個「協議」有沒有徵求全廠工人的同意？我們電車工人中究竟有幾多人贊同？在這個「協議」中你們能夠代表多少電車工人？目前全廠工人一片反對和不滿之聲，就是對你們最好的答覆！甚至「自由工會」的會員中，有的認為「十幾年來的奇恥大辱」，有的認為是「喪權辱會」，憤而撕爛自由工會會員證、拒交月費、退出「自由工會」者亦有之。絕大多數工人都在反對你們的「協議」！難道這麼多的是工人不滿意，他們通通都不具有「稍為有理智」嗎？恰恰相反，稍為有理智的都明白這個所謂「協議」究竟是怎麼一回事。絕大多數電車工人都認識到這是出賣工人的利益，這是為資方鋪平剝削工人血汗錢道路的做法。

由此可知：就以電車全廠來説，百分之九十幾都不同意，難道全港工人市民百分之九十九會同意？

全廠工人　堅決反對

二、「自由工會」的「文告」中，又提到「一些別具用心的人」，「不惜吹毛求疵」、「危言聳聽」、「絕對沒有理由對我們的代表加以任何干擾、否則也就十足顯示出他們的卑鄙和低能了」等等。這些都是對我們電車工人中傷的話，無非藉此欺騙社會人士和掩飾自己出賣工人利益的行為。我們要問：你們與資方成立的所謂「協議」，既是違反電車工人的利益，又不是代表全廠絕大多數人的意見要求，這就根本不是甚麼「勞資協議」！你們簽訂「協議」，難道我們電車工人是無權過問嗎？大家都表示不滿與反對，甚至連「自由工會」的會員不是也向你們指責和反對嗎？難道這麼多的人都是「一些別具有用心」的人，都是「卑鄙和低能」的人，這樣就構成了你們所謂「不惜吹毛求疵」、「危言聳聽」、「加以干擾」的罪名嗎？難道要全廠工人對你們出賣工人利益的行為，表示「贊同」，表示「相當滿意」，你們才認為滿意嗎？不，你們與資方成立這個所謂「協議」，既然是違反全廠工人的利益，全廠工人是不滿的，是要一定繼續加以反對的！

黃波之流　製造分裂

　　三、在這個「文告」中，黃波等少數人還誣衊我們電車工人一九四九年要求改善生活待遇的鬥爭，説甚麼「帶來『賣』『當』『借』的災害」，並且把一九六〇年和六三年加薪都説成是他們交涉的結果。事實真相如何，我們電車工人都是很清楚的。我們工人不禁要問：一九四九年電車工人要求改善生活待遇鬥爭，每月爭取三十元的特津（現已撥入底薪）、年底雙薪雙津，十多年來，每個工友不是獲得六千多元的利益嗎？連黃波在內也享受了工人團結鬥爭的果實，可是黃波現在卻這樣食碗面翻碗底。講到一九六〇年和一九六三年的加薪，無可否認這是全廠工人團結鬥爭的結果，但這並不是憑你們的所謂「交涉」得來！我們要問：你們的所謂「交涉」帶來甚麼呢？那就是提早與資方「協議」壓制工人的要求，就是在工人當中製造分裂，阻撓工人的鬥爭。

堅持團結要求談判

　　在這次維護工人利益的鬥爭中，我們更加充分認識到只有絕大多數的電車工人一致團結起來，我們工人的切身利益才能得到維護和保障。我們希望全體電車工人繼續不分部門新舊緊密團結起來，大家一致信賴委員會，支持委員會，共同為維護工人利益而鬥爭。我們希望那些被騙的工友早日回到工人的團結大家庭來。電車工人的退休金是必須維護的。我們全體工友將堅持團結，堅持鬥爭，提高警覺，繼續注視一切損害工人利益的活動。對於勞工當局在這次勞資糾紛中，未有公正調處，未有充分考慮我們全廠工人的意見要求，我們表示遺憾。電車資方沙文一再拒絕接見我們的總代表和我們的工人，我們堅決抗議。我們認為電車資方應該早日接見我們的總代表，進行談判，促使當前的勞資糾紛合理解決。

　　我們懇切希望各業工會代表對我們提供寶貴意見，給予我們以指導和支持。

資料來源：《電車工人》，1964 年 3 月 24 日，頭版。

當年工友的口琴小組。

1960 年 4 月 11 日拜山活動。

1963年前後眾多工人辭職的原因

導讀資料 1963年以來有大量工人辭職，事出有因。以下節錄當日報章的相關報道供大家參考，也是當時生活面貌的反映。

電車工友昨開會決定明日作和平請願
請求資方撤回新訂員工退休金辦法
同時指出管理職工辦法須徹底改善
（節錄）

電車工友在大會上指出
百餘工友自動辭退與管理制度有關

電車工友又謂：服務十年的年資已不算得短暫，應得的退休金，竟然一筆勾銷，那是絕對不合理的，雖然服務規章認為，有規定服務二十年，才可以領取退休金的一節，但在電車公司前任總經理莊士頓於一九五七年間制訂此辦法時，已為全體工友反對，故一向均照舊有辦法，每服務滿一年，即給予百分之十的退休金，就算服務半年的，也給予退休金百分之五，向安無異的。公司此次推行新辦法，可能與一九六三年內，有百餘工友自動辭退有關，但工友之自動辭退，又與管理制度有絕大關係。

提指出：公司對職工服務，常予以苛求的檢舉，多所責難，處罰頻頻，致遭受損失不少，故自動辭退者，殆基於「豈能甘服」的心情下驅策着，縱使於辭退後，不一定找到職業，也得鬆一口氣。平日，車上職工，所遭受到難以避免的處罰同時認為處罰不公的，有如下各端：

（一）頭等售票員每因搭客擠迫，一直站至梯間，不得不沿梯而下售票，在此種情形下，每因下樓後，梯次人擠，難以復登樓上，被迫在司機位側停留一時，擬俟梯次搭客稍疏，始再復登樓，但每被稽查員指為與司機談話。

（二）三等售票員因須兼司拉鐘開關閘門之責，而在搭客擠迫當中，因每每會在車廂之深入處進行售票工作，及車已到站，未能趕到閘口司啟閉之責，而在車廂內拉鐘關閘時，常被指為不顧及乘客安全。

（三）在乘客擠迫當中，有故作痴聾意圖瞞票者，雖售票員問「有票未」，亦不理不睬，售票員以為有票了，也就不便多問，但在稽查進行查票時，又以「漏票」歸咎於售票員。

（四）在車票打孔時，如不完全打在目的地一小格內，稍為跨越界線也被認為不合；但要曉得，在工作進行繁忙中，特別是行車震盪時，擠迫的搭客常常會使打孔的手法受到碰撞的，這樣一來，手法不準，是常有的事，被罰是冤枉的。

（五）在清晨由於氣溫較底，若干工友在上班時多穿一點衣服；及至中午，天氣熱，每每會解開喉嚨鈕透透氣以減少悶熱，但給檢查發覺了，也認為犯規。

（六）在頭等梯次通往三等之間，是有一條扣鏈的，如果失落了，要指為司機失職。其實，可能給頑劣之輩弄去也沒有一定，罪責司機，實在是冤枉的。

（七）每每由於避車或避人用電掣煞車的時候，電掣馬上控制車輪不能轉動，但在此一剎那，車輪仍在路軌上衝前，致磨去車輪的一小缺，行起車來，便會發出「隆隆」的聲音，這樣，又被處罰。工友認為：此點最不服氣的，因為作急煞車，是免不了的事，也就是為着安全，否則，可能弄成意外，而在這樣的情形下，卻受處罰，你認為公平嗎？

（八）帽子戴不正或吸香煙，也會被警告處罰的。

（九）到總站時，早了一二分鐘，也會受罰的，須知，在沿途上客落客中，行駛時間不一定很準確的，事實上也有困難。

（十）車上員工，是沒有時間騰出吃飯的，因此，他們常常都要在站頭站尾，「偷雞」吃飯，吃不完可能找空再吃，如果在工作中被發現吃飯的話，也是被處罰之列。難道連飯也不吃嗎？

（十一）在工作中，突感身體不適要看醫生時，照例先向站長報告找人頂替，然後跑去看醫生，如果醫生簽證給假，自無問題；但如果不予給假的話，祇好硬着頭皮返回工作崗位了。這樣，在離開工作崗位的空間，就算一小時之微，也被扣除工資的，實不合理。

資料來源：《華僑日報》，1964 年 1 月 13 日（星期一）。

《華僑日報》有趣地強調退休樂無憂

導讀資料 從當時非親共報章的角度，反映及描寫的是安享晚年，強調退休樂無憂的一面。

反對資方改變退休金辦法　電車工友決定五項應付步驟
電車自由工會昨召開會員工友大會
由主席黃波與資方約期開特別會議

關於電車工友反對改變員工退休金辦法暗潮，目前仍在擴展，各電車工友常以此為話題，均認為非撤回新辦法不可；因此，倘資方堅持立場不變，勢將鬧至勞工處。究如何解決，目前在未知之數。

電車自由工會於昨（十九）日在濱海街分上下午兩批，召開會員工友大會，除報告本月十四日舉行「和平請願」之洽談內容，與今後應付之步驟。

該會議由主席黃波主持，到場工友甚眾，席間紛紛發言，一致指出資方改變退休金辦法之無理措施，強調必須資方撤回。結果，決定下開五項步驟：

（一）強調要求資方撤回本月二日改變退休金辦法之通告，以安定工友信心，保存工友應得利益。

（二）為了顧及資方撤回該項通告之困難，可能同意資方在兩個月內，暫不接受未滿廿年以下工友之離職申請。

（三）倘資方對上述一、二兩項不予接納時，提請資方必須履行員工服務手冊第四十節規定——如要執行該新方案，必須預先一個月通知，同時，資方對此要求必須在一個時限內答覆。

（四）如資方不予答覆時，將請求勞工處，進行調處，作合理解決，並將此事件經過及詳細內容舉行記者招待會，昭告社會人士。

（五）如勞工處調處失敗，或伸延時日，決再召開工友大會，採取一切有效措施。

席上同時通過由主席黃波於今（二十）日與資方約期於本月廿三日（星

期四）舉行勞資特別會議，作第一次步驟之展開。

又據工友表示：一九六三年電車工友自動離職達一百多人之原因，蓋與人事管理制度不善有關，致使工友不能安於其位，倘公司能將管理辦法改善，則工友之「離心力」當可消弭。（燦）

老年工友退休後如何維持生活？
列舉幾個實例足供工友參考

退休的年齡，由於個例機構的體制不一，卻沒有明顯的界限。照一般的現象來說，大致分為三種，其一以之十歲的標準，其二以五十歲為標準；第三，以五十六歲為標準，但當工友到退休年齡時，如其體力尚健，仍可按年申請工作，至六十歲為止，這一措施，是比較彈性的。

已退休了三年的陳伯，一天跟筆者相遇，他雖然已六十開外，但並沒有老態，走動雖然慢一點，神頭頗足。他正湊着孫兒往公園裏走。閒談之間，講起舊事，他不勝滄桑之感的說：人生有聚有散，乃一定的道理。多年之前，我和你們在一起工作，工餘談笑，何等快樂，後來，因年齡關係，我仍要多分手了。記得我在你們所設的歡送席上，我非常感動，感動的原因，第一是多謝你們的感情，第二是自傷年華老去，第三自傷從此而後，生活寂寞，當時的心境，真是淚向肚中流呢。幸而我幾個兒子先後出了身，也很孝順。退休之後，將三萬多塊錢退休金，連同自己大半生的積蓄，一共四萬多塊錢，買了兩間屋，一間用來自己住，另一間用來租出，把收得的租金用來維持兩老的生活，都也算安定。雖然，兒子們常給我錢，但我通通把它積存起來，以備他日有不時之需，有得使用。閒來無事，找找朋友談天，早上一早起床，去飲早茶，之後，帶同孫兒去逛公園，戲間中一看，打馬將則精神不大夠了。陳伯的遭遇，可謂晚境安閒。

體力充沛　不甘雌伏

至於章叔呢？他也是退休的一員。他有兩個兒子和一個女兒，先後都出身了，而且收入很不錯。照理，他可以安享暮年底生活的，但他體力充沛，不甘雌伏，仍四處去找事做。最近，有一位舊老友，他的廠中需要一位助理會計，月薪二百五十元。章叔聽了，欣然肯就，雖每天要搭船渡海，亦在所不辭。他的解釋，以我目前的情形而論，我本來可以不去做工。但因

生平做慣了，沒有事做，周身唔聚財，所以甚麼工作也要找點事幹。

最差的，乃是阿樂了，頭光，獨目，腰有點變，已六十七歲了，但每天仍然要去做搬木工作。過去，他雖做過總管，但人緣差，養下的兒子，雖已獨立，但錢不多，顧得家就無法去仰事老父，弄到他暮年流離顛沛，到老一樣要做，説來真是可憐了。

陳伯説得好：「打工仔，平日待人，一定要誠實，肯做，然後人緣好，機會多，同時要慳儉，手頭有錢，暮年的生活，才不至全無依靠啊」！這些話，都值得正當盛年的我們，深深去體味和實行的啊！（阿清）

資料來源：《華僑日報》，1964 年 1 月 20 日。

 閱讀資料 3.3：

2 月 6 日電車自由工會再召開大會

> **導讀**
> **資料** 1964 年 2 月 6 日《華僑日報》的角度，強調黃波用自己的時間開會。由這一點已反映《華僑日報》的政治立場。

電車退休金工潮能否打開僵局？　電車自由工會今再召開大會
前日勞資談判內容在大會上宣佈　同時徵詢工友意見決定應付步驟

電車公司因改變退休金所掀起之工潮，在前（四）日勞資雙方在勞工處舉行首次「官式談判」中，電車自由工會負責人已透露似有進展，而且雙方所持態度是客觀的。詳細內容雖未據指出，唯因此顯示有打開僵局之希望。

電車自由工會，已定於今日在濱海街會所，再度召開全體工友大會，分上下午兩次舉行，上午由十時開始，下午由七時開始，在大會中，將由談判代表報告此次「官式談判」之經過，並徵詢各工友反映之意見。故此，有關報告內容至值得各工友之注意，其為讓步乎？讓步之尺度將如何？工友能否維持固有之退休費利益？凡此種種問題，均與電車工友切身利益有關，亦即為此次工潮希望獲得合理解決之開端。預料屆時工友將踴躍赴

會，為任何一次哄動者。

　　另悉：由於此次工潮掀起勞方代表迭次為年率代全體工友而奔走，在若干時日當中，不得不犧牲個人利益——請假以赴，此種精神，至為難得。記者曾以此問題就詢於電車自由工會主席黃波，據謂：除了「官式談判」的一天，是由資方特別給假外，其餘雖在工作時間內騰出舉行大會或談判的，都是自己的損失。（燦）

資料來源：《華僑日報》，1964年2月6日。

☑ 閱讀資料 3.4：

香港華人機器總工會就退休金事件發表書面聲明
支持電車工友

> **導讀**
> **資料**
>
> 工會之間互相聲援。

電車工友反對改變退休金
華機會昨發表聲明全力支持電車工友
欲維繫工人應先讓工人對公司恢復信任

　　香港華人機器總工會，對電車公司勞資糾紛，昨公開發表書面聲明，支持電車工友維持原有退休辦法，認為電車公司削減工人利益，簡直是開倒車，足以增加工友之「離心力」，不能安於其位。茲錄原文如下：

　　電車公司此次突然宣佈調整員工退休金辦法，引起全體工人之鼓噪反對。經工人代表以極端忍耐和平態度，數度請求公司顧及絕大多數員工利益，收回成命，為公司所堅拒，事態陷於僵持，未來發展，殊難逆料。電車為本會組織一個單位，本會為維護會員利益，廣及所有工人利益不被無理剝奪，在勢已難再事緘默，爰經特別理事會議，審慎研究，決定發表如下聲明：

視為當然收入

一、電車公司之有退休金,工人早已視為當然收入之一部分,且係加入服務的一個有力條件。此項制度既已行之十年,勞資向安無異,公司盈利亦年有遞增,事實已足證明制度本身甚為有用。公司此次加以調整,據透露:係由於員工告辭太多,非調整無以限制,對此說即使稍加思考,亦覺難於採信,何解?因工人在有退休金之時,尚且紛紛求去,若退休金一旦被取消或削減後反而會安於其位,世間真有是理嗎?如因此事件而加速工人之離心,又是公司始料所及的嗎?我們要正告公司當局,維繫工人儘有許多可行方法,但眼前最有重要的,卻是如何設法讓工人首先恢復對公司的信任,不生離心,除此之外,任何方法都是捨本逐末,殊非解決問題的途徑。

工人忍耐態度

二、公司當局對工人所得退休金,其始用「調整」字句,其後又改用「賞賜」字句,姑勿論改用如何美好詞句,但「工人利益被剝奪」總是事實,工人不明白在服務中的工人待遇何以反比不上先已辭退者?當其利益一旦被削減或被剝奪時,自然表示不滿,加以反對,理由原來極簡單。工人以顧念大局始終以忍耐和平態度向公司請求,公司不予以考慮,一味祇知玩弄拖延手段,置工人鼓噪惶惑於不顧,假如因此引致工人被迫採取行動,影響交通秩序,公司如何能辭其咎。

何以大開倒車

三、近代進步工業社會,工人生活祇有逐漸提高,逐步改善,從無故意將工人既得利益無理扣減,大開倒車之理,電車公司此舉不啻自行製造紛擾,不特應為全體工人所反對,抑亦無法取得社會人士之同情,實深遺憾!基上論列,本會決在合法、全理、合情之原則下,予電車工友以全力之支持,尚冀輿論界及各界人士加以明察,並予指導為幸。(燦)

資料來源:《華僑日報》,1964 年 2 月 6 日。

閱讀資料 3.5：

《華僑日報》正面報道自由工會與資方「達成協議」

資料導讀 《華僑日報》的報道呈現傾向自由工會的觀點。從另一角度看黃波方面的操作。

電車工潮終於扭轉僵局　勞資昨已達成協議
電車自由工會昨晚發表協議綱要　勞工處調解得宜難題獲迎刃而解

電車公司工潮，在再度陷於僵局的前天，一般都未許樂觀，但經昨日在勞工處舉行第三次勞資談判後，情勢又告扭轉，最後卒獲圓滿解決。

電車自由工會於昨（八）日下午六時，照原定安排下，假座中區威靈頓街港九工團聯合總會香港辦事處舉行記者招待會，由該會主席黃波主持，出席者，並有談判代表楊炎、楊齊、鍾水及該會職員多人。

黃氏揭開話匣時，首先說：這一次招待會，原是「作最壞的準備」，但目前已全部扭轉形勢，獲得調協的結果，保持原有應得利益，差堪向各位告慰的。

接着，他發表下開書面談話：

黃波發表書面談話

由於電車公司於元月二日，十日及二十五日連續頒佈之有關支付員工退休金新通告所引起之紛擾，介於電車自由工會與電車公司之間，經元月六日勞資會議，元月十四日之和平請願，及元月二十三日及三十日歷次勞資談判中，無法獲得結論；因而勞方（即電車自由工會）不能不將此一事件提請勞工處作公正之調處，經二月四日及七日、八日在勞工處一連串的勞資會談後，經勞工處主管官的努力斡旋，在勞資雙方的相互尊重，於彼此諒解相互及讓的原則下，勞資之間卒之達成協議。其詳細內容有待中文英文對照本翻譯完竣另行公佈。至此電車工人希望在習慣上所能得到的退休金利益，已提供了有力的保證；而此次電車勞資間之爭議，可稱圓滿解決。而一般社會人士所最關心的電車工潮所引起的交通任務問題，至此亦總可舒一口氣了。

根據官方三點建議

黃氏繼補充說：達成協議的詳細內容，未能即席宣佈的原因，是因為在談判中，勞方代表所許下的一種承諾，俟公司稍後正式公佈後，即予發表。但據透露協議之綱要時稱：內容主要仍如前日官方建議之三點：（一）保持原有退休金辦法之習慣。（二）如工友離職，須預先六個月申請；但此辦法祇屬權宜的，以限行六個月為限，屆期滿後，即回復原有辦法——工友離職，可於一週前申請。（三）由第三者組成調查小組，以檢討目前人事管理制度，以促使改善之。

黃氏又謂：關於實施上述第二項暫行辦法中，資方曾就此點予以解釋，謂所訂定之預先六個月申請離職措施，倘有此種情形發生時，如公司認為該員工必須繼續留用一個期間，始等候至六個月後准予離職；但如被認為該員工無繼續留用之必要時，可能准予提前離職，故質言之，此暫行辦法仍有伸縮性者。

資方在談判中，並表示如有涉及員工利益問題之新措施，此後將預早一個月予以通告。

詳細內容另行公佈

黃氏謂：此次達成協議之重心，是為着：（一）基本上維持員工職業之利益。（二）勞資雙方要達到維持交通服務之目的。至於達成協議之公司通告，希望於明（十）日下午或最遲後日正式發佈。

黃氏最後指出：此次談判過程，係由上午九時開始，直至中午十二時十五分結束。在這之間，曾一度休會十餘分鐘，雙方退席，各自會議。而在休會之前——即上午十一時半前，其情形仍未許樂觀；但復會後，幸得官方展開調處得當，而勞資雙方亦以大局為重，僵持逾月之難題，卒告迎刃而解，現在總告鬆一口氣了。

席上記者曾向黃氏問及「由第三者組成調查小組」，曾否已指定某方面人士組成。黃氏答，這一點還未有，但他希望儘速予以實現，而在人選方面，相信資方會徵求勞方同意的。至於日前組成之行動組，將於資方正式公佈協議內容之同時，自動取消。

昨日談判席上，仍由勞資關係組主任黃泰和主持，資方出席者為總經理沙文氏及秘書鍾小姐；勞方出席者，為電車自由工會黃波、楊炎、楊齊、

鍾水四人。（燦）

資料來源：《華僑日報》，1964 年 2 月 9 日。

☑ 閱讀資料 3.6：

工友反對自由工會一唱一和搞「協議」欺騙工友

資料導讀 1964 年 3 月 23 日散文，揭發「自由工會」如何欺騙工友。

一唱一和搞「協議」 工友紛紛表反對

一位售票工友説：我地利益，如退休金、大假、有薪病假，生活津貼等等，冇一樣唔係職工會領導工友鬥爭得來，呢的係我地工友團結鬥爭成果。沙文仍唔放棄剝奪我地血汗錢嘅打算，我地要堅持團結，堅決鬥爭！

一位工友説：工人離職要六個月申請，真係全世界都冇，又話六個月內出過新辦法，即係想拖住先，第日出術再剝削我地血汗錢。「自由工會」黃波少數人竟同沙文「協議」，即係同資方鋪路剝削工人，出賣工人利益，我地幾大都反對！

一位曾受「自由工會」黃波欺騙的工友，在工友會議上説：我最初以為黃波同公司有得傾，呢的生活利益佢都有份。呢次唔同過去，希望佢能夠搞掂。因此我次次都參加「自由工會」「大會」，點知佢竟搞出咁嘅「協議」。「自由工會」「大會」原來決定要求三個月後恢復原有退休金辦法，黃波轉頭卻簽六個月預早申請，六個月內又出新辦法，連「大會」決定佢都違反，佢連會員都出賣。我問佢，佢話「我只代表會員，冇代表你」。佢嘅會員話佢出賣，質問佢，佢話「我只代表自己」。原來佢係咁樣：初時擒擒青，工友起來鬥，佢就馬上同資方「斟妥」，出賣工友。我呢次跌眼鏡，識錯人咯。以後幾大都支持職工會，擁護委員會，團結一致先至係辦法。

又有一位曾受「自由工會」欺騙的工友在工友會議上説：我有去「自由工會」開「大會」，又有參加佢嘅「行動隊」，我在佢會上提意見，竟有

人制止我，扯我行開，話「黃波搞幾十年工運，你唔好講咁多」！事後黃波同沙文搞「協議」，出賣工友，我問「自由工會」負責人，佢話「我代表自己，你問我托 X」！原來佢所謂「搞工運」就係咁搞法。而家我對佢冇得好幻想，只有職工會同委員會先至能為我地大家工友爭利益，我幾大都跟大家走，擁護委員會，爭取維護我地利益。

一位工友說：四九年鬥爭，爭取特津，年尾雙薪雙津，計到而家，每人成六千元，黃波都有享受，竟然發表「告社會人士暨工友書」，罵工友「愚蠢」，又感謝公司「讓步」，完全替資方講話，正一食碗面，翻碗底！

一位老工友說：十幾年來，「自由工會」專做壞事：五二年，工友為保障生活，反對新例，資方就扶植「自由工會」，佢話「新例好嘢」；五四年，工友爭取保障職業，佢話「以公司命令為依歸」；五七年，公司重新頒佈新例，佢又話係佢地建議；六〇年、六三年，兩次加薪，佢又提早同資方「協議」，壓制工人要求；呢次佢口講「利益一致」，整整吓又拉拉扯扯話「協議」。總之冇次好嘢，總之出賣工人利益就係咯。我地工友要依靠自己團結力量，依靠工會領導，先至能夠維護我地利益和福利。

資料來源：《電車工人》（非賣品），1964 年 3 月 23 日，第二版。

 閱讀資料 3.7：

諷刺自由工會主席黃波

資料
導讀 1964 年 3 月 22 日的報刊短文，文中諷刺的是「自由工會」主席黃波。「自由工會」自 1950 年代便由資方扶持跟電車工會對着幹。

狗仔太少人太多

輿者

早幾天，黃狗仔自覺得頗有些時來運轉的意思。

自從一九五二年，他從新德里的「亞洲自由勞工學院」受訓練回來之後，這十數年來，黃狗仔的日子過得殊不順心，若不是因為牌子老，美國

人跟前的這碗飯，怕已經老早吃不成了。

那一年波士決定派他到這間有一千六百多人的大企業裏來，擔任「秘密支部」的「書記」，主持「自由工運」，並且隨即又把他派到印度去，接受訓練，即是因為他曾經有過「良好」的記錄。尤其是一九四八年，四大企業同捲進狂風暴雨那一回，他出賣得那麼「出色」，使「波士」留下了深刻印象。

當其時也，他黃狗仔亦曾向「波士」吹過這樣的牛皮：「我到 XX 公司建立『自由』工會，三個月有把握發展二百會員，一年時間，取代 XXXXX 會的地位，把全部工人都抓在手裏！」

他這話曾使幾方面的「波士」大為高興。為示鼓勵，XX 新聞處一次過「獎賞」他港幣五千元；XX 公司的「大班」，於他那「自由工會」成立時，奉送會所全套傢俬，外加現款二千元，其後又二千、千五的悄悄磅水多次，正是「有厚望焉」。

這十數年來，黃狗仔是真賣氣力的。舉一例：五二年公司大批除人，他就大聲疾呼，叫工人們「唔好同公司鬥！」「同公司鬥實衰！」「跟住我有飯食！」

説也可憐，儘管他聲嘶力竭，要工人們「跟住」他，他那「自由」工會，到如今才只有那麼七十幾個會員（交會費的「合格會員」僅四十餘人）。就連這七十幾人，也不是全都「跟住」他的，原因甚多，毋須贅述，只舉一例，譬如他要會員每人捐十元「建會所」。十元是捐了，會所卻始終是空中樓閣，因為那錢已讓他「自由」去了。

黃狗仔這「自由」工會既是如此地不爭氣，使 XX 公司的「大班」大失所望。一九五三年，有一天，「大班」把他喊上公司寫字樓，當面威嚇他道：「我給你三個月時間，如果再不搞好，就不再支持你！」

所謂「支持」，意指「磅水」。「水」是重要的，於黃狗仔尤然。其時他大為着慌，趕緊與一眾馬仔會商，只是苦無辦法。那 XX 公司的許多工人，向有硬骨頭的傳統，黃狗仔儘在白費功夫！

那「波士」們坐言起行，果然都對他「制水」。他那「自由」工會，傢俬吃進了肚裏；因為交不起租，欠租難還，十幾次家被迫遷，現在只在一個「會員」家中，佔用個連一張寫字桌也擺不下的小小房間，算是個「辦事處」！

就在這黃狗仔危危岌岌，不可終日的要緊關頭，發生了公司要剝奪工人多年的既得利益的事。風暴掀起，黃狗仔的「存在價值」，才又被「大班」

重新發現。

黃狗仔自覺得時來運轉,大抵就是因為這件事。那兩天,他是真個神氣,忽而發表「告社會人士」書,忽而接見新聞記者,作公開談話,像是頓時成了個「重要人物」,那張乾癟如枯茄子的瘦臉,也像增添了三分油氣。

有人說他因為和公司簽訂了那個臭名昭彰的出賣工人利益的「協議」,「大班」許諾,「獎賞」他港幣三萬元。

只是,黃狗仔未免高興得太早,他那只有四十幾個「合格會員」的小小「自由」工會,又怎能代表得一千六百人?如今,就連他那寥寥可數的幾個「會員」,也都在拆他的台腳,當眾聲明不承認他那「協議」,大翻他的臭底!

最近兩天,有人見到了他,提起他那灰溜溜的樣子,就像落在包圍之中的過街老鼠,真是又可鄙,又可憐。看來,他要有進一步的「表現」是很困難的了,那「大班」許諾的三萬元,拿到又如何?何況又未必穩當哩!

資料來源:《新晚報》,1964 年 3 月 22 日。

 閱讀資料 3.8:

《新民報》跟《華僑日報》不同取向,反映左報才關心民生

資料導讀 將《華僑日報》跟其他報章對讀,便可以看見各報存在不同立場。撇開政治立場不說,貧苦大眾的苦況是客觀存在的事實。而對比起來,「左報」更關心民間疾苦。

電車公司員工請願

電車公司最近改變退休金辦法,使員工大感不滿,十四日該公司員工三百餘人,已正式向公司請願,請求撤回新訂之退休金辦法。但該公司總經理表示,須勞方提出新方案,公司方能予以考慮。如無新方案提出,公司仍然將實施新訂的辦法。

案電車公司這次所提出的退休金辦法，主要是限定員工服務要超出十年，方能領取退休金。而這筆退休金，原是自員工薪資中每月扣百分之五，累積而成，並非公司另外付出的款項。這個新辦法一經實施，不滿十年的員工離職時，即將損失那一筆存在公司中的錢；這顯然是不合理的。

目前本港各界正加緊提倡「福利」，電車公司居然反其道而行，這對於該公司的前途大有妨害。我們認為，很久以來，本港輿論對貧苦市民的福利問題，都表現得不夠關切；以致弄得同情貧民成了左翼報刊的宣傳。這是輿論界一大不幸。我們希望，一切愛自由，重人權的言論，都能出於真正民間的報章上。因此，對電車公司違背福利觀念的這種措施，我們願意提請本港輿論界注意。大家要多為貧苦的人說話。

至於具體辦法，則非常簡單。公司平日在員工薪金中扣下來的錢，自應在員工離職時發給，不論服務期間長短。公司要想鼓勵員工長期服務，可以另訂一退休金辦法，規定員工服務滿十年者，離職時由公司另行發給退休金。這纔是合乎福利原則的。公司不可一味只為資方打算，而不為勞力打算。

資料來源：《新民報》，1964 年 1 月 16 日。

☑ **閱讀資料 3.9：**

8 月凍結期過後的新修訂

電車公司前日發出通告　週薪員工增加津貼　退休辦法下月改變
工友一則以喜一則以懼　電車自由工會保持緘默

由於電車公司在本年二月八日與電車自由工會取得協議之維持習慣性退休金辦法原訂六個月有效時限，已告滿期，換言之，協議內容所訂定如員工申請離職，而欲享受以往習慣性之退休金辦法者，須於六個月以前辦理之臨時辦法，已告失效；接着公司宣佈另一新辦法。

據悉：另一項新辦法，係於本月十三日公佈者，其對象是「週薪員工」。目前，在該公司服務之週薪員工約有一千五百人，除機械技工約佔三百人外，其餘約一千二百人為車上工友。在週薪員工中，他們的待遇大致如下：

售票員——每小時底薪一元零三仙，另每日生活津貼約一元四角，及特津四角，以八小時工作計，每日收入之總和為十元零四仙。

司機——每小時底薪一元一毫一仙，生活津貼與特津同上，每日收入之總和為十元零六角八仙。

車廠技工——每小時底薪一元二角一仙、生活津貼與特津同上，每日收入之總和為十一元四角八仙。

週薪員工由後日起

每人每日津貼五毫

此外，每服務滿一年每小時加薪一個仙，加至十七年為止。

最近電車公司除公佈新退休金辦法外，同時發出加薪通告，大意謂：「由一九六四年八月十七日起香港電車有限公司董事會，慷慨同意付給週薪員工每日津貼五毫，此津貼將計算於華人新年酬金內。」換言之，由本月十八日起，各週薪員工，每月可多獲十五元。

至於週薪員工之退休金新辦法，其佈告內容大致有如下述：

為報酬忠心服務員工於過去六個月內對公司之信心，董事會已作如下寬大之決定：

（一）不論員工服務久暫，當員工離職時，所有在一九六四年九月一日以前之退休金，將全部給，但各員工必須作三個月（十二星期）之預早離職通知。有資格享受全部退休金利益之員工，不在此限。

（二）員工於未有資格享受全部退休金利益前，辭職者不能獲得一九六四年九月一日以後之退休金。

（三）服務條件內列員工成年後，須服務二十年方有資格領取退休金。但為鼓勵年長而服務較短之員工起見現另加上一項條件。

九月一日開始生效

退休金新辦法　許多工友不滿

成年員工連續服務貳拾年者或已屆四十五歲而連續服務十年者

始有資格享受全部退休金

新條件為如員工符合下列各項者，則有資格享受全部退休金。

（甲）成年員工連續服務二十年者；或（乙）四十五歲而連續服務十年。

例如：服務二十年或二十年以上者；服務十年或十年以上，須年達四十五

歲或四十五歲以上；服務八年者，須年達四十五歲或四十五歲以上，如要享受全部退休金，須在二年以後；服務十年，而年達四十二歲者，須在三年後；服務十七年，而年達卅九歲者，須在三年後；又服務十七年，而年達四十四歲者，須在一年後。

上列員工在未有資格享受全部退休金以前欲離職者，必須預先三個月申請，並將獲得九月一日前之退休金。

公佈又稱：上項退休金新辦法，原於公佈日起一個月生效——即九月十二日，但由於此辦法係有利於各週薪員工關係，故由一九六四年九月一日起生效。

又謂：已作預先六個月離職通知之員工，公司給予彼等可資選擇之辦法或請求取消彼離職之通知。關於請求取消六個月離職之通知，須於八月廿一日以送達辦理。

據記者調查所得，自上月公佈發出後，正是一則以喜，一則以懼，所喜者則為獲得公司增給津貼每日五毫，雖然其數甚微，但年晚積聚下來，總可以鬆動一些。不過，新定退休金辦法卻令年輕的員工受到特別束縛，因為，新辦法規定能夠享受全部退休金者，須連續的做二十年或以上，否則就要連續服務十年，而年達四十五歲者，是以，倘在十一年前入公司服務時為二十五歲則現在祇是卅六歲，因服務未滿二十年而又年齡未及四十五歲之故，如要離職享受全部退休金，除非依照上述公佈所示預先三個月申請，藉以取得本年九月一日以前之退休金，否則，要等候九年後，年達四十五歲，始能享受全部退休金，因此，假如這一位員工在第十五年要另謀高就的話，也祇能夠領取退休金至本年八月底為止，其餘四年的退休金便無法領到，如是，將會使到若干比較年輕的員工而服務期較短的，反而掀起動搖心理，這一點，公司應該考慮到的。

基於上述，許多工友都表示不滿，但記者訪問電車自由工會負責人，卻說暫無若何表示。（燦）

資料來源：《華僑日報》，1964 年 8 月 15 日，第七張。

8月新例出來後出現離職潮

本文講述新例迫使工人退休，令有車沒人開，反映作為公共事業，電車公司管理不善，直接影響民生；也反映 1964 年間勞資關係頗為緊張。這一筆歷史十分重要。

電車公司新例施行
職工多人退休領退休金無司機接班出現脫節現象

一百六十多輛電車　日來只開出一百四十餘輛　其餘無司機

　　（本報特訊）最近數日來，電車公司「動員」了在假工人和休班司機，但長期飢荒的情況依然存在。因為有些休班和在假司機，不願補水過時工作。還有些人就是公司給「雙工」也不允加班。

　　電車工人們又說以後短期內，搭電車可能比較困難了。一百六十二輛電車，因為沒有司機，昨天祗有一百四十八部車行駛。有些電車沒有人接班。行車情況脫節、混亂。電車工人們還說電車公司待遇低、工作時間長，假期沒薪水，病假又扣糧。最近電車公司還擬變相的取消工友們的退休金，新訂條例苛刻，所以最近電車工人告辭的人愈來愈多。甚至在訓練中的電車司機，有些受訓不到三個月，就不幹了。目前，電車公司補充司機人手，極感不易。據說：九月一日還有一批司機要告辭。

　　前（廿）日下午三時十八分，東行電車「C拾」，八號電車，當時無人接班，致該電車停擺於鵝頸橋大三元酒家門前電車站。由於該電車之停放阻塞，東行電車大擺長龍。計自大三元酒家門前車站起擺長龍至灣仔杜老誌道口至下午三時廿七分，該電車上司機經稽查再三勸告，始將該車繼續開行。

數日來曾出現退休人龍

　　據悉：與此同時，這幾天來電車公司內，也出現了人龍。這些「人龍」，大多數是司機，和一部分賣票員和守閘員。他們在六個月之前，已申請不

幹，所以返電車公司辦理離職手續，最主要還是領取退休金。可是，電車公司當局卻不同意他們退休。於是，有人大聲説：電車公司強迫他們服務。他們表示：無論如何再不幹了。弄到電車公司當局「冇晒符」。據説：有些司機就索性不去接班。據悉：電車公司規定如有員工「即日不幹」，扣一個星期的「糧」，這員工便可以鬆人。因此，在六個月前，已申請退休的電車員工，便紛紛表示：即日起立刻「走人」，寧可犧牲那一個星期的「糧」。

前幾天，電車公司於是出現了「退休人龍」——與前日下午三時十八分，停放在鵝頸大三元酒家門前東行電車站的「電車長龍」互相「輝映」。據説：六個月前申請退休的電車公司員工，有一百六十餘人，因此出現了無人「接更」的事。

電車公司當局在不得已的情形下，復於本月十三日，又再貼出佈告，略謂：「六個月時間已成過去，自九月一日起，凡申請辭職員工，必須要預早三個月通知，至本年十二月一日，始准退休，及領取退休金」等語。佈告內又稱：「自本年九月一日起，實施新例，凡在公司服務『工齡』滿十年，而員工本身年齡實足四十五歲者，始准領取『全工齡』之退休金。否則，若工齡足十年，而本身其年齡不足四十五歲者，則退休金祇發給至一九六四年八月底止。」此佈告貼出後，電車員工更加嘩然。因此，前幾天電車公司主辦人事的辦公處，曾出現了：決心不幹，要「領取退休金」的電車「退休」員工「人龍」。

資料來源：報紙剪報，但看不清報刊名稱。1964 年 8 月 23 日。

☑ 閱讀資料 3.11：

C 組車提早開工，工友認為不切實際

 導讀資料 在交通不便之下的交通服務員——於當時，開頭班車的司機上班很勞累。

C 組車提早開工　工友認為不切實際

最近，公司突然貼出佈告，將 C 組車早更十一輛電車的開工時間提

早，特別是其中 B35 車開工時間由原來早上六點五十二分提前為六點十六分，B2 車由原來七點提前為六點廿四分，B4 車由原來七點零四分提前為六點廿八分。這一更動，凡屬 C 組的工友，均受影響。

C 組車工友，都是居住在柴灣、西環和九龍等較遠地區的，也因此才做 C 組車。今將開工時間提前，在這十一架車工作的工友，返早更將疲於奔命。而每日第一班渡海小輪要在早上六時正才由九龍開往港島，由渡海以至返抵公司，最快也要廿五分鐘時間，如做 B2、B4、B35 等車，九龍區工友無論如何不能趕及上班開車。

由於工友們是輪班在各車工作的，C 組車工友每個人都可能碰到不能及時上班的麻煩。而公司這樣子更動時間，顯然沒有考慮實際情況。

C 組車的工友們，日來意見紛紛，均認為公司此一措施不合情理，不切實際，一致認為應予適當改善。

資料來源：《電車工人》（非賣品），1965 年 9 月 25 日，第二版。

☑ 閱讀資料 3.12：

揭露自 1952 至 1960 年代自由工會的惡行

團結就是力量！為要求加薪取得成就告全體工友書

親愛的全體電車工友們：

我們電車工人的加薪問題，經過兩個多月來的團結努力，堅持鬥爭，終於在十一月十七日，迫得資方沙文不得不公佈由七月一日起每日每人加薪八角，由十一月十五日起將原有津貼撥四角入底薪。這個答覆，同我們原來的要求雖然仍有距離，杯水車薪，對我們的生活困難，彌補不大，我們是不滿的。但是，這個加薪的果實，完全是依靠我們全體電車工人團結一致所迫出來的，是工友們團結的成果。當九月二日我們提出加薪方案時，沙文的態度是怎樣的呢？他對電車工人的生活困難置之不顧，對工人加薪的要求充耳不聞，他不是說「並無工人組織要求加薪」嗎？但當我們工友團結起來，他就不能不考慮了。到了不能不加的時候，沙文不是企圖通過「自由工會」的配合，只由十月一日起加六兩四，並且宣稱「不能再

加」嗎？以後又企圖把津貼撥四角入底薪，以此作為加薪一元零四分來搞騙局嗎？事實非常明顯，沙文是力求能夠不加則不加，能少加則少加的。資方最後不得不答覆每人每日加薪八角，並將加薪日期提前到七月一日，完全是依靠我們的團結力量迫出來的。這一次加薪，沙文從「並無工人組織要求加薪」到不得不加，從不加到加，從加少到逐步增加，從六兩四宣稱「不能再加」到現在不得不加到八角，這個結果，決不是沙文突然發了善心，而僅僅是職工會和加薪委員會正確領導，我們全廠工友一致團結起來，並且大力揭發了「自由工會」勾結資方出賣工人利益的陰謀才爭取得來的。

這次加薪之後，「自由工會」恬不知恥地宣稱「呢次做番齣好戲」。究竟「自由工會」是否做了一齣好戲呢？我們看它的過去，就知道它的現在；從它過去和現在出賣工人利益的行為，就知道它的將來。「自由工會」怎麼樣呢？它是由資方一手扶植而成立的，是用「以資方的意見為依歸」作為它的宗旨。成立十多年來，它秉承資方的意旨，一貫分裂工人團結，出賣工人利益，事實一言難盡，舉其犖犖大者，如一九五二年，工友為保障生活，反對新例，「自由工會」就替資方宣傳「新例好嘢」；一九五四年，工友反對莊式大批除人，爭取保障職業，「自由工會」聲言「不介入」、「以公司命令為依歸」，分裂工人團結；一九五七年，公司重新頒佈新例，它又說新例係「自由工會」建議；一九六〇年、六三年兩次加薪，它又提早同資方「協議」，破壞加薪；去年工友反對資方剝奪工人血汗錢（退休金），「自由工會」口講「利益一致」，但當工友團結起來時，它即與資方拉拉扯扯搞「協議」，欺壓工人。「自由工會」歷來就是千方百計出賣工人利益的。

至於這次加薪，「自由工會」也絕不是「做番齣好戲」。大家總記得，當我們徵求工友對加薪意見時，「自由工會」就進行破壞，表示「不理」，說「填表無用」；當我們向資方遞出加薪方案時，「自由工會」黃波更公開配合資方，在報章、電台發表言論，說「資方已加了一元津貼」，混淆社會視聽，為資方拒絕工人加薪要求提供藉口；而當資方拒絕加薪引起全體工友群情激憤，各大公用交通事業均與工人談判協商，紛紛實現加薪，沙文拒絕加薪的做法，遭受社會指責，到了不得不加薪的時候，「自由工會」黃波就首先向沙文「徵詢意見」，經過請示資方後，就一改過去「不理」的態度變為「挺身而出」，提出一個大減價的所謂「方案」。沙文說已加了一元津點，黃波就說加了一元津貼；沙文說六毫四不能再加，黃波就對工友說「冇得再加」；沙文撥四毫津貼入底薪，黃波就大談連補水每月可以增加

卅多元。總之，沙文説一，黃波不敢説二，只是鸚鵡學舌，對資方亦步亦趨。在整個加薪過程中，他不是為工人爭利益，而是以資方意見為依歸，和沙文一個鼻孔出氣。初期採取「不理」，説甚麼「填表無用」的做法是暗中破壞，後來「挺身而出」，搞一個大減價的「方案」，則是公開配合資方。手法不同，目的一樣，都是為了出賣工人利益，替沙文「過橋」。「自由工會」所謂「好戲」，就是「自由工會」配合資方落力演的扯線戲而已。「自由工會」過去出賣工人利益，分裂工人團結，現在仍然是一樣，今後還是這樣。工友説得好：「自由工會」決不會「放下屠刀，立地成佛」，「自由工會」決不會轉性。

工友們，這次加薪，在全廠工人的團結努力下，已爭取了加薪的實現。但是，由於美帝加緊擴大侵略越南的戰爭的影響下，香港經濟危機正進一步惡化，物價正逐步上漲，我們必須更加擴大我們的團結，以維護我們的職業生活。這一次，我們依靠了全廠工友的團結，爭取了加薪的實現。我們要珍惜我們的團結力量，擴大我們的團結力量。我們深切希望每一個未參加工會的工友，都參加到職工會來，每一個會員工友，都動起手來，介紹工友入會，為電車工人的團結作出自己的貢獻。

香港電車職工會

一九六五年十二月六日

資料來源：《電車工人》（非賣品），1965 年 12 月 6 日。

1959 年 3 月 22 日，
電車工會三十九周年紀念暨第四十屆職員就職典禮。

歷史檔案

1960 年 4 月 11 日拜山活動。

大力捐輸建立會所

大力捐輸！完成建立會所光榮任務

本會原日租用會所（羅素街三十號二樓），因被業主收回拆建。由於會務發展，本會經過理事會議、代表會議翻覆研究，根據工友意見，進行購置新樓為工會會所。現已購得鵝頸寶靈頓道十三號二樓一層，一俟裝修妥當，即將遷入該處辦理會務。

新樓購置費為港幣四萬八千三百元，介紹費四百八十三元，稅項、律師費等一千四百餘元，估計裝修費約需三千元，全部費用將達五萬三千元。而本會舊會所（羅素街三十號二樓）拆樓補償為二萬四千元，故尚需款項約二萬九千元。因此，必須我們全體工友同心合力，大力捐款，才能完成購置新會所的任務。

我們電車職工會有四十二年歷史了，置建會所，這次是有史以來的第一次！

工會的四十二年，是我們電車工人團結和保障工友利益、舉辦福利的四十二年。舉凡我們一切利益，如公積金、大假、星期例假、年底雙津雙薪、有薪病假、疾病醫療等和一切福利的舉辦，都是在工會的領導下，團結爭取來的。老一輩的工友常說：「有咗工會，我哋就有辦法，有力量，咁先至有我哋利益。」真是一點都不誇張。

我們的一切利益和福利，都是同工會的正確領導，和工友們的團結努力分不開的。特別是前輩先進工友為了工友利益流血流汗，廢寢忘餐的精神，我們應該飲水思源，學習他們，繼承電車工人的優良傳統，緊密地團結在工會周圍，熱愛工會。

工會是我們電車工人的大家庭，建立會所就是等於建立我們的家。這個任務落在我們的身上，是重大的，光榮的，我們一定要努力把這個光榮任務來完成！

現在已有很多工友認捐一個星期的工資，也有些工友個人認捐一百五十元、一百六十元。為了建會所，他們寧願節衣縮食，這種團結愛會的熱情是異常可貴的，讓我們向他們學習，向他們致敬！

親愛的工友們，團結起來，一致努力，大力捐輸，完成建立會所的光榮任務吧！

籌建會所委員會
訂出捐款獎勵辦法

為鼓勵和表揚工友愛會熱情，大力捐款，爭取完成建會所的光榮任務，籌建委員會特訂出個人捐款獎勵辦法：

（1）捐款二百元或二百元以上者，獎大金牌一面、獎狀一張。

（2）捐款由一百五十元至二百元以下者獎金牌一面、獎狀一張。

（3）捐款由一百元至一百五十元以下者，獎銀牌一面、獎狀一張。

（4）捐款由五十元至一百元以下者，獎銀牌一面。

（5）捐款由十元至五十元以下者，贈紀念章一枚。

籌建會所花絮　紛紛爭看新會所

1962 年 1 月 8 日

◎購置了新會所的消息傳出後，工友們歡天喜地，爭去看看新會所，慌住執輸也。

談建會所　雄心未老

◎很多位三四十年工齡的老工友參加了籌建會所工作，他們興奮地說：「有咗工會先至取得我哋利益、辦咁多福利，呢次起祠堂，幾大盡一分力量，齊心合力就可以建好祠堂！」工友們都說：老工友年雖老而雄心萬丈，值得欽佩！

「有咗工會，才有我哋利益！」

◎一位幾十年工齡的老工友，談起建會所，他興奮異常，談起當年事，他說：「競進會未成立時，公司制服都冇得發，只發一頂帽；過年時想買對鞋仔畀細路着都冇錢。個陣時年底冇雙糧，你可以向公司借兩個禮拜人工過年，但過咗年出糧又扣返；返公司點更，冇車去又冇人工。後來有咗工會，先至逐步得到禮拜假、大假、有薪病假、年底雙薪雙津、退職金……，如果冇工會，邊度有呢啲利益呀！我話幾大都擁護工會，建會所幾大都要大力支持！」

節衣縮食　捐建祠堂

◎一位機器部工友，負擔一家七口的生活和三個兒女的教育費，擔子很重，幾年來沒有買過一件新衣服，其困苦情形可見一斑。這次籌建會所，他認捐一個星期人工，還說：「自己節衣縮食好閒啫，建祠堂要緊！」其愛會熱情端的令人感動。

機器部工友好嘢！

◎機器部工友愛會熱情令人欽佩！一月七日已有一批工友認捐一週以上人工，其中多位工友個人認捐一百五十元，還有一位老工友個人認捐一百六十元。工友們大讚：「好嘢！」看來好嘢還不斷湧現呢！

各捐一百　熱情可嘉

◎第三、五、六組工友支持建會所，不落人後。工友們見面就密斟一番，商量支持建會所辦法。第三、五組工友已有一批工友個人認捐五十元、六十元、七十元、第五、六組並有些工友個人認捐一百元，熱情可嘉！

資料來源：《電車工人》，1962 年 1 月 9 日。

☑ 歲月痕跡 3.2：

42 周年會慶散文──擴大團結

擴大團結迎會慶

存

1962 年 3 月 18 日

今天是工會成立四十二周年的大生日，又是工會新會所落成的好日子，正是雙喜臨門，我抱着喜悅和興奮的心情來慶祝母會的生日。這一

天，是我不能遺忘的一天，同時我也懷着充分的自豪參加工會大喜事。

我們電車工會成立到今天，正好整整四十二周年了。在這悠長的年代裏，經過不少艱難波折，千辛萬苦才取得到今天的成果，工會仍然是帶引着我們工友繼續走向擴大團結的道路。

我參加了工會到今天，不覺是十多年了，時間不算長，但也不算短，而我親身的感受是非常深刻的，此情此景，使我不禁產生了許多的感想。

幾十年來，我們電車工人，挨盡辛酸，流血流汗，為公司賺了大把錢，公司每年賺了幾百萬，會想過怎樣照顧我們工人嗎？沒有，完全沒有！而今天我們所享受的一切生活利益，如星期例假、每年十八天有薪大假、醫療待遇、年級加薪、提高底薪、死亡撫恤、年尾雙津雙薪、退休金、司機雨衣、站亭茶水、大便廁紙等……所有一切起碼的生活利益，都是由工會領導和先進工友流血流汗而爭取得來的，過去為着爭取這些利益，不少先進工友付出了巨大的精力和流過不少血汗。工會在幾十年來，時刻都關心着我們工人疾苦和爭取保障我們工人生活職業。特別最近十年多來，還辦到很多福利事業，代辦年貨和疾病醫藥等福利。這些都是為着減輕我們電車工人的日常生活負擔，工會這樣誠心誠意和我們電車工人辦事，真是我們工人的大家庭！

雖然我們爭取有了起碼的生活利益，但我們仍要用最大團結力量來保衛自己一切利益，來保障今後職業生活，這才不辜負過去先進工友的一番心血和期望。

過去，我們工會是租人地方做會所的，而今天我們依靠全廠工友的團結支持，熱愛工會，自己購置了新會所，這是一個有歷史意義的發展，欣逢今天的會慶，我希望全廠工友，不分彼此，大家齊心協力，把我們共同的利益鞏固發展起來，進一步擴大團結，來迎接工會成立四十二周年的會慶！

資料來源：《電車工人》（非賣品），1962 年 3 月 18 日，第一版。

☑ **歲月痕跡 3.3：**

公司利潤直線上升

電車公司苛例多（節錄）

公司利潤直線上升

三月底，電車公司發表年報説：去年電車搭客達一億八千九百萬人次，比前年多了八百五十萬人；資方的純利也從一九六一年的七百一十六萬元躍增至八百四十七萬七千元，創有史以來的最高紀錄。

香港電車現有一百五十六輛，實際行走市面的有一百四十七輛，全廠司機、售票員及修理等部門工人約一千四百人左右。電車每天早上五時半就出廠，至翌晨一時半才全部回廠。別小看這一毫、二毫的車票，靠着一千四百人的勞動，一百四十七部電車在十九哩半的路軌上奔馳，公司就獲得了巨額利潤，從一九四六年年賺二百三十萬元，連年躍增至八百四十七萬餘元。

業務發展工人減少

公司的業務越發展，工人就越辛苦。在一九四八年全部電車有九十六輛，工友有一千七百人，而目前電車增多六十輛，搭客增至兩倍半，工人只得一千四百人左右，工作增加了兩倍。

目前，電車的人力是不足的，比如營業部每天都要五、六個甚至十五、六個休假的工友返工。

資料來源：《電車工人》（非賣品），1963 年 5 月 25 日出版，第二版。

☑ 歲月痕跡 3.4：

1963 年打工仔的收入

香港市民收入情況港府已有文件說明
公務員薪金不足三百元佔半數

【答薄扶林道・施玉如君】關於香港人經濟收入的情況，貴校（香港大學）有一位講師曾著過一本專書，但內容未敢恭維。在過去幾年來，港大學生也曾經作過若干次家庭經濟收入的調查，但因調查面不廣，故其中的數字，也不能代表全面情況。

最近港府發表過兩份文件，其中提到以公務員的收入代表香港一般人經濟收入的一個表，本老覺得還比較符合實際情形。香港政府有五萬多公務員，公務員的等級也很多，大體上可以代表香港一般受薪者的收入，不論其代表性達到準確性的百分之幾，總可以看出香港人經濟收入情況的一個片面，茲將該表列出，以答尊問：

收入數字	人數	佔百分比
三百元以下	二五，四八一人	四十九
三百元至四九九元	一一，二一〇人	二十二
五百元至九九九元	七，九五九人	十五
一千元至一九九九元	四，五八〇人	九
二千元至二九九九元	一，三七一人	三
三千元至三九九九元	六一三人	一
四千元至四九九九元	二六六人	〇・五
五千元至五九九九元	六八人	〇・一
六千元至七千元	五人	／
總數：	五一，五五三人	九九・六

（見咸美頓報告及一九六三年港府薪金報告）

由上表可見，在五萬一千五百五十三名公務員中，月收三百元以下者，佔百分之四十九，幾乎佔了半數。在一般商店洋行中，雖然平均數字會比較高些，但公務員有居住醫藥等方便，而一般商店，則供膳食或住

宿，薪金數字，亦大致差不多。其他數字，如月薪一千至一千九百九十九佔百分之九，二千元至二千九百九十九佔百分之三等數字，則在一般洋行商店中，恐怕還談不到，因此本老才認為這個比例表，大致上可以代表香港人收入的情況。

資料來源：《新晚報》，1964 年 3 月 1 日。

 歲月痕跡 3.5：

當年生活真實的一面 1：忍尿至「打冷震」

資料導讀　忍尿至「打冷震」甚至尿褲子！還要美化六十年代的老香港嗎？此文暴露了鮮少提及的、1960 年代工人的生活狀況，極之重要。

賣飛佬日記　是日也　睜開眼賴尿

成金

　　谷氣日日有，今日特別多。今日走跑馬地車，適逢跑馬之期，人山人海，做得一條氣，一身臭汗，又尿急添。好不容易捱到跑馬地總站，以為可以落去「放水」，點知公司高級職員在總站企住，不准我落車。我曰：「好尿急，要落去小便。」佢大聲喝道：「你死你事，快的去開車，阻慢車你負責架！」天咁大頂帽笠落來，唯有頂硬上開車。但愈來愈頂唔順，幾乎谷爆。咳，捱飢抵餓捱苦工我都捱過，忍尿呢味嘢，認真辛苦，若果不親自捱過，是講不出個的難頂法的。古時講故忍尿會死人，寧可信其有，不可信其無也。一路做工夫，一路打冷震，已經忍無可忍，於是把心一橫，任褲賴尿吧！但濕褲點辦呢？人急智生將帶上車的一樽茶作飲茶倒濕褲狀，來掩飾窘態。此事總算功德圓滿，鬆咗一陣。不料禍不單行，有稽查上來查票，發覺路程表笏錯了一個字，稽查如獲至寶，擒擒青簽字上去。我曰：「剛才忍尿，可能精神恍惚而致笏錯。」但解釋有甚麼用，他豈肯放過領功的機會呢！這一杯是「飲」定了。谷氣谷到收工，去大牌檔食嘢，茶起了斗零價，大牌檔老闆說：「大佬，成個銀錢斤糖，唔起點頂。」水漲船高，這是難怪，各行各業都加咗薪，但我地公司加薪仍未有着落，大班重

還不接見工會代表，真正豈有此理！

　　飲完杯茶睇吓個鐘，已經下午五時。弊！今日是隔日供水期，老婆大人今日去做咗坭工散工，剩返成班細路喺屋企，冇人去街喉輪水。馬上搭車返去，擔兩個鐵罐去街喉處，嘩！水桶陣好不驚人，幾時輪得來，唯有去水艇買吧，一毛半子一擔，買咗兩擔擔返去半山木屋區，成個軟晒，躺在床上抖下先，由得班細路喊肚餓，實行等老婆返來先至煮飯。

　　晚飯後，過隔籬揸車佬亞陳伯處坐下，呻吓啖氣。陳伯曰：「賴屎賴尿嘅，車上好多伙記都受過，我早排何嘗不是在車上賴屎咩，又係趕喉趕命開車，冇時間出恭之故。幸而我是個司機，自己臭自己知，如果係售票員，成身臭晒，唔知點辦添。」我曰：「寫錯一個字，平常事耳，特別我地喺車上搭客咁多，忙中難免有錯，點解郁下就要罰呢？」越講越谷氣，不禁長歎曰：「陳伯，咁樣點捱落去呢！」陳伯曰：「我大你廿幾年，我都要捱下去，眼睛望遠一的，不合理嘅現象不會長久存在嘅，自古話：邪不能勝正，終有改變的一天，長嗟短歎，非丈夫所為，『的』起心肝堅持落去吧！」陳伯薑桂之性，愈老愈辣，他寥寥數語，鼓起我的勇氣。對！我地不能在困難環境下低頭也。

資料來源：《電車工人》（非賣品），1963 年 5 月 25 日，第二版。

☑ 歲月痕跡 3.6：

當年生活真實的一面 2：苛例多多，動輒受罰

　電車公司的勞資對立情況頗為嚴重，而且長期如此。
本文也有提及忍尿至車上「賴屎」的問題，反映這並非偶爾出現的個別情況。

電車公司苛例多（節錄）

苛例多多　動輒受罰

電車公司事無大小都要寫砵紙（報告書），發生交通事故固然要寫砵

紙，同時要畫圖；行車中途發生頭暈、肚痛，由站長吩咐別人替工，也要寫砵紙；忘記帶「路巴」上車，夜更司機又要寫；甚至小至搬遷住址，過去只向職員報告一聲就行，現在也要寫砵紙。幾乎小便唔出都要寫砵紙，把工餘休息時間奪去。

電車上的工作乍看似「遊車河」，很輕鬆，然而一上車工作，問題可多呢。如各站之間的行車時間是硬性規定的，快慢兩分鐘，甚至一分鐘就要被「砵」，「飲杯」，甚至處罰停工，而停工那天的工資和生活津貼就被扣除；過交通燈稍慢一些，司機也往往被交通警員控告，動輒受警告或罰款；為了避人避車，經常要緊急煞車，以免出事，因而「轆響」，也要「飲杯」，而「飲」者多被罰停工。有個司機向公司解釋「轆響」原因時，公司竟説：「車死人一件事，整響車轆，公司就要損失。」售票員把票孔打歪一些或在匆忙中箍錯一個阿拉伯字，衫鈕、袋鈕臨時甩了或忘記扣上，哪怕是一粒之微，儘管這些事情對公司毫無損失，也要「飲杯」或處罰停工；最近有個小童搭車，頭等售票員根據他報稱的年齡將一張一毫子的半票賣給他，後來，公司的稽查説該小童應買全票，公司就硬指售票員不盡責，罰他停工兩天。因此，不久前，有個新入公司的售票員，第一天上車學賣票，他碰到如潮湧似的搭客，擔心忙中有錯而受到處罰，弄得手忙腳亂，在當日下班後就向公司辭工了。

拾遺報告　反受處罰

拾遺而交回公司處理，該是好事，有時卻是「好心着雷劈」。最近有一個售票員在車上工作中拾得一支價值二、三元的水筆，他當時報告給站長。收工時，已是深夜一時許，公司負責的職員已不見人，只好在次日一早交回公司，但公司硬指他過時呈報，罰停工一天。

強忍不住　車上賴屎

在車上工作，大小便更是一個嚴重問題。每逢跑馬之日，車到跑馬地總站，也不准落車小便。本月初，曾有一個司機因強忍不住，而在車上賴屎。不久前，一個司機工友在行車中途突然便急，肚痛異常，便報告站長，找一個後備司機替了半轉車，自己跑去大便，至出糧時，發覺被扣了半小時工資。這類事件時有所聞。

電車工作的苛刻情況，真難一下子説得完。兩年來，不少工友受不了苛待憤而辭職，據可查數字，連同被除工友在內達二百二十餘人，還有部分未明真相的離職工友。

資料來源：《電車工人》（非賣品），1963 年 5 月 25 日出版，第二版。

☑ 歲月痕跡 3.7：

當年生活真實的一面 3： 連續三天看醫生當你殘廢

 導讀資料 下文跟《賣飛佬日記　是日也　睜開眼賴尿》一文意義相同。同樣是暴露了鮮少提及的、1960 年代工人的生活狀況，為空洞的懷舊潮添血肉。

夫妻一齊被炒魷魚

一鳴

司機老林，兩夫婦，一個小孩及一個老媽子，一家四口，除生活費之外，還負擔着六十多元的租金。區區二百五十多元的薪金，生活確難以維持下去。於是設法使妻子入公司做夜更洗車工作，兩口子拍硬檔，勉力支撐着這個家庭。

幹這份工作極端辛苦，帶來的病特別多，老林在所不免。他在四月二十日一連看了三天醫生，第三天看完醫生後，要他去見部長，老林心裏打了一個「突」，出了甚麼事情呢？果然，部長劈頭就説：「你睇得醫生多，可能殘廢，現在降你職，做掃車工作。」如做掃車，薪金每月少了七十元。生活受威脅，老林當然不答應，部長又説：「你唔做就寫砵紙告辭啦。」他據理力爭説：「我只睇咗三天醫生，怎能當我殘廢。若然我睇過別一個醫生，證明我冇殘廢時，你又點？」部長啞口無言，老羞成怒説：「你不願做掃車，我停你職！」在電車公司根本老林沒有辯論的餘地，在臨走時他聲明不服上訴。

往見總經理沙文上訴時，沙文説：「我同意部長的判斷，決定停你職，畀多一個星期人工你啦。」於是老林在公司的無理措施下被開除了。真是

禍不單行，不幸的事情接二連三降臨在老林的家庭，他的妻子在老林被開除的同時，又給公司開除了，「理由」是她「不忠實」於公司。夫妻牛衣對泣之餘，又逢拆樓在即，他在繼園台山搭有一間木屋，是準備拆樓後搬進去住的，不料又遭強拆。多難的老林，遭到重重的壓迫，陷於徬徨萬分的境地。

資料來源：《電車工人》（非賣品），1963 年 5 月 25 日出版，第二版。

☑ 歲月痕跡 3.8：

1963 及 1964 年香港工會數字

勞工處昨檢討本港工會情況
獨立性質工會會員數字日增

本港工會情況，可以從勞工處的報告中窺見其梗概，同時可以窺見兩派工會的力量。勞工處對於兩派工會的興趣與注意力都有提及，認為兩派工會對公眾事務很有興趣，而且通常卻很活躍。

勞工處指出：支持北平政策的工聯會，其屬下的工會在去年度內，由六十四個減為六十三個。

支持工聯會的工會，主要包括公共事業工人組成的工會，船塢、紡織工會及海員工會。

此外，並有廿八個工會（較前少一個）對於工聯會採友善的態度。

該處又指出：支持台灣方面政策的港九工團總會，其屬下的工會由六十六個減為六十個；但對於該會友善的工會由五十四個增至五十五個。

這些支持工團總會的工會，主要包括酒店業、建築業、及其他較少的行業與工業。

另有六個勞資混合組成的社團亦接近港九工團總會，有更多對該會亦友善。

在本港亦有三十四個工會並不表現屬於任何政治的派別，而屬於獨立性質者。

在這些情況中，有一個趨勢是值得重視的，勞工處指出：幾個獨立性

質的重要工會其會員日漸增加，同時使其本身成為有效的機構。（和）

資料來源：《華僑日報》，1964 年 1 月 13 日。

———●——●———

本港工會數字　去年增加四間
現有工會二百四十一個單位

本港工會的數目現為二百四十一個，另有十五個勞資混合的組織，數目上都較以前增加。在對上一個年度，工會的數目僅為二百三十七個，即比對增加四個，勞資混合組織原為十四個，即比對增加了壹個。

在這些工會之中，主要分為兩大派，此即支持台灣政府政策的港九工團聯合總會，及支持中共政策的工聯會。

其中支持工聯會的工會有六十三個，這六十三個工會的成員主要為公共事業職工，船塢工人，海員及紡織工人。

此外，並有四十八個工會對工聯會採取友善態度，特別在福利及工友利益方面彼此聯繫與合作。

工聯會在去年度建築了工人俱樂部大廈，樓高十層，並增加了醫療所，學校方面由於籌款的增加，均有發展及擴大。

港九工團聯合總會的主要支持者共為六十五個，這些工會的主要職工為餐室工人，建築業工人及若干商業及工業工人。支持該會的主要工會，在去年度增加了五個。

但是，與該會保持友善的工會則數目減少，去年度與工團總會保持友會關係的為五十五個，今則減少為四十三個，即減少了十二個。

此外，另有六個僱主與工人聯合的組織則對工團總會繼續予以支持。

另有若干較相似的組織，對於港九工團總會予以同情及支持。

港九工團聯合總會的活動是活躍的，其中包括不斷為其屬會安排對台灣及澳門的善意訪問及工會人員之訓練。

港九工團總會的主席，在國際上的若干會議均有出席，此包括國際自由工聯及亞洲地區性會議。（和）

資料來源：《華僑日報》，1964 年 2 月 22 日。

☑ 歲月痕跡 3.9：

1963年工傷意外的情況

去年工作意外賠償三佰餘萬
有壹佰貳拾七人因工作意外致命
僱主付出賠償費壹佰零貳萬餘元

　　本港工業工人與非工業工人在工作中所遭遇的各種情況，還以工作意外為最可怕，本港一般工人無論為工業與非工業，大部分都非常注意工作安全，因為一旦遭遇意外，則整個生命固然有危險，即或殘廢，實在已沒有用了，所以一般工人對於賠償實在並不是願意接受的，他們實在最注意的還是如何使自己安全。

　　在工作安全這一方面，不單止對於本港的工人影響甚大，就算對於本港的工業家及一般資方來說，也影響甚大，因為工作發生意外，固然影響工人的安全，還直接影響生產，同時資方亦要付出一筆大的賠償費，實在並不上算。

　　就以去年度來說，本港僱主所付出的賠償費，達到三百三十三萬六千五百二十八元之巨，工作日的損失為二十三萬八千二百九十三日。

　　在這八千一百三十三宗賠償案件中，涉及的男工為七千一百三十六人，女工九百一十人，十四至十八歲的男青工五十一人，女青工三十六人，可見人數巨大，範圍廣闊了。

　　在這三百多萬的賠償案中，其中的支配，可以分為三類，此即死亡，永久殘廢，暫時殘廢，其中永久殘廢分輕重兩類。

　　工作意外致死的一百二十七宗賠償案中，共付出賠償費為一百零二萬三千零六十四元三角，其中死者的一百二十七人中，男工佔一百一十九名，女工七名，青年男工一名。

　　在工作中因受意外而永久嚴重殘廢的，僱主共付出賠償費七十五萬三千六百一十九元六角六仙，受這一類傷害的，男工為一百七十二人，女工十七人，男青工為五人。

　　在工作中因意外而永久輕微殘廢的，僱主共付出七十九萬八千四百三十五元七角一仙，其中男工佔九百八十一人，女工佔二百零二人，男青工二十二人，女青工十二人。

在工作中因意外，而臨時受傷害的，僱主支付的賠償費，共為七十六萬一千四百零九元零二仙，其中受損害的男工佔五千八百六十四人，女工佔六百八十四人，男青工佔三十三人，女青工佔二十四人。

在這一種龐大的數字中，可以看見本港實在是急需改善工作安全情況，同時是急需要在設備方面加以小心注意，否則勞資均受其害。（和）

資料來源：《華僑日報》，1964 年 2 月 27 日。

☑ 歲月痕跡 3.10：

3 月香港工業工人就業數字，製衣仍佔首位次為塑膠紡織

 資料導讀 1964 年其他行業的情況。

本港工業工人就業數字製衣仍佔首位
次為塑膠紡織　造船拆船工人卻已減少

新年以後的本港工人就業情況，實在深為本港一般人所關心。根據本港有關的各方面資料，事實上各業工人的就業情形仍極良好。

最近本港幾項主要工業工人的數目如下：

製衣及製袖衫業工廠有工人四萬三千六百八十人；

塑膠製造業工廠有工人三萬一千四百零八人；

織布業工廠有工人二萬五千二百九十二人；

紡紗業工廠有工人一萬九千六百二十二人；

編織業工廠有工人一萬四千一百四十八人。

這幾項本港最大的工業所佔本港的工業工人數，已接近百分之四十二，總人數為十二萬七千人，其數目之巨，可以顯出其地位之重要。

這幾項工業的工人目前仍在增加之中：但是有幾個行業的工人其就業情況卻頗受國際市場的影響，故此其工人數目在目前來說，已日趨減少，其情況雖不至很嚴重，亦頗堪注意。

但是，這些因國際競爭以至大受影響的幾個工業，包括造船工業，修船工業及拆船工業。這幾個行業因為國際的競爭，市場的縮少，目前工友正在日益減少，不過情況尚不嚴重。

除了以上的本港幾個主要工業，其工人日益增加外，在其他的工業方面，工人也是日漸增加，而且數目也不很少。

由這一種情況可以看出本港工人的就業情況目前實在仍是很安定的，不會受任何的影響：至於拆船業、修船業及造船業的情況如何補救，則有待於全盤的加以計劃與處理了。（和）

資料來源：《華僑日報》，1964 年 3 月 1 日。

☑ 歲月痕跡 3.11：

土瓜灣工人俱樂部快將落成

 資料導讀　文內談的是現土瓜灣的工人俱樂部大廈。

工人俱樂部怎樣建起來了？
——祝港九工人俱樂部奠基禮

愛群

港九工人俱樂部今天奠基了。工人的大廈將近落成了。這是一九六四年新年帶給港九工人的大喜訊。

四百名流任顧問贊助

籌建港九工人俱樂部是港九工人多年來的願望。在一九五八年，港九工人鑒於生活苦，待遇低，工作辛勞，居住條件惡劣，急迫需要有適當的地方，進行正當的文娛活動，以恢復疲勞增進身心健康，更好為社會服務。加以文化上、技術上的要求，各業工友都迫切希望有一間工人俱樂部。因此在八月廿四日工聯會第十一屆代表大會第二次會議通過了籌建工

人大會堂（即工人俱樂部）的決議，接着港九成百間工會在九月三日組成了籌委會，四百多位各界知名人士應聘擔任了籌委會的顧問和贊助人，其中包括了工商、教育、文化醫藥、影劇、美術、音樂、法律、婦女、青年各界和社團代表，各界社會人士對於工人的要求，表示熱烈贊成並大力支持，從一九五八年到今天，五年多來，經過發動籌款、選擇地點、進行興建三個階段，克服了不少困難曲折，現在已經看到工人俱樂部建起來了。

籌款逾二百七十萬元

根據工聯會籌委會最近的報道，籌款成績已經超過了二百七十萬元了，比原定目標超過一倍多，這個成績是輝煌的，這個成績是同港九工人的團結努力分不開的，是同各界社會人士的積極支持分不開的。

回憶一九五八年末到一九五九年初，港九各業工人全力支持籌募工作，熱情澎湃，精神奮發，動人事例，到處湧現。籌委會在十一月五日一天之內發出捐冊五萬冊，籌款高潮迅速形成。印務工人義印捐冊，石印工人義印海報，理髮工人義剪，服裝工人義車義縫，鐘錶工人義修鐘錶，摩托工人舉行義載，太古船塢工人義修電器，抽紗工人義賣手帕，許多工人同家屬舉行義賣義織義洗義補；工人業餘粵劇團參加義演籌款；打石工人、商務工人紛以義務勞動的收入捐給大會堂；有些女工捐出了訂婚的戒指和心愛的耳環金鏈；有些工友捐出了一部分結婚費；有些工友將多年辛勤的積蓄都捐獻出來；海塢工人面臨關廠除人，一樣大力支持籌款；海員工人出現了萬元船，紡織染工人出現了萬元廠，洋務工人出現了萬元區，各行各業工人千方百計，積極熱情支持籌款，出現了前所未有的高潮。

義賣義演義映來支持

各界社會人士鑒於香港工人對香港貢獻重大，紛紛支持籌建工作。十二月三日籌委會舉行各界人士招待會，各界人士紛表大力支持。工商界展開了熱烈籌款，到十二月十五日已經第一批認捐了三十二萬元，許多廠商紛紛捐出物品支持籌委會義賣；電影界在香港大舞台舉行盛大的義演；美術界一百多人在中總禮堂舉行書畫展覽，把作品義賣捐給工人大會堂，港九大書店並響應義賣精印畫咭；攝影界四百多人歡敍藝園舉行園遊會；音樂界在普慶戲院舉行世界民歌演奏會；婦女界舉行新年舞會；體育界舉行體育表演；戲院舉行義映；各界社會人士紛紛大力支持籌款，付出了不

少的力量。

地皮難覓致建設拖長

一九五九年上半年，當籌款成績已超過原定目標後，籌建工作即進入了第二個階段——解決地點問題。

香港工人為香港社會貢獻了寶貴的力量，工人既然籌到了建築費用，港府當局對這一有關工人重大福利事業，理應撥出適中地段，以便迅速興建，社會人士也同情支持工人的要求。

工聯會為要求撥地解決工人俱樂部興建地址問題，曾六訪輔政司，多次訪問勞工處和工務局，也曾兩訪港督柏立基先生，反覆說明工人的要求。但是輔政司的答覆是「不符港府政策」，勞工處的答覆是「港府有困難」，工務局的答覆是「可以公開競投，價高者得」，由於港府當局一再拖延態度，以致未有結果。

一九五九年七月到十一月間，工聯會又多次訪問勞工處和華民政務司，提出廉價購地的建議，接着又提出希望按照公務員建屋計劃或僱主建屋計劃的價格購買公地，這樣的要求也依然得不到接納。十月間工聯會根據華民政務司石智益先生的建議，向當局提出公地一幅，希望指定為興建工人大會堂的用途以舉行公開拍賣，但結果又被拒絕。

一九六〇年十二月底，籌委會決定自行購地興建，經過籌委的不斷努力和各業工人的熱心奔走，先後勘察過二十多處地方，最後才在九龍馬頭涌道購買了一幅地，面積一萬一千尺，共價一百四十五萬元。一九六一年四月四日，工聯會正式接收了這一地段，由於建築費用龐大，籌委會決定首先以七千八百尺的面積，興建一幢十二層的大廈。

十層大廈五年始落成

一九六一年六月，工聯會向工務局申請批准圖則，後來突接工務局通知，以該地區接近飛機場，認為圖則中之大廈過高，工聯籌委會經過研究，決定將工人俱樂部圖則從十二層改為十層，樓高一四九點六七尺，再由畫則師修改圖則，延到一九六二年三月廿日，工人俱樂部的普通圖則（俗稱大則）才獲得批准。接着開始動工，整理地盤，清除地石，進行打樁，在同年八月底完成了打樁工程。一九六三年一月廿八日，工務局才批

准工人俱樂部的結構圖則（即細則），工聯籌委會決定把上蓋工程交由建築公司承建，自六三年四月施工以來，現在已建到頂樓，接近完工階段。預計再經過幾個月的裝修，全部工程將告完成。

　　一座工人的大廈在馬頭涌道聳立起來了。港九工人俱樂部從籌款到建成，經歷了將近五年多的期間，過程中遭遇着不少的曲折困難，因此，這一福利事業的建立是不輕易的，這一成就是值得寶貴的。

資料來源：《文匯報》，1964 年 1 月 14 日。

 歲月痕跡 3.12：

要面對自由工會搞分化的電車工會

> **資料導讀** 當時的工會，要面對「自由工會」的分化。「自由工會」用工人身份維護資方利益。

工餘筆談

賣飛佬

　　個別分子黃 X 於九月四日在某些報章發表談話，日期緊接着委員會提出加薪要求的次一日，居心何在，值得研究。

向資方獻媚　同工友倒米

　　由於待遇低微，物價高漲，而香港當局最近又加稅加費，生活越來越困苦，在這樣的情況下，工友們提出要求加薪，是合情合理的。然而，個別分子「自由工會」黃 X 卻別具心腸，説是「自由工會」在不久之前向公司要求，獲得兩次「改善待遇」，每次加津貼五毫。此人在此時説此話，無異説「人工已經加咗」，如果不是向資方獻媚，就是存心同工友倒米。

　　真是：司馬昭之心，人人皆見。

志在「過橋」?

黃 X 在談話中還說：倘委員會同資方傾唔埋，「自由工會」可能出面云云。

很多工友都指出：莫非又想替資方「過橋」，聯同資方演一齣「拍檔記」?

工友們的眼睛是雪亮的。

聽其言　觀其行

我們工友記得清楚，一九六三年工友要求加薪時，在工友們的團結下，資方宣佈每日加底薪四毫、津貼四毫的辦法，距離工友要求尚遠，工友們大表不滿，而「自由工會」黃 X 急忙與資方「協議」；去年，資方修改退休辦法，剝奪和削減工人的血汗錢，工人紛紛表示反對，黃 X 又急急忙忙同資方「協議」，把工人利益來出賣，事後還無恥地自稱「成功」、「相當滿意」；九月二日沙文無理拒見工人代表之後，黃 X 跟着在報章發表談話，話公司已經加咗一元津貼。

黃 X 這樣急不及待的向資方討好，其惡毒用心，工友們看得清楚。

資料來源：《電車工人》（非賣品），1965 年 9 月 25 日出版，第二版。

1957 年 2 月 12 日，
電車工會辦的春節聯歡游藝晚會，照片中的男士在獨唱《草原上升起不落的太陽》。

羅素街車廠於 1989 年初拆卸。圖片拍攝於拆卸前，
見當年車廠規模及電車總站的站頭情況。

第四部分

1989 年羅素街車廠拆卸前照片。

第一章

1970 年代易手九倉
後的情況

一　1960 年代下半葉

1. 六七事件

　　1967 年 6 月，為維護民族尊嚴，電車工人和各業工人舉行大罷工，和香港愛國同胞一道開展轟轟烈烈的反英抗暴。電車工會的骨幹，不少都投身事件之中，有的事後被電車公司開除，有些辭職，令電車工會骨幹人材幾近真空。可以說，六七事件，成為電車工會發展的分水嶺。

廣州電車公司及工會負責人及代表訪港。
事緣，1950 年，羅素街血案後被港英當局遞解出境的工會負責人及工人都去了廣州。
當時，廣州正籌建無軌電車，被遞解回內地的工人，正好協助廣州無軌電車開展天線工程。
有此淵源，令彼此建立兄弟情誼。而部分當年被解回內地的香港電車工人，
之後也回不了香港，有的留在廣州，甚至加入了廣州無軌電車有限公司工作。
十多年過去，至 1970 年代末，香港電車工會開始與廣州電車公司進行非定期的交流。
圖片所見是 1970 年代的訪問活動。

2. 紅燈飯——由1960年代至1970年代的情況

電車長時間在路面行駛，上世紀六七十年代，公司沒有預留足夠時間讓司機吃飯。當時電車日均載客量高達30多萬人次，在頻密的班次開行中，司機只好一邊開車，一邊吃飯。

在一次報章訪問中，退休司機何志堅（現為電車工會名譽會長）說：「我當司機二十年，都沒有時間吃飯。唯有駕駛期間，大腿夾住飯壺，邊開車邊吃飯。」遇上紅燈，何志堅便趕緊吃幾口。他說：「食一餐飯可以由筲箕灣食到落鰂魚涌，食得好慢，飯菜都涼了！」這頓飯因而得名為「紅燈飯」。

電車工作「辛苦」，工人的基本權益被剝削

簡單的生理需求如吃飯、上廁所等，當年的工人都沒有得到公平而合理的對待，一切不是「生活艱難、工作辛苦」八個字能簡單概括。這種辛苦，也不是一般體力操勞的辛苦。

工作「辛苦」，是在於作為人應有的權利，在強弱懸殊的勞資關係下，被不合理地剝削了。

二　1970年代——九倉收購電車公司

1. 1970年代司機的辛勞情況未減

電車公司在西環那打素醫院長期有四張專門收容電車司機的病床，因為當時很多司機都因工作勞累，積勞成疾，當中不少人更患上肺病（肺癆）。

一般司機每年都需要照肺，因為電車是公共事業，司機在開放空間接觸乘客，而肺癆是當時高危且容易傳染他人的疾病。

2. 九倉於 1974 年收購電車公司 [1]

1970 年代的一個關鍵轉變，是九倉（九龍倉運輸投資有限公司）於 1974 年收購了電車公司。這代表電車公司「資方」的權力結構轉為比較複雜。雖然英資集團仍然是九倉的大股東；可是，在性質上，已改為是一家上市的股份有限公司。而這家上市公司的股權，更在 1970 年代末發生過根本性的變化。1980 年後，九倉由華資包玉剛擁有。因此，1970 年代下半葉的電車公司資方主管，已不再是英國從海外殖民地調過來的莊士頓及沙文一類的人物。更重要的，是六七事件後，港英殖民政府知道如不想再引發大規模社會矛盾，必須改變治港策略。於是六七事件後，港英政府的手段轉趨懷柔，也改善社會福利，對勞工爭取基本權益的決心與意志也不至於視而不見。

可以說，踏入 1970 年代中，主要背景是港英政府改變了治港政策；其次，是電車公司易手了。易手後的電車公司資方仍然是商家思維——在商言商，為自己謀取最大利潤——卻少了殖民政府色彩的官商合體。例如，資方不再輕易如從前般，動用警力及司法力量為資方撐腰合謀。1980 年後勞資關係的攻防戰，無論是性質還是力度，都進入另一階段。

基於上述的「質」變，本書在處理 1970 年代至今這部分時，將有別於前三章的做法，改以綜述方式編撰。

3. 九倉收購後未改善工人的工作環境及條件

電車公司易手後，司機及售票員的工作條件未有變好，勞累艱苦如昔（閱讀資料 4.1）。電車工人工作辛勞，跟公司的時間安排有關。舉例，當司機及售票員到總站後，本來原則上是有四分鐘休息的。可是，只要站長一打出「去」字訊號燈，就要繼續工作。很多時候司機及售票員連上廁所的時間也沒有，

---

1 「九龍倉」（全名香港九龍碼頭及貨倉有限公司）於 1886 年便成立，是由保羅 · 遮打和怡和洋行共同創立。1974 年，九倉作為一家香港上市公司，收購了香港電車公司。自此便令電車公司的「資方」性質發生改變。
而上市公司九倉的股份，在 1970 年代下半葉發生關鍵性的轉變。簡言之，1970 年代的九倉仍由英資掌控，大股東包括英資怡和、置地集團；此外，是其他持股股東。至 1978 年前後，怡和及置地均擁有九倉 18% 股權，是九倉主要股東；此外李嘉誠也持有九倉股份。
及後，於 1978 至 1980 年前後，李嘉誠將手上股權轉讓予包玉剛；九倉也開始了持續多年的股權爭奪戰。1980 年中，置地與包玉剛對九倉的股權爭奪進入白熱化階段。最終，包玉剛斥巨資取得九倉至近半股權，置地得厚利後退出九倉。九倉至此，才算是由華資包玉剛主導，持有近半九倉主權。

四分鐘根本就給「偷走」了。上廁所是小事也是大事，連這方面的時間也沒有，工人怎不傷身呢？

此外，電車公司沒有規定時間讓員工吃飯，公司說員工在車上吃飯實屬不雅。當然，在車上吃飯是會影響乘客安全的。可是，司機及售票員在車上不停工作八、九小時，不能不在車上吃點東西吧。於是，只好買兩個麵包，在停車上落客時咬一、兩口。工友們打趣說，他們想不吃「西餐」也不行啊。

至於福利制度，表面上電車公司備齊一般公司的福利條件，例如工人有年假、病假，女工還有產假、看醫生入醫院免費等等。可是，原來執行起來並不規範，以病假為例，不是根據病人的病情而定，而是每天指定「可以請病假」的人數，滿額見遺。有工友病了，卻沒有取得病假額，於是被公司發去擔「輕工」。所謂「輕工」，其實並不輕。有位工友患感冒，獲公司「照顧」，派他到舊京華戲院附近做維持秩序。「行行企企」看來寫意，實際上一站就是八小時，呼吸着來往汽車噴出的廢氣及捲起的灰塵（閱讀資料 4.2），無病無痛也不易捱，何況是一個病人，結果只有加重病情，何「輕」之有？

4. 1977 年改為一人電車

1976 年，電車引入收費錢箱。至 1977 年，開始改行「一人電車」制（閱讀資料 4.3、歲月痕跡 4.2）。

1977 年初，電車公司改行一人制，正式推行一人控制電車，公司 1 月底宣佈於同年年底前會解僱 300 名售票員。消息公佈後，電車公司的售票員、司機、廠部工友紛紛在電車職工會舉行會議，指責資方歲晚除人，要數百工人陸續「生吞無情雞」。於當時而言，工人一下子不容易找到其他工作。被解僱的工人連家屬，估計受影響約有 2,000 多名。

在工會領導下，由 1 月起開始跟進一人制情況。工會要求電車公司收回無理終止售票員工作的決定，停止繼續解僱員工。如公司改制，必須合理地原廠安置工人的職業。例如，把售票員訓練為司機；增加廠內維修和清潔工人；特別設立車站安全隊，照顧乘客上落安全等。結果，群情洶湧下，公司才宣佈被遣散的售票員可獲得一筆補償，還說是公司「慷慨」付給，由成年（21 歲）開始計，每服務一年相等於全年底薪的十分之一。可是，心水清的工友認為，所謂補償款項其實是工人長期辛勤勞動、從每月薪水扣下來積累而成的公積金，完全是工人應得的血汗錢，不是另外撥發的遣散費。

5. 工會於 1977 年遷入新會所

1977 年元旦，工會遷進新會所，地址是軒尼詩道 475 號東南大廈十五樓 A、B 座，原寶靈頓道舊會所改作生活互助部。

1955 年 10 月前後，登龍街超市式的「電車工友生活互助部」成立，旨在解決被除工友的工作問題，也為工友提供糧油日用品。超市式的「電車工友生活互助部」運作了 20 年，頗有利潤。

至 1977 年，工會在寶靈頓道之外再於軒尼詩道購置另一會所。當時因為買樓資金有缺口，便擬結束登龍街的超市，以籌集一筆資金。

1977 年，當時曾登報請持股的工友可以辦退股手續，取回已升值的股本。然而，不是全部工友都取回股本，有些人留下股本讓工會作買新會址用。東南大廈十五樓 A、B 座就在「電車工友生活互助部」創造出來的「財富」，另加貸款買下來的。

三　1980 年代

1982 年之前，香港電車引入收費錢箱之同時，仍未完全取消售票制度。至 1982 年，電車公司淘汰全數售票員，改以收費錢箱收費，又廢除了拖卡車廂，完全推行一人電車。工會自 1977 年已開始跟公司交涉改制取消售票員一事。經過不斷爭取，有些工友轉做司機，有些取得更多補償。

1985 年 10 月，香港電車職工會與中電、港燈、電話、煤氣工會聯合組織香港公共事業工會聯合會。

1989 年 3 月，母公司九龍倉集團將位於銅鑼灣羅素街電車廠拆卸，原址興建時代廣場。位於西區的屈地街電車廠及東區的西灣河電車廠取代了羅素街電車廠的功能。

四　1990 年代

1. 1996 年

1996 年初，電車公司推出員工評分制度，如果員工多請病假看醫生就會扣分。交通意外不論責任問題，司機亦要扣分。不同名目的扣分制度，直

接影響到年底加薪，使員工相當不滿。工會意識到新員工評分制度帶來的問題，於是向工友發出問卷，調查他們的意見。收集意見後，又召開記者招待會，向外界表達對電車公司公佈員工表現評分制度的憂慮。此外，又去信電車公司，反對推行無理扣分制度。

　　到了4月，電車公司相約工會商談。會議一開始，工會代表即反映工友對公司評分制度的憂慮，最終獲公司正面回應，答允考慮工友的憂慮，又樂意日後與工會代表繼續商談改善方法。

　　值得一提的是，經過此事後，助長了電車工會的威信。電車公司知道日後如有新措施要推出，免不了要與工會協商，這過程繞不開。於是電車公司想出「對策」，於同年組成勞資協商會；勞資雙方代表經由選舉產生，意圖抵消工會的代表性。工會面對這新情況，理事們曾開會研究應否參加。經過一番討論，工會認為應該開闢多一條「戰線」，決定可以派理事參加電車公司勞資協商會。勞資協商會至今建立20多年，工會派出的代表在協商會裏，提出不少合情合理、有助改善工友權益的議題。而這些議題，也同時有利於改善公司運作。直到今日，工會一直以溝通為主調，不時就員工關心的議題與電車公司緊密協商。多年後事實證明，用這種方式爭取權益，行之有效。

1980年代，香港電車公司派出電車接待到訪的廣州電車公司負責人，當中包括書記及廠長。

2. 1997 年

　　1997 年，是電車公司第一年推行員工評分制度，工會代表首先在 2 月 19 日前往電車公司會議室開會。會上工會代表指出，自公司推行員工評分制度以來，年初的薪酬調整出現了一些不公平現象。此外，員工評分制度也欠缺透明度，讓人感覺私相授受。易志明總經理則回應稱，對於今年加薪問題出現混亂，原因是行政經理蔣先生初到接任，以及可能電腦出錯；公司會另發一封信糾正錯誤，之後會盡量提高評分制度的透明度。（不過，員工評分制度事實上要等到法國威立雅運輸集團 2010 年入主電車公司後，才開始有所改善。）

　　其次，電車公司 8 月 9 日發出通告，宣佈改變員工出糧制度，由每星期出糧一次改為每月出糧一次。對於公司改變出糧制度，員工紛紛表示相當不滿，工會於是決定發出問卷調查。問卷即晚就派到夜更司機手上。有些工友收到問卷後直言：「公司上午出通告，工會下午咁快出到問卷。」有些工友自動拿取問卷叫人簽名，有些收集好問卷後主動交回工會。從中反映工會的即時反應深受工友歡迎。

　　問卷調查結果顯示，絕大部分員工反對改為一個月出糧一次。工會理事會其後開會商討，認為現有每星期出糧一次的方式，似乎與現今香港社會脫節。週薪制，是以前英國留下來的出糧制度。而如果一個月出糧一次，時間又會太長；電車司機薪酬不高，工友可能會出現周轉困難。經過一輪討論後，按照現今社會實際環境，工會最後提出「一個月計糧、半個月出一次糧」的方案，即在每個月月中先付一次定額薪資；月尾再全個月計數結賬，扣回月中已預付的薪資出糧。這對工友生活影響不會太大，對公司而言又可以改行以月為單位計算出糧數額。工會方面有了方案之後，於 8 月 21 日去信董事總經理易志明，要求就員工「出糧」問題與公司商談。到了 9 月 3 日，工會代表在電車公司會議室與總經理易志明會晤，經過大家商談，易志明同意改變原來計劃，以折衷方案來推行一個月出糧兩次的月薪制。公司稱，會重新發出通告公佈整個計劃。會上雙方又就其他勞資問題交換意見，會談接近兩小時告結束。

　　這一年的 10 月 18 日，一宗電車交通意外，暴露了電車司機仍然沒有吃飯時間的問題！早在上世紀六十年代，工會前輩已經提出必須給司機吃飯時間。直至 1997 年，電車工會該屆理事會仍然一直爭取編制行車時間表時必須加入吃飯時間。這建議其實早在 1995 年公司已接受，並承諾會實行。

可惜，至1997年仍遲遲未有實行。而10月份的意外事件引起社會關注，在輿論壓力下，電車公司終於不得不在11月2日開始有新安排，讓電車駛入車廠時給予司機休息吃飯時間。儘管所安排的吃飯時間仍然很短，只有三十分鐘，但從無到有，是個開始。

電車工會真誠為工友着想，得到大部分工友的支持。1997年參加工會的新會員接近100人。在同年的工聯會發展會員比賽中，電車工會得到了「97鞏固會員優異獎」第二名。

3. 1998年

以下是1998年工會就多項工作情況以及員工工作條件等問題，跟公司溝通及爭取的大致情況。

（一）就員工退休金的計算問題，工會建議公司在員工退休領取支票時，應清楚列明退休金怎樣計算，把該期薪金、員工大假等，合共計算的款項總數副本連支票，一併發給工友。

（二）關於在颱風及暴雨警告下當值的問題，工會要求公司須定出一個明確的員工工作守則。公司應該根據勞工處的指引，定出不同工種的員工的工作守則。

（三）對於員工收工時拉電腦卡的問題，公司的路程表定出的交更時間與收工時間不符；部分字軌員工在交更或回廠後不能離開，引起不滿。工會根據工友的具體情況向公司反映，並與公司溝通如何解決問題。

（四）關於公司對司機驗眼要求的問題，工會曾向運輸處了解，運輸處回覆「司機有正常視力已經可以」。但公司在驗眼方法上出現矯枉過正現象。工會根據工友意見向電車公司反映。經過工會代表與公司的一輪商討，得到電車公司董事總經理易志明回應，在驗眼及配戴眼鏡問題上，工友得到一個合符情理的解決辦法。

至於工會的常規會務包括探訪有失業困難的工友，協助失業工友申領「工聯會工人互助自救基金」，以解燃眉之急。此外，工會又探訪慰問因工受傷的工友，協助工友解決法律問題。

4. 1999 年

1999 年乃至往後多年，工會持續發揮深入群眾，維護和爭取工人合理權益的工作。

8 月中，電車公司公佈司機轉為「輪更制」，更改字軌時間表，安排司機輪字軌工作。在這次電車公司推行的新制度下，司機不再只做固定一組字軌。舉例說，有些居住在筲箕灣、西灣河的早夜更司機，公司輪流安排他們凌晨四時或深夜要返到西廠（屈地街車廠）開工或收工，這對該些工友而言，情況便十分困擾。有一批工友曾親身去公司寫字樓見管理層，要求改回東廠（西灣河車廠）開工或收工，但公司管理層沒有理會他們。

為此，工會根據會員的投訴，就新行車制度問題多次派出代表與公司管理層商討，提出推行新制度應以盡量減輕司機的困擾為主，希望公司能夠照顧受困擾的工友。最後，電車公司接納工會意見，改善這些不合理的現象。那些被公司拒絕的工友，事後在車站對其他工友說：「我地去講公司不理我們，工會一同公司講，公司就改，我地大家要參加工會！」

與此同時，工會理事及工作人員對公司發佈的有關新字軌時間表的訊息，也進行了反覆、仔細的研究。為解決複雜的新時間表對司機造成的困擾，工會決定編印一本「電車各路線字軌時間表」小冊子，清楚地列明所有字軌的開工、用膳、收工之時間及地點；此外，更印有彩色標示，例如用紅色底註明東廠開工、用黃色底註明銅鑼灣收工等等，讓司機會員可以一書在手，一目了然。

編印過程中，大家同心協力，工會會所頓時猶如一間印刷公司。有的工友做編輯、有的工友做切紙、有的工友負責釘裝，歷時十數天的工夫，300多本字軌時間表小冊子便印製完成。在公司開始實行新制度的前三天，工會工作人員到各電車總站派發「字軌小冊子」給會員，得到了大多數電車工友的讚賞。此事直接促使了未曾參加工會的工友，認識到工會是為他們工作的，頓時大家紛紛自動填表參加工會，因而發展不少會員。在該段時間內，參加工會的新同事超過 24%。電車工會於同年，在工聯會發展會員比賽中還得到「發展會員銀獎」。自此之後，每次公司更改字軌時間表，工會都會及時更新字軌小冊子。近年，因應字軌數量減少以及字軌環頭簡化（現時分為屈地街、筲箕灣、銅鑼灣西、銅鑼灣東四種字軌），工會將時間表相應簡單集中列印在 A4 紙，依然深受會員工友歡迎。

踏入 21 世紀，工會能夠取得好成績，是全體理事和工作人員共同努力

所取得的成果。繼往開來，工會在21世紀更努力做好各項會務工作，加強聯繫會員，鞏固會務，以爭取更好成績。

五　千禧年代（2000-2009年）

踏入21世紀，繼續由九龍倉集團經營的電車公司，開始為「叮叮」注入新元素。2000年10月，電車公司推出168、169、170號三部富有時代感的「千禧電車」，都是由本地設計和製造的電車。2001年起，電車車廂加設八達通機並接受八達通付款，以方便乘客。2004年，為慶祝香港電車行駛100周年，電車公司舉行了一系列慶祝活動，例如在100號電車髹上香港電車百周年主題廣告；香港郵政亦發行一套紀念郵票，郵票以不同年代電車車款為主題，見證香港電車百年來的演變。

近年，「叮叮」這個百年老字號逐漸深入民心，每年都吸引數以十萬計香港市民和海外遊客乘搭。不過，「叮叮」廣受大眾歡迎的背後，電車工友的薪酬待遇，卻未有伴隨新世紀的到來而提升到新高度；相反，電車司機薪酬仍然偏低，員工待遇變差。

下文回顧電車工會在2000至2009年與公司交涉的主要議題。

1. 2000至2007年要求增加員工底薪

經歷1997年亞洲金融風暴及2003年沙士爆發，令香港經濟低迷，各大企業經營出現困難，九龍倉亦無例外。電車工友們隨後幾年本着同舟共濟的精神，無奈地接受公司凍薪的措施。但自從2003年開始推行內地旅客來香港自由行以來，香港經濟逐漸復蘇，市面回復熱鬧。隨後幾年電車乘客亦持續增長，促使九龍倉與電車公司業務不斷增長。但令人失望的是，電車公司只是調整過個別員工津貼，未有調整全體員工之底薪，實在難以服眾。工會在幾年間不時接獲工友的意見，全體工友都要求工會向公司反映，必須調高員工薪酬。

有見及此，工會早在1999年特別組成「香港電車員工要求加薪委員會」，每年底都會向各員工發出問卷，徵詢工友對加薪的意見，又不時在工會開設「要求加薪座談會」。大家一致認為工會應向公司反映，要求公司盡快增加底薪。2000年11月，工會派出時任主席宋啟仁及部分理事共五名代

表攜同工會要求加薪信函，與董事總經理易志明商談員工調整薪酬的問題。其後數年，電車公司先後更換數任董事總經理——分別是黃子建、余禮乾、梁德興；工會仍然不斷與公司管理層爭取加薪，可惜結果都是令工友們失望而回。

後來，工會進一步要求公司發還少付的假期薪酬差額，這是由於公司只曾發還過去六年的法定假日薪酬差額（俗稱「勞工假」），並沒有計算年假薪酬差額給員工。在計算假期薪酬時，又沒有將食飯津貼計算在內。根據《僱傭條例》規定，工資的定義並不局限於底薪，還包括各項固定津貼，不論其名稱為何。於是，工會提出要求將飯津計入工資內，及發還過去六年法定假日薪酬差額。經過工會代表鍥而不捨的多年爭取，終於在 2007 年初，得到公司管理層正面回應，承諾 2007 年起會增加員工底薪，以及將假日薪酬差額同時在雙糧發放。年底，多數員工對是次薪酬調整感到滿意，甚至有員工調整至增加 5.5%。但同時亦有一些較特殊的情況出現，其中少數員工翌年的底薪只增加了三毫。這金額幾乎等於沒有加薪，至今仍不時引起電車員工熱議。

為此，工會直到今天仍不時去信公司，要求將電車員工，特別是司機的薪酬追貼至接近其他公共運輸機構的水平。尤其在 2008 年，鑒於當時通貨膨脹加劇，百物騰貴，工會要求公司在下年度要增加員工調整薪酬的幅度，以舒緩員工生活困境，提高員工士氣。

2. 2001 至 2004 年無理解僱電車工友

上文提及，2000 年代初期香港經濟低迷，各大企業包括九龍倉的經營環境出現困難。電車公司為裁減人手，在 2001 至 2002 年間，曾不惜無理解僱部分員工。例如有司機被上司無理對待，誣告其動粗，便遭公司立即解僱。又例如有員工因上班遲到一分鐘打卡而遭公司立即解僱。此種苛政，嚴重威脅電車工友的權益。工會對此表示極度關注，特別召開了多場員工座談會，其後向公司要求給予這批同事一個復職機會。經工會向公司努力爭取後，有部分同事成功復職，解僱暫告一段落。

但到了 2004 年 3 月 31 日，電車公司又突然解僱部分員工，造成電車公司上下人心惶惶。工會就該次無理解僱事件於 4 月 6 日召開員工大會。經大會討論後，工會向公司提出三項訴求：

（一）要求公司立刻終止所有解僱行動。

（二）工會及員工希望總經理易志明盡快接見，以解決被解僱員工復工問題。

（三）如果4月8日下午前不接見工會代表和被終止合約員工等，不排除有所行動。

工會於4月8日下午帶同被解僱員工與公司會面。時任電車工會主席宋啟仁向易志明質詢：公司是否有一份解僱員工的名單？易志明完全否認有這件事，公司會在會後出通告向員工解釋。

就已被公司解僱的員工而言，工會質疑即使同事犯了錯誤，是否需要用上解僱這樣嚴重的處分，值得商榷。工會認為，何不給予員工一個改正的機會。工會最關心的，是公司是否可以給予員工復職機會。此外，公司是用甚麼準則去處分及解僱員工？也要清楚交代。易志明答應會詳細考慮工會的問題，並在兩個星期內給予回覆。此外，公司以後也會先發信、提醒及警告員工，如仍未有改善，才進行解僱。

工會會後發聲明，指公司解僱員工非解決問題的最佳方法，應在公司制度上着手改善。最終，有部分被解僱員工得到復工。

3. 2003年限制電車司機換車及換假

電車公司在2003年7月底發出「員工調換星期例假／工作崗位申請安排」通告，決定由8月1日起實施「換車時間45分鐘」，限制了司機調換字軌及假期，此舉引起司機不滿。工會主席宋啟仁於7月31日約見營運經理梁永華，商談換車問題。工會指出，8月1日作出員工調換字軌及假期限制，時間太緊迫，大部分司機毫無準備。如果這項措施不延期的話，會為員工帶來很大的困擾及困難。工會提出六點意見：

（一）在輪更制度下，員工要返早上約4時的車，如果他居住在屯門或元朗，便很難上班。所以員工要調換字軌工作。

（二）夜更同事居住偏遠，如果工作字軌是尾圍車，放工已沒有尾班車可回家，所以要調換較早收工的字軌。

（三）有些同事家庭負擔比較大，需要調換些過時補水的字軌工作。

（四）有些同事的工作字軌向來不需要補水。

（五）有些同事向來負責員工車。

（六）員工家有要事或需要調換假期。

為此工會要求取消換車和換假限制，又希望公司盡快公佈新輪值表。營運經理梁永華表示公司並非不讓司機換車，這項措施只是想杜絕某些人專做大補水車的現象，希望補水不超過底薪的 20%，盡量做到平衡。日後司機仍然可以換車，每日只可以換一次，變相一年可換 365 次。他認為，其實在公共交通運輸行業來說，沒有一間公司可以做到這地步，電車公司已經算是很寬鬆的了。如遇特殊情形，工友可以寫報告交代事由，經交通部審批，或會多 15 分鐘寬鬆。

而在會上，工會代表亦提出現時編排司機字軌輪值表較混亂，為早夜更員工造成很大困擾，直接影響司機的休息時間。工會向公司提議一個新的字軌輪值制度，將所有電車按照返工時間及返工地點編成一小組，以六個字軌車為單位，而用七位司機去輪值，希望公司考慮以該司機入職工齡及申請志願編排工作字軌組數。梁永華回應指這個問題可另行商討，日後會安排由人事及行政經理與工會代表作出研究。

會後，公司決定先在 8 月中公佈新行車時間表及司機輪值表。新換車措施則推遲至 9 月 1 日實行，45 分鐘限制可加多 15 分鐘。

4. 2009 年起電車公司不再發放教育基金

2009 年 1 月，電車公司陸續相約員工到公司辦公室，談論關於教育基金用罄的問題。工會對此表示非常關注，畢竟電車公司教育基金早在 50 年代已經設立，是一個對員工幫助非常大的福利制度。包玉剛爵士 1980 年接管電車公司教育基金後，使這個教育基金發揮更大的作用，造就很多電車工友的子女成為大學生，為社會輸送很多人材，工會亦非常讚賞公司這個福利制度。當工友得知該基金將會用罄，日後或無法再發放時，大家都深感失望。工會為此去信董事總經理梁德興，懇切希望可以向九龍倉董事局反映，作出有效措施，使這個良好的制度得以延續下去。可惜，最終事與願違。2009 年後，電車公司不再設立教育基金。同年 4 月 7 日，九龍倉宣佈出售半數電車公司股權，電車公司再次改朝換代。

六 香港回歸、心繫祖國

　　1996年，電車工會在工聯會協助下，與其他九龍倉集團公司屬下的工會，包括天星、隧道、九倉工會，聯合組織一個聯席會議，實行群策群力。大家認為既然來自同一個集團公司，大可互通情況，有活動一起辦，從而發揮合作精神。過去一段時間，力量較單薄的工會舉辦活動時人手比較少，想舉辦活動又怕參加人數少；而四間工會合辦活動，有助各工會活躍起來。

　　1997年，是中華民族歷史上重要的一年。7月1日零時，香港回歸祖國。電車工會為了迎接回歸，於1996年中已與天星、隧道、九倉等兄弟工會組成了「九龍倉集團工會慶祝香港回歸祖國活動委員會」，舉辦了各項慶回歸活動。由1996年中至1997年中的一年來，電車工會除參與工聯慶委會舉辦的各項大型活動，九龍倉工會慶委會亦舉辦了大型聯歡聚餐，新華社社工部部長李偉庭、電車公司董事總經理易志明、工聯會李澤添會長及梁富華副理事長等嘉賓皆蒞臨參與，場面熱烈隆重。九龍倉集團各公司亦響應工

會所外牆，拉大橫額，
上書「熱烈慶祝香港回歸祖國」。

香港工會聯合會成立五十周年，於廣州招待被遞解回內地並在廣州定居的工友，當中大多為羅素街血案時被遞解的工友。

後排左起：楊光，林金陵，黎博倫，官平、房子仁，李文海，何志堅。

前排左起：李沛泉，李振華，歐陽少峰。

會要求，共撥款項數萬元贊助各項慶回歸活動。

　　1998 年是香港回歸祖國的第二年。電車工會舉辦了一連串的活動，既為了慶祝回歸一周年，也藉此讓工友彼此增加溝通及交流的機會。活動包括舉辦新春茶聚聯歡、參加工聯會赴穗探訪居住廣州的香港工人、在香江酒店設宴款待在穗的電車工友、慶祝五一國際勞動節及工會成立 78 周年聯歡晚宴、慶祝工聯會 50 周年金禧酒會等。此外，又有由工聯會在跑馬地舉行的慶祝香港回歸祖國一周年嘉年華聯歡會與由九龍倉集團工會舉辦「深圳好食好玩一天遊」，以及慶祝國慶自助餐聯歡會等等。慶祝活動可謂非常豐富，參加上述活動的人次近 800 多人。

　　香港回歸祖國後，工會除了更積極舉辦這類慶回歸、賀國慶的活動，又不時關心國家發展歷程。踏入 21 世紀，國家發展日益強大，舉世矚目，例如 2001 年成功加入世界貿易組織、北京成功申辦 2008 年奧運會、2002 年中國足球歷史性打入世界盃決賽週等種種喜訊，工會都會與工友們一同分享這份喜悅。

　　而當內地發生天災，工會亦會關懷祖國，慷慨解囊。例如 1998 年，長江及東北地區發生歷史性大水災，沿江數百萬軍民奮勇抗洪搶險，保衛家

九龍倉集團工會於 1997 年 5 月 3 日舉辦聯歡晚宴，
慶祝香港回歸祖國暨五一勞動節。

園。國家領導人多次親臨抗洪前線，中央部門和解放軍全力抗洪，並喜見取得勝利。工會亦十分關注水災情況，及時動員工友捐款支持災區同胞，有些工友更主動到工會捐款，最終合共籌得款項 $24,100。工會會長林金陵及工會秘書何志堅將款項送到《文匯報》轉交災區。另外，2008 年四川省汶川縣發生黎克特制八級地震，面對天災，縱然我們無力改變，但血濃於水，為援助受災同胞，工會再次動員工友捐款，籌得 $12,000 款項；其後工會又增加撥款 $10,000 元賑災，總計 $22,000 元。善款及後存入工聯會救災慈善基金，再轉交有關部門作四川地震賑災用途，以協助同胞渡過難關。

2000 年香港電車職工會慶祝成立八十周年，並紀念羅素街血案五十周年。

電車工會探訪在廣州前輩並合照留念。為 2000 年後的交流活動。

2015 年發起「保衛電車路」活動，
反對削減及取消電車路段。

業監察組 立法會議員
王國興 郭偉强

育百年電車

第二章

2010年易手法國公司後的新近情況及未來展望

一　2009年電車公司股權轉易

1. 2009年4月——法國公司入股五成電車公司股份

據資料顯示，香港電車由1997至2006年這十年間，每年平均純利約200萬元，其中2005年電車乘客量達到233,000人次。其後香港電車加強車身及車站廣告宣傳，在2007年純利超過1,000萬元，但在2008年受到金融海嘯及全球經濟衰退影響，當時的母公司九龍倉集團業務亦受到影響，利潤隨之下降。

2009年4月7日，法國威立雅運輸集團（現已改稱法國巴黎交通發展集團）宣佈以一億歐羅（約十億港元）向九龍倉集團購入香港電車五成權益，這是35年來香港電車首次出現股權變動。由當日起，香港電車的日常營運

2009年工會會員代表大會。

工作交由法國威立雅負責。事件引起全城熱議，受到傳媒廣泛報道。運輸及房屋局發言人表示，歡迎威立雅集團在香港作出投資，政府部門將會繼續密切監察香港電車服務。可是，當時有不少市民擔心股權售予法國企業會導致電車大幅加價，亦有人認為法國企業缺乏營運香港公共交通運輸行業的經驗，擔心電車將會失去香港傳統特色。

時任電車工會主席林保成表示，電車工友非常擔心股權轉讓會帶來不確定性，或會引發裁員及減薪危機，影響工友生計。於是，工會在翌日去信電車公司新任董事總經理夏睿德，就公司股權及管理層變動表達關注，全文如下：

> **文獻**
>
> 敬啟者：
>
> 　　鑒於公司最近部分股權變動，以及管理層更換，工會對事件非常關注！工友亦相當擔憂！隨着新管理層的進入，必然會引入新的管理模式，工友難免憂慮外資的管理與本地不同。工會了解到工友的憂慮，希望　閣下盡快安排時間，與本會代表會面，商談同事關心的問題，促進雙方溝通了解。
>
> 　　特此致函，翹首企望，佇候佳音。
>
> 　　此致
> 香港電車有限公司
> 董事總經理夏睿德先生台鑒
>
> 香港電車職工會
二零零九年四月八日

2. 2010年3月——法國公司收購其餘五成電車公司股份

2010年，電車公司擁有163輛雙層電車，以及約700多名員工，屈地街和西灣河兩個電車車廠的運作維持不變。3月份，九倉向法國威立雅（現稱法國巴黎交通發展集團）出售餘下五成香港電車公司的股權。至此，法國巴黎交通發展集團便全資擁有見證香港百年滄桑的香港電車。

對於工會而言，電車公司由九倉轉為法國公司管理是轉了「法人」單位而已，會務如常運作。電車工會自1990年代開始的、與電車公司緊密協商和溝通的主調，一直延續至今。2010年，也是電車工會踏入90周年的一

年，工會繼續堅定不移地維護及爭取電車工友的合理權益。

3月9日，就法國威立雅百分百收購電車公司股權一事，工會代表第一時間與董事總經理夏睿德進行會談。工會代表首先表達了不少員工對威立雅百分百收購後的公司制度感到憂慮，要求電車公司就全體員工順利過渡，以及員工現有的權益福利、職業生活保障等不會受到損害作出承諾。夏睿德回應稱，自2009年4月7日收購電車公司50%股權當日，公司已交由威立雅管理，是次股權收購只是形式上的事情，公司在多個場合都曾經表示，現時員工的所有聘用條件不變；就算要變，也只會向更好的方面轉變，請員工們無需擔心。

工會其後對收購作出正式回應。基本上對此次收購持正面態度，期望公司業務可以有更佳的發展；與此同時，工會也希望公司能保障員工現有的權益和福利。夏睿德表示，公司對電車公司業務作的是長期規劃，收購後會優先考慮改善管理模式及工作環境；爭取到更多資源和盈利後，會改善員工待遇。

該次會面氣氛良好。會面訊息令全體電車員工一度對法國企業全資管理電車公司抱很大期望，冀電車員工的薪酬待遇會得到提升及改善。可惜事與願違，隨後一兩年，電車員工的薪酬待遇未見改善，下文詳述。

二　2010年換公司、換車廂，卻未變換電車工人薪酬待遇

2010年，由法國巴黎交通發展集團全資擁有的電車公司，開始進行新一代電車車廂現代化升級工程。10月份，電車公司對外展示全新設計的168號電車，宣佈將會斥資7,500萬元為全數柚木電車進行翻新，新電車設計及組裝均會在香港進行，外型與舊有柚木電車相似，唯全車改用鋁合金物料建造。車內亦更換現代化設施，例如增設報站機。電車公司期望全新的鋁合金電車可以吸引更多市民和遊客乘搭。

至於勞資關係方面，由九倉時期便存在的工人待遇不佳的情況，仍然繼續。而且在全部收購股權後的五個月內，發生了兩次勞資矛盾。

1. 由兼任工作引發的糾紛

電車公司5月中向員工發出通告，以公司有困難及無人手調動為由，規定廠內工程部約100名員工，需隨時接受管理層指派兼任街外工程部的戶

外維修工作。工程部員工極度不滿資方不合理地調動工作，甚至要在路面通宵進行維修。電車工會表示，工程部分為廠內工程部及街外工程部兩部分，各有約 100 名員工，負責不同的維修工作。由於兩者工種、技術及工作環境不同，公司粗枝大葉的工種調動，令個別木工或油漆工人被迫到戶外進行燒焊或電器維修等工作，實為罔顧員工安全、不負責任的工作安排。於是工會在 5 月 14 日中午，號召百多名工程部員工在屈地街電車廠門口集會，抗議資方出爾反爾，不合理調動工作，並要求資方與工會談判，否則不排除將行動升級。

電車公司最後答應擱置有關的調動安排，至此事件才告平息。

2. 每日工作由八、九個小時增至十一、二個小時

法資企業全資經營香港電車不足半年內，第二次勞資糾紛爆發。

2010 年 7 月上旬，香港電車職工會表示，資方為了配合新安排，單方面宣佈會改動車長的編更做法。在新安排下，電車公司約有 340 名車長，每日工時將由八至九小時增至十一至十二小時，即是每日增加工作兩至三小時。為何重新編更會令工人工時加長了呢？工會指出，原來資方計劃縮減部分路線及班次，例如北角來往石塘咀，尾班車提前為傍晚 6 時半；目的是希望將人手集中行駛較繁忙的早更班次，以裁減夜更人手之同時，也令早更車長兼顧夜更的行車時間。車長的工時因而增長。

而部分車長的中場無薪休息時間，由以往約三小時增至五、六小時，此舉變相拖長了車長的工作時間至每日十四小時！不合理的程度令人咋舌。

時任電車工會副主席江錦文表示，雖然資方會就增加的工時向員工發放「補水」，但不少員工認為工時太長。一天二十四小時之中有一半時間用來上班，如把上下班的交通時間也加上去，員工每天可自行安排的時間便少之又少。個人健康及家庭生活必受影響。工會最主要的憂慮，是在欠缺足夠休息之下開工，會直接影響駕駛安全，危及車長及乘客。

此外，在新的編更及工時安排下，員工原有的用膳津貼，由一小時改為僅得半小時，變相剝削員工本來已偏低的薪酬。時任代表勞工界的立法會議員葉偉明批評，有關的新安排資方事前沒有諮詢勞方，違反當初的承諾；而運輸署對電車員工的編更安排，也欠缺監管。葉偉明說，運輸署只看行車時間表，卻沒有理會員工的編更情況，屬於失職。

工會於 2010 年 7 月 11 日與資方談判，若最終談判破裂，工會計劃不排除最快於 7 月 12 日發動罷工。結果，資方於 7 月 15 日談判後作出讓步，答應將新安排押後至 7 月 26 日才實施，承諾押後期間會調整編更，工會遂暫時擱置罷工行動。

江錦文副主席於會後稱，在新修訂的編更安排下，大部分車長原定需額外增加的工時時數，將由三小時縮減至一個半小時。

電車工會仔細研究該修訂更表，並發問卷收集員工意見。結果，大家都接受了工會爭取回來的新安排。

三 2012 年抗議同工不同酬

2012 年 10 月 9 日，約 60 名電車員工與工會代表到屈地街電車車廠請願，舉起橫額及高叫口號，抗議資方對新舊制員工同工不同酬，嚴重打擊員工士氣。

工會稱，新舊制電車員工在加時補水及薪酬上都各有差異。以補水比率之計算方法為例，舊制員工的加班補水是時薪的 1.5 倍，但新制員工或不足十年年資者僅為 1.25 倍。以上是 2012 年 8 月開始的補水比例。至於薪酬方面，在維修部做了十多年的員工，時薪竟較新入職的員工低一至兩元，情況極不合理。

工會估計受同工不同酬影響的員工近 200 人，包括車長及維修部員工，促請資方正視。

電車公司其後作出回應，指超時補水、加班津貼及獎勵制度等，有一套沿用已久的機制，已向所有員工解釋情況。8 月份開始，資方已將所有年資較淺的車長首一小時加班補水增加兩成五，由原本的一倍加至一點二五倍；而對工作超過十年的車長加薪至一倍半，以作為長期服務的一種鼓勵。至於同一部門內的不同工種、員工待遇，會因應不同的工作性質及崗位而有所不同。

四 2014 年違法佔中暴露電車司機薪酬偏低

在各種公共交通工具之中，電車員工的薪酬長期偏低。情況本來沒引起太多關注；畢竟電車只在港島行走，服務範圍未及九龍新界。然而，由於一場違法佔中，佔領者霸路阻路，令電車開不出去，司機遂沒工開。79 天內司

違法佔中影響生計，工會抗議阻路。

機或被迫放無薪假期，或因開車鐘數大減而令以鐘計的月薪薪酬大幅下降。電車司機工資偏低一事，至此才引起社會大眾留意。

10月14日，時任電車工會副主席江錦文帶領十名成員到銅鑼灣廣場外的電車站集合，沿電車路遊行至崇光百貨門前的佔領區前，高叫「我要開工，我要養家」、「還路於民」等口號，抗議非法佔中阻路，令電車被迫停駛；要求佔領人士撤出電車路，以恢復電車服務。受影響的司機工友忍無可忍下申訴困苦，不期然向社會公眾暴露了電車司機工資長期偏低的問題。

以下內容整理自 2014 年 11 月 4 日的《文匯報》。

1. 林植個案

從事電車司機 20 年的林植發言時說（1994 年左右入職），違法佔中令香港失去了電車路，令電車司機失去「超時補水」，無以為生，「我們倚賴時

薪為生，多勞多得，但『佔中』令我收入大跌，一個月的收入減少了 2,500 元。大家不要看少這 2,500 元，這是我兩名兒子的飯錢。宜家無咗喇！俾『佔中』霸咗喇！我個仔要食飯呀」！談到生活逼人，林植更一度感觸流下男兒淚，「我想向我啲細路仔講：對唔住！我要養家，希望『佔中者』還我電車路！」

林植續指，道路堵塞導致西行電車必須在維園掉頭，電車司機每天至少四小時必須在車尾站着開車，工作辛苦。而根據電車公司數據，（2014 年）10 月乘客人數驟減 36%，即少了約 230 萬人次，生意猛跌勢必導致年底花紅減少，來年加薪無望。

2. 超時補水約佔電車司機收入的四分一

時任電車工會副主席江錦文指出，超時補水約佔電車司機收入的四分一，違法佔中時部分路段不通車，出車量下降，導致人手過剩，電車公司不再安排司機加班。這導致司機平均每日損失 150 元至 200 元超時津貼，半個多月來損失近 3,000 元收入。而且本港多處道路阻塞，有住屯門的早更司機被迫搭的士返工，車費昂貴，有時仍趕不及返工，被迫請無薪假。違法佔中期間，每日約十多名司機請無薪假，每日損失 500 至 600 元收入。收入減少，花費上升，令司機雪上加霜。

3. 工資仍以時薪計算

工會指出，電車司機的工資以時薪計算，平均時薪為 50 多港元，佔領行動令司機工作時間減少，每天平均收入由 700 至 800 港元，減少至 400 至 500 港元。

五　2015、2017 年兩度發起「保衛電車路」行動

1. 2015 年一人一信聯署保衛電車

2015 年 8 月，有顧問公司向城市規劃委員會建議取消中環至金鐘電車

路軌，以紓緩中環交通擠塞。然而，德輔道中及金鐘道，屬於電車最密集服務的路段之一，每日行駛 1,400 班次。

此建議引起社會爭議，香港電車職工會亦對該建議感到憤怒，並直斥荒謬。8 月 23 日，工會召開記者會，提出六大理由反對該建議，包括：嚴重打爛 700 多名全體電車員工的「飯碗」；其次是令港人失去電車的集體回憶等等。時任電車工會主席江錦文表示，不少前線職工對取消中區電車的說法十分擔心，恐怕一旦城規會通過該建議後就會飯碗不保。2015 年的電車公司有 300 多名車長，另加工程部、寫字樓員工，合共 700 多人。

電車工會在 8 月 24 日起，到不同的電車站發起一人一信聯署行動，收集市民簽名，月底前往城規會請願及遞交反對信，申述工會捍衛電車道路使用權的訴求和立場，促請城規會否決取消中區電車的建議。

結果，城規會同年 10 月否決取消中環至金鐘電車路的申請。

2. 2017 年再次反對取消電車路

一如 2015 年，又有人要求取消部分電車路段。

城市規劃委員會於 2017 年再收到申請，要求將介乎中環租庇利街至灣仔軍器廠街的一段電車路取消，此建議的諮詢期至 6 月 30 日。

6 月 29 日，電車工會代表聯同立法會議員郭偉強，以及多名港島區議員到城規會抗議並提交請願信，促請城規會委員否決任何不合適、不合理的取消電車路的申請。立法會議員郭偉強認為有關改劃不切實際，並會造成交通混亂。以當前中環及金鐘一帶的交通實際情況來看，取消該段電車路會破壞電車服務的完整性，使電車的行走路線被中斷，建議並不可行。而電車工會主席江錦文認為，改劃電車路會破壞電車服務，影響乘客之餘，亦會扼殺電車司機及技工的就業機會。工會方面已收集意見，反映大量司機對申請表示不滿，強烈反對改劃電車路。

最後，城規會再次否決取消電車路的申請。

電車迄今為止已在香港島行駛了 115 年，是不少港島居民常用的交通工具，絕對沒有任何理由取締。根據電車公司的數據，電車每日平均接載約 20 萬人次，與其他公共交通工具發揮互補作用，是香港公共交通網絡不可或缺的一環。

六　2018年超強颱風山竹襲港「被迫放無薪假」事件

2018年9月16日，超強颱風「山竹」襲港，電車公司在颱風襲港期間通知車長放無薪假。車長對有關安排感到十分不滿，認為是被公司削減底薪。於是，工會翌日立即去信公司表示強烈反對。至10月4日，工會代表就此事與公司管理層進行會面。

會上，工會代表首先對公司單方面通知車長放無薪假表示反對，指出電車公司成立100多年以來，即使天文台發出十號颱風信號，車長仍需回廠上班待命，待命期間會有底薪。其他公共運輸機構員工在9月16日颱風「山竹」襲港當日上班，亦照常發放底薪。唯獨是電車公司單方面改變制度，令車長損失了9月16日當天的底薪。為此，工會要求公司向車長補發當日的底薪。

電車公司營運經理李明耀、人力資源及行政經理游遠忠在會面中表示，公司認為颱風「山竹」襲港屬特殊情況，做法不一定適用於日後。如果證實其他公共運輸機構有照常發放底薪，他們管理層會與董事總經理敖思灝商討，考慮補發9月16日的底薪。

電車公司最終在10月10日發出通告，宣佈向所有受颱風「山竹」影響而未能回廠上班的車長補發當日底薪。

七　2018年爭取改善電車車長待遇綜述

根據政府統計處數據，2018年本港運輸業每月工資中位數是港幣1.8萬元。然而，電車車長的薪酬水平幾乎為眾多公共運輸機構中最低。因此，2018年全年，工會在增加薪酬方面，不斷為工友發聲。

1. 上半年為工友提出增加薪酬的努力情況

現任電車工會主席馮永誠3月接受傳媒訪問時指出，電車公司仍以時薪作為計算薪酬方式，已不合時宜。而新入職車長每月底薪只有9,200多元，就算全取1,800元表現花紅[1]，收入也僅1.1萬元，可算是全港最低薪的車長。

1　表現花紅是電車公司自2005年3月起設立的車長安全獎金。

數據顯示，2016年電車公司有310名車長，然而到了2018年，電車車長數目下降至約280名，過去幾年陸續出現流失。馮永誠主席指出，現時電車車長流失情況轉趨嚴重。除新入職者外，有做了兩三年的、也有做了十幾二十年的車長亦離開電車公司。他直言：「九成走了去揸巴士。」因為自2018年2月大埔公路九巴車禍後，巴士公司開始着手改善司機的薪酬，例如，九巴早前宣佈將車長的安全獎金撥入底薪，令駕駛巴士的薪酬比以往更佳。而且巴士本身有空調設備，電車則沒有（雖然電車公司2016年夏季推出首部88號冷氣電車，但現時仍只得一輛，其他車廂仍未裝有空調），巴士較舒適的工作空間，吸引了電車司機轉行。另一方面，雖然年滿60歲的電車車長退休後，如驗身過關，可選擇每年續約一次。可是他們的時薪竟比未退休前少10元至20元，有薪年假也少7日，實在不合理。因此，馮永誠主席促請電車公司將他們的表現花紅及各種津貼均放入底薪內，每年的薪金調整亦應符合員工期望。而退休車長被減薪，也應予以改善。

為此，在2018年，電車工會不斷努力爭取改善電車車長的薪酬待遇，以舒緩員工流失的情況。首先，於2月28日，工會去信公司，指出自九巴宣佈會將車長安全獎金直接撥入底薪之後，工會收到不少車長意見，希望公司同樣能夠將安全獎金及津貼撥入車長底薪。此外，工會同時提出希望落實延長退休年齡、增加車長用膳時間等訴求。

3月6日，工會代表與董事總經理敖思灝會面，就上述議題進行溝通。公司回應指，現時經營環境競爭激烈，安全獎金及津貼撥入底薪的問題，將來才考慮。至於退休續約員工的薪酬問題，公司將於約兩個月內推出續約車長的改善方案。公司也會優先處理車長的食飯時間，會增至40分鐘，希望令所有車長都受惠。

此外，因應增加車長用膳時間至40分鐘，公司會有新的行車時間表，司機每日的收工時間會相應延遲10分鐘。為此，工會發問卷徵詢司機意見，結果顯示大部分司機贊成增加用膳時間的安排，新行車時間表在5月21日開始實行。

2. 下半年為工友提出增加薪酬的努力情況

7月2日，香港電車加價，成人車費加至2.6元。工會去信公司，對電車加價表示支持，認為有助改善公司營運狀況。但根據申請加價時提交的資

料，電車公司加價後會實行三項「提升」，包括提升安全性、營運效率、乘客乘車體驗，卻未有包括提升車長薪酬待遇。有見及此，工會提出訴求，希望公司在收入增加後，將資源優先分配在提升員工薪酬待遇之上，以改善一直偏低的薪酬待遇。

由於電車公司自 7 月 2 日加價後，一直未有讓人感到公司會改善員工薪酬福利的舉措，於是，7 月 24 日，工會代表再次與公司管理層會面。工會提出，公司既然已加了車票票價，理應考慮提升員工薪酬，包括將所有獎金津貼直接撥入底薪，以及延長退休年齡至 65 歲等等。公司回應指，公司本身也期望透過加價增加盈利，從而改善員工福利。然而，與此同時，公司也要花資源提升車隊的設備系統；要在各種因素之間取得平衡。公司也稱，於年初已陸續調整和追加車長薪酬、推出退休車長津貼。公司也正檢討財政狀況和計劃，期望有條件實踐改善員工薪酬福利的承諾。公司也表示，招聘車長方面進展良好，一些新車長已在培訓中；公司希望可以增加車長人數，使出車量增加，從而令乘客量上升，並增加收入。

3. 全年的總體情況

2018 年電車工會的工作成績如下：

（一）增加車長用膳時間至 40 分鐘。

（二）提高特別節日（例如除夕、中秋節）夜更車長獎金。

（三）電車公司向退休續約車長發放「退休車長續約津貼」。

（四）公司發佈年終工作表現評級的評分準則和計算方法，以提高員工評分制度的透明度。

（五）改善電車公司醫療福利計劃。

總體而言，2018 年電車員工待遇有所改善；然而，電車車長薪酬仍處於偏低水平、車長的安全獎金及津貼仍然未撥入底薪、退休年齡未曾延長，因而尚需努力之處仍很多。未來一段時期，電車工會將繼續努力，就工友關心的權益議題與公司緊密協商，期望將來電車員工的薪酬待遇可以得到進一步的提升和改善。

八　近年會務發展概況

2015 年，香港電車職工會加入香港鐵路工會聯合會，成為其屬會。五年來，會務穩步發展。每年都會組織不同類型的活動，以加強與會員工友的聯繫。工會每年也會舉辦新春團拜、慶祝會慶聚餐、國慶盆菜聯歡、蛇宴聯歡等聯誼活動，又積極組織會員參與每年的工聯會五一大遊行；每季度又有鐵路金暉社長者生日會。而每逢區議會或立法會選舉將近，電車工會義工都會積極投入進行電話及街站拉票活動，呼籲電車選民投票支持工聯會。

2017 年，電車工會搬遷至西環和合街，工會在 1 月 7 日隆重舉行「慶祝工會成立九十七周年暨新會所啟用典禮」，一眾嘉賓及理事齊集新會所，歡聚一堂，共同見證西環會所啟用的歷史時刻。為了紀念西環會所啟用，工會特別訂造一批保溫瓶，在 1 月份親赴屈地街及筲箕灣電車站，將保溫瓶贈送給會員。

2017 年是香港回歸祖國 20 周年，工會開展了多場慶祝活動。5 月 21 日及 28 日連續兩個星期日，電車工會舉辦了「慶回歸二十周年深圳一天遊」，約有 100 多名會員參加。6 月底，電車工會參與了工聯會慶回歸 20 周年電車啟動禮。7 月 1 日回歸紀念日，工會理事及義工前往維園參觀「創科驅動成就夢想」科技展。7 月 8 日，為慶祝回歸 20 周年，中國第一艘航空母艦——遼寧艦訪港，本會理事又登上觀光船，遠眺觀賞遼寧艦的英姿。11 月，電車工會又參與工聯義工參觀昂船洲軍營的活動。

2018 年，工聯會成立 70 周年。電車工會積極響應工聯會的號召，組織理事和義工參與工聯會 70 周年會慶啟動禮、「同心創新」工聯會 70 周年會慶晚會、「工聯會 70 年團結創新天」義工高鐵之旅、鐵路工會聯合會慶祝工聯會 70 周年海上釣魚比賽等一系列慶祝活動。

電車工會近年亦會組織一眾理事赴內地參觀交流，讓大家親身體驗國家的現代化發展成就。工會在 2015 和 2017 年分別舉辦廣州及深圳有軌電車參觀團，與當地電車職工進行交流，理事們都感受到內地的交通運輸發展已愈趨現代化。另外，在 2018 年 11 月，本會理事會舉辦「慶祝港珠澳大橋通車珠海交流團」，理事們乘車經過港珠澳大橋前往珠海，然後參觀了珠海市內多處地點，深入了解改革開放 40 年以來珠海取得的發展成就。

電車工會多年來除了關注員工權益之外，同時也十分關心工友們的職業安全健康。工會自 2012 年起，每年夏季都會舉辦職安健推廣活動，提醒和關心工友預防中暑，又派發防中暑物品，包括精心挑選適用於開工的毛巾、

2018 年 4 月 10 日，工會理事及工作人
員訪問深圳市電車公司，參觀及交流。

水樽、冰涼巾等；其中2019年更破天荒派發防水袋，使他們可以即時得到物資預防中暑。這類貼心禮品，物輕情義重，獲得工友好評。另外，2018年11月7日，電車工會首次舉辦「午間鬆一鬆職安健講座」，邀請到工聯職安健協會為工友講解關於預防勞損的職安健知識。此外，每年12月電車工會亦會積極參與工聯職安健協會主辦的「漫步職安路」籌款活動，為職安健經濟援助籌款。

　　近年，工會在條件許可之下，略為增加了會員福利。例如所有會員均可免費獲得工聯會20萬平安保險保障；每年年底獲贈一本電車工會記事簿；新入會的司機均會獲贈車長名牌以及一份電車字軌時間表。2017年10月起，每位會員在其生日月份可獲得工會贈送的生日卡及餅券（價值港幣50元）。2018年12月，工會工作人員親赴屈地街總站及筲箕灣總站，向會員免費贈送一隻「邁向100周年」精美水杯，與各會員一同分享工會邁向100

2018年11月工會參觀港珠澳大橋。

周年的喜悅！

2019 年 5 月 7 日，香港電車職工會舉辦慶祝邁向 100 周年暨五一勞動節聯歡晚會。電車工會主席馮永誠先生、工聯會理事長黃國先生、立法會議員郭偉強先生、陸頌雄先生、香港鐵路工會聯合會主席林偉強先生、電車公司董事總經理敖思灝先生等嘉賓出席晚會。晚會有多場精彩的表演環節，以及抽出多份豐富獎品，使參加晚會的一眾嘉賓、理事、會員工友都盡興而歸。

九 2020 年展望未來

踏入 2020 年，全球爆發新型肺炎疫情，香港市面口罩供應一度非常短缺，可謂一罩難求。電車工會關心會員工友健康，遂在 2 月發起「存愛百年・齊心抗疫——口罩贈會員行動」，工會理事及義工親赴屈地街及西灣河電車廠向工友派發口罩，與會員工友齊心抗疫。

過去一個世紀，香港電車職工會歷經風浪，全憑一群熱心的工會前輩高舉愛國愛港旗幟，不為名利，兢兢業業，艱苦奮鬥，為電車工人打拼，從而獲得了電車從業員的擁護和愛戴。

電車工會自成立以來，以維護電車工人合理權益和改善工人職業生活、關注社會發展及參與社會事務、促進勞資關係、推動社會進步、推動本行業職業安全及健康為宗旨，全心全意為打工仔服務。多年來，工會在維護員工的職業生活、爭取勞工福利等方面，都可喜地取得佳績。

展望未來，工會必定繼續發揚電車前輩愛國愛港的優良傳統，團結一致維護電車工人權益，努力不懈地做好會務工作，使工會不斷發展，再創輝煌！

2012年開始，工會每年夏季都會向司機工友推廣職安健知識，同時會向工友派發精心挑選、有實用價值的防中暑物品。

2019 年香港電車職工會九十九周年聯歡晚會。

第三章

工會百年職員表及
大事記

一　由創會至 1959 年間主要負責人人名資料

1920 年競進會主要負責人	
主席	鎖春城
主要負責人	何耀全、郭鏡泉、簡週銓、白潔之、何哲民等等

1945 年存愛會復會主要負責人	
主席	朱敬文（原名姚振華）
副主席	歐陽少峰
財務	陳鈺藻、蕭堃鎏
文書	房子仁
組織	歐蘇
交際	李文猷
宣傳	劉法
福利	江漢生、黃嘯鶴
生活	歐陽少峰
學習	林春
服務	劉巨

1948 年存愛會主要負責人	
主席	朱敬文（原名姚振華。同時任第一屆港九勞工教育促進會主任、第一屆港九工會聯合會理事長）
副主席	劉法
秘書	歐陽少峰
財政	陳鈺藻
組織	梁偉中
交際	林瑞融
宣傳	房子仁
福利	陳耀材
康樂	官平
審核	陳泰
理事	李信、植展雲、梁全、江漢生、刁香
候補理事	陳飛、歐蘇、廖鏡枝、楊新

1950 年 1 月 30 日羅素街事件	
被遞解出境的電車工人	劉法、植展雲、官平、鍾麥明、曾志榮、陳悠、何永、朱永成、李文海
被捕的電車工人	房子仁、游子雲

1950-1951 年香港電車職工會主要負責人	
主席	陳耀材
副主席	楊雨田
秘書	房子仁
財政	陳鈺藻
組織	陳飛
交際	陳湛
宣教	李泩
福利	盧秋南
康樂	尹秋
審核	李賢
理事	凌雲程、黃清、劉培生、孫湛、楊本礎

1952 年被警方無理拘捕的電車工人
楊雨田、李賢、陳廣發、蘇華樂、藍慶、何兆、鄧佑、鄧國亨、黃生、周德、鄭超、關炳光、李振華、葉鋒、陳飛

1954 年莊式除人	（為第十三批，一次過除 31 人）
除人名單	陳耀材、張耀祖、廖昌、劉華興、楊光、陳金富、馮蘭、劉興華、梁華祥、羅兆沛、黎雄、蔡清、吳佩、吳晃、黎明、蔡金、張光、黎順寧、許榮琛、鄭新、歐陽彬、曾齊、鄭輝、鄭芬、李穎武、楊齊、文滿全、王桐楷、李潤志、黃滿、文日坤
因莊式除人而停工抗議時被藉故開除的電車工人	張勝、張文達、梁乃強
因莊式除人時期派發工會快訊被警方拘捕的電車工人	蔡清、吳晃、黎博倫、張耀祖、廖元、林寧、王滿華

第三十八屆理事（1957 年）	
會長	陳耀材（同時任第一屆港九工會聯合會會長）
主席	劉和
副主席	陳妹、黃康
秘書	鄒貴章
財政	譚方炎
組織	鄧全
宣教	呂文基
交際	鄧文
福利	黎梧
副福利	于錫坤
康樂	謝志
審核	袁炳
候補理事	劉景、陳高、謝松

二　早期核心人物簡介

1. 何耀全（1897—1927）

· 1920 年香港電車競進工會創會負責人。

· 1922 年香港發動海員大罷工。何耀全積極發動
電車工人舉行同情罷工，聲援海員的反帝鬥爭。

· 1925 年參與省港大罷工，當選為中華全國總工
會省港罷工委員會副委員長、其後當選為中華
全國總工會首屆執行委員會委員、香港總工會
第一次代表大會第一屆執委會委員。

· 1926 年何耀全當選為中華全國總工會第二屆執
委會常務委員。

2. 朱敬文（原名姚振華）（1918—1966）

· 1946 年港九勞工教育促進會第一屆主任。
· 1948 年至 1949 年，港九工會聯合會第一屆理
　事長。

3. 陳耀材（1901—1988）

· 1931 年電車公司營業部華員職工存愛會創會負
　責人。
· 1951 年至 1953 年，港九工會聯合會副理事
　長。
· 1954 年至 1957 年，港九工會聯合會理事長。
· 1957 年至 1980 年，港九工會聯合會會長。
· 1984 年至 1988 年，港九工會聯合會顧問。
· 第五屆全國政協委員。

4. 楊光（1926—2015）

· 1959 年至 1961 年，港九工會聯合會副理事長。
· 1962 年至 1979 年，港九工會聯合會理事長。
· 1980 年至 1988 年，港九工會聯合會會長。
· 1989 年至 2015 年，香港工會聯合會顧問。
· 1975 年至 1988 年，第四、五、六屆港區全國
　人大代表。
· 1988 年至 2002 年，第七、八、九屆全國政協
　委員。
· 第一屆香港特別行政區政府推選委員會委員。
· 2001 年獲頒大紫荊勳章。

5. 陳衡（陳士衡）（1932—1986）

- 陳衡於華僑中學畢業後，即到香港電車職工會任職書記，任內經歷了工會與資方鬥爭最多、工會發展較快，同時也是工運最困難的時期。在電車公司「莊式除人」過程中，公司一批一批有針對性地開除工會積極工友，工會卻一批又一批有新的理事頂上。陳書記在處理工會理事被莊士頓十三批除人的過程中，長期連夜開會作出部署，發揮了中流砥柱作用。

- 在 1967 年反英抗暴中，電車工會又一次受到衝擊。陳書記在工會會員重建及培養工運積極分子方面，又一次發揮迎難而上的精神，並利用互助部拆樓收購補償的好時機，運用被收購的資金，購置了東南大廈新會所，使日後工會在物業增值中奠定了經濟基礎。

- 可惜，陳書記在長期勞累中於 1986 年因肝病逝世。工會同人、工友一齊在喪禮中，親到靈堂向工會的「好書記」告別。在長長隊伍中，彼此都感受到陳書記依然跟大家同在，鼓勵大家團結在工會的旗幟下，在工運征途上一起繼續走下去。

三　由 1960 年至今理事會名單

第四十屆理事（1960 年）	
會長	陳耀材（同時任港九工會聯合會會長）
主席	劉和
副主席	陳妹、林金陵
秘書	葉紹榮
財政	黎梧
組織	于錫坤
交際	蔡齊
宣教	廖富友
福利	林妹
副福利	鄭榮
康樂	謝志
審核	王汝波
候補理事	劉景、譚方炎、祝科

工會職員（書記）：陳衡、黎博倫

第四十一屆理事（1961 年）	
會長	陳耀材（同時任港九工會聯合會會長）
主席	劉和
副主席	陳妹、林金陵
秘書	葉紹榮
財政	黎梧
組織	于錫坤
交際	蔡齊
宣教	廖富友
福利	林妹
副福利	鄭榮
康樂	謝志
審核	王汝波
候補理事	劉景、譚方炎

工會職員（書記）：陳衡、黎博倫

第四十二屆至四十四屆理事（1962-1964年）	
會長	陳耀材（同時任港九工會聯合會會長）
主席	劉和
副主席	陳妹、林金陵
秘書	葉紹榮
財政	黎梧
組織	于錫坤
交際	蔡齊
宣教	廖富友
福利	鄭榮
康樂	謝志
審核	王汝波
候補理事	劉景、譚方炎

工會職員（書記）：陳衡、黎博倫

第四十五屆至四十七屆理事（1965-1967年）	
會長	陳耀材（同時任港九工會聯合會會長）
主席	劉和
副主席	陳妹、林金陵
秘書	陳樹財
財政	黎梧
組織	鄭榮
交際	黃雄
宣教	廖富友
福利	蔡齊
副福利	馮汾
康樂	謝廣祥
審核	王汝波
候補理事	謝沛松、黃浩源

工會職員（書記）：陳衡、黎博倫

第四十八屆理事（1968 年）	
會長	陳耀材（同時任港九工會聯合會會長）
主席	劉和
副主席	陳妹、林金陵
秘書	陳樹財
財政	黎梧
組織	鄭榮
宣教	廖富友
福利	蔡齊
副福利	馮汾
康樂	謝廣祥
審核	王汝波
候補理事	謝沛松、黃浩源

工會職員（書記）：陳衡、黎博倫

第四十九屆理事（1969 年）	
會長	陳耀材（同時任港九工會聯合會會長）
主席	劉和
副主席	陳妹、林金陵
秘書	陳樹財
財政	黎梧
組織	鄭榮
宣教	廖富友
福利	蔡齊
副福利	馮汾
康樂	謝廣祥
審核	王汝波

工會職員（書記）：陳衡、黎博倫

第五十屆至五十四屆理事（1970-1974 年）	
會長	陳耀材（同時任港九工會聯合會會長）
主席	陳勝雄
副主席	陳銳然
秘書	鄭庭慰
財政	何志堅
組織	羅振鈞
宣教	陳銳然
福利	李福
審核	王汝波

工會職員（書記）：陳衡、黎博倫

第五十五屆理事（1975 年）	
會長	陳耀材（同時任港九工會聯合會會長）
主席	陳勝雄
副主席	陳銳然
秘書	何帶勝
財政	沈春生
組織	李福
宣教	何帶勝
福利	郭容
康樂	梁榮昌
審核	王汝波

工會職員（書記）：陳衡、黎博倫

第五十六屆理事（1976 年）	
會長	陳耀材（同時任港九工會聯合會會長）
主席	陳勝雄
副主席	陳銳然
秘書	何帶勝
財政	沈春生

（續上表）

組織	袁聯穩
宣教	何帶勝
福利	梁啟通
康樂	梁榮昌
審核	王汝波

工會職員（書記）：陳衡、黎博倫

第五十七屆理事（1977 年）	
會長	陳耀材（同時任港九工會聯合會會長）
主席	陳勝雄
副主席	陳銳然
秘書	何帶勝
財政	沈春生
組織	袁聯穩
宣教	何帶勝
康樂	梁榮昌
審核	王汝波

工會職員（書記）：陳衡、黎博倫

第五十八屆理事（1978 年）	
會長	陳耀材（同時任港九工會聯合會會長）
主席	何帶勝
副主席	鄒蘇興
秘書	鄒蘇興
財政	陳柏森
組織	羅振鈞
宣教	何志堅
福利	張志球
康樂	周貴成
審核	王汝波

工會職員（書記）：陳衡、黎博倫

第五十九屆理事（1979年）	
會長	陳耀材（同時任港九工會聯合會會長）
主席	何帶勝
副主席	鄒蘇興
秘書	黃渭明
財政	陳柏森
組織	羅振鈞
宣教	何志堅
福利	鄒蘇興
康樂	周貴成
審核	王汝波

工會職員（書記）：陳衡、黎博倫

第六十屆理事（1980-1981年）	
會長	陳耀材（同時任港九工會聯合會會長）
主席	何帶勝
副主席	鄒蘇興
秘書	鄒蘇興
財政	陳柏森
組織	羅振鈞
宣教	何志堅
福利	張志球
康樂	周貴成
審核	王汝波
候補理事	陳廣達、候瑞

工會職員（書記）：陳衡、黎博倫

第六十一屆理事（1982-1983年）	
會長	陳耀材
主席	何帶勝
副主席	鄒蘇興

（續上表）

秘書	鄒蘇興
財政	陳柏森
組織	羅振鈞
宣教	何志堅
福利	張志球
康樂	周貴成
審核	王汝波

工會職員（書記）：陳衡、黎博倫

第六十二屆理事（1984-1985 年）	
會長	陳耀材（同時任港九工會聯合會顧問）
主席	何帶勝
副主席	鄒蘇興
秘書	鄒蘇興
財政	陳柏森
組織	羅振鈞
宣教	何志堅
福利	張志球
康樂	周貴成
審核	王汝波

工會職員（書記）：陳衡、黎博倫

第六十三屆理事（1986-1987 年）	
會長	陳耀材（同時任香港工會聯合會顧問）
主席	何帶勝
副主席	鄒蘇興
秘書	鄒蘇興
財政	陳柏森
組織	羅振鈞
宣教	何志堅
福利	周貴成

（續上表）

康樂	張志球
審核	王汝波
候補理事	任明、陳廣達

工會職員（書記）：陳衡、黎博倫

第六十四屆理事（1988-1989 年）	
會長	陳耀材（同時任香港工會聯合會顧問）
主席	何帶勝
副主席	鄒蘇興
秘書	蘇基
財政	陳柏森
組織	羅振鈞
宣教	何志堅
福利	鄒蘇興
康樂	張志球
審核	王汝波
候補理事	周貴成、陳廣達

工會職員（書記）：黎博倫

第六十五屆理事（1990-1991 年）	
會長	楊光（同時任香港工會聯合會顧問）
主席	何帶勝
副主席	蘇基
秘書	蘇基
財政	陳柏森
組織	羅振鈞
宣教	張志球
福利	鄒蘇興
康樂	葉慶財
審核	王汝波

（續上表）

| 候補理事 | 麥明基、周貴成 |

工會職員（書記）：黎博倫、何帶勝

第六十六屆理事（1992-1993 年）	
會長	楊光（同時任香港工會聯合會顧問）
主席	葉慶財
副主席	張志球
秘書	麥明基
財政	劉德堅
組織	羅振鈞
宣教	譚鴻偉
福利	周貴成
康樂	麥明基
審核	王汝波

工會職員（書記）：陳清

第六十七屆理事（1994-1995 年）	
會長	楊光（同時任香港工會聯合會顧問）
主席	羅振鈞
副主席	譚鴻偉
秘書	宋啟仁
財政	劉德堅
組織	陳澤黎
宣教	麥明基
福利	陳樹倫
康樂	張志球
審核	王汝波
候補理事	江錦文

工會職員（書記）：陳清

第六十八屆理事（1996-1997 年）	
名譽會長	林金陵
主席	羅振鈞
副主席	譚鴻偉
秘書	宋啟仁
財政	劉德堅
組織	陳澤黎
宣教	陳樹倫
福利	江錦文
康樂	江錦文
審核	王汝波
候補理事	吳日鈞、翟達章

工會職員（秘書）：陳清、何志堅

第六十九屆理事（1998-1999 年）	
名譽會長	林金陵
主席	羅振鈞
副主席	譚鴻偉
秘書	宋啟仁
財政	劉德堅
組織	陳澤黎
交際	潘有佳
宣教	翟達章
福利	黎觀福
康樂	郭廣寧
審核	王汝波
候補理事	陳樹倫、吳日鈞

工會職員（秘書）：何志堅

第七十屆理事（2000-2001 年）	
名譽會長	林金陵
主席	宋啟仁
副主席	譚鴻偉
秘書	江錦文
財政	劉德堅
組織	陳澤黎
交際	陳香海
宣教	潘有佳
福利	黃天恩
康樂	吳日鈞
審核	蘇基
候補理事	張世榮、翟達章

工會職員（秘書）：何志堅

第七十一屆理事（2002-2003 年）	
名譽會長	林金陵
主席	宋啟仁
副主席	譚鴻偉
秘書	江錦文
財政	劉德堅
組織	張世榮
交際	陳香海
宣教	潘有佳
福利	黃天恩
康樂	吳日鈞
審核	蘇基
候補理事	林保成、陳樂

工會職員（秘書）：何志堅

第七十二屆理事（2004-2005年）	
名譽會長	林金陵
主席	宋啟仁
副主席	黃天恩
秘書	陳香海
財政	劉德堅
組織	潘有佳
交際	張世榮
宣教	林保成
福利	譚鴻偉
康樂	江錦文
審核	蘇基
候補理事	羅灝祥、鄭寶光

工會職員（秘書）：何志堅

第七十三屆理事（2006-2007年）	
名譽會長	林金陵
主席	林保成
副主席	江錦文
秘書	陳香海
財政	劉德堅
組織	羅灝祥
交際	張世榮
宣教	宋啟仁
福利	柯澄川
康樂	黃天恩
審核	蘇基
候補理事	潘有佳、錢劍忠

工會職員（秘書）：何志堅

第七十四屆理事（2008-2009 年）	
名譽會長	林金陵
主席	林保成
副主席	江錦文
秘書	陳香海
財政	劉德堅
組織	羅灝祥
交際	張世榮
宣教	李文昌
福利	梁國全
康樂	孫滿成
審核	蘇基
候補理事	陳樂、梁學鵬

工會職員（秘書）：何志堅、李文昌

第七十五屆理事（2010-2011 年）	
名譽會長	何志堅
主席	林保成
副主席	江錦文
秘書	陳香海
財政	孫滿成
組織	梁國全
宣教	林植
福利	劉德堅
康樂	梁學鵬
公關	池星榮
審核	蘇基

工會職員（秘書）：李文昌、黃瑋琛

第七十六屆理事（2012-2014 年）	
名譽會長	何志堅
主席	林保成
副主席	江錦文、葉永勝
秘書	梁國全
財政	孫滿成
組織	柯澄川
宣教	林植
福利	余家豪
權益	劉汝君
康樂	袁康寧
公關	袁康寧
審核	蘇基
候補理事	王振龍、何敏城

工會職員（秘書）：李文昌、黃瑋琛

第七十七屆理事（2015-2017 年）	
名譽會長	何志堅
主席	江錦文
副主席	梁國全、葉永勝
秘書	王振龍
財政	林植
組織	孫滿成
宣教	余家豪
福利	梁學鵬
權益	馮永誠
康樂	羅劍國
公關	鄭寶光
審核	蘇基
候補理事	李錦安、曾火團

工會職員（秘書）：黃瑋琛、林犨耀

第七十八屆理事（2018-2020 年）	
名譽會長	何志堅
主席	馮永誠
副主席	葉永勝、余家豪
秘書	梁學鵬
財政	林植
組織	黃偉傑
宣教	黎言信
福利	梁國威
權益	林偉群
康樂	李洪昌
公關	何偉權
審核	蘇基
會務顧問	李文昌、林保成、江錦文
候補理事	李錦安、駱繼明

工會職員（秘書）：林韡耀

1920-1921 年	電車工友響應「香港華人機器總工會」要求改善待遇鬥爭後，發動成立「香港電車競進工會」。
1922 年	香港發生「海員大罷工」，何耀全積極發動電車工人舉行同情罷工，聲援海員反帝鬥爭。
1925 年	參與省港大罷工，代表電車工會的何耀全擔任中華全國總工會省港罷工委員會副委員長。
1930 年	組織「營業部慈善會」。
1931 年	成立「香港電車公司營業部華員職工存愛學會」。
1937 年	日本侵華發動「七七」事變，存愛會號召電車營業部全體工友組織了「香港電車公司營業部同人救災會」，舉行長期捐薪，購買公債，進行救災和慰勞工作。
1941-1945 年	日軍侵略香港，存愛會率領電車工友冒險維持市面交通，進行救傷工作，又派出代表向日寇交涉，要求維持留港工人的生活，期間工會會務陷入停頓。
1945 年 8-9 月	日軍戰敗投降，工會會務恢復，組織了「復員委員會」，為電車工友辦理復員工作，成功爭取恢復待遇。
1946 年	1月，存愛會改稱「香港電車公司華員職工存愛會」。9月，聯合各友會成立「港九勞工子弟教育促進會」，籌辦勞工子弟學校，解決就學問題。
1947 年	聯合五大公共事業（電車、煤氣、電話、電燈、中華電力）工友，共同提出加薪要求，取得勝利。
1948 年	4月，存愛會與另外 21 間工會聯合成立「港九工會聯合會」（工聯會）。9月，存愛會改稱「香港電車職工會」，此名稱沿用至今。
1949 年	10 月 1 日，中華人民共和國成立，五星紅旗首次在電車工會會所高高飄揚，當晚舉行了「全廠工友狂歡晚會」慶祝新中國誕生。年底，電車工人要求增加津貼但未得到回應，12 月 24 日工會發動四天怠工行動，其後資方關廠停工 44 天，掀起了為期 48 天的電車工人「反飢餓、反壓迫」抗爭。
1950 年	1 月 30 日晚上，「慰問被壓迫電車工友大會」在電車工會羅素街會所天台舉行，警方用武器對付及毆打工人，導致 30 多名電車工人流血受傷，史稱「羅素街血案」。翌日港英政府封鎖工會，拘捕工會領袖多人，工會正、副主席和另外 7 名工友 2 月 1 日被遞解出境。
1951 年	電車公司片面撕毀勞資協約，制訂剝削工人的新例，引發護約及保障生活鬥爭。
1952-1954 年	莊士頓擔任電車公司總經理，為鎮壓愛國工會力量，1952-1954 兩年間大批開除電車工人，史稱「莊士頓式除人事件」。

1954 年	7 月 1 日，莊士頓作出第十三批開除電車工人行動，人數多達 31 名，工會要求與莊士頓談判但被拒絕，由此掀起長達一年多的「反莊式除人抗爭」。
1955 年	3 月，工會開設「電車工友生活互助部」。8 月，工會為電車勞資糾紛拖延未決以及七位工友被控告判罪事件，發表抗議聲明。
1957 年	電車公司重新推出《新例》，再次掀起護約及維護職業生活利益鬥爭。
1962 年	工會會所搬遷至灣仔寶靈頓道。
1963 年	兩度致函電車公司要求全廠工友加薪至每日 1 元 4 角。
1964 年	成立「電車工人維護生活利益委員會」，就反對電車公司修改工人退休金辦法進行抗爭。
1965 年	成立「電車工人要求加薪委員會」，要求加薪至每日 1 元 6 角。
1967 年	「六七事件」爆發，電車工會與各行業工人一同舉行罷工，開展了轟轟烈烈的反英抗暴鬥爭。
1971 年	成功爭取電車工人每日加底薪 8 毫、津貼加 1 元。
1977 年	工會會所搬遷至銅鑼灣軒尼詩道東南大廈。 電車公司推行一人控制電車，開除售票員，工會與公司進行交涉，成功爭取部分工友轉做司機，其他被除工友取得更多補償。
1984 年	就反對電車公司苛例及濫罰司機進行交涉。
1985 年	電車工會與中電、港燈、電話、煤氣工會組成「香港公共事業工會聯合會」。
1996 年	就電車公司首次推出員工評分制度的問題與公司商談。 電車工會與天星、隧道、九倉工會組織「九龍倉集團工會聯席會議」。
1997 年	7 月 1 日，香港回歸祖國，工會舉辦慶祝回歸活動。8 月，就電車公司改變員工薪酬制度與公司商談。11 月，成功爭取電車車長有食飯時間。
1999 年	成立「香港電車員工要求加薪委員會」，舉辦多場座談會，要求增加電車員工底薪。 首次印製「電車各路線字軌時間表」小冊子，深受會員歡迎。
2000 年	工會會所遷回灣仔寶靈頓道。
2003 年	就反對電車公司限制車長換車及換假進行交涉。
2004 年	就反對電車公司無理解僱電車工友進行交涉。
2007 年	成功爭取增加電車員工底薪，以及將假日薪酬差額同時在雙糧發放。
2008 年	為四川地震受災同胞籌款。
2009 年	法國企業收購電車公司，工會對股權變動表達關注。
2010 年	5 月，抗議廠內工程部員工要兼任街外工程部工作。7 月，抗議電車公司推行新行車時間表，大幅增加車長工時。

2012 年	抗議電車公司對新舊制員工同工不同酬。 首次舉辦「職業司機健康推廣活動」。
2014 年	抗議「佔中」阻路令電車停駛。
2015 年	發起「保衛電車路」行動,反對取消中環電車路段。 加入「香港鐵路工會聯合會」成為屬會。
2017 年	工會會所搬遷至西環和合街。 參與慶祝香港回歸祖國 20 周年「工聯號」電車啟動禮。
2018 年	參與工聯會成立 70 周年慶祝活動。 成功爭取電車公司向車長補發超強颱風山竹襲港當日底薪。
2019 年	舉辦慶祝香港電車職工會邁向 100 周年聯歡晚會。 成立「百周年會慶籌備委員會」。
2020 年	慶祝香港電車職工會成立 100 周年。

2010 年工會新春團拜。

電車工會九十周年會慶。時為 2010 年。

歷史
檔案

1997 年慶祝
香港回歸，工會負責人一起切蛋糕。

1970 年代，苛例未止

已經是 1970 年代了，但電車行業的規矩及工作情況，仍然十分不「人道」。用今天時髦的字眼去描述，是工人無基本人權可言——上廁所及吃飯的時間都沒有。值得注意的是，這不是一天半天的事，而是天天如此的「職業」環境。

戀殖及美化老香港生活者，該好好看看歷史。

苛例令人歎觀止

大勵

電車公司年年賺大錢，壓迫工人苛例知多少？

一個司機一年以內，超過兩次交通意外就要受警告。即使稍為微碰花車身，亦列為交通意外。還有奇怪的事情在後頭。如果所揸之老爺電車入廠次數多也要「飲杯」（意即要受責罵，甚至停工、扣工資）。因為該公司說，一百六十二輛電車全部是好的，不妥的只是司機自己。更妙的是，有些司機已經揸了幾年電車，卻還要因此「深造」（重新學揸電車）。

有時候，交通指導員的疏忽，造成電車發生意外，責任又推在工人身上。曾經有一架東行電車，行至半途車掣唔妥，工人到筲箕灣總站報告站長，站長叫工人攪「回廠」牌，「回廠」車有例要載客（如果攪私用牌不用載客），由於載客多，加重負擔，電車行至北角新園附近手掣失靈，釀成五車連環相撞事件。事後公司竟要司機擔起責任。

別以為售票咁簡單，如果在分段漏記票數或記錯數等，即使與公司收入無損的事也要「飲杯」。電車公司既無售票標準，卻往往責怪工人賣票少。工人氣憤地說：「難道要我們落車去拉人搭車嗎？」賣票少要「飲杯」，可是賣得多也要被問話。

司機及售票員到總站，本有四分鐘休息。但是，只要管理交通的指導員一打出「去」字訊號燈，就要繼續工作。好多時連去廁所都冇時間，四分鐘根本就係縮水嘅。

電車公司沒有規定時間讓員工吃飯，公司說員工在車上吃飯實屬不雅。當然在車上吃飯是會影響乘客安全，但是司機等人在車上不停工作

八、九小時，不能不在吃飯時間吃點東西。只好買兩個麵包在停車上落搭客時咬一、二口。工友們說他們想不吃「西餐」也不行啊。

　　以拖車的售票員來說，她們要售票，開閘，有些時候在車尾售票，乘客擠迫，來不及到車頭開閘，就要「飲杯」，或有時候人擠，一部分人在車尾未買票，而售票員在車頭忙於開閘，售票員擠不進去。又要「飲杯」。

　　電車公司的苛例可謂令人「大開眼界」了。

資料來源：《文匯報》，1977年2月14日。

☑ 閱讀資料 4.2：

易手後的電車公司福利未見變好

福利待遇　得個講字

陳駿

　　香港電車公司福利「一流」。有年假、病假、女工還有產假、睇醫生入醫院唔駛錢，表面都唔錯，但係想落還有折扣。

　　先講吓病假。原來醫生給假要視乎公司行政需要而限制，並非根據病人病情而定，每天指定人數，滿額見遺。若然工人病了，可到公司醫療室「問病」，並非睇病，醫生的開場白必是「你有乜唔妥嘛？」病人還沒有把病情說完，醫生已把藥方寫好，連把脈聽診也省去。「你冇乜事嘅，食咗藥就開工啦。」說完這句，病人只有離開。想請假嗎？下午返嚟再講。有時候病人確辛苦了，公司就發給「輕工」。所謂「輕工」，其實並不輕。有位工友患了感冒，公司「照顧」，派他到舊京華戲院附近做維持秩序。行行企企，看來寫意，實際上一企就是八小時，呼吸着來往的汽車噴出的廢氣及捲起的灰塵。無病無痛也不易頂，何況一個病人。結果只有加重病情。何「輕」之有？

　　有些工友肚痛，沒有得到假期，只好繼續工作。有些腸胃不好，實在頂不了，結果糞便撒在褲內。

　　一次，一位工友扭傷了手。被送入醫院，醫生批准他休息十二天。他回到公司，只准了一星期，先來個「五折」。過了二天，還要返公司做輕

工。這樣十二天的假期，就只能是兩天。電車工人身體不適，而公司強迫開工，在車上昏倒，甚至病情惡化而逝世，也有多位工友。

「女工有產假，可以停薪留職。」聽落就幾好，點知實際就有麻煩。一位女工腹大便便，想休產假，公司問有甚麼證明。她的腹部隆起不是證明，難道她「生蟲脹」嗎？後來這位女工拿出贊育醫院證明，怎料公司說「這張證明是給你的，不是給公司。」「我有仔還是公司有仔？」工友反問。「……」公司無言以對，雖然公司方面理虧，這位工友也沒有得到「優待」。

在近年，電車公司要所有女工簽定同意書，在懷孕五個月以後，要自動離職，產後，公司優先錄用。難道，這就是「停薪留職」？！

講到入醫院唔駛錢，不如講工人住醫院的權利被公司掌握罷了。年前，一名姓黃的站長，患了重病，公司批准入醫院，但醫生表示很難醫治，有人要黃站長出院治療，但病情再惡化，他要求重新入院卻不被批准，結果自己找醫生，因一拖延，黃站長就病死了。另一名工友急病，自

1970 年代香港電車工會辦的大食會，
讓工友有聯誼的機會。

己入了東華東院，但資方卻對工人囉嗦，表示公司沒有同該醫院掛鈎。

電車公司吹噓福利「一流」，原來內有文章。

資料來源：《文匯報》，1977 年 2 月 14 日。

☑ 閱讀資料 4.3：

「一人電車」實施初期的情況

「一人電車」苦了司機

電車公司實行「一人電車」制，這項「貢獻」已實施多月，這種「一人電車」也和普通電車一樣，由車尾上，車頭落。在車尾安裝了轉動器，乘客必須一個一個地通過此關卡，進入車廂內，車費則在下車時付，乘客把錢投入設在司機位旁邊的錢箱內。

這種「一人電車」，對乘客諸多不便。每當擠迫時，乘客通過轉動器時前面搭客還沒有進入車廂內，後面的搭客又要上車了。乘客容易受傷。攜帶重物者、老弱婦孺更感不便，事故常因此發生，「一人電車」的司機麻煩就更多了。電車司機本來分內工作只是駕駛電車，但「一人電車」的司機，工作一下子就增加了收錢、要照顧乘客上落、攬車牌、收工時還要關掉全車幾十個窗，有意外還要自己一手一腳處理，疲於奔命。司機不能全神貫注地留意路面交通及駕駛，而要兼任售票員的工作，電車一到總站，顧得了下車乘客入錢，又顧不了上車乘客，更顧不了攬牌，除增加勞動強度以外，還增加司機的精神負擔。一日緊張八、九小時，精神不分裂才怪呢！電車公司此舉其實是漠視搭客安全！

在電車行進中，突然發生故障，電車要改道，必須重新搭線，迅速恢復行走，以免妨礙交通。如果有售票員幫手，司機可以下車攔截其他汽車讓售票員把電竿繞半周搭過另一道電線，大家合力解決事故，爭分奪秒，既可不阻礙交通，又可保障售票員安全。即使如此，去年，曾有司機截車時也被貨車撞倒。可想而知，「一人電車」的司機在如此繁忙交通情況下，如遇故障，旁無援手，出事機會就更多，司機和乘客安全可慮！

「一人電車」在落車才收錢，這種設計造成司機和乘客的麻煩，不少乘

客匆匆上車，下車時才發覺沒有輔幣。急於下車，而其他乘客也沒有找贖怎麼辦？司機收少了錢要被問話，乘客多不願平白多花車錢，司機和乘客矛盾就容易產生。

電車公司慳回三百個售票員的薪金，一年就慳回三百六十萬元。而司機一人兼兩職，每日只增加一元工資，電車公司可謂「縮骨」了。

資料來源：《文匯報》，1977 年 2 月 14 日。

☑ 閱讀資料 4.4：

香港電車公司戰後至 1975 年以來業務及盈利狀況摘錄

香港電車公司戰後以來業務及盈利狀況摘錄

香港電車公司戰後以來業務及盈利狀況摘錄					（香港電車職工會根據公司董事局年報整理供稿）
年度	電車數目	實際行走車輛	搭客人數（人次）	每年純利	備註
1946	60	57	五千六百六十萬人	二百二十七萬三千三百五十九元	在工人努力搶修下，從 1945 年底的 15 輛電車修復至 60 輛。
1948	103	96	八千七百九十萬人	三百七十萬零一百五十八元	是年電車公司戰後大發展，工人增至 1,850 人。
1952	126	117	一億三千三百一十八萬七千人	四百六十七萬零六十四元	電車公司利潤大增，為追求暴利，這兩年間把全部電車改裝風閘，大批開除 184 人，此外還製造藉口，陸續除人，工人只剩下 1,400 多人。
1954	131	120	一億四千一百六十一萬三千人	五百一十萬零一十六元	
1963	159	147	一億九千零九十萬人	八百九十七萬零二百七十七元	－
1964	162	149	一億八千二百四十五萬四千人	八百三十一萬八千七百九十三元	利潤連年躍增下，公司卻大規模剝奪工人血汗錢──公積金。

1972	162	156	–	一千零四萬元	改一人售票，減少了300多售票員，一年慳回280萬元。此外，還增加電車收費，一律二角。
1974	162	156	–	一千零四萬元	
1975	162	156	–	–	車費加至每人三角，但服務並未有改善，車廂漏水、機件故障等頻頻發生。

資料來源：《文匯報》，1977年2月14日。

☑ 閱讀資料 4.5：

職工會五十二年大事記

職工會五十二年大事記

　　我們電車職工會的五十二年，就是愛國團結、爭取維護工人利益、舉辦工友集體福利的五十二年。職工會是我們電車工人團結的旗幟。當我們回顧工會歷史的時候，就更加熱愛工會，加強我們的信心，在大好形勢下進一步團結起來，為愛國反帝事業和爭取維護工人利益而努力奮鬥。

——秘書處——

　　（一）一九〇四年，香港電車開始行駛的時候，營業部工友為解決食宿的困難，及得到休息和交談的地方，在堅拿道西七號組織了一個宿舍，叫做「七號館」，這是電車工人組織的雛型。
　　（二）一九二〇年，在全體工友的團結下，組織了「香港電車競進會」。這時期為解決工友的困難，向資方提出加薪、發花紅、取消苛例，改善勞動條件等九項要求，在競進會的領導和工友團結下，經勞資雙方代表商談解決。
　　（三）一九二五年，帝國主義製造的「五・卅」慘案，香港工人激於民族義憤，掀起香港大罷工。工會帶領全體工友罷工，返回廣州。我們的

工友以最大的愛國革命熱情，參加了北伐後方的宣傳、運輸和糾察工作。一九二七年四月，由於蔣介石的背叛革命，投靠帝國主義，解散「省港罷工委員會」，殘酷地屠殺工農，使全國進入黑暗時期。當時，電車工友何耀全（競進會副主席，省港罷工委員會執行委員）、譚其英（競進會宣傳部長、省港罷工委員會宣傳部幹事）等亦遭蔣介石殺害。這時香港工人運動也陷入低潮。

（四）一九三〇年，工友們不屈不撓，幾經艱苦組織了營業部慈善會，舉辦了疾病互助及照顧仙遊工友家屬等福利工作。

（五）一九三一年，在「慈善會」的基礎上成立了「香港電車公司營業部華員職工存愛學會」（一九三七年刪去「學」字），舉辦文化康樂活動及失業互助等福利工作，並向資方爭取到每月一天有薪假期。

（六）一九三七年，舉辦工人子弟義學。同年抗日戰爭爆發，我會組織工友進行慰勞前線抗日戰士等抗日救國工作。

（七）一九四一年，要求資方儲備大批糧食，以備戰時之需，並加薪一成，得到解決。日寇侵港時，工友們在槍林彈雨下冒險照顧交通（當時的一八一號梁強工友不幸在車上被彈片削去頭顱致死）並擔任救護工作。

（八）一九四五年，日寇投降後，會務恢復，選出臨時理事會，向資方提出：復用一九四一年（戰前）工友，發給戰時酬勞金，承認戰前之保證金及各種待遇並加發生活津貼，負責維持復員報到的工友之臨時伙食等要求，獲得解決。

（九）一九四六年一月，把會名改為「香港電車公司華員職工存愛會」，刪去「營業部」三字，從此成為全廠性的工會。同年六月，在工友團結下，向資方爭取有薪病假、喪事津貼、每年十八天有薪例假、退職金等（當時簽訂了勞資協約）。同年，聯合各友會成立「港九勞工教育促進會」，創辦勞工子弟學校，解決子弟就學問題。

（十）一九四七年九月，以工資趕不上物價，聯合電燈、電話、中華電力、煤氣等五大公共事業工會提出加薪要求，得到勝利。

（十一）一九四八年四月，本會與廿一間工會一起，成立港九工會聯合會。從此，港九工人有了自己大團結的組織。同年九月，工會正名為「香港電車職工會」。

（十二）一九四九年十月一日，毛主席領導的人民革命勝利，全國解放，中華人民共和國成立，中國人民從此站起來了，本會即掛起五星國旗，在工友中掀起了愛國熱潮。同年年底物價高漲，生活困難，向資方提

出改善待遇要求，資方關廠四十四天，警方無理封閉工會會所，工友們堅持鬥爭四十八天，結果勝利復工、復會，並得到：增加特別津貼每天一元，年底發雙薪雙津，增加死亡撫恤，提高學徒薪金。

（十三）一九五〇年六月，工友們舉辦了服務部。

（十四）一九五一年十月，資方片面撕毀勞資協約，並片面制訂慘剝工人的新例，工友們進行護約及保障生活鬥爭。

（十五）一九五四年，電車資方莊士頓橫蠻無理大批除人，工友們團結起來，在工會領導下，進行保障職業生活鬥爭，二十萬工人同胞簽名支持，阻遏了莊士頓式無理大批除人陰謀，粉碎美蔣分子出賣工人利益的卑劣勾當，增強了工友的團結。

（十六）一九五五年三月，舉辦了電車工友生活互助部（鵝頸橋登龍街四十五號地下）。

（十七）一九五七年三月，資方重新公佈新例，工友們進行維護職業生活利益的鬥爭。

（十八）一九六〇年及一九六三年，由於物價飛漲，生活困難，全體工友兩次向資方爭取得加薪。

（十九）一九六一年十一月，依靠全體工友的團結努力，捐款購買了寶靈頓道十三號二樓為會所，從此我們電車工人有了自置的會所。

（二十）一九六四年，資方無理剝奪工友退休金（即公積金），工友進行維護生活利益的鬥爭。

（二十一）一九六五年十月，全體工友向資方要求加薪，取得成就。

（二十二）一九六七年六月，為維護民族尊嚴，捍衛毛澤東思想，電車工人和各業工人舉行大罷工，和愛國同胞一道開展了轟轟烈烈的反英抗暴鬥爭，取得了重大勝利。

（二十三）一九六八年，支持工友們的加薪要求。

（二十四）一九七一年三月，向資方提出加薪要求，結果得到每日加底薪八毫、津貼一元。

資料來源：《電車工人・香港電車職工會五十二周年紀念特刊》（非賣品），1972 年 1 月 29 日，第一版。

1989 年羅素街車廠拆卸前照片。

 歲月痕跡 4.1：

電車緊隨巴士的經營方式，改為一人制

> **導讀資料** 變一人車之後，公司便可省回大量人手，盈利即時上升。然而減了人手，工作還在，其實是將一切轉嫁到司機身上。無疑資方有因而調高司機的薪金，卻未必見得是合理的調整。司機的工作比從前辛苦，卻是可以肯定的。

時日無多　搏命刮削

日前，電車公司貼出通告，聲言將會解僱三百多名售票員，實行向巴士看齊，搞電車一人世界，讓乘客「享受」一下自助餐的滋味。以下是年逾古稀，已近風燭殘年的電車和巴士兩兄弟的一段對話。

巴士：喂，老兄，何以你又要實施「一人電車」呢？

電車：老弟，從你實施一人巴士以來，賺到盆滿砵滿，收入直線上升，所以為兄不得不向老弟借鏡借鏡，雖然為兄年紀大些，但多吃角子絕不會感到消化不良，倒也想嘗嘗自助餐的滋味，想必是其味無窮吧！

巴士：老兄太過獎了，其實，一人控制的公共汽車在外國很多城市已經大行其道，甚為普遍了，香港早就應該追上時代啦！

電車：老弟所言極是，令為兄佩服佩服，然則老弟言下之意，莫非贊成為兄遣散售票員之舉乎！

巴士：當然啦！老兄，說老實話吧，有哪一個機構不是要賺錢的呢，單是服務，沒有利潤，有誰肯幹呢？在法律上，並沒有規定不許解僱工人的嘛，這樣做法無疑是迫不得已者也！

電車：不錯，不錯。更何況，為兄已是風燭殘年，當地下鐵路建成通車之時，也許是為兄歸隱之日，何不趁此短短幾年，飽食一頓呢？老弟意下如何呢？

巴士：高見，果然高見！所謂古語有云：「花開堪折直須折，莫待無花空折枝」，因此，時間就是金錢，趁老兄有生之年，應該盡量增加利潤收入，務求荷包腫脹，享受享受晚年之福！是嗎？

電車：對！對！對！哈，哈……（兩人相視大笑。）

小市民在旁聞之愴然曰：

唉！年近歲晚，電車公司不但沒有對員工派發福利補助，反而要派「大信封」，難道電車售票員多年來為居民服務的精神，一朝可以抹殺嗎？電車公司有否想到在這個人浮於事的社會，被解僱的員工將來生活是很成問題的嗎？如今過橋抽板，實行「打完齋唔要和尚」，這未免太自私自利吧！老實說，人家飲水也要思源啊！

資料來源：《文匯報》，1977 年 2 月 14 日。

☑ 歲月痕跡 4.2：

電車工友談一人電車

工人職業受威脅　交通安全若罔聞 —— 談一人電車

揸車佬

電車公司向來算死草，一味在工人身上打主意，呢次推行一人電車，企圖一年慳番幾百萬人工，實行做死司機。

以前電車有兩個售票員，一個樓上，一個樓下。後來公司諗縮數，改咗一人售票，而家更改為一人電車，連售票員嘅飯碗都打爛埋，更要我哋司機一個人做埋三個人嘅工作，公司嘅數口認真絕。

我哋司機駕駛電車，一坐上車就成十個鐘頭工作冇得停，連食飯嘅時間都冇，香港地車多路窄，要應付複雜嘅交通路面情況，本來駕駛電車嘅工作已經夠晒辛苦，而家一人電車，我哋揸車既要望前顧後，照顧乘客上落，又要睇錢箱，車到站又要攬牌等等工作，變成一腳踢，認真攞命，不但大大增加了勞動強度，而且增加了精神負擔。一旦發生交通意外，隻手隻腳，顧此失彼，電車公司此舉必然造成交通更加擠塞，實際漠視市民的交通安全。

電車在行駛時，由於設備老爺，經常會發生故障，因而其他電車要掉頭行駛，這時，電車必須重新搭天線，才能調頭恢復行車，這時就需要有人在路上攔截車輛，來照料另一人搭線。如今，一人駕駛電車後，如要搭線無人照顧，司機十分牙煙；晚上，在重搭上天線過程中車廂斷了電流，

漆黑一片，沒有人幫手在路上攔截車輛，真是後果堪虞。去年八月在西灣河曾有個司機在掉頭時給貨車撞倒，重傷入院。現在要實施一人電車，出事的機會就更大了。我哋揸車佬不但職業受威脅，而且工作安全也受威脅。

電車設備陳舊，人所共知，電箱的電線殘舊不堪，經常泄電而着火，遇上這種情況，沒有一個售票員在車廂內照料，真係牙煙。過去曾有過泄電起火的事故，乘客從車廂窗口跳出逃生，想來猶有餘悸。

如果電車公司係為工人工作安全、市民交通安全着想，就應該在電車站加設安全維持隊，同時增加維修和車輛清潔人手。

資料來源：《電車工人》特刊，1977 年 3 月 7 日，第二版。

☑ 歲月痕跡 4.3：

資方應當接納工人合理要求

工人要求合理　資方應當接納

我哋有理　資方理虧

廿多天鬥爭，工友看得清楚，在交更站議論紛紛。

有一位售票員説：資方係冇道理，賺大錢改車，好應該安置工人職業，呢個對搭客也有好處，對公司業務都係好喇。

一位司機説：三月九日公司佈告説：「無意解僱任何司機」，就係怕工友齊心。我哋有理，資方無理，大家要齊心鬥佢。

要求合理　搭客話好

有個搭客對車上工友説：咁大間公司，賺大錢，又改車，唔安置工人職業係唔啱嘅，我從報紙上睇到，你哋電車工友嘅要求好合理，既合你哋利益，又符合我哋搭客利益，電車公司一味只顧賺大錢，唔顧交通安全點通架！

增設企站　便可解決

有個心水清的工友說：我哋工人要求好合理，公司設車站安全服務隊，一百一十一個站，就解決二百幾人；一部分售票員訓練司機，增加維修同清潔人手，咁就解決啦，應當接納我哋要求。

有個工友說：兩巴咁多售票員，佢搞一人車都冇大批除人，其實電車公司可以學兩巴設企站照顧搭客上落安全。

理虧心虛　撕掉佈告

公司的部長三月三日出了一張佈告，叫司機揸車不可禮讓，照行可也。有司機問：咁豈不是經常會撞車？部長話：撞車唔怕，搵到證人就得咯。司機一語中的，説：「冇人做證人，司機唔係要孭鑊？」部長笑而不答。司機嘩然，紛紛斥責公司不合理。部長慌了手腳，一小時後佈告撕掉。正是團結就是力量！

被除工友　粉碎謠言

在全廠工友團結支持下，六位工友理直氣壯，堅決鬥爭，資方輸了道理，竟同蔣幫「自由工會」勾結、大放謠言，胡説甚麼「被除工友中有人出咗糧」、「有人已做咗揸車」，還説甚麼「公司畀退休金，和三個月遣散費」……總之想分化工人團結。

三月十七日的代表擴大會議上，被除的六位工友全部出席。被除工友代表在會上發言，憤怒斥責資方勾結蔣幫「自由工會」大放謠言的可鄙行徑。她説：「事件未解決，責在資方，我哋六個人都在這裏，邊個話我哋出咗糧！？資方理虧，企圖放謠言來分化我哋，我哋看得好清楚，我哋堅決同佢鬥爭。」

資料來源：《電車工人》特刊，1978 年 8 月 30 日，第二版。

競進存愛 電車情懷·香港電車職工會百年史整理

余非 著

責任編輯　郭子晴
裝幀設計　黃希欣
排　版　時　潔
印　務　劉漢舉

出版

中華書局（香港）有限公司
香港北角英皇道四九九號北角工業大廈一樓 B
電話：（852）2137 2338
傳真：（852）2713 8202
電子郵件：info@chunghwabook.com.hk
網址：http://www.chunghwabook.com.hk

發行

香港聯合書刊物流有限公司
香港新界大埔汀麗路三十六號
中華商務印刷大廈三字樓
電話：（852）2150 2100
傳真：（852）2407 3062
電子郵件：info@suplogistics.com.hk

印刷

美雅印刷製本有限公司
香港觀塘榮業街六號海濱工業大廈四樓 A 室

版次

2020 年 4 月初版
©2020 中華書局（香港）有限公司

規格

16 開（185mm×260mm）

ISBN

978-988-8675-41-8

此書第四部分，第一章，由何志堅、林韡耀修訂；第二章由林韡耀撰寫。全書的重要條目、工人現實中的生活細節，何志堅都以口述歷史的方式幫忙核實，也提供材料，對本書的編著起關鍵作用。